Avak
Euro-Stahlbetonbau in Beispielen
Teil 1

Euro-Stahlbetonbau in Beispielen

Bemessung nach DIN V ENV 1992

Teil 1
Baustoffe · Grundlagen · Bemessung von Stabtragwerken

Prof. Dr.-Ing. Ralf Avak

Werner-Verlag

1. Auflage 1993

Die Deutsche Bibliothek — CIP-Einheitsaufnahme

Avak, Ralf:
Euro-Stahlbetonbau in Beispielen :
Bemessung nach DIN V ENV 1992 / Ralf Avak. — Düsseldorf : Werner,
Teil 1. Baustoffe, Grundlagen, Bemessung von Stabtragwerken — 1993
ISBN 3-8041-1044-4

ISB N 3-8041-1044-4

© Werner-Verlag GmbH · Düsseldorf · 1993
Printed in Germany
Alle Rechte, auch das der Übersetzung, vorbehalten.
Ohne ausdrückliche Genehmigung des Verlages ist es auch nicht gestattet, dieses Buch
oder Teile daraus auf fotomechanischem Wege (Fotokopie, Mikrokopie) zu vervielfältigen.
Zahlenangaben ohne Gewähr.
Druck und buchbinderische Verarbeitung: Weiss & Zimmer AG, Mönchengladbach
Archiv-Nr.: 940-9.93 N 2.96
Bestell-Nr.: 3-8041-1044-4

Vorwort

Die europäische Bemessungsvorschrift für Stahlbetonbauwerke DIN V ENV 1992 (EUROCODE 2) darf in Deutschland parallel zur klassischen nationalen Vorschrift DIN 1045 angewendet werden. Der praktisch tätige Ingenieur muß somit sein Fachwissen aktualisieren und der Student entsprechend der neuen Vorschrift ausgebildet werden. Das vorliegende Buch soll bei dieser Aufgabe helfen.

Ziel des Verfassers ist es, die theoretischen Grundlagen möglichst anwendungsnah aufzubereiten. Im Anschluß an die vermittelten Grundlagen werden die zu führenden Nachweise in Zahlenbeispielen vertieft. Die Zahlenbeispiele wurden dabei so aufbereitet, daß sie auch im Selbststudium verständlich sind.

Das Buch behandelt neben einer Einführung und Hinweisen zur Schnittgrößenermittlung unter Beachtung des neuen Sicherheitskonzeptes schwerpunktmäßig die Stabtragwerke. An diesen werden alle Nachweisformen demonstriert.

Dem Werner-Verlag möchte ich an dieser Stelle für die gute und unkomplizierte Zusammenarbeit danken.

Biberach an der Riß, im Juli 1993   *Ralf Avak*

Inhaltsverzeichnis

1	**Allgemeines**		1
	1.1	Geschichtliche Zusammenfassung	1
	1.2	Verbundbaustoff Stahlbeton	1
	1.3	Bautechnische Unterlagen	1
2	**Baustoffe**		4
	2.1	Beton	4
	2.1.1	Einteilung und Begriffe	4
	2.2	Frischbeton	6
	2.2.1	Wasserzementwert und Betonqualität	6
	2.2.2	Nachbehandlung des Betons	8
	2.3	Festbeton	12
	2.3.1	Festigkeitsklassen	12
	2.3.2	Elastizitätsmodul	14
	2.3.3	Rechenwerte	14
	2.4	Betonstahl	16
	2.4.1	Werkstoffkennwerte	16
	2.4.2	Rechenwerte	19
	2.5	Stahlbeton unter Umwelteinflüssen	19
	2.5.1	Karbonatisierung	19
	2.5.2	Betonkorrosion	24
	2.5.3	Chlorideinwirkung	25
	2.5.4	Dauerhafte Stahlbetonbauwerke	25
3	**Betondeckung**		26
	3.1	Begriffe	26
	3.2	Maße der Betondeckung	29
	3.2.1	Vorhaltemaß	29
	3.2.2	Mindestmaß	29
	3.3	Abstandhalter	31
	3.3.1	Arten und Bezeichnungen	31
	3.3.2	Anordnung der Abstandhalter	33
4	**Schnittgrößenermittlung**		34
	4.1	Allgemeines und Abmessungen	34
	4.2	Tragwerksidealisierung	34
	4.3	Verfahren zur Schnittgrößenermittlung im Grenzzustand der Tragfähigkeit	39
	4.3.1	Allgemeines	39

	4.3.2	Lineare Verfahren auf Basis der Elastizitätstheorie	40
	4.3.3	Schnittgrößenermittlung mit linearen Verfahren und begrenzter Momentenumlagerung	45
	4.3.4	Nichtlineare Verfahren zur Schnittgrößenermittlung	47
	4.3.5	Mindestmomente	47
	4.4	Verfahren zur Schnittgrößenermittlung im Grenzzustand der Gebrauchsfähigkeit	49
	4.5	Imperfektionen	50
5	**Grundlagen der Bemessung**		**53**
	5.1	Allgemeines	53
	5.2	Bemessungskonzepte	54
	5.2.1	Bemessung im Grenzzustand der Tragfähigkeit	54
	5.2.2	Bemessung im Grenzzustand der Gebrauchsfähigkeit	55
	5.2.3	Probabilistisches Bemessungsverfahren	56
	5.3	Bemessung im Stahlbetonbau	57
	5.3.1	Statisches Zusammenwirken von Beton und Stahl	57
	5.3.2	Vorgehensweise bei der Bemessung	58
	5.3.3	Bemessungszustände im Stahlbetonbau	59
6	**Biegebemessung**		**61**
	6.1	Allgemeines	61
	6.2	Bemessungsmomente	61
	6.3	Biegebemessung von Rechteckquerschnitten	63
	6.3.1	Spannungen und Dehnungen	63
	6.3.2	Bauteildicke und statische Höhe	67
	6.3.3	Betonstahlquerschnitte	69
	6.3.4	Bemessung mit einem dimensionsgebundenen Verfahren	71
	6.3.5	Bemessung mit einem dimensionsechten Verfahren	78
	6.3.6	Bemessung mit Druckbewehrung	80
	6.3.7	Grenzwerte der Biegezugbewehrung	83
	6.3.8	Bemessung vollständig gerissener Querschnitte	86
	6.4	Biegebemessung von Plattenbalken	88
	6.4.1	Begriff und Tragverhalten	88
	6.4.2	Mitwirkende Plattenbreite	89
	6.4.3	Biegebemessung von Plattenbalken	95
7	**Beschränkung der Rißbreite**		**111**
	7.1	Allgemeines	111
	7.2	Grundlagen der Rißentwicklung	113
	7.2.1	Rißarten und Rißursachen	113
	7.2.2	Bauteile mit erhöhter Wahrscheinlichkeit einer Rißbildung	115
	7.2.3	Abfließen der Hydratationswärme	115
	7.2.4	Zusammenhänge bei Rißbildung	116
	7.3	Konstruktionsregeln zur Rißbreitenbeschränkung	121
	7.3.1	Konzept	121
	7.3.2	Mindestbewehrung	123

	7.3.3	Beschränkung der Rißbildung ohne direkte Berechnung	126
	7.3.4	Abschätzung der Rißbreite	129
	7.4	Weitere Verfahren zum Nachweis der Beschränkung der Rißbreite	133
	7.4.1	Überblick	133
	7.4.2	Tafeln zur Rißbreitenbeschränkung nach MEYER	133
	7.4.3	Graphische Rißbreitenermittlung für Zwang	136
8	**Beschränkung der Durchbiegungen**		**137**
	8.1	Allgemeines	137
	8.2	Begrenzung der Biegeschlankheit	138
	8.2.1	Allgemeines	138
	8.2.2	Einfluß des statischen Systems	139
	8.2.3	Einfluß der Stützweite	139
	8.2.4	Einfluß der Stahlspannung	141
	8.2.5	Einfluß der Querschnittsform	141
	8.3	Direkte Berechnung der Verformungen	142
	8.3.1	Grundlagen der Berechnung	142
	8.3.2	Durchführung der Berechnung	145
9	**Bemessung für Querkräfte**		**151**
	9.1	Allgemeine Grundlagen	151
	9.2	Maßgebende Querkraft	153
	9.2.1	Bauteile mit konstanter Bauteildicke	153
	9.2.2	Bauteile mit variabler Bauteildicke	156
	9.3	Bemessungsmodelle	159
	9.3.1	Bauteile ohne Schubbewehrung	159
	9.3.2	Bauteile mit Schubbewehrung	159
	9.3.3	Höchstabstände der Schubbewehrung	163
	9.4	Bemessung von Bauteilen ohne Schubbewehrung	164
	9.5	Bemessung von Bauteilen mit Schubbewehrung	165
	9.5.1	Überblick	165
	9.5.2	Schubbewehrung aus schräg stehender Bewehrung	166
	9.5.3	Schubbewehrung aus senkrecht stehender Bewehrung	168
	9.5.4	Mindestschubbewehrung	168
	9.5.5	Druck- und Zuggurte von Plattenbalken	172
	9.5.6	Auflagernahe Einzellasten	177
	9.6	Querkraftdeckung	180
	9.6.1	Allgemeines	180
	9.6.2	Schubbewehrung aus senkrecht stehender Bewehrung	180
	9.6.3	Schubbewehrung aus senkrecht und schräg stehender Bewehrung	184
	9.7	Bewehrungsformen	190
	9.8	Einhängebewehrung von Nebenträgern	191

10	Bemessung für Torsionsmomente	194
10.1	Allgemeine Grundlagen	194
10.2	Bauteilquerschnitte	195
10.2.1	Schubmittelpunkt	195
10.2.2	Geschlossene Querschnitte	196
10.2.3	Offene Querschnitte	198
10.3	Bemessungsmodell	198
10.4	Bewehrungsführung	202
10.5	Bemessung von Bauteilen bei alleiniger Wirkung von Torsionsmomenten	202
10.6	Bemessung von Bauteilen bei kombinierter Wirkung von Querkräften und Torsionsmomenten	203

11	Zugkraftdeckung	208
11.1	Grundlagen	208
11.2	Anwendungen	211

12	Bewehren mit Betonstabstahl	217
12.1	Biegen von Betonstahl	217
12.1.1	Beanspruchungen infolge der Stabkrümmung	217
12.1.2	Mindestwerte des Biegerollendurchmessers	218
12.1.3	Zurückbiegen von Bewehrungsstäben	220
12.2	Verankerung von Betonstählen	223
12.2.1	Grundmaß der Verankerungslänge	223
12.2.2	Allgemeine Bestimmungen der Verankerungslänge	226
12.2.3	Sonderregelungen für einzelne Bauteile	230
12.2.4	Verankerung von Stabbündeln	234
12.2.5	Zusätzliche Regeln für Stabdurchmesser $d_s > 32$ mm	235
12.2.6	Ankerkörper	236
12.3	Stöße von Betonstahl	236
12.3.1	Erfordernis von Stößen	236
12.3.2	Indirekte Zugstöße	238
12.3.3	Indirekte Druckstöße	241
12.3.4	Querbewehrung bei indirekten Stößen	243
12.4	Direkte Zug- und Druckstöße	247
12.4.1	Erfordernis, Stoßarten und Auswahlkriterien	247
12.4.2	Schweißverbindungen	251
12.4.3	Mechanische Verbindungen	251

13	Begrenzung der Spannungen unter Gebrauchsbedingungen	254
13.1	Grundlagen	254
13.2	Entfall des Nachweises	254
13.3	Nachweis der Spannungen	255
13.3.1	Spannungsbegrenzungen im Beton	255
13.3.2	Spannungsbegrenzungen im Betonstahl	255

14	**Druckglieder ohne Knickgefahr**	256
14.1	Einteilung der Druckglieder	256
14.2	Vorschriften zur konstruktiven Gestaltung	257
14.2.1	Mindestabmessungen	257
14.2.2	Längsbewehrung	257
14.2.3	Bügelbewehrung	258
14.3	Bemessung unter zentrischer Einwirkung	260
14.3.1	Bügelbewehrte Druckglieder	260
14.3.2	Umschnürte Druckglieder	262
14.4	Bemessung von Druckgliedern unter einachsiger Biegung	262
14.5	Bemessung von Druckgliedern unter zweiachsiger Biegung	266
15	**Stabilität von Stahlbetonbauteilen**	269
15.1.	Einfluß der Verformungen	269
15.1.1	Berücksichtigung von Tragwerksverformungen	269
15.1.2	Einflußgrößen auf die Verformung	270
15.1.3	Ersatzlänge	272
15.2	Unterscheidungen im statischen System	274
15.2.1	Horizontal verschiebliche und unverschiebliche Tragwerke	274
15.2.2	Schlanke und gedrungene Druckglieder	276
15.2.3	Einzeldruckglieder und Rahmentragwerke	277
15.3	Durchführung des Stabilitätsnachweises bei einachsiger Knickgefahr	278
15.3.1	Kriterien für den Entfall des Nachweises	278
15.3.2	Stabilitätsnachweis für den Einzelstab	282
15.3.3	Kippen schlanker Balken	287
15.4	Durchführung des Nachweises bei zweiachsiger Knickgefahr	288
15.4.1	Getrennte Nachweise in beiden Richtungen	288
15.4.2	Genauer Nachweis	291
16	**Rahmenartige Tragwerke**	292
16.1	Allgemeines zur Berechnung der Schnittgrößen	292
16.2	Näherungsverfahren für horizontal unverschiebliche Rahmen des Hochbaus	292
16.2.1	Anwendungsmöglichkeiten	292
16.2.2	Durchführung des Verfahrens	293
16.3	Rahmenecken	295
16.3.1	Allgemeines	295
16.3.2	Rahmenecken mit positiven Momenten	297
16.3.3	Rahmenecken mit negativen Momenten	297
16.3.4	Bauteile mit geknickter Systemachse	298
16.4	Rahmenknoten	299
17	**Literatur**	300
17.1	Vorschriften, Richtlinien, Merkblätter	300
17.2	Bücher, Aufsätze, sonstiges Schrifttum	301
17.3	Prospektunterlagen von Bauproduktenanbietern	303

	17.4	EDV-Programme	303
18	**Bezeichnungen**		304
	18.1	Allgemeines	304
	18.2	Allgemeine Bezeichnungen	304
	18.3	Geometrische Größen	304
	18.4	Baustoffkenngrößen	307
	18.5	Kraftgrößen	307
	18.6	Sonstige Größen	309
19	**Stichwortverzeichnis**		310

Verzeichnis der Beispiele

2.1	Berechnung der Wasserverdunstung im Frischbeton	9
2.2	Berechnung des Karbonatisierungsfortschritts	24
3.1	Ermittlung der erforderlichen Betondeckung	30
3.2	Bezeichnung von Abstandhaltern	33
4.1	Tragwerksidealisierung	38
4.2	Bemessungsschnittgrößen nach Elastizitätstheorie ohne Momentenumlagerung	43
4.3	Bemessungsschnittgrößen nach Elastizitätstheorie mit Momentenumlagerung	47
6.1	Biegebemessung eines Rechteckquerschnitts (reine Biegung)	73
6.2	Biegebemessung eines Rechteckquerschnitts mit dimensionsgebundenem Verfahren	75
6.3	Biegebemessung eines Rechteckquerschnitts mit dimensionsgebundenem Verfahren	76
6.4	Ermittlung des aufnehmbaren Biegemomentes bei vorgegebener Bewehrung	77
6.5	Biegebemessung eines Rechteckquerschnitts mit dimensionsechtem Verfahren	79
6.6	Biegebemessung mit Druckbewehrung	82
6.7	Vollständige Biegebemessung eines Rechteckquerschnitts	84
6.8	Bemessung eines vollständig gerissenen Querschnitts	87
6.9	Ermittlung der mitwirkenden Plattenbreite nach dem Überschlagsverfahren	93
6.10	Biegebemessung eines Plattenbalkens (Nullinie in der Platte)	97
6.11	Biegebemessung eines gedrungenen Plattenbalkens (Nullinie im Steg)	102
6.12	Biegebemessung eines stark profilierten Plattenbalkens (Nullinie im Steg)	106
6.13	Vollständige Biegebemessung bei einem Durchlaufträger	107
6.14	Vollständige Biegebemessung bei einem gevouteten Balken	109
7.1	Beschränkung der Rißbreite bei Zwangschnittgrößen	125
7.2	Beschränkung der Rißbreite bei Lastschnittgrößen	128
7.3	Nachweis durch Ermittlung der Rißbreite	131
7.4	Rißbreitenbeschränkung mit Tafelwerk nach MEYER	133
7.5	Rißbreitenbeschränkung mit Diagrammen nach WINDELS	136
8.1	Beschränkung des Biegeschlankheit	142
8.2	Ermittlung der Durchbiegung	147
9.1	Querkraftbemessung nach der Standardmethode und der Methode mit wählbarer Druckstrebenneigung	169
9.2	Querkraftbemessung in der Platte eines Plattenbalkens	175
9.3	Querkraftbemessung bei auflagernahen Einzellasten	178
9.4	Querkraftdeckung unter Benutzung des Einschneidens	182
9.5	Querkraftdeckung mit Bügeln und Schrägaufbiegungen	187
9.6	Einhängebewehrung eines Nebenträgers	192
10.1	Bemessung für Querkräfte und Torsionsmomente	204
11.1	Zugkraftdeckung an einem gevouteten Träger	211
11.2	Zugkraftdeckung bei einem Durchlaufträger	213
12.1	Ermittlung von Verankerungslängen	232

12.2	Ermittlung von Übergreifungslängen	245
12.3	Ermittlung von Übergreifungslängen	244
14.1	Bemessung einer zentrisch beanspruchten Stütze ohne Knickgefahr	261
14.2	Bemessung einer Stütze unter einachsiger Biegung ohne Knickgefahr	264
15.1	Untersuchung bezüglich der horizontalen Unverschieblichkeit eines statischen Systems	274
15.2	Bemessung einer Rahmenstütze (nicht knickgefährdet)	279
15.3	Bemessung einer Rahmenstütze nach dem Modellstützenverfahren	283
15.4	Bemessung einer Rahmenstütze mit dem μ-Nomogramm	287
15.5	Nachweis der Kippsicherheit eines Balkens	288
15.6	Bemessung einer zweiseitig knickgefährdeten Stütze	289

Einige Beispiele ergeben aneinandergereiht die vollständige Bemessungslösung eines Stahlbetonbauteils:

Durchlaufträger mit Rechteckquerschnitt:
Beispiel: 4.1 $\Rightarrow$ 4.2 $\Rightarrow$ 4.3 $\Rightarrow$ 6.13 $\Rightarrow$ 9.5 $\Rightarrow$ 9.6 $\Rightarrow$ 11.2 $\Rightarrow$ 12.1 $\Rightarrow$ 12.2 $\Rightarrow$ 15.5
Seite: 38   43   47   107   187   192   213   232   244   288

Durchlaufträger mit Rechteckquerschnitt:
Beispiel: 4.1 $\Rightarrow$ 4.2 $\Rightarrow$ 6.7
Seite: 38   43   84

Durchlaufträger mit Plattenbalkenquerschnitt:
Beispiel: 6.10 $\Rightarrow$ 6.11 $\Rightarrow$ 8.1 $\Rightarrow$ 9.1 $\Rightarrow$ 9.2
Seite: 97   102   142   169   175

Gevouteter Kragbalken:
Beispiel: 6.14 $\Rightarrow$ 9.4 $\Rightarrow$ 11.1
Seite: 108   182   211

Hängestange:
Beispiel: 6.8 $\Rightarrow$ 12.3
Seite: 87   244

Rahmenstütze:
Beispiel: 15.1 $\Rightarrow$ 15.3
Seite: 274   283

1 Allgemeines

1.1 Geschichtliche Zusammenfassung

Beton ist ein relativ junger Baustoff, der erst in den letzten 150 Jahren an Bedeutung gewonnen hat. Allerdings reichen seine Ursprünge 2000 Jahre zurück. Eine Zusammenfassung der wesentlichen Entwicklungsstufen ist in **TAB 1.1** dargestellt. Um zum allgemeinen Verständnis beizutragen, wurden zu den betonspezifischen Daten gleichzeitig stattfindende Ereignisse in Wissenschaft und Technik sowie in Politik und Gesellschaft mit eingetragen.

1.2 Verbundbaustoff Stahlbeton

Belastet man einen Balken, so biegt er sich durch. Unter der Belastung werden im Inneren des Balkens Druck- und Zugspannungen wirksam.

Beton kann zwar hohe Druckspannungen, aber nur geringe Zugspannungen aufnehmen. Ein unbewehrter Betonbalken versagt daher sehr schnell. Stahl besitzt dagegen eine hohe Zugfestigkeit. Legt man also Stahlbewehrungen unverschieblich dort in den Beton, wo Zugkräfte auftreten, so vereint sich die Druckfestigkeit des Betons mit der hohen Zugfestigkeit des Stahles zum tragfähigen Stahlbeton (**ABB 1.1**).

1.3 Bautechnische Unterlagen

Zu den bautechnischen Unterlagen gehören

- die Baubeschreibung mit Nennung der verwendeten Baustoffe, Angaben zum Haupttragwerk, soweit sie für die Prüfung von Zeichnungen und Berechnungen erforderlich sind

- evtl. eine Montagebeschreibung, sofern ein besonderer Bauablauf oder das Verlegen von Fertigteilen vorgesehen ist

- die statische Berechnung mit Positionsplan ($\rightarrow$ [1]) (mit den Positionsnummern der berechneten Bauteile)

Jahr	Betontechnik	Bauwesen und Bauwerke	Wissenschaft und Technik	Politik und Gesellschaft
150 v. Chr.	Römischer Beton (opus caementitium)	Bau des Pantheon in Rom (27 v. Chr.)	Entwicklung des Bogen- und Gewölbebaus	Eroberung und Zerstörung Karthagos (146 v. Chr.)
1786	Erstmaliges Herstellen von Zement durch Brennen von Kalkmergel und Tonerde	Baubeginn des Brandenburger Tores in Berlin (1788)	erstes Dampfschiff (1807)	Französische Revolution (1789)
1844	Industr. Herstellung von Portlandzement	Weiterbau des Kölner Domes (1842)	erste Eisenbahnlinie in Deutschland (1835)	März-Revolution in Deutschland (1948)
1877	erste deutsche Zementnorm	Gründung vieler Baufirmen (Dyckerhoff & Widmann, Held & Franke, Wayss & Freytag)	elektromagnetisches Telefon (1872)	Gründung des 2. Deutschen Reiches (1871)
1895	Gründung des Deutschen Beton-Vereins	Bau des Eiffelturms (1889)	Entdeckung der Röntgenstrahlen (1895)	Einführung der Alters- und Invalidenversicherung in Deutschland (1889)
1915	Bestimmungen für Eisenbeton [1]	Bau der Jahrhunderthalle in Breslau (1913)	erstes Atommodell (1911)	Ausbruch des 1. Weltkrieges (1914)
ab 1919	Bau zahlreicher Hoch- und Brückenbauwerke in Stahlbeton	Bau des Zeiss-Planetariums in Jena (1925)	Relativitätstheorie (1915)	Weimarer Verfassung (1919)
1937	Vorspannung für Stabtragwerke	Bau der Bahnhofsbrücke in Aue (1937)	künstliche Kernspaltung (1938)	Ausbruch des 2. Weltkrieges
1950	Einführung neuartiger Bauverfahren im Beton-(brücken-)bau	Bau der Spannbetonbrücke über die Lahn im Freivorbau (1950)	Erfindung des Transistors (1948)	Gründung der Bundesrepublik Deutschland (1949)
1972	Grundlegende Neufassung der Stahlbetonnorm DIN 1045	Bau der Überdachung des Olympiastadions in München (1971)	Mondlandung (1969)	1. Ölkrise (1973)
1984	Durchgängige Regelung von Stahlbeton und vorgespanntem Stahlbeton	Einsturz der Kongreßhalle in Berlin (1980)	Erster Personal Computer	Zunehmende Bedeutung der Umweltverschmutzung/ des Umweltschutzes
1993	Einführung Europäischer Stahlbetonvorschriften	Fertigstellung des Ärmelkanaltunnels (1994)	erstmalige Kernfusion im Labor (1991)	Europäischer Binnenmarkt (1993)

TAB 1.1: Entwicklung der Betontechnik im Überblick

---

[1] heutiger Begriff: Stahlbeton

1 Allgemeines

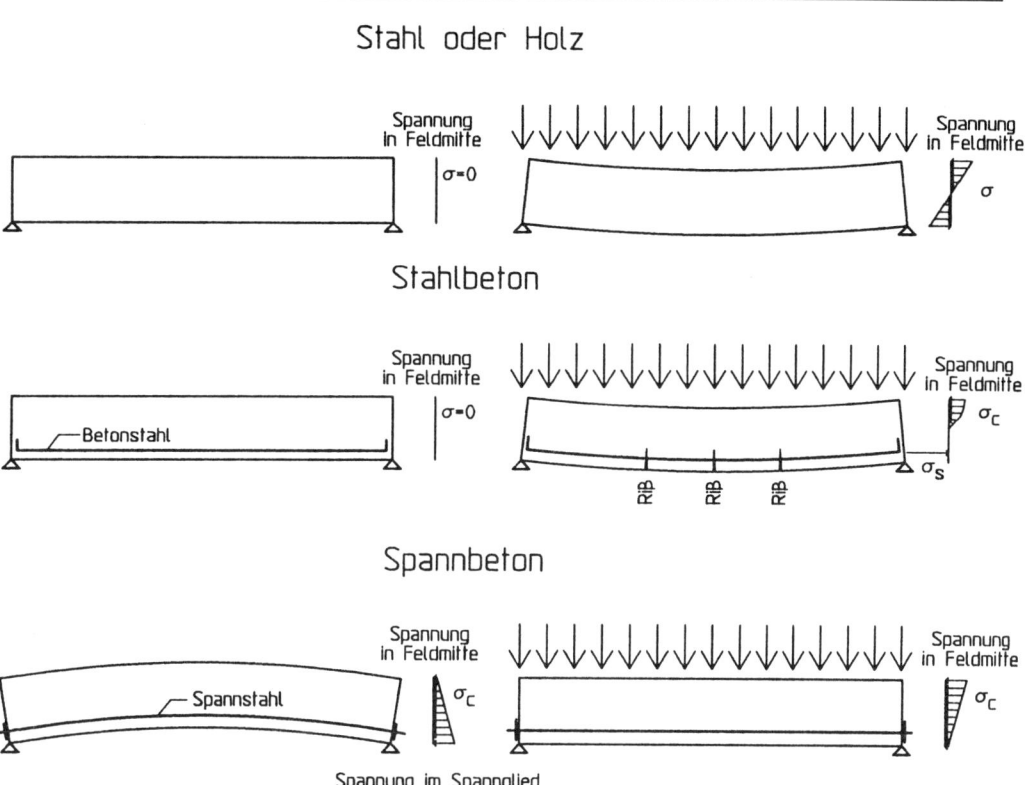

ABB 1.1: Tragverhalten verschiedener Baustoffe

- die Zeichnungen (→ [1]) (Schalpläne, Bewehrungspläne, Stahllisten, Verlegepläne bei Fertigteilen).

Vollständige und eindeutige Zeichnungen sind mindestens ebenso wichtig wie eine richtige statische Berechnung.

2 Baustoffe

2.1 Beton

2.1.1 Einteilung und Begriffe

Beton ist ein künstlicher Stein, der aus einem Gemisch von Zement, grob- und feinkörnigem Betonzuschlag und Wasser - gegebenenfalls auch mit Betonzusatzmitteln und Betonzusatzstoffen - durch Erhärten des Zementleims entsteht. Bei einem Nennwert des Größtkorns für den Zuschlag von nicht mehr als 4 mm liegt ein "Mörtel" vor ([V6] § 3.1).

Man unterscheidet je nach der Trockenrohdichte ([V6] § 3.6ff)

- Leichtbeton ($\rho \leq 2{,}0$ kg/dm^3) Symbol LC
- Normalbeton (2,0 kg/dm^3 < $\rho \leq 2{,}8$ kg/dm^3) Symbol C
- Schwerbeton ($\rho > 2{,}8$ kg/dm^3) Symbol HC

Wenn von Beton gesprochen wird, ist hierunter i. allg. Normalbeton zu verstehen. Die Trockenrohdichte wird durch die Kornrohdichte des Zuschlags beeinflußt.

Beton kann auch nach der Herstellung (Baustellenbeton, Transportbeton), dem Erhärtungszustand (Frischbeton, Festbeton) oder der Verwendung (Beton für Außenbauteile) bezeichnet werden. Weiterhin kann Beton nach der Konsistenz (steifer Beton, Fließbeton) unterschieden werden.

CEN-Zement	DIN-Zement
CE 32,5	Z 35 L
CE 32,5 R	Z 45 F
CE 42,5	Z 45 L
CE 42,5 R	Z 45 F, Z 55

TAB 2.1: Zuordnung europäischer Festigkeitsklassen zu deutschen Festigkeitsklassen (nach [V4])

Zur Herstellung von Beton wird meistens Portlandzement (CE I) oder Hochofenzement (CE III) verwendet. Daneben gibt es diverse weitere Sorten, wie z. B. Portlandkompositzement (CE II), Puzzolanzement (CE IV), Traßzement, Flugaschezement usw. (Näheres → [3]) Diese Zementarten sind entweder in [V7] genormt oder bauaufsichtlich zugelassen. Bis zum Inkrafttreten von [V7] sind Zemente nach [V8] oder bauaufsichtlich zugelassene Zemente zu verwenden. Festigkeitsklassen und -entwicklung werden nach **TAB 2.1** zugeordnet.

Umweltklassen		Beispiele für Umweltbedingungen
1 Trockene Umgebung		- Innenräume von Wohn- oder Bürogebäuden [1])
2 feuchte Umgebung	a ohne Frost	- Gebäudeinnenräume mit hoher Feuchte (z. B. gewerbliche Wäschereien) - Außenbauteile - Bauteile in nichtangreifendem Boden und/oder Wasser
	b mit Frost	- Außenbauteile, die Frost ausgesetzt sind - Bauteile in nichtangreifendem Boden und/oder Wasser, die Frost ausgesetzt sind - Innenbauteile bei hoher Luftfeuchte, die Frost ausgesetzt sind
3 Feuchte Umgebung mit Frost und Taumitteleinwirkung		- Außenbauteile, die Frost und Taumitteln ausgesetzt sind
4 Meerwasserumgebung	a ohne Frost	- Bauteile im Spritzwasserbereich oder die ganz oder nur teilweise in Meerwasser eingetaucht sind - Bauteile in salzgesättigter Luft (unmittelbarer Küstenbereich)
	b mit Frost	- Bauteile im Spritzwasserbereich oder die nur teilweise in Meerwasser eingetaucht sind und Frost ausgesetzt sind - Bauteile, die salzgesättigter Luft und Frost ausgesetzt sind
Die folgenden Klassen können einzeln oder in Kombination mit den o. g. Klassen vorliegen.		
5 Chemisch angreifende Umgebung [2])	a	Schwach chemisch angreifende Umgebung (gasförmig, flüssig oder fest)
	b	Mäßig chemisch angreifende Umgebung (gasförmig, flüssig oder fest)
	c	Stark chemisch angreifende Umgebung (gasförmig, flüssig oder fest)

[1]) Diese Umweltklasse gilt nur dann, wenn das Bauwerk oder einige seiner Bauteile während der Bauausführung über einen längeren Zeitraum hinweg keinen schlechteren Bedingungen ausgesetzt werden.
[2]) Chemisch angreifende Umgebungen werden in ISO 9690 klassifiziert. Folgende gleichwertige Umgebungsklassen dürfen ebenfalls angesetzt werden: Umweltklasse 5a: ISO-Klassifizierung A1G, A1L, A1S
Umweltklasse 5b: ISO-Klassifizierung A2G, A2L, A2S
Umweltklasse 5c: ISO-Klassifizierung A3G, A3L, A3S

TAB 2.2: Umweltklassen in Abhängigkeit von den Umweltbedingungen ([V6] Tabelle 2)

Betonzuschläge bestehen aus einem Gemenge von Körnern aus natürlichen (Granit, Quarzit, Kalkstein usw.) oder künstlichen (Hochofenschlacke, Ziegelsplitt usw.) mineralischen Stoffen. Die Körner können gebrochen oder ungebrochen sein. Zur Herstellung von genormtem Stahlbeton müssen die Korngrößen eine definierte Zusammensetzung aufweisen, d. h. zu einer bestimmten Sieblinie gehören. Beton darf als "Entwurfsmischung" oder "vorgeschriebene Mischung" [2] beschrieben werden.

Um bestimmte Eigenschaften des Betons günstig zu beeinflussen, können ihm spezielle Zusätze beigegeben werden. Man unterscheidet Betonzusatzstoffe und Betonzusatzmittel. Betonzusatzmittel verändern durch chemische oder physikalische Wirkung die Verarbeitbarkeit, das Erstarrungsverhalten des Betons (Betonverflüssiger, Verzögerer usw.). Betonzusatzstoffe beeinflussen die Betoneigenschaften. Sie werden in größerer Menge als die Betonzusatzmittel zugegeben und sind daher volumenmäßig in der Betonzusammensetzung zu berücksichtigen. Man unterscheidet

- latent-hydraulische Stoffe
- nicht hydraulische Stoffe
- puzzolanische Stoffe
- faserartige Stoffe
- Zusatzstoffe mit organischen Bestandteilen.

Zugabewasser ist erforderlich, damit der Beton verarbeitet werden und der Zement erhärten kann. Der Wassergehalt w darf eine bestimmte Menge weder unter- noch überschreiten ($\rightarrow$ Kap 2.2.1).

Ein Betonbauteil kann sich im Inneren eines Gebäudes oder im Freien befinden. Durch die Nutzung im Inneren des Gebäudes oder durch die Lage im Freien (am Meer oder im Industriegebiet) ist das Bauteil chemischen und physikalischen Einwirkungen ausgesetzt, die bei der statischen Berechnung nicht als Lasten in Ansatz gebracht werden können. Um diese Einwirkungen jedoch berücksichtigen zu können, werden diese Einwirkungen klassifiziert (TAB 2.2) und bei der Betonzusammensetzung sowie bei der Bemessung berücksichtigt.

2.2 Frischbeton

2.2.1 Wasserzementwert und Betonqualität

Der gesamte Wassergehalt w des Frischbetons setzt sich aus der Oberflächenfeuchte des Zuschlags und dem Zugabewasser zusammen. Der Wassergehalt bestimmt die Steifigkeit, die Verarbeitbarkeit und den Zusammenhang des Frischbetons. Diese Eigenschaften werden durch die Konsistenz beschrieben. In [V5] § 6.5.3 werden vier Konsistenzbereiche unterschieden (TAB 2.3), die auch nach der "Anwendungsrichtlinie" [V4] weiter verwendet werden können. Die Konsistenzbereiche sind durch das Ausbreitmaß festgelegt. Bei normalen Bauwerken soll Beton mit der Regelkonsistenz KR verarbeitet werden.

2 Baustoffe

Konsistenz	Kurzzeichen	Ausbreitmaß a [cm]	Zustand des Frischbetons	Verdichtungsart
steif	KS	-	nicht zusammenhängend, lose	kräftiges Rütteln, Stampfen, Pressen
plastisch	KP	$35 \leq a \leq 41$	teilweise zusammenhängend	Rütteln, Schleudern
weich (Regelkonsistenz)	KR	$42 \leq a \leq 48$	gut zusammenhängend, schwach fließend	Rütteln
fließfähig	KF	$49 \leq a \leq 60$	gut fließend	Stochern

TAB 2.3: Konsistenzbereiche der Frischbetons ([V5] §6.5.3)

Die Verarbeitung des Betons erfordert eine bestimmte Konsistenz des Betons. Die Konsistenz wird bei vergleichbaren Sieblinien und Oberflächen der Zuschläge maßgeblich durch Fließmittel (sofern welche zugegeben wurden) und den Wasserzementwert beeinflußt. Der Wasserzementwert w_z ist das Verhältnis des Wassergehaltes w zum Zementgehalt z

$$w_z = \frac{w}{z} \qquad (2.1)$$

$$w = w_z \cdot z \qquad (2.2)$$

Zement kann ca. 25 % seines Gewichtes an Wasser chemisch fest binden. Darüber hinaus bindet er ca. 10 - 15 % seines Gewichtes physikalisch als sogenanntes "Gelwasser". Somit benötigt er insgesamt ca. 35 - 40 % seines Gewichtes an Wasser (w_z = 0,35 bis 0,40), um vollständig abzubinden, man spricht von "vollständiger Hydratation". Wasser, das vom Beton nicht gebunden werden kann, verdunstet nach dem Erhärten des Betons und hinterläßt Kapillarporen. Mit steigendem Wasserzementwert kann mehr Wasser verdunsten, es entstehen also häufiger Kapillarporen. Diese können sich nachteilig auf die Dauerhaftigkeit des Betons auswirken (→ Kap 2.3). Andererseits würde ein zu kleiner Wasserzementwert zu einer ungenügenden (Druck-)festigkeit führen, da der Zement nicht vollständig hydratisieren kann und sich nicht einbauen läßt. Daher ist der Wasserzementwert durch die Steuerung des maximalen Wassergehaltes und minimalen Zementgehaltes so zu optimieren, daß beide Anforderungen - gute Verarbeitbarkeit des Frischbetons und Dauerhaftigkeit des Festbetons - bestmöglich erreicht werden (TAB 2.3 und TAB 2.4).

Bei praktischen Aufgabenstellungen läßt sich der erforderliche Zementgehalt durch Auflösen der Gl (2.1) nach z bestimmen. Der Mindestzementgehalt in Abhängigkeit von der angestrebten Konsistenz und der Lage des Stahlbetonbauteils ist in TAB 2.4 ([V6] Tabelle 3) angegeben.

Anforderung	Umweltklasse (vgl. TAB 2.2)								
	1	2a	2b	3	4a	4b	5a	5b	5c[1])
Maximaler Wasserzementwert für - unbewehrten Beton - Stahlbeton - Spannbeton	- 0,65 0,60	0,70 0,60 0,60	0,55	0,50	0,55	0,50	0,55	0,50	0,45
Mindestzementgehalt in [kg/m³] für - unbewehrten Beton - Stahlbeton - Spannbeton	150 260 300	200 280 300	200 280 300	300	300	300	200 280 300	300	300

[1]) Zusätzlich muß der Beton durch Beschichtungen vor direkter Berührung mit dem angreifendem Medium geschützt werden, ausgenommen in den Fällen, in denen ein derartiger Schutz nicht für erforderlich gehalten wird.

TAB 2.4: Anforderungen hinsichtlich Dauerhaftigkeit in Abhängigkeit von den Umwelteinwirkungen (Auszug aus [V6] Tabelle 3)

Beton muß so zusammengesetzt sein, daß er nach dem Verdichten ein geschlossenes Gefüge aufweist. Das bedeutet, daß ein Normalbeton (Zuschlaggrößtkorn ≥ 16 mm) einen Luftgehalt von maximal 3 % aufweisen darf.

2.2.2 Nachbehandlung des Betons

Beton ist bis zum genügenden Erhärten seiner oberflächennahen Schichten gegen schädigende Einflüsse zu schützen, z. B. gegen Austrocknen, zu starke Temperaturänderung, Auswaschen infolge strömenden Wassers, Erschütterungen usw. Unter Nachbehandlung des Betons ([V6] §10.6) werden alle Maßnahmen verstanden, die den frisch verarbeiteten Beton bis zur ausreichenden Erhärtung von schädlichen Einwirkungen abschirmen.

Ein Schutz des Frischbetons und des noch jungen Betons gegen vorzeitiges Austrocknen ist erforderlich, da die vollständige Hydratation nur bei einer ausreichenden Feuchtigkeit im Beton möglich ist. Ein vorzeitiges Austrocknen des im Bereich der Betondeckung (→ Kap. 3) liegenden Betons verschlechtert daher maßgeblich den Widerstand gegen schädliche Einflüsse aus der Umwelt. Nicht nachbehandelter Beton ist deshalb nicht dauerhaft und entspricht nicht den anerkannten Regeln der Technik.

Den Zusammenhang zwischen dem Austrocknungsverhalten des Betons und der Windgeschwindigkeit, Luftfeuchtigkeit sowie der Temperatur zeigt **ABB 2.1**.

Beispiel 2.1: Berechnung der Wasserverdunstung im Frischbeton
gegeben: Ein Außenbauteil wird mit einer Betontemperatur $T = 20°$ C bei einer relativen Luftfeuchtigkeit rel $F = 50$ % betoniert. Die Windgeschwindigkeit beträgt $v = 20$ km/h. Der Beton wurde mit einem Zementgehalt $z = 300$ kg/m³ hergestellt und wird mit einem Wasserzementwert $w_z = 0{,}60$ eingebaut. Entgegen den Regeln der Technik wird eine Nachbehandlung nicht durchgeführt.

gesucht: Wann ist der gesamte Wassergehalt w in der 3,5 cm dicken Betondeckung verdunstet?

Lösung:
ABB 2.1 ergibt mit rel $F = 50$ %; $T = 20°$C; $v = 20$ km/h eine verdunstende Wassermenge von 0,6 l/m²h. Der Wassergehalt im Beton beträgt

$w = 0{,}6 \cdot 300 = 180 \text{ kg} / \text{m}^3 = 180 \text{ l} / \text{m}^3$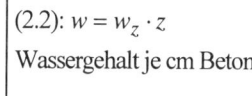

$w = \dfrac{180}{100} = 1{,}8 \text{ l} / \text{m}^2\text{cm}$

(2.2): $w = w_z \cdot z$
Wassergehalt je cm Beton

Aus diesen Zahlen wird deutlich, daß nach 3 Stunden das gesamte Wasser verdunstet ist, das innerhalb der äußeren Schicht von 1 cm enthalten war. Bei einer für Außenbauteile erforderlichen Betondeckung von 3,5 cm ist das innerhalb der Betondeckung vorhandene Wasser nach 10,5 Stunden verdunstet. Da aus den weiter innen liegenden Bereichen Wasser jedoch nur langsam und unzureichend an die Betonoberfläche transportiert werden kann und der Beton eine weitaus längere Zeit zum Hydratisieren benötigt, wird deutlich, daß bei einem nicht nachbehandelten Beton die Betondeckung geschädigt und nicht dauerhaft ist.

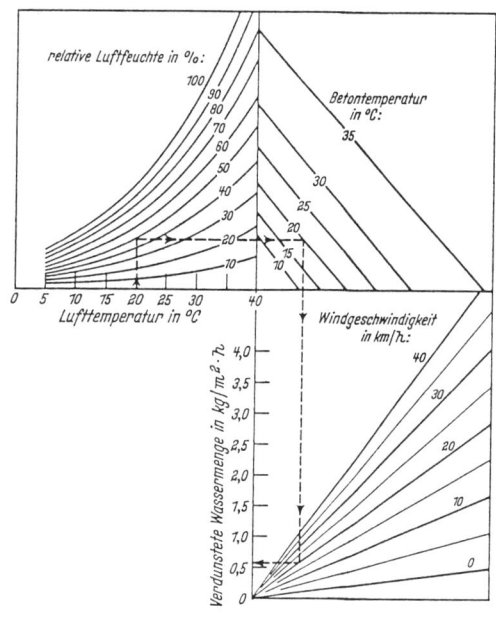

ABB 2.1: Das Austrocknungsverhalten von Beton in Abhängigkeit von Windgeschwindigkeit, Luftfeuchtigkeit und Temperatureinfluß (nach [4])

Gebräuchliche Verfahren der Nachbehandlung sind:

- Belassen in der Schalung
- Abdecken mit Folien
- Aufbringen wasserhaltender Abdeckungen
- Aufbringen flüssiger Nachbehandlungsmittel.

Besprühen mit Wasser ist insbesondere an heißen Sommertagen keine geeignete Nachbehandlungsmaßnahme (auch wenn in [V6] genannt), da durch die Verdunstungskälte des

Außentemperatur T in °C	Maßnahmen
$T < -3°$	Umschließen durch beheiztes Arbeitszelt; Wärmedämmung auflegen und mit Folie abdecken; in wärmegedämmter Schalung belassen
$-3° \leq T \leq 5°$	Wärmedämmung auflegen und mit Folie abdecken; in wärmedämmender Schalung (Holzschalung) belassen
$5° < T \leq 25°$	mit Folie abdecken; in Schalung belassen
$T > 25°$	mit Folie abdecken; in Schalung belassen (Stahlschalung vor direkter Sonneneinstrahlung schützen)

TAB 2.5: Nachbehandlungsmaßnahmen für Stahlbetonbauwerke

Wassers Eigenspannungen aus Temperatur im Beton erzeugt werden, die zu Rissen führen können.

Wände werden i. allg. in der Schalung belassen. Sofern eine Stahlschalung verwendet wird, ist diese bei direkter Sonneneinstrahlung vor zu starkem Aufheizen zu schützen. Dasselbe gilt bei niedrigen Temperaturen für zu starkes Abkühlen.

Decken werden mit Kunststoff-Folien abgedeckt. Hierbei besteht jedoch bei normalem Beton die Schwierigkeit, daß er nicht sofort nach dem Betonieren trittfest ist. Die Folie kann erst einige Stunden nach dem Betonieren aufgelegt werden. Bei ungünstigen Windverhältnissen können dann schon erste Risse infolge Austrocknung entstanden sein. Sofern an das Betonbauteil besonders hohe Anforderungen gestellt werden, kann Vakuumbeton[2]) hergestellt werden, der sofort nach der Herstellung begehbar ist. Eine andere Möglichkeit ist ein Auskleiden der Schalung mit einem wasseraufsaugenden Textilgewebe (Schalungsbahn "ZEMDRAIN®"[5], [U1], [36]), um Überschußwasser zu entziehen.

Bei niedrigen Temperaturen reicht es nicht aus, das Austrocknen des Betons allein zu verhindern; der Beton ist zusätzlich gegen Abkühlen mit einer Wärmedämmung abzudecken (**TAB 2.5**). Hierfür eignen sich mit Stroh oder Styropor gefüllte abgesteppte Kunststoffolien, da diese beide Aufgaben - Verdunstungsschutz und Wärmedämmung - gleichzeitig erfüllen. Bei sehr geringer Luftfeuchtigkeit kann unter die Folie ein

Umgebungsbedingung Temperatur in °C	allgemeines Bauteil	Rohdecken für Verbundestriche
$T \geq 10°$	1	2
$T < 10°$	2	4

TAB 2.6: Dauer der Nachbehandlung bei Innenbauteilen in Tagen (nach [V9])

---

[2]) Vakuumbeton ist ein Beton, dem nach dem Einbau durch Erzeugen eines Unterdrucks auf der Oberfläche überschüssiges Wasser entzogen wird. Dies bewirkt beim Festbeton eine Oberfläche mit weniger Kapillarporen.

Umgebungsbedingungen		Festigkeitsentwicklung des Betons		
Witterung	Betontemperatur, ggf. mittl. Lufttemperatur °C	schnell z. B. $w_z < 0,5$ Z 55, Z 45F	mittel z. B. $0,5 \leq w_z \leq 0,6$ Z 55, Z 35F	langsam z. B. $0,5 \leq w_z \leq 0,6$ Z 35L
günstig rel $F \geq 80\%$ und keine direkte Sonneneinstrahlung/Windeinwirkung	$\geq 10°$ < $10°$	1 2	2 4	2 4
normal $50\% \leq$ rel $F < 80\%$ bei mittlerer Sonneneinstrahlung/ Windeinwirkung	$\geq 10°$ < $10°$	1 2	3 6	4 8
ungünstig rel $F < 50\%$ und starke Sonneneinstrahlung/Windeinwirkung	$\geq 10°$ < $10°$	2 4	4 8	5 10

TAB 2.7: Dauer der Nachbehandlung bei Außenbauteilen in Tagen (nach [V9])

wasserhaltendes Material (z. B. Jutegewebe oder Strohmatte) gelegt werden.

Die Dauer der Nachbehandlung hängt wesentlich von der Festigkeitsentwicklung des Betons ab. Sie muß so bemessen sein, daß auch in den oberflächennahen Schichten eine ausreichende Erhärtung des Betons erreicht wird. Dabei sind die Einflüsse zu berücksichtigen, welchen der Beton während seiner Nutzung ausgesetzt ist. In der "Richtlinie zur Nachbehandlung von Beton" [V9] und in [V6] sind Mindestnachbehandlungsdauern festgelegt (**TAB 2.6** bis **TAB 2.8**). Die hierin festgelegten Zeiten der Nachbehandlung sind angemessen zu verlängern, wenn

- an die Bauteile besonders hohe Anforderungen gestellt werden (z. B. Frost-Tausalz-Beständigkeit, chemischer Angriff)
- die Betontemperatur unter den Gefrierpunkt sinkt (um die Frostdauer)
- Betonverzögerer eingesetzt werden (um die Verzögerungszeit).

Die Richtlinien schreiben vor, daß die angegebene Nachbehandlungsdauer nur dann unterschritten werden darf, wenn der Beton im oberflächennahen Bereich am Ende der Nachbehandlungsdauer mindestens 50 % der Nennfestigkeit erreicht hat. Dies ist z. B. durch Erhärtungswürfel oder Rückprallhammer nachzuweisen.

Umgebungsbedingungen während der Nachbehandlung		Festigkeitsentwicklung des Betons								
		schnell			mittel			langsam		
	Betontemperaturen während der Nachbehandlung in °C	5	10	15	5	10	15	5	10	15
I	Keine direkte Sonneneinstrahlung und Wind, rel $F \geq 80\%$	2	2	1	3	3	2	3	3	2
II	Mittlere Sonneneinstrahlung oder mittl. Windgeschwindigkeit oder rel $F \geq 50\%$	4	3	2	6	4	3	8	5	4
III	Starke Sonneneinstrahlung oder hohe Windgeschwindigkeit oder rel $F < 50\%$	4	3	2	8	6	5	10	8	5

TAB 2.8: Mindestdauer der Nachbehandlung für Umweltklassen 2 und 5a in Tagen ([V6] Tabelle 12)

2.3 Festbeton

2.3.1 Festigkeitsklassen

Die wichtigste bautechnische Eigenschaft des Betons ist seine hohe Druckfestigkeit. Bei Normalbeton sind Druckfestigkeiten von ca. 80 N/mm², bei Silikatzugabe Druckfestigkeiten von ca. 150 N/mm² erreichbar. Die Druckfestigkeit f_c ist die bei einem definierten Versuch erreichbare Druckspannung. Diese wird durch stetige Steigerung der Last oder Stauchung ermittelt.

$$f_c = \frac{F_u}{A_c} \tag{2.3}$$

Die Druckfestigkeit hängt von Aufbau und Durchführung des Versuches ab, da die Form des Probekörpers und die Art der Prüfmaschine das Ergebnis beeinflussen. Um die an unterschiedlichen Orten ermittelten Druckfestigkeiten vergleichen zu können, muß die Prüfmethode genau festgelegt sein. Es ist üblich, Druckfestigkeiten an Zylindern oder an Würfeln zu ermitteln. Nach [V6] wird die Druckfestigkeit an Zylindern mit 15 cm Durchmesser und 30 cm Höhe gemessen (Zylinderdruckfestigkeit $f_{ck,cyl}$). Ersatzweise darf sie auch an Würfeln der Kantenlänge 150 mm gemessen werden (Würfeldruckfestigkeit $f_{ck,cube}$). Die Ergebnisse aus beiden Probekörpern lassen sich umrechnen bzw. vergleichen.

Die Ergebnisse der Druckversuche streuen. Da ein mögliches Versagen eines Bauteils von der schwächsten Stelle im Bereich hoher Beanspruchung ausgeht, ist nicht allein der Mittelwert aussagekräftig, sondern untere Grenzwerte (5%-Quantil) sind einzuhalten. Der Versuch zur Bestimmung der Druckfestigkeit besteht aus mindestens 3 Zylindern oder Würfeln der oben genannten Abmessungen, die eine Serie bilden. Sie sollen im Alter von 28 Tagen untersucht werden. Sofern dies (z. B. aufgrund von Feiertagen) unmöglich ist, sind bei früheren oder späteren Prüfzeitpunkten Umrechnungen auf die Druckfestigkeit im Alter von 28 Tagen möglich. Aufgrund der Ergebnisse wird der Beton einer bestimmten Festigkeitsklasse (TAB 2.9) zugeordnet. [V1] unterscheidet neun Festigkeitsklassen (C12 bis C50; C für concrete), wobei die unterstrichenen vorzugsweise zu verwenden sind. Zur Einordnung in eine bestimmte Festigkeitsklasse muß die Druckfestigkeit jedes Probekörpers folgende Anforderungen erreichen:

1. Möglichkeit: Gütenachweis mit 3 Probekörpern:

$$\overline{x_3} \geq f_{ck} + 5 \quad [\text{N/mm}^2] \tag{2.4}$$
$$x_{min} \geq f_{ck} - 1 \quad [\text{N/mm}^2] \tag{2.5}$$

2. Möglichkeit: Gütenachweis mit mindestens 6 Probekörpern:

$$\overline{x_n} \geq f_{ck} + \lambda \cdot s_n \quad [\text{N/mm}^2] \tag{2.6}$$
$$x_{min} \geq f_{ck} - k \quad [\text{N/mm}^2] \tag{2.7}$$

f_{ck} charakteristische Zylinderdruckfestigkeit (TAB 2.9)
$\overline{x_3}$ Mittelwert einer Stichprobe aus 3 Probekörpern
$\overline{x_n}$ Mittelwert einer Stichprobe aus n Probekörpern
x_{min} kleinste Druckfestigkeit einer Stichprobe
s_n Standardabweichung einer Stichprobe mit n Probekörpern
λ, k Beiwerte nach [V6] Tabelle 19

Die Zugfestigkeit des Betons ist wesentlich kleiner als die Druckfestigkeit; sie beträgt nur ca. 5 bis 10 % der Druckfestigkeit. Außerdem streut sie je nach Zuschlägen, Beanspruchungsart, Festigkeitsklasse des Betons wesentlich stärker als die Druckfestigkeit. Sie ist daher kein Werkstoffparameter, mit dem sich Beton beschreiben läßt.

Festigkeitsklasse in N/mm²	C12/15	C16/20	C20/25	C25/30	C30/37	C35/45	C40/50	C45/55	C50/60
$f_{ck,cyl} = f_{ck}$	12	16	20	25	30	35	40	45	50
$f_{ck,cube}$	15	20	25	30	37	45	50	55	60

TAB 2.9: Festigkeitsklassen des Betons (nach [V1] §3.1.2.4)

2.3.2 Elastizitätsmodul

Für linear elastische Werkstoffe gilt das HOOKEsche Gesetz. Der Elastizitätsmodul ist für alle Spannungen konstant.

$$\sigma_s = E_s \cdot \varepsilon_s \qquad (2.8)$$

Sofern das Werkstoffverhalten - wie beim Beton - nichtlinear ist, hängt der Elastizitätsmodul von der Spannung ab. Um dennoch die Formänderungen näherungsweise durch eine lineare Berechnung ermitteln zu können, verwendet man den Sekantenmodul (**ABB 2.2**) und definiert diesen als Rechenwert des Elastizitätsmoduls E_{cm} (**TAB 2.10**). Die Neigung der Sekante wird dabei so gewählt, daß sie die tatsächliche Spannungs-Dehnungs-Beziehung bei ca. 40 % der Prismen- bzw. Zylinderdruckfestigkeit schneidet.

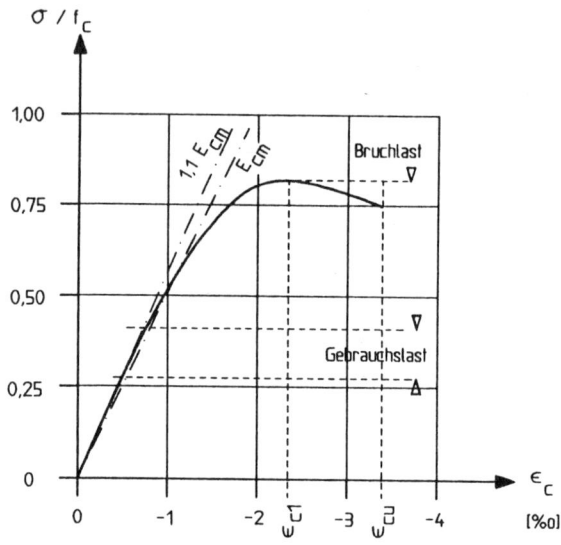

ABB 2.2: Sekantenmodul des Betons

2.3.3 Rechenwerte

Für die Bemessung werden aus den tatsächlich erreichbaren Spannungen "Bemessungswerte" ermittelt, indem die Bruchspannung durch den Teilsicherheitsbeiwert für Beton γ_c dividiert wird.

Festigkeitsklasse des Betons	C12/15	C16/20	C20/25	C25/30	C30/37	C35/45	C40/50	C45/55	C50/60
Elastizitätsmodul E_{cm} in N/mm²	26000	27500	29000	30500	32000	33500	35000	36000	37000

TAB 2.10: Rechenwerte des Sekantenmoduls ([V1] Tabelle 3.2)

2 Baustoffe

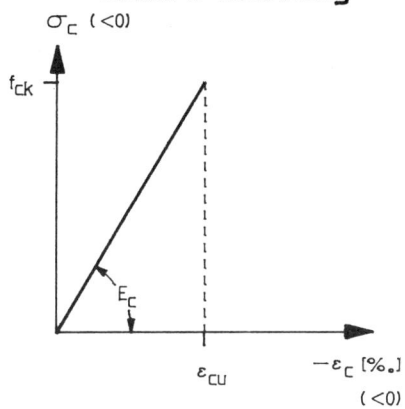

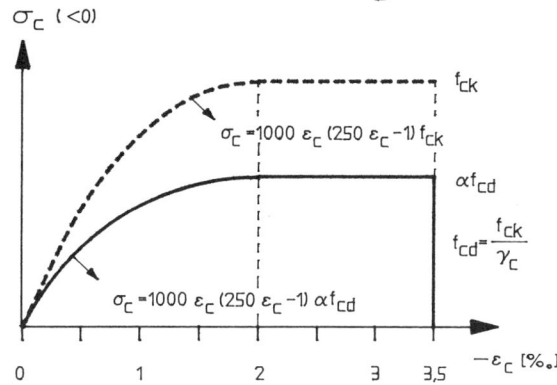

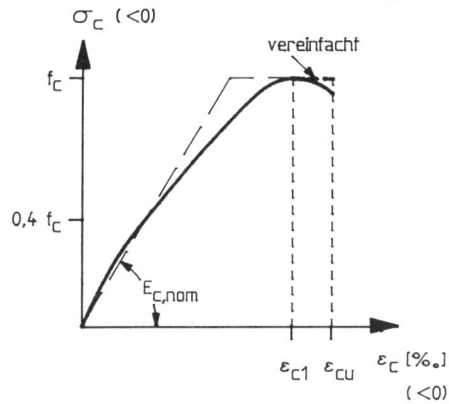

Die maßgebenden Werte des Elastizitätsmoduls $E_{c,nom}$ und der Druckfestigkeit f_c sind [V1] §4.2.1.3.3 zu entnehmen.

ABB 2.3: Rechenwerte für die Spannungs-Dehnungs-Linie des Betons bei der Schnittgrößenermittlung (oben)

ABB 2.4: Rechenwerte für die Spannungs-Dehnungs-Linie des Betons bei der Bemessung (rechts)

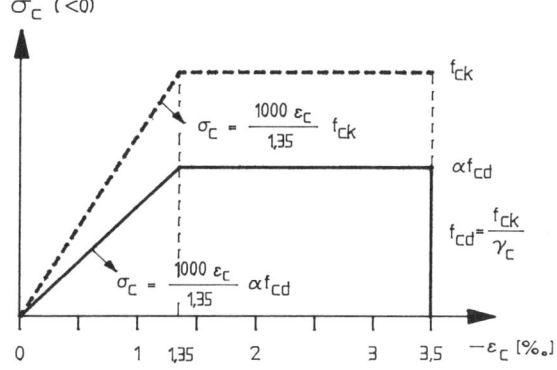

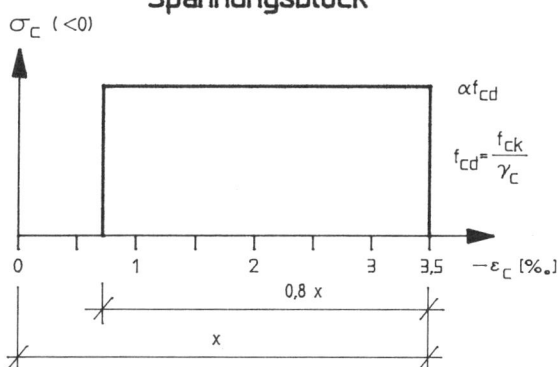

Lastfallkombinationen	Teilsicherheitsbeiwert für Beton γ_c	Teilsicherheitsbeiwert für Beton- oder Spannstahl γ_s
Grundkombination	1,50	1,15
Außergewöhnliche Kombinationen (ausgenommen Erdbeben)	1,30	1,00

TAB 2.11: Teilsicherheitsbeiwerte für Baustoffkennwerte ([V1] Tabelle 2.3)

$$f_{cd} = \frac{f_{ck}}{\gamma_c} \qquad (2.9)$$

f_{cd} Bemessungswert der Betonspannung
γ_c Teilsicherheitsbeiwert für Beton (**TAB 2.11**)

Als Werkstoffgesetz wird eine rechnerische Spannungs-Dehnungs-Linie eingeführt. Gemäß [V1] § 4.2.1.3.3 sind hierbei verschiedene zulässig, wobei zwischen solchen für die Schnittgrößenermittlung (**ABB 2.3**) und anderen für die Bemessung (**ABB 2.4**) unterschieden wird. Der Teilsicherheitsbeiwert ist hierbei **TAB 2.11** zu entnehmen. Mit dem Faktor α wird die Festigkeitsabnahme unter Dauerlast berücksichtigt; für Rechteckquerschnitte gilt α = 0,85, für Trapez- und Dreiecksquerschnitte gilt α = 0,80.

2.4 Betonstahl

2.4.1 Werkstoffkennwerte

Drei wesentliche Kenngrößen zur Bezeichnung einer Stahlsorte sind

- der charakteristische Wert der Streckgrenze des Stahls f_{yk}
- der charakteristische Wert der Zugfestigkeit des Stahls f_{tk}
- der charakteristische Wert der Gleichmaßdehnung des Stahls ε_{uk} [6].

Die im Stahlbetonbau anwendbaren Stähle werden zukünftig in EN 10080 [V10] genormt werden. Bis zur Fertigstellung dieser Norm sind gemäß der Anwendungsrichtlinie [V4] die in der nationalen Vorschrift DIN 488 [V11] genormten Eigenschaften gültig. Die genormten Stahlsorten und Eigenschaften sind in **TAB 2.12** zusammengefaßt. Man unterscheidet

- Betonstabstahl
- Betonstahlmatten.

2 Baustoffe

Betonstahlsorte	Erzeugnisform Kurzname Kurzzeichen	Betonstabstahl BSt 420 S III S	Betonstabstahl BSt 500 S IV S	Betonstahl- matten BSt 500 M IV M
Nenndurchmesser d_s in mm Streckgrenze f_{yk} in N/mm² [1]) Zugfestigkeit f_{tk} in N/mm² [1]) Gleichmaßdehnung ε_{uk} in %		6 bis 28 420 500 10	6 bis 28 500 550 10	4 bis 12 500 550 8

[1]) Die Bezeichnungen wurden an [V1] angepaßt

TAB 2.12: Sorteneinteilung und Eigenschaften der Betonstähle (Auszug aus [V11] T. 1)

Unter Betonstabstahl versteht man einzelne Stäbe, während Betonstahlmatten aus einer Vielzahl von Stäben bestehen, die werksmäßig in einem orthogonalen Raster durch Punktschweißung verbunden wurden (→ [1]). Beide Betonstahlformen haben eine gerippte Oberfläche, um den Verbund zwischen dem Stahl und dem ihn umgebenden Beton zu verbessern. Aus der Anordnung der Rippen läßt sich die Betonstahlsorte erkennen (**ABB 2.5**). Betonstabstähle BSt 420 S werden aufgrund des schlechteren Preis-Leistungs-Verhältnisses gegenüber dem BSt 500 S in Deutschland nicht mehr verwendet. Betonstähle werden z. B. mit folgender Buchstaben-Zahlen-Kombination bezeichnet: BSt 500 S:

Bezeichnung nach [V11]: BSt 500 S
- BSt Beton_S_tahl
- 500 Streckgrenze f_{yk} des Stahls, genormt sind f_{yk}=500 N/mm² und f_{yk}=420 N/mm² (nicht mehr gebräuchlich)
- S Kennzeichen für die Betonstahlform; genormt sind _S_täbe und _M_atten

Bezeichnung nach [V10]: B 500 H
- B _B_etonstahl
- 500 Streckgrenze f_{yk} des Stahls, genormt sind f_{yk}=500 N/mm²
- H Kennzeichen für die Duktilität - _H_och und _N_ormal

Die Bemessungsregeln im Stahlbeton nutzen ein mögliches Umlagerungsvermögen für die Schnittgrößen im Tragwerk aus (→ Kap 4). Hierzu ist ein ausreichendes Verformungsvermögen (= Duktilität) des Betonstahls erforderlich.

Betonstabstähle nach [V11] sind hochduktil, sofern:

$$\varepsilon_{uk} \geq 5\% \text{ und } \frac{f_{tk}}{f_{yk}} \geq 1{,}08 \qquad (2.10)$$

Betonstahlmatten nach [V11] sind normalduktil, sofern:

$$\varepsilon_{uk} \geq 2{,}5\% \text{ und } \frac{f_{tk}}{f_{yk}} \geq 1{,}05 \qquad (2.11)$$

Betonstähle nach [V11] sind schweißbar. Neben diesen genormten Stählen gibt es Betonstabstahl vom Ring, beschichtete und nichtrostende Betonstähle für besondere Anforderungen an den Korrosionsschutz und "GEWI"-Stahl (→ Kap 12.4.3) für spezielle Verbindungsmittel.

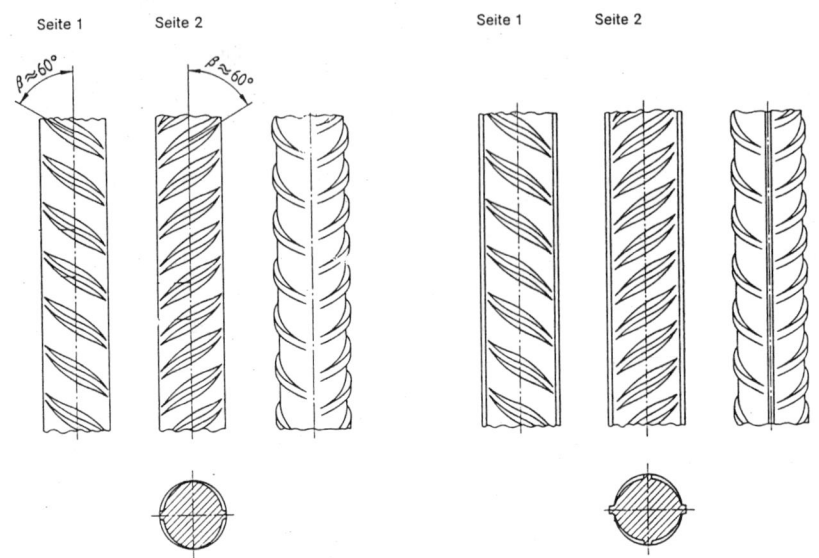

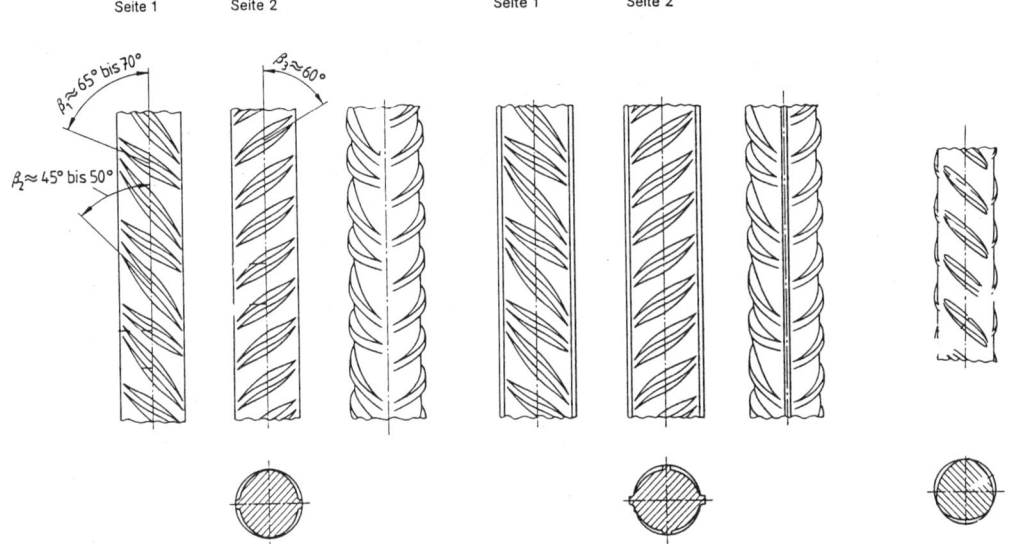

ABB 2.5: Oberfläche verschiedener Betonstähle nach DIN 488 [V11]

Ihre Anwendung wird durch bauaufsichtliche Zulassungen geregelt. Bei bauaufsichtlich zugelassenen Stählen sind die Duktilitätseigenschaften zu beachten, da diese die Möglichkeit der Schnittgrößenumlagerung beeinflussen (→ Kap 4.3). Da für den Tragwerksplaner i. d. R. nicht eindeutig feststeht, ob im Biegebetrieb hoch- oder normalduktiler Stahl verwendet wird (z. B. Betonstabstahl oder Betonstahl vom Ring), sollten nach Meinung des Verfassers die weitergehenden Regelungen für hochduktilen Stahl vorerst aufgrund der Verwechselungsgefahr nicht angewandt werden.

Betonstabstähle sind gegenwärtig bis zum Durchmesser 28 mm lieferbar, in Zukunft werden noch größere Stabdurchmesser hergestellt werden (32 und 40 mm).

2.4.2 Rechenwerte

Für die statische Berechnung von Stahlbetonbauwerken wird die Spannungsdehnungslinie des Stahls idealisiert in eine bilineare Linie. Diese verhält sich zunächst nach dem HOOKEschen Gesetz bis zum Erreichen der Streckgrenze. Anschließend verhält sie sich entweder ideal plastisch oder nutzt den Verfestigungsbereich aus (**ABB 2.6**). Nach dem Erreichen der Streckgrenze kann

- entweder ein ideal plastisches Werkstoffverhalten angenommen werden. Die rechnerische Bruchverzerrung beträgt $\varepsilon_{uk} = \pm 20\ ‰$ nach [V4].
- oder der Verfestigungsbereich rechnerisch ausgenutzt werden. Die rechnerische Bruchverzerrung beträgt $\varepsilon_{uk} = \pm 10\ ‰$ nach [V4].

Der Elastizitätsmodul E_s beträgt für alle Stahlsorten bei Druck- und Zugspannungen $E_s = 200000$ N/mm². Den Bemessungswert der Stahlspannung ermittelt man mit

$$f_{yd} = \frac{f_{yk}}{\gamma_s} \qquad (2.12)$$

2.5 Stahlbeton unter Umwelteinflüssen

2.5.1 Karbonatisierung

Junger Beton besitzt einen hohen pH-Wert von etwa 13. Dieser wird durch das vom Zement erzeugte Calciumhydroxid $Ca(OH)_2$ bewirkt. Überschüssiges Anmachwasser (→ Kap 2.2.1) füllt zunächst die Kapillarporen aus. Trocknet das nicht gebundene Wasser aus dem erhärteten Beton aus, so kann das in der Luft enthaltene Kohlendioxid CO_2 in die Kapillarporen des Betons eindringen. Dort reagiert es mit dem Calciumhydroxid zu Calciumcarbonat $CaCO_3$ und Wasser H_2O.

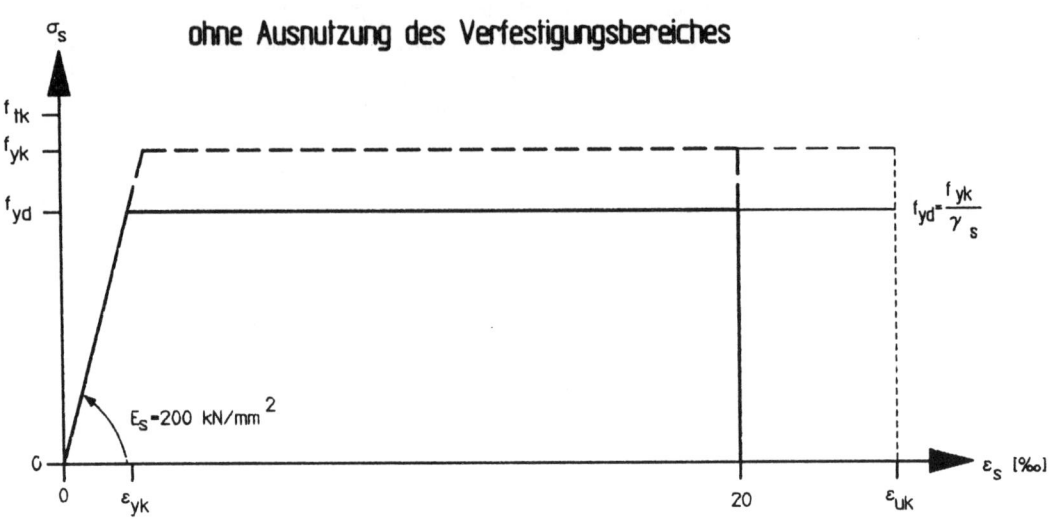

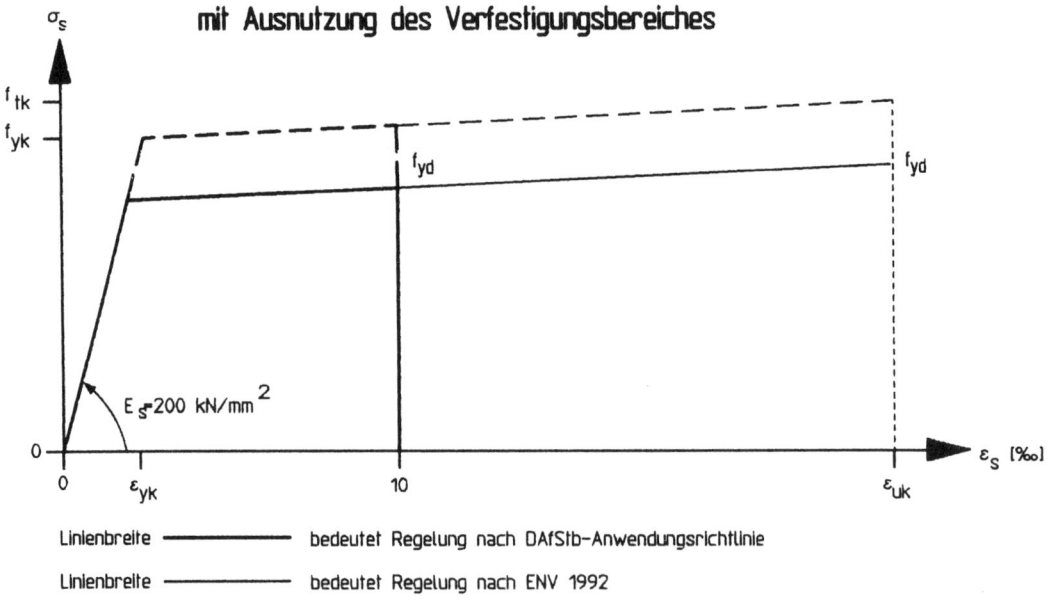

ABB 2.6: Rechenwerte für die Spannungsdehnungslinien der Betonstähle ([V1] Bild 4.5 unter Beachtung von [V4])

$$Ca(OH)_2 + CO_2 \rightarrow CaCO_3 + H_2O \tag{2.13}$$

Calciumcarbonat (auch "Kalkstein" genannt), ein Salz, ist neutral (pH = 7). Hierdurch sinkt der pH-Wert des Betons an der Oberfläche langsam ab. Dieser Vorgang wird als "Karbonatisierung" bezeichnet. Die Fläche, an der der Beton den Wert pH = 9 hat, nennt man Karbonatisierungsfront; auf der bauteilinneren Seite der Karbonatisierungsfront ist der pH-Wert größer, auf der äußeren Seite kleiner als 9 (**ABB 2.7**). Der Fortschritt der Karbonatisierungsfront verläuft nicht

2 Baustoffe

mit zeitlich konstanter Geschwindigkeit, sondern wird mit zunehmender Karbonatisierungstiefe, also mit zunehmendem Betonalter, immer langsamer. Der zeitliche Verlauf der Karbonatisierungstiefe hängt ab von:

- dem w_z-Wert und der Verdichtung, bzw. dem sich daraus ergebenden Porenvolumen (**ABB 2.8** und **ABB 2.9**)
- der Betongüte (Zementgehalt, Zementfestigkeitsklasse, w_z-Wert) (**ABB 2.10**)
- der Nachbehandlung (gute Nachbehandlung verbessert den Widerstand gegen Karbonatisierung)
- den Umweltbedingungen (CO_2-Gehalt in der Luft).

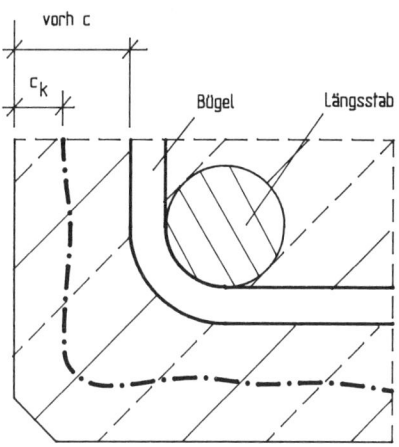

ABB 2.7: Karbonatisierungsfront und Betondeckung

Bei gleichbleibenden Umweltbedingungen kann man die Karbonatisierungstiefe nach folgender Gleichung bestimmen:

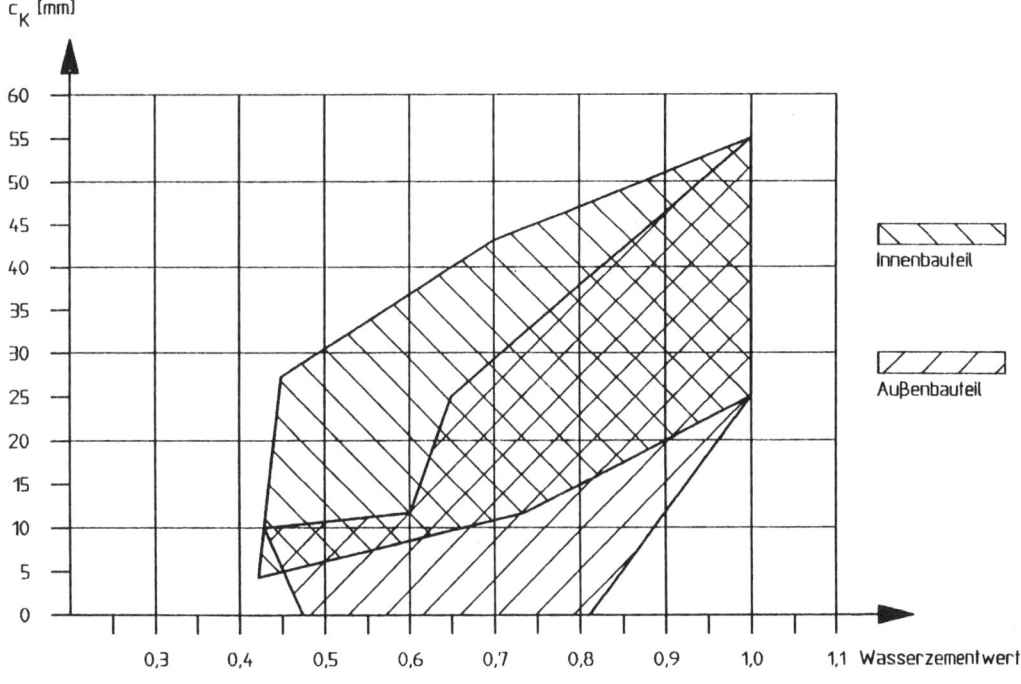

ABB 2.8: Einfluß des Wasserzementwertes auf die mittlere Karbonatisierungstiefe von 1 bis 55 Jahre alten Betonbauteilen (nach [7])

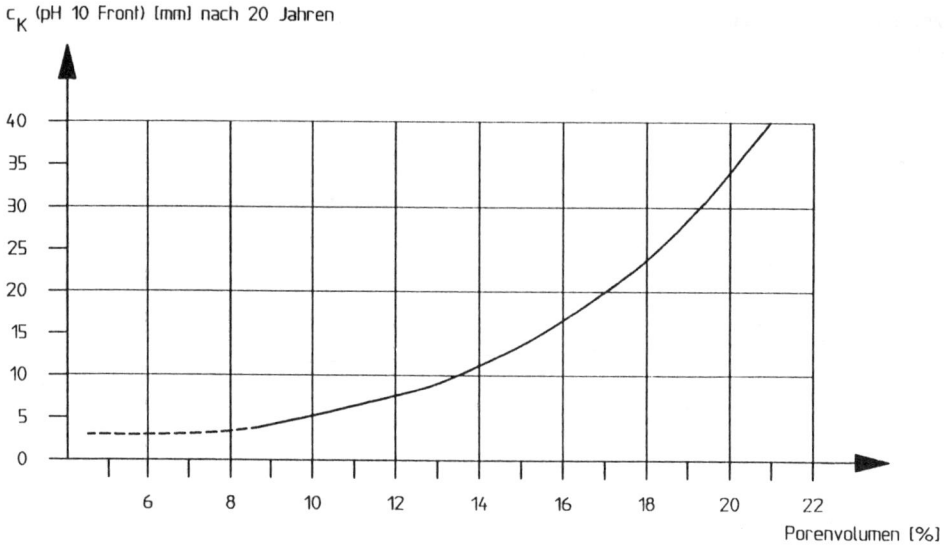

ABB 2.9: Einfluß des Porenvolumens auf die Karbonatisierungsfront (nach [8])

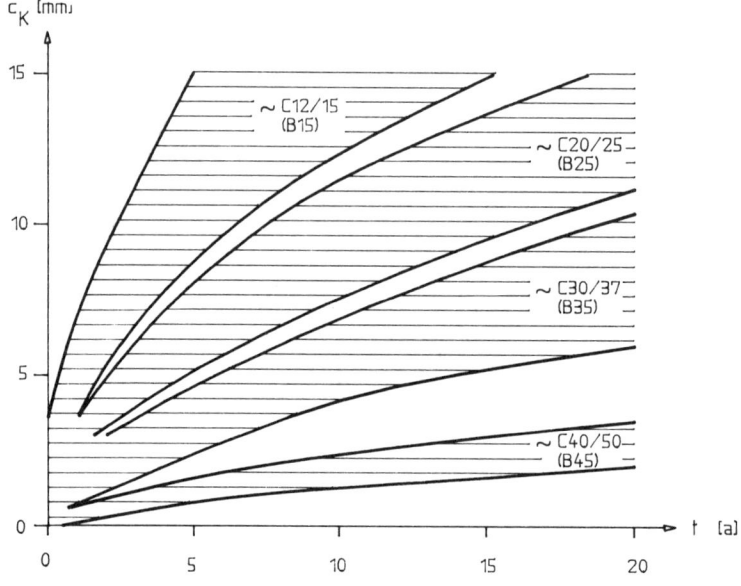

ABB 2.10: Zeitlicher Verlauf der Karbonatisierungstiefe bei geschützter Lagerung im Freien (nach [9])

$$c_k(t) = \alpha \cdot \sqrt{t} \qquad (2.14)$$

$$\alpha = \frac{c_k(t_0)}{\sqrt{t_0}} \qquad (2.15)$$

Der Faktor α erfaßt hierbei die o. g. Einflußfaktoren. Sofern die Karbonatisierungstiefe an einem Bauteil zu einem bestimmten Zeitpunkt t_0 bekannt ist, kann ihr weiteres Fortschreiten für spätere Zeitpunkte t_1 ermittelt werden nach Gl (2.15) und (2.16).

$$t_1 = \left(\frac{c_k}{\alpha}\right)^2 - t_0 \qquad (2.16)$$

In der Praxis zeigt sich, daß die Karbonatisierungsfront einem Endwert zustrebt.

ABB 2.11: Betonabplatzungen infolge zu geringer Betondeckung und fortschreitender Karbonatisierungsfront an der Decke einer Tiefgarage

Für unbewehrten Beton ist der Vorgang der Karbonatisierung ohne Bedeutung, zumal die Oberflächenfestigkeit hierdurch etwas ansteigt. Bei Stahlbetonbauteilen bewirkt die hohe Alkalität bei pH $\geq$ 10 den Korrosionsschutz des Betonstahls. Durch die Karbonatisierung wird dieser Schutz aufgehoben. Karbonatisierung ist also eine Voraussetzung für eine mögliche Betonstahlkorrosion. Stahlkorrosion kann aber erst dann eintreten, wenn zusätzlich Feuchtigkeit und Sauerstoff hinzukommen. Bei einer Betonstahlkorrosion müssen demnach folgende Voraussetzungen vorliegen:

karbonatisierter Beton
+ ausreichende Feuchtigkeit zur Erhöhung der elektrischen Leitfähigkeit
+ ständiger Luftzutritt (Einwirkung von Sauerstoff)

Hieraus wird deutlich, daß Stahl in einem karbonatisierten Bauteil, das sich ständig im Wasser befindet, nicht korrodieren kann. Durch die Korrosion entsteht aus Eisen Eisenhydroxid (Rost):

$$4\,Fe + 3\,O_2 + 2\,H_2O \rightarrow 4\,FeOOH \qquad (2.17)$$

Eisenhydroxid hat das 2,5fache Volumen von Stahl. Hierdurch verursacht der korrodierte Betonstahl eine Sprengwirkung auf den ihn umgebenden Beton, und die Betondeckung platzt ab. Daher muß u. a. durch eine ausreichend bemessene Betondeckung sichergestellt werden, daß die Karbonatisierungsfront während der geplanten Nutzungsdauer eines Bauwerks die Bewehrung nicht erreichen kann, sofern der Zutritt von Feuchtigkeit möglich ist (z. B. bei einem Außenbauteil, vgl. **ABB 2.11**).

Beispiel 2.2: Berechnung des Karbonatisierungsfortschritts
gegeben: - An einem Betonbauteil wird im Alter von 5 Jahren eine Karbonatisierungstiefe von $c_k = 10$ mm ermittelt. Die Betondeckung des Bauteils beträgt 3,0 cm.
gesucht: - Wann erreicht die Karbonatisierungsfront die Bewehrung?
Lösung:

$$\alpha = \frac{10}{\sqrt{5}} = 4{,}47 \text{ mm}/\sqrt{a} \qquad\qquad (2.15): \alpha = \frac{c_k(t_0)}{\sqrt{t_0}}$$

$$t_1 = \left(\frac{30}{4{,}47}\right)^2 - 5 = 40a \qquad\qquad (2.16): t_1 = \left(\frac{c_k}{\alpha}\right)^2 - t_0$$

Nach weiteren 40 Jahren wird die Bewehrung von der Karbonatisierungsfront erreicht. Die Oberfläche des Betonbauteils muß daher in den nächsten Jahren nicht zusätzlich beschichtet werden.

2.5.2 Betonkorrosion

Unter Betonkorrosion werden ausschließlich Schädigungen durch <u>chemische</u> Angriffe verstanden. Die chemischen Angriffe lassen sich in lösende und in treibende Angriffe unterteilen. Lösende Angriffe entstehen durch das in der Luft enthaltene Kohlendioxid und Schwefeldioxid SO_2. Schwefeldioxid ist in der Luft durch Hausbrand-, Kraftwerksabgase usw. enthalten. Die UV-Strahlung läßt in Verbindung mit der Luftfeuchtigkeit Schwefelsäure H_2SO_4 entstehen.

$$SO_2 + H_2O \rightarrow H_2SO_3 \qquad\qquad (2.18)$$
$$2\, H_2SO_3 + O_2 \rightarrow 2\, H_2SO_4 \qquad\qquad (2.19)$$

Die Schwefelsäure löst das Calciumhydroxid des Betons auf und zerstört das Betongefüge, es entsteht Gips $CaSO_4 \cdot 2H_2O$. Damit ist der Beton zerstört.

$$Ca(OH)_2 + H_2SO_4 \rightarrow CaSO_4 \cdot H_2O \qquad\qquad (2.20)$$

Gips hat ein größeres Volumen als das Calciumhydroxid. Hierdurch entsteht gleichzeitig zu dem lösenden ein treibender Angriff.

Das in der Luft enthaltene Kohlendioxid reagiert mit Regen zu Kohlensäure H_2CO_3.

$$CO_2 + H_2O \rightarrow H_2CO_3 \qquad\qquad (2.21)$$

Die Kohlensäure dringt mit weiterem Regen in die Oberfläche des Betons ein und löst das Calciumhydroxid auf. Dabei wird der Zementstein zerstört, es entsteht Calciumcarbonat $CaCO_3$, ein wasserunlösliches Salz.

$$Ca(OH)_2 + H_2CO_3 \rightarrow CaCO_3 + 2\, H_2O \qquad\qquad (2.22)$$

2.5.3 Chlorideinwirkung

Stahlbetontragwerke können im wesentlichen durch folgende Einwirkungen mit Chloriden beansprucht werden:

- Salze (Natriumchlorid), die z. B. als Auftaumittel im Winterdienst eingesetzt werden, setzen Chloridionen frei. Da sie im Schmelzwasser gelöst vorliegen, können sie gut in die äußeren durchnäßten Bereiche des Betons eingetragen werden (durchnäßt sind ca. 2 bis 10 mm je nach Betonqualität).
- Meerwasser enthält Salze. Überall dort, wo Beton mit Meerwasser in Berührung kommt, werden Chloride in den Beton eingetragen.
- Im Brandfall verbrennen heute fast immer auch Kunststoffe, die chloridhaltig sein können (z. B.: PVC = Polyvinylchlorid). Zusammen mit dem Löschwasser dringen sie in den Beton ein.

Die Chloride greifen den Beton nicht an, sie diffundieren jedoch auch durch dichten Beton und zerstören die alkalische Schutzschicht des Betonstahls. Am Betonstahl kommt es dann zur chloridinduzierten Stahlkorrosion, dem sog. Lochfraß. Der Zement kann nur eine sehr geringe Menge an Chloriden durch Bildung von "Friedelschem Salz" binden (Einflußgrößen sind Zementmenge und möglichst große Menge von Aluminaten im Zement). Bei längerer Chlorideinwirkung ist diese Schutzwirkung schnell erschöpft. Während Beton durch geeignete Maßnahmen bei der Herstellung der Karbonatisierung und der Betonkorrosion ausreichenden Widerstand entgegensetzen kann und während der Nutzungsdauer eines Bauwerks dauerhaft ist, müssen daher Stahlbetonbauwerke zusätzlich geschützt werden, sofern sie Chlorideinwirkung ausgesetzt sind. Dies kann durch eine Beschichtung (z. B.: auf Epoxidharzbasis) geschehen.

2.5.4 Dauerhafte Stahlbetonbauwerke

Ein Bauwerk, das die vorgesehene Nutzungsdauer (z. B. 70 bis 110 Jahre) unter planmäßigen Einwirkungen erreicht, bezeichnet man als dauerhaft. Stahlbetonbauteile sind dauerhaft, sofern sie

- <u>sachgerecht geplant und konstruiert</u> sind (Einflußgrößen: Bauphysik, Zementwahl, Bewehrungsdurchmesser und -abstände usw.)
- <u>fachgerecht ausgeführt</u> werden (Einflußgrößen: vorhandene Betondeckung, w_z-Wert, Nachbehandlung usw.)
- <u>termingerecht überprüft und gewartet</u> werden (Beobachten von Rissen, Reinigen von Oberflächen usw.)
- <u>materialgerecht und rechtzeitig gepflegt</u> werden (bei Bedarf hydrophobieren und beschichten).

Schäden an (im Verhältnis zur Gesamtzahl wenigen) bestehenden Gebäuden wurden verursacht durch die Verletzung einer oder mehrerer der o. g. Bedingungen.

3 Betondeckung

3.1 Begriffe

Als Betondeckung wird die Betonschicht bezeichnet, die die Bewehrung zu den Bauteiloberflächen hin schützend abdeckt. Sie erfüllt im Stahlbetonbau die folgenden wesentlichen Funktionen:

- Sicherung des für das Tragverhalten notwendigen Verbundes zwischen Bewehrung und Beton
- Schutz der Bewehrung vor Korrosion
- Schutz der Bewehrung im Brandfall vor frühzeitigem Verlust der Festigkeit.

Die große Bedeutung der Betondeckung für die Herstellung dauerhafter Stahlbetonbauwerke ($\rightarrow$ Kap 2.5) wurde in der Vergangenheit nicht immer ausreichend beachtet, was zu Schäden an Betonbauteilen führte (ABB 2.11).

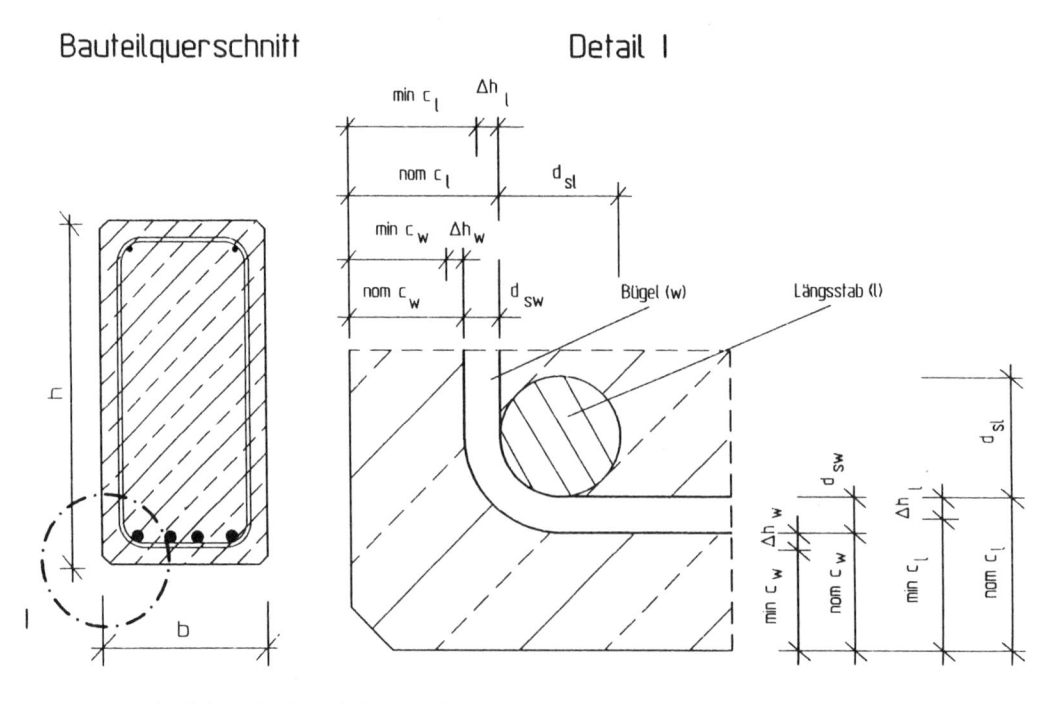

ABB 3.1: Veranschaulichung der Betondeckungsmaße

3 Betondeckung

Sowohl Biegeformen von Bewehrungsstäben als auch Schalungen sind mit Ausführungstoleranzen behaftet ([V12]-[V15]). Weiterhin treten beim Verlegen der Bewehrung Abweichungen zum gewünschten Sollmaß auf (**ABB 3.2**). Diese Ungenauigkeiten werden durch das Vorhaltemaß Δh abgedeckt, welches zum Mindestmaß der Betondeckung min c zu addieren ist. Die Summe aus beiden ergibt das Nennmaß der Betondeckung nom c (**ABB 3.1**):

$$\text{nom } c = \text{min } c + \Delta h \tag{3.1}$$

Das Nennmaß ist sowohl für die Bemessung der Bewehrung als auch für die Höhe der Abstandhalter maßgebend. Es ist daher auch auf den Bewehrungsplänen ($\rightarrow$ [1]) anzugeben [z. B. Betondeckung (Nennmaß) nom $c = 3{,}5$ cm]. Das Mindestmaß der Betondeckung ist an jeder Stelle einzuhalten. Es ist das für die Bewehrungsabnahme maßgebende Maß und gilt für alle Bewehrungsstäbe unabhängig davon, ob es sich um einen statisch erforderlichen oder einen nur für die Montage erforderlichen Stab handelt.

Eine in Dicke und Dichtheit gute Betondeckung kann nur dann gelingen, wenn hierauf bei allen Herstellungsstufen des Bauwerks - Planung, Konstruktion, Betontechnik und Bauausführung - besonderes Augenmerk gerichtet wird:

- Planung
  - feingliedrige Bauteile vermeiden,
  - Maßtoleranzen und Verformungen von Schalungen beachten.
- Konstruktion
  - Anordnung von Füllgassen und Rüttellücken,
  - Paßlängen bei der Bewehrung vermeiden,
  - Bewehrungsanhäufungen vermeiden.
- Betontechnik
  - Sieblinie muß gute Umhüllung der Bewehrung ermöglichen.
- Bauausführung
  - Beton in einer angemessenen Konsistenz verarbeiten,
  - Frischbeton nachbehandeln.

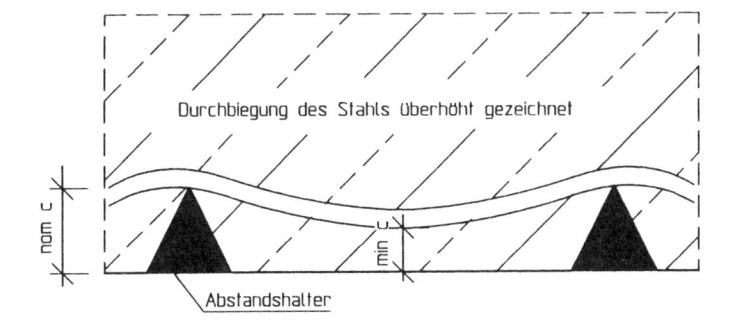

ABB 3.2: Mindestmaß und Nennmaß der Betondeckung

Umweltklasse		Beispiele für Umweltbedingungen	min c in mm
1 Trockene Umgebung		Innenräume von Wohn- und Bürogebäuden	15
2 Feuchte Umgebung	a ohne Frost	- Gebäudeinnenräume mit hoher Feuchte (z. B. Wäschereien) - Außenbauteile [1]) - Bauteile in nichtangreifendem Boden und/oder Wasser, die Frost ausgesetzt sind	20
	b mit Frost	- Innenbauteile bei hoher Luftfeuchte, die Frost ausgesetzt sind - Außenbauteile, die Frost ausgesetzt sind - Bauteile in nichtangreifendem Boden und/oder Wasser	25
3 Feuchte Umgebung mit Frost und Taumitteleinwirkung		- Außenbauteile, die Frost und Taumitteln ausgesetzt sind	40
4 Meerwasserumgebung	a ohne Frost	- Bauteile im Spritzwasserbereich oder ins Meerwasser eintauchende Bauteile, bei denen eine Fläche der Luft ausgesetzt ist [1]) - Bauteile in salzgesättigter Luft	40
	b mit Frost	- Bauteile im Spritzwasserbereich oder ins Meerwasser eintauchende Bauteile, bei denen eine Fläche Luft und Frost ausgesetzt ist - Bauteile, die salzgesättigter Luft und Frost ausgesetzt sind	40
Die folgenden Klassen können einzeln oder in Kombination mit den oben genannten Klassen vorliegen:			
5 chemisch angreifende Umgebung	a	- schwach chemisch angreifende Umgebung (gasförmig, flüssig oder fest) - aggressive industrielle Atmosphäre	35
	b	mäßig chemisch angreifende Umgebung (gasförmig, flüssig oder fest)	40
	c	stark chemisch angreifende Umgebung (gasförmig, flüssig oder fest)	50

[1]) Dieses Beispiel gilt nicht für mitteleuropäische Verhältnisse.

TAB 3.1: Mindestmaße der Betondeckung (nach [V1] Tabelle 4.1 und Tabelle 4.2)

3.2 Maße der Betondeckung

3.2.1 Vorhaltemaß

Das Vorhaltemaß beträgt im Regelfall $\Delta h = 10$ mm. Es darf gemäß der "Anwendungsrichtlinie" [V4] nur verringert werden, falls beim Verlegen besondere Maßnahmen ergriffen werden. Diese sind im DBV-Merkblatt "Betondeckung" [V16] aufgeführt.

Regelfall:	$\Delta h = 10$	mm	(3.2)
Durchführung besonderer Maßnahmen:			
- Ortbetonkonstruktionen	$5 \leq \Delta h \leq 10$	mm	(3.3)
- Fertigteilkonstruktionen	$0 \leq \Delta h \leq 5$	mm	(3.4)

3.2.2 Mindestmaß

Das Mindestmaß der Betondeckung hängt ab vom Durchmesser des Betonstahls und den Umweltbedingungen. Es ist zu bestimmen aus

$$\min c \geq \min c_{\text{TAB 3.1}} \geq d_s \text{ bzw } d_{sn} \qquad (3.5)$$

d_s \quad Stabdurchmesser
d_{sn} \quad Vergleichsdurchmesser ($\rightarrow$ Kap. 12.2.4)

Vergrößerung des Mindestmaßes:

Eine Vergrößerung des Mindestmaßes ist grundsätzlich dann erforderlich, wenn der Beton gegen unebene Oberflächen geschüttet wird, um die größeren Maßabweichungen auszugleichen. Schüttung des Betons:

- direkt gegen das Erdreich \hfill $\min c \geq 75$ mm
- auf vorbereiteten Untergrund (z. B. Sauberkeitsschicht) \hfill $\min c \geq 40$ mm

Bei einem Größtkorn des Zuschlags $d_g > 32$ mm ist das Mindestmaß um 5 mm zu erhöhen. Sofern strukturierte Oberflächen (z. B. Waschbeton) oder steinmetzartig bearbeitete Oberflächen verwendet werden, ist die Betondeckung ebenfalls angemessen zu erhöhen.

Verminderung des Mindestmaßes:

Bauteile aus Beton höherer Festigkeit haben bei ordnungsgemäßer Verarbeitung einen höheren Widerstand gegen Karbonatisierung. Daher dürfen die Mindestmaße der Betondeckung bei Festigkeitsklasse C 40/50 und höher in den Umweltklassen 2a bis 5b um 5 mm verringert werden ([V1] §4.1.3). Das Mindestmaß muß aber mindestens so groß wie der Stabdurchmesser sein, damit die Verbundtragwirkung gewährleistet ist.

$\geq$ C 40/50 red min $c \geq$ min $c_{TAB\,3.1}$ - 5 $\geq d_s$ bzw d_{sn} in mm (3.6)

Bei plattenförmigen Bauteilen darf das Mindestmaß der Betondeckung ebenfalls um 5 mm reduziert werden ([V1] § 4.1.3). Nach Ansicht des Verfassers sollte aus Gründen der Dauerhaftigkeit von dieser Möglichkeit kein Gebrauch gemacht werden, da gerade die bei Flächentragwerken dünnen Bewehrungsstäbe infolge des Betonierdrucks verformt werden können.

Die sich aufgrund der voranstehend ermittelten Gleichungen ergebenden Betondeckungen sind auf jeweils volle 5 mm aufzurunden, da Abstandhalter in Stufungen von 5 mm geliefert werden.

Beispiel 3.1: Ermittlung der erforderlichen Betondeckung
gegeben: - Bauteil lt. Skizze
 - Betonfestigkeitsklasse C 40/50
gesucht: - Nennmaß der Betondeckung auf Außen- und Innenseite

Lösung:

Außenseite:
min $c_{TAB\,3.1}$ = 25 mm
red min c = 25 - 5 = 20 mm > 10 mm = d_{sw}

vorh min c_l = 20 + 10 = 30 mm
min c_l = 28 mm < 30 mm = vorh min c_l

Δh = 10 mm
nom c = 20 + 10 = 30 mm
gew: außen nom c = 30 mm
Innenseite:
min $c_{TAB\,3.1}$ = 15 mm
min c = 15 mm > 10 mm = d_{sw}

vorh min c_l = 15 + 10 = 25 mm

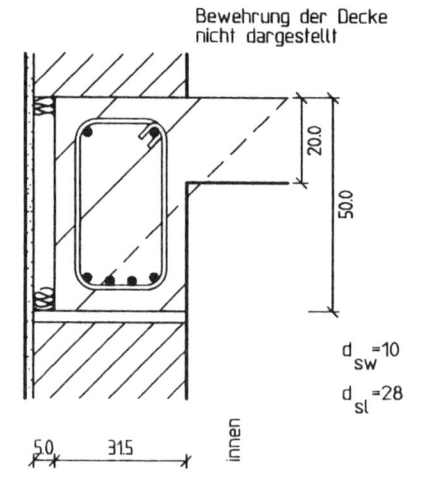

TAB 3.1 Umweltklasse 2b
(3.6): $\geq$ C 40/50
 red min $c \geq$ min $c_{TAB\,3.1}$ - 5 $\geq d_s$
Überprüfung der Betondeckung für die Längsbewehrung
vgl. Aufgabenskizze
(3.5): min $c \geq$ min $c_{TAB\,3.1} \geq d_s$
min $c_{TAB\,3.1}$ wurde schon von der weiter außenliegenden Bügelbewehrung erfüllt, muß also für die Längsbewehrung nicht mehr überprüft werden.
Der Bügel ist für die Betondeckung außen maßgebend.
(3.2): Δh = 10 [mm]
(3.1): nom c = min $c + \Delta h$

TAB 3.1 Umweltklasse 1
(3.5): min $c \geq$ min $c_{TAB\,3.1} \geq d_s$
Überprüfung der Betondeckung für die Längsbewehrung
vgl. Aufgabenskizze

3 Betondeckung

min c_l = 28 mm > 25 mm = vorh min c_l	(3.5): min $c \geq$ min $c_{TAB\,3.1} \geq d_s$
	min $c_{TAB\,3.1}$ wurde schon von der weiter außenliegenden Bügelbewehrung erfüllt, muß also für die Längsbewehrung nicht mehr überprüft werden.
min c = 15 + 3 = 18 mm	Der Längsstab ist für die Betondeckung außen maßgebend, die Betondeckung des Bügels muß um 3 mm erhöht werden, um die erforderliche Betondeckung für den Längsstab zu erfüllen.
nom c = 18 + 10 = 28 mm	(3.1): nom c = min $c + \Delta h$
gew: innen nom c = 30 mm	Die Betondeckung wird in Stufen von 5 mm gewählt.

Aus dem vorangegangenen Beispiel ist ersichtlich, daß bei Umweltklasse 1 dicke Längsstäbe für die Betondeckung maßgebend werden. In anderen Fällen genügt es, nur die Betondeckung für die Bügel zu ermitteln.

3.3 Abstandhalter

3.3.1 Arten und Bezeichnungen

Abstandhalter sind notwendig, um die erforderliche Dicke der Betondeckung beim Betonieren sicherzustellen. Hierzu müssen die Abstandhalter an der äußersten Bewehrungslage befestigt werden.

Abstandhalter werden aus verschiedenen Werkstoffen (Kunststoff, Faserbeton) und in verschiedenen Ausführungen (Unterstützung punkt-, linien- oder flächenförmig) hergestellt. Aus dem lieferbaren Sortiment ist der für den jeweiligen Anwendungsfall geeignete Abstandhalter auszuwählen. Einerseits ist eine sichere Lastabtragung des Bewehrungsgewichtes und des Betonierdruckes auf die Schalung, andererseits eine geringe Beeinträchtigung der Dichtigkeit der Betondeckung im Bereich des Abstandhalters anzustreben. Für Balken und senkrechte Flächentragwerke eignen sich punktförmige Abstandhalter; diese sollten kreisförmig sein, damit sie nicht infolge der Vibrationen aus dem Rütteln beim Einbringen des Betons den Abstand zur Schalung beim Verdrehen verändern. Für waagerechte Flächentragwerke eignen sich linien- oder flächenförmige Abstandhalter. Abstandhalter aus Kunststoff sind bei Sichtbetonflächen deutlicher sichtbar als jene aus Faserbeton. Insbesondere bei einer weichen Schalhaut oder beim Betonieren gegen Dämmplatten (Dreischichtverbundplatten, Perimeterdämmungen) ist darauf zu achten, daß die Fußpunkte der Abstandhalter nicht eindrücken. Andernfalls muß das Nennmaß der Betondeckung angemessen vergrößert werden.

Abstandhalter gelten jeweils für eine bestimmte Betondeckung und einen eingeschränkten Bereich aller Stabdurchmesser. Diese beiden Angaben sind auf den Abstandhaltern bzw. deren Verpackung verzeichnet.

Erläuterungen:

nom c_v [cm]   Verlegemaß der Betondeckung gemäß Bewehrungszeichnung

Punktförmige Abstandhalter: z.B. Klötzchen, Rädchen
Stehbügel
U – Haken
S – Haken

Linienförmige Abstandhalter: z.B. Unterstützungskorb

Platten

Punktförmige Abstandhalter z.B. Stehbügel

auf der unteren Bewehrung stehend (siehe Bild 2)

Stabdurchmesser für Stehbügel	
Plattendicke d	Stabdurchmesser
bis 15 cm	⌀ 8 mm
15 bis 30 cm	⌀ 12 mm
30 bis 50 cm	⌀ 14 mm
über 50 cm	Sonderlösung

Linienförmige Abstandhalter z.B. Unterstützungskörbe

auf der unteren Bewehrung stehend   auf der Schalung stehend

Unterseite mit Korrosionsschutz

	Abstände der Abstandhalter			
⌀ Tragstäbe	Punktförmige Abstandhalter		Linienförmige Abstandhalter	
	max s_1	Stück/m²	max s_2	lfdm/m²
bis 6 mm	50 cm	4	50 cm	2
8 bis 14 mm	50 cm	4	50 cm	2
über 14 mm	70 cm	2	70 cm	1,4

Balken Stützen

Abstandhalter bei Stützen

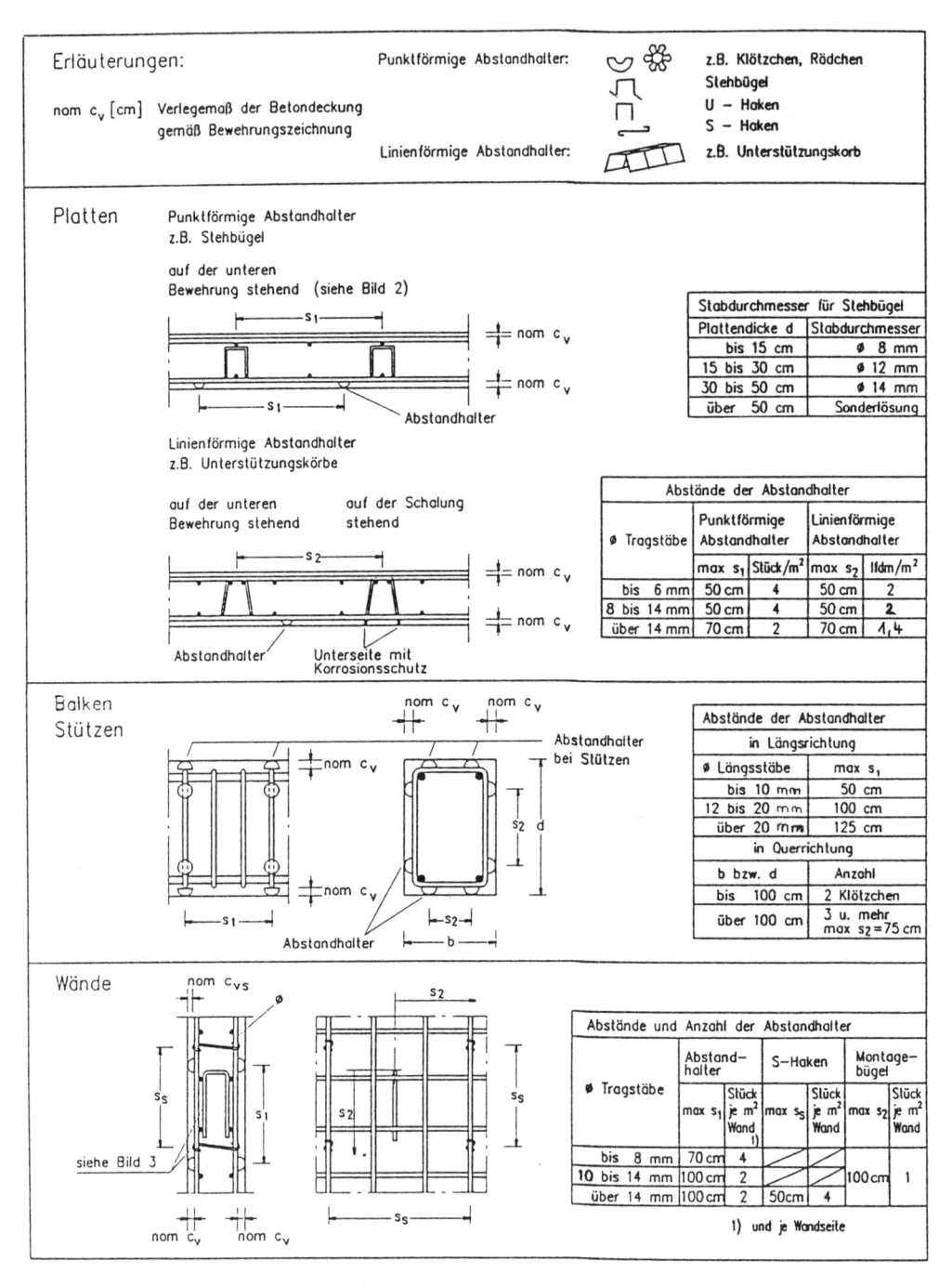

Abstände der Abstandhalter	
in Längsrichtung	
⌀ Längsstäbe	max s_1
bis 10 mm	50 cm
12 bis 20 mm	100 cm
über 20 mm	125 cm
in Querrichtung	
b bzw. d	Anzahl
bis 100 cm	2 Klötzchen
über 100 cm	3 u. mehr max s_2 = 75 cm

Wände

siehe Bild 3

	Abstände und Anzahl der Abstandhalter					
⌀ Tragstäbe	Abstandhalter		S-Haken		Montagebügel	
	max s_1	Stück je m² Wand 1)	max s_s	Stück je m² Wand	max s_2	Stück je m² Wand
bis 8 mm	70 cm	4				
10 bis 14 mm	100 cm	2			100 cm	1
über 14 mm	100 cm	2	50 cm	4		

1) und je Wandseite

ABB 3.3: Richtwerte für Anzahl und Anordnung von Abstandhaltern (nach [V17])

3 *Betondeckung* 33

Beispiel 3.2: Bezeichnung von Abstandhaltern

gegeben: - Nennmaß der Betondeckung nom c = 30 mm ist einzuhalten.
   - Stabdurchmesser $8 \leq d_s \leq 12$ in mm sind aufzunehmen.

gesucht: - korrekte Bezeichnung für die erforderlichen Abstandhalter

Lösung:
30 / 8 - 12 $\quad\quad\quad\quad\quad\quad\quad\quad\quad\quad\quad\quad$ | nom c / min d_s - max d_s

3.3.2 Anordnung der Abstandhalter

Die Anordnung und Anzahl der einzubauenden Abstandhalter hängt ab von

- dem zu unterstützenden Stabdurchmesser der Bewehrung
- der Art der Abstandhalter (linien- oder punktförmig wirkend)
- Art und Lage des Bauteils.

Im DBV-Merkblatt Betondeckung [V17] sind Richtwerte für die Anzahl und Anordnung von Abstandhaltern angegeben (**ABB 3.3**). Da auf der Baustelle i. d. R. zuwenig Abstandhalter eingebaut werden, ist es zweckmäßig, die erforderliche Anzahl Abstandshalter je m² auf dem Bewehrungsplan anzugeben.

4 Schnittgrößenermittlung

4.1 Allgemeines und Abmessungen

Der Ablauf einer statischen Berechnung im Zuge einer Tragwerksplanung erfolgt in folgenden Schritten:

1. Lastannahmen am realen Tragwerk. Eine europäische Vorschrift über Lastannahmen ist noch nicht verbindlich erarbeitet. Gemäß der Anwendungsrichtlinie [V4] gilt daher die nationale Lastvorschrift DIN 1055 [V18] auch für die Bemessung nach ENV 1992.
2. Tragwerksidealisierung (→ Kap. 4.2)
3. Schnittgrößenermittlung am globalen statischen System (= am ganzen Bauwerksteil) und evtl. zusätzlich in örtlichen Bereichen (z. B. Lasteinleitungsbereichen)
4. Superposition zu Extremalschnittgrößen (→ Kap. 4.3)
5. Festlegen der maßgebenden Bemessungsschnittgrößen
6. Bemessung.

Bei der Ermittlung der Eigenlasten im Rahmen von Punkt 1 müssen die Bauteilabmessungen aufgrund der erwarteten Beanspruchung zunächst geschätzt werden. In jedem Fall sind jedoch festgelegte Mindestabmessungen einzuhalten.

- Platten ([V1] §5.4.3.1) $\qquad$ min $h =$ 5 cm
- Stützen ([V1] §5.4.1.1) Ortbetonkonstruktionen $\qquad$ min $h =$ 20 cm
  Fertigteilkonstruktionen (waagerecht betoniert) min $h =$ 14 cm
- Balken Die Bauteildicke wird nur über die Begrenzung der Durchbiegung beschränkt (→ Kap. 8).

h Bauteildicke

4.2 Tragwerksidealisierung

Für die statische Berechnung muß das tatsächliche Tragwerk in ein statisches System idealisiert werden. Bauteile aus Stahlbeton sind i. d. R. monolithisch hergestellt, sofern sie als Ortbetonbauwerke erstellt wurden. Alle Verbindungen von Decken, Unterzügen und Stützen sind somit tatsächlich biegesteif verbunden; das statische System ist ein vielfach innerlich und äußerlich statisch unbestimmter Rahmen (**ABB 4.1**). Eine Berechnung an einem derart komplizierten System ist im Stahlbeton jedoch nicht erforderlich, das statische System kann vereinfacht und die Berechnung und Bemessung an Einzelbauteilen durchgeführt werden.

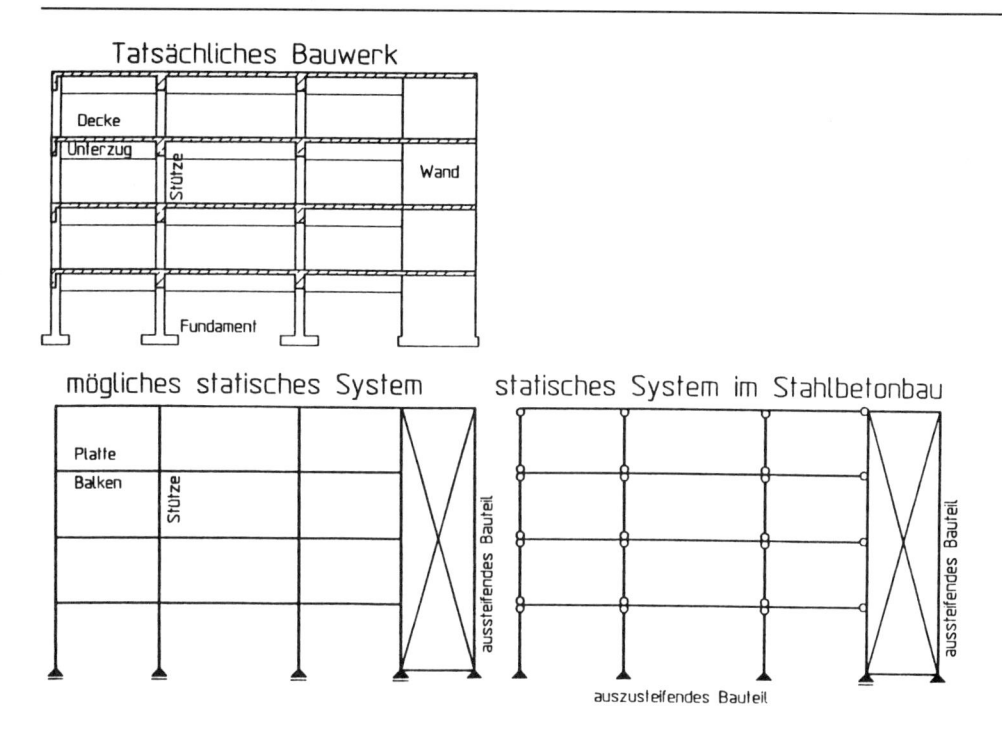

ABB 4.1: Tragwerksidealisierung bei Stahlbetontragwerken im Hochbau

- Platte → Durchlaufträger (bei einachsig gespannten Systemen) (→ Teil 2 oder [1])
- Unterzug → Durchlaufträger mit einer Korrekturberechnung für die Randfelder (→ Kap. 16)
- Stützen → Pendelstäbe mit einer Korrekturberechnung für die Randfelder (→ Kap. 16)

Zur Nachweisführung werden Tragwerke oder Tragwerksteile in ausgesteifte oder unausgesteifte eingeteilt, je nachdem, ob aussteifende Bauteile vorhanden sind (**ABB 4.1**). Ein aussteifendes Bauteil ist ein Teil des Tragwerks, das eine große Biege- und/oder Schubsteifigkeit aufweist und das entweder vollständig oder teilweise mit dem Fundament verbunden ist. Ein aussteifendes Bauteil sollte eine ausreichende Steifigkeit besitzen, um alle auf das Tragwerk wirkenden horizontalen Lasten aufzunehmen und in die Fundamente weiterzuleiten.

Es ist festzulegen, an welcher Stelle der Unterstützung das Auflager anzusetzen ist. Diese Stelle ist abhängig von der Art der Unterstützung (Endauflager oder Zwischenauflager) und den verwendeten Baustoffen (**ABB 4.2** bis **ABB 4.4**). Allgemein läßt sich die Stützweite l_{eff} aus der lichten Weite l_n und den rechnerischen Auflagertiefen a_i ermitteln.

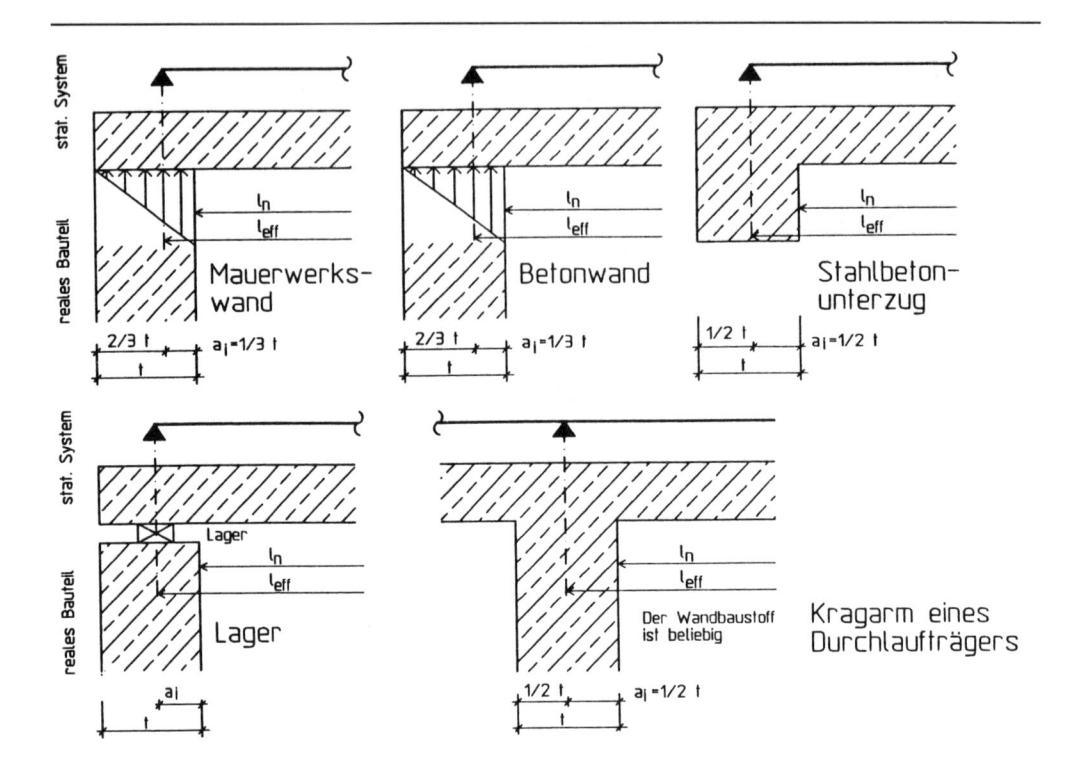

ABB 4.2: Endauflager mit gelenkiger Lagerung

$$l_{eff} = l_n + a_1 + a_2 \tag{4.1}$$

Sofern die Stützweiten nicht durch Lager eindeutig gegeben sind, lassen sie sich folgendermaßen bestimmen:

Endauflager aus
- einer Mauerwerks- oder Betonwand, einem Stahl-/Holzunterzug (**ABB 4.2**)

$$\frac{t}{2} \geq a_i > \frac{t}{3} \tag{4.2}$$

- einer Stahlbetonwand oder -stütze (nur bei einem ausgesteiften Hochbau[3]) oder einem Stahlbetonunterzug (**ABB 4.2**)

$$a_i = \frac{t}{2} \tag{4.3}$$

- einer Stahlbetonwand oder -stütze bei Annahme einer Einspannung (kein ausgesteifter Hochbau) (**ABB 4.3**)

---

[3]) Bei ausgesteiften Hochbauten werden alle Lager unabhängig vom Baustoff gelenkig angenommen.

4 Schnittgrößenermittlung

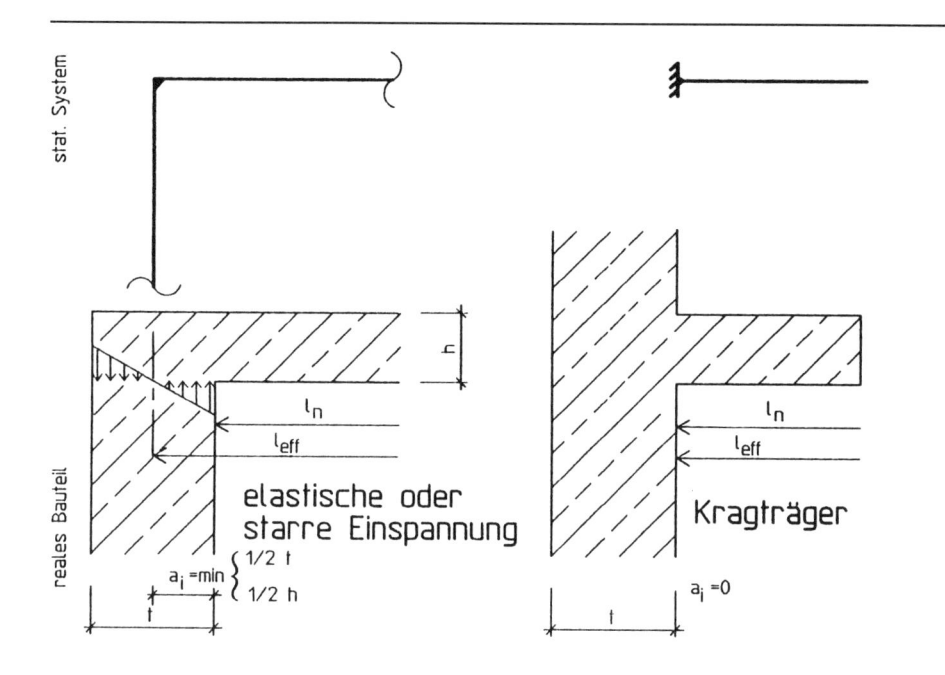

ABB 4.3: Endauflager mit voller Einspannung

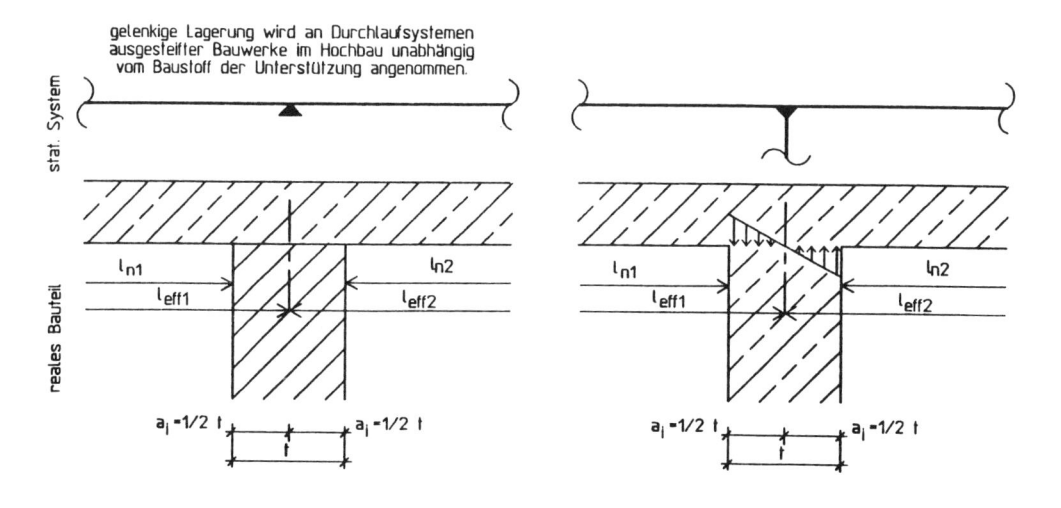

ABB 4.4: Zwischenauflager

$$a_i \le \frac{t}{2} \le \frac{h}{2} \qquad (4.4)$$

- einem beliebigen Baustoff bei einem auskragenden Durchlaufträger (**ABB 4.1**)

$$a_i = \frac{t}{2} \qquad (4.5)$$

- einem beliebigen Baustoff bei einem Kragträger (**ABB 4.3**)

$$a_i = 0 \qquad (4.6)$$

Zwischenauflager
- eines Durchlaufträgers (**ABB 4.4**)

$$a_i = \frac{t}{2} \qquad (4.7)$$

Beispiel 4.1: Tragwerksidealisierung

gegeben: - Balken im Hochbau lt. Skizze

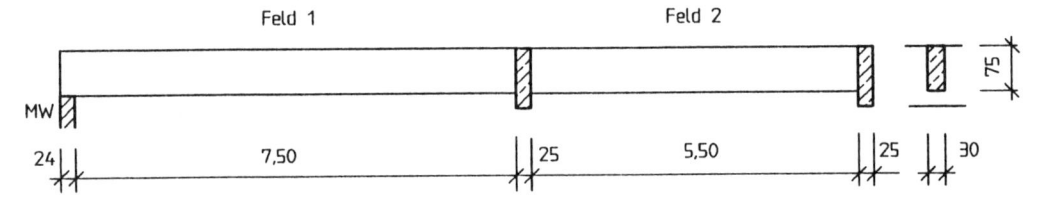

gesucht: - Tragwerksidealisierung

Lösung:
Feld 1:

$a_1 = \dfrac{0,24}{3} = 0,08 \text{m}$ $\qquad$ (4.2): $\dfrac{t}{2} \ge a_i > \dfrac{t}{3}$

$a_2 = \dfrac{0,25}{2} = 0,125 \text{m}$ $\qquad$ (4.7): $a_i = \dfrac{t}{2}$

$l_{\mathit{eff}} = 7,50 + 0,08 + 0,125 = 7,71 \text{ m}$ $\qquad$ (4.1): $l_{\mathit{eff}} = l_n + a_1 + a_2$

Feld 2:

$a_1 = \dfrac{0,25}{2} = 0,125 \text{m}$ $\qquad$ (4.7): $a_i = \dfrac{t}{2}$

$a_2 = \dfrac{0,25}{2} = 0,125 \text{m}$ $\qquad$ (4.3): $a_i = \dfrac{t}{2}$

$l_{\mathit{eff}} = 5,50 + 0,125 + 0,125 = 5,75 \text{ m}$ $\qquad$ (4.1): $l_{\mathit{eff}} = l_n + a_1 + a_2$

(Das Beispiel wird mit Beispiel 4.2 fortgesetzt.)

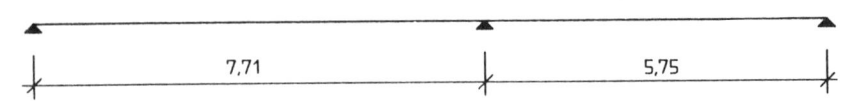

4 *Schnittgrößenermittlung*

Schnittgrößenermittlung	Vorteile	Nachteile
Linear elastisch ohne Momentenumlagerung	- einfache Anwendung - viele vertafelte Lösungen - Superpositionsgesetz gültig	nur begrenzte Ausnutzung des Tragvermögens eines Bauteils
Linear elastisch mit begrenzter Momentenumlagerung	- einfache Anwendung - Superpositionsgesetz gültig - bessere Ausnutzung des Tragvermögens - bessere Bewehrungsaufteilung bei positiven und negativen Momenten möglich	Gefahr verstärkter Rißbildung
Nichtlineare Verfahren	- beste Annäherung an wirkliches Tragverhalten	- Superpositionsgesetz nicht gültig - rechenintensives Verfahren nur mit EDV möglich - jeweils getrennte Schnittgrößenermittlung für Nachweise im Grenzzustand der Gebrauchstauglichkeit und im Grenzzustand der Tragfähigkeit erforderlich
Verfahren auf Grundlage der Plastizitätstheorie	- einfache Anwendung - Superpositionsgesetz gültig	- bei nicht ausreichend duktilem Betonstahl Überschätzung der Tragfähigkeit - jeweils getrennte Schnittgrößenermittlung für Nachweise im Grenzzustand der Gebrauchstauglichkeit und im Grenzzustand der Tragfähigkeit erforderlich

TAB 4.1: Mögliche Verfahren zur Schnittgrößenermittlung nach ENV 1992 [V1] im Grenzzustand der Tragfähigkeit

4.3 Verfahren zur Schnittgrößenermittlung im Grenzzustand der Tragfähigkeit ([V1] § 2.5.3)

4.3.1 Allgemeines

Die Schnittgrößen werden mit den in der Statik üblichen Verfahren ermittelt. Im Stahlbetonbau sind je nach Bauteil und untersuchtem Grenzzustand (→ Kap. 5.1) folgende Methoden zulässig (**TAB 4.1**):

- lineare Verfahren auf Basis der Elastizitätstheorie ohne Momentenumlagerung
  (→ Kap. 4.3.2)
- lineare Verfahren auf Basis der Elastizitätstheorie mit begrenzter Momentenumlagerung
  (→ Kap. 4.3.3)
- nichtlineare Verfahren (→ Kap. 4.3.4)
- Verfahren auf Grundlage der Plastizitätstheorie

4.3.2 Lineare Verfahren auf Basis der Elastizitätstheorie

Die Schnittgrößen werden getrennt nach Lastfällen am gewählten statischen System bestimmt [10], [11]. Für eine Bemessung ist jedoch nicht die Kenntnis einzelner Lastfälle, sondern aller möglichen Kombinationen von Lastfällen erforderlich. Die jeweils ungünstigste Kombination an jeder Stelle des Tragwerks ergibt die Extremalschnittgröße. Die Regeln zur Bestimmung dieser Extremalschnittgröße im Stahlbetonbau werden nachfolgend behandelt.

Während die Eigenlast ständig vorhanden ist, wirken die veränderlichen Einwirkungen nur zeitweilig. Nach der Häufigkeit der Einwirkung kann man unterscheiden in

- ständige Einwirkungen G_k (Eigenlast)
- Vorspannung P_k
- regelmäßige Einwirkungen Q_k (normale Verkehrslast, Temperatur, Wind usw.)
- außergewöhnliche Einwirkungen A_k (Anprallasten an Stützen, Erdbeben usw.).

Bei der Bestimmung der Extremalschnittgrößen sind die einzelnen Lasten mit ihren jeweiligen Teilsicherheitsbeiwerten zu multiplizieren. Jede Last hat ihren eigenen Teilsicherheitsbeiwert, der von der Art der Einwirkung abhängt (TAB 4.2). Die einzelnen Lastfälle treten unabhängig voneinander auf und wirken nicht gleichzeitig mit ihrer größten Intensität (Beispiel: Wenn es stürmt, wird der Schnee vom Dach geweht. Schneelast und Windlast können also nicht gleichzeitig mit maximaler Intensität wirken). Daher kann jede Einwirkung mit einem

Einwirkung	ständige Einwirkung γ_G [1])	veränderl. Einw. γ_Q	Vorspannung γ_P
günstige Auswirkung	1,00	- [2])	1,00
ungünstige Auswirkung	1,35	1,50 [2])	1,00

[1]) Müssen günstige und ungünstige Anteile der ständigen Einwirkung als eigenständige Anteile betrachtet werden (z. B. beim Nachweis des statischen Gleichgewichts, der Lagesicherheit), sind die ungünstigen mit $\gamma_{G,sup}$ = 1,1 zu erhöhen und die günstigen mit $\gamma_{G,inf}$ = 0,9 abzumindern ([V1] §2.3.3.1)

[2]) Für Zwang als veränderliche Einwirkung: bei linearer Schnittgrößenermittlung: $\gamma_{ind} = 0,8\, \gamma_Q$
bei nichtlinearer Schnittgrößenermittlung: $\gamma_{ind} = 1,0\, \gamma_Q$

TAB 4.2: Teilsicherheitsbeiwerte γ_F für Einwirkungen ([V1] Tabelle 2.2 und [V4])

Kombinationsbeiwert ψ_i multipliziert werden. Das Produkt $\psi_i \cdot Q_k$ ergibt den "repräsentativen Wert" einer veränderlichen Einwirkung. Entsprechend der Häufigkeit ihres Auftretens im Beobachtungszeitraum wird unterschieden zwischen dem

- repräsentativen seltenen Wert der veränderlichen Einwirkungen $\psi_0 \cdot Q_k$
- häufigen Wert der veränderlichen Einwirkungen $\psi_1 \cdot Q_k$
- quasi-ständigen Wert der veränderlichen Einwirkungen $\psi_2 \cdot Q_k$

ψ_0, ψ_1, ψ_2 Kombinationsbeiwerte für seltene, häufige und quasi-ständige Einwirkungen (TAB 4.3)

Einwirkung	Kombinationsbeiwerte		
	ψ_0	ψ_1	ψ_2
Nutzlast auf Decken - Wohnräume; Büroräume; Verkaufsräume bis 50 m²; Flure Balkone; Räume in Krankenhäusern	0,7	0,5	0,3
- Versammlungsräume; Garagen und Parkhäuser; Turnhallen; Tribünen; Flure in Lehrgebäuden; Büchereien; Archive	0,8	0,8	0,5
- Ausstellungs- und Verkaufsräume; Geschäfts- und Warenhäuser	0,8	0,8	0,8
Windlasten	0,6	0,5	0,0
Schneelasten	0,7	0,2	0,0
alle anderen Einwirkungen	0,8	0,7	0,5

TAB 4.3: Kombinationsbeiwerte ψ_2 [V4]

Die Extremalschnittgrößen S_d ergeben sich somit aus folgenden Gleichungen (Gln):

seltene Lastkombinationen:

$$S_d = extr\left[\sum_j \gamma_{G,j} G_{k,j} + \gamma_P P_k + \gamma_{Q,1} Q_{k,1} + \sum_{i>1} \psi_{0,i} \gamma_{Q,i} Q_{k,i}\right] \quad (4.8)$$

häufige Lastkombinationen:

$$S_d = extr\left[\sum_j \gamma_{G,j} G_{k,j} + \gamma_P P_k + \psi_{1,1} \gamma_{Q,1} Q_{k,1} + \sum_{i>1} \psi_{2,i} \gamma_{Q,i} Q_{k,i}\right] \quad (4.9)$$

quasi ständige Lastkombinationen:

$$S_d = extr\left[\sum_j \gamma_{G,j} G_{k,j} + \gamma_P P_k + \sum_i \psi_{2,i} \gamma_{Q,i} Q_{k,i}\right] \quad (4.10)$$

Hieraus ergibt sich (speziell im Fall der häufigen Lastkombinationen) eine Vielzahl zu untersuchender Möglichkeiten und damit ein sehr hoher Rechenaufwand. Daher sind in [V1] § 2.3.3.1 vereinfachte Kombinationsregeln für Stahlbetonbauten angegeben:

Bemessungssituationen mit einer veränderlichen Einwirkung $Q_{k,1}$:

$$S_d = extr\left[\sum_j \gamma_{G,j} G_{k,j} + 1,5 \cdot Q_{k,1}\right] \qquad (4.11)$$

Bemessungssituationen mit mehreren veränderlichen Einwirkungen $Q_{k,i}$:

$$S_d = extr\left[\sum_j \gamma_{G,j} G_{k,j} + 1,35 \cdot \sum_i Q_{k,i}\right] \qquad (4.12)$$

Für die ständigen Einwirkungen muß i. allg. nur der Teilsicherheitsbeiwert für ungünstige Auswirkung im gesamten Tragwerk berücksichtigt werden, eine feldweise Variation des Teilsicherheitsbeiwertes ist nicht erforderlich (**ABB 4.5**). Weiterhin darf bei Durchlaufträgern und Platten des üblichen Hochbaus folgende Vereinfachung ([V1] § 2.5.1.2) getroffen werden (**ABB 4.5**):

- Maximales Feldmoment: Jedes 2. Feld erhält die Bemessungsmomente der ständigen und der veränderlichen Last, die anderen tragen nur den Bemessungswert der ständigen Einwirkung.
- Minimales Stützmoment: Zwei benachbarte Felder erhalten die Bemessungswerte der ständigen und der veränderlichen Einwirkung, die anderen Felder tragen nur die Bemessungswerte der ständigen Last.

Wenn keine Schnittgrößenumlagerung vorgenommen wird (oder möglich ist), darf die bezogene Druckzonenhöhe ξ ($\rightarrow$ Kap. 6.3.4)

$$\xi = \frac{x}{d} \qquad (4.13)$$

x Höhe der Druckzone ($\rightarrow$ Kap. 6.3.4)

folgende Werte nicht überschreiten, sofern keine geeigneten konstruktiven Maßnahmen (z. B. Umschnürungen, Bügelbewehrung wie bei Druckgliedern) getroffen werden:

$C \leq C\ 35/45:$ $\qquad \xi \leq 0,45 \qquad (4.14)$

$C > C\ 35/45:$ $\qquad \xi \leq 0,35 \qquad (4.15)$

4 *Schnittgrößenermittlung*

Belastungsanordnung für
maximales Feldmoment Feld 1   minimales Stützmoment 1. Innenstütze

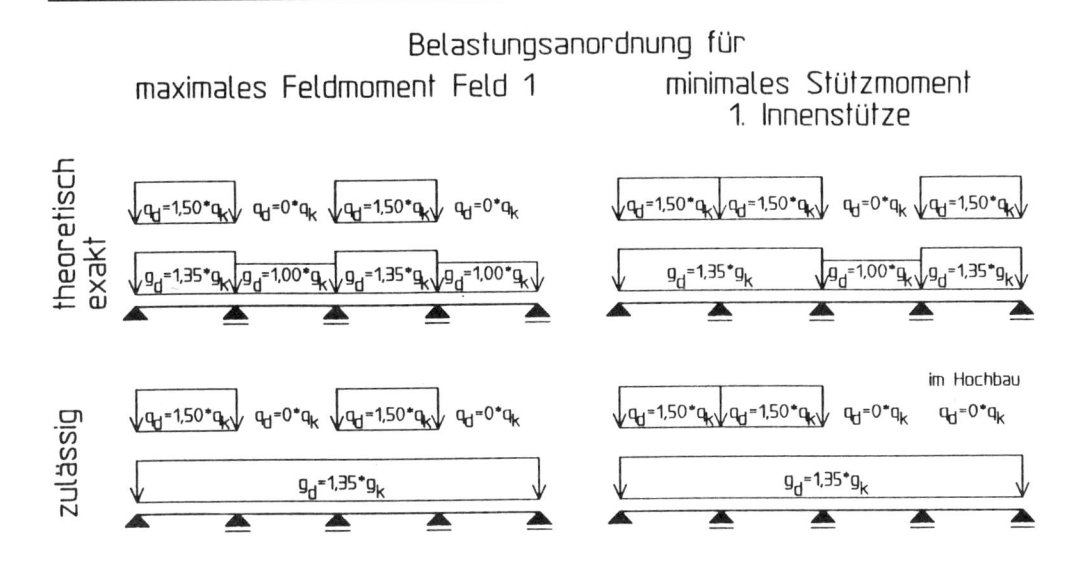

theoretisch exakt

$q_d = 1{,}50 \cdot q_k$; $q_d = 0 \cdot q_k$; $q_d = 1{,}50 \cdot q_k$; $q_d = 0 \cdot q_k$ $q_d = 1{,}50 \cdot q_k$; $q_d = 1{,}50 \cdot q_k$; $q_d = 0 \cdot q_k$; $q_d = 1{,}50 \cdot q_k$

$g_d = 1{,}35 \cdot g_k$; $g_d = 1{,}00 \cdot g_k$; $g_d = 1{,}35 \cdot g_k$; $g_d = 1{,}00 \cdot g_k$ $g_d = 1{,}35 \cdot g_k$; $g_d = 1{,}00 \cdot g_k$; $g_d = 1{,}35 \cdot g_k$

zulässig (im Hochbau)

$q_d = 1{,}50 \cdot q_k$; $q_d = 0 \cdot q_k$; $q_d = 1{,}50 \cdot q_k$; $q_d = 0 \cdot q_k$ $q_d = 1{,}50 \cdot q_k$; $q_d = 1{,}50 \cdot q_k$; $q_d = 0 \cdot q_k$; $q_d = 0 \cdot q_k$

$g_d = 1{,}35 \cdot g_k$ $g_d = 1{,}35 \cdot g_k$

ABB 4.5: Vereinfachende Belastungsanordnung

Beispiel 4.2: Bemessungsschnittgrößen nach Elastizitätstheorie ohne Momentenumlagerung (Fortsetzung von Beispiel 4.1)

gegeben: - 2-Feld-Träger eines Hochbaus lt. Skizze
- Belastung $g_k = 50$ kN/m; $q_k = 40$ kN/m

$q_k = 40$ kN/m
$g_k = 50$ kN/m

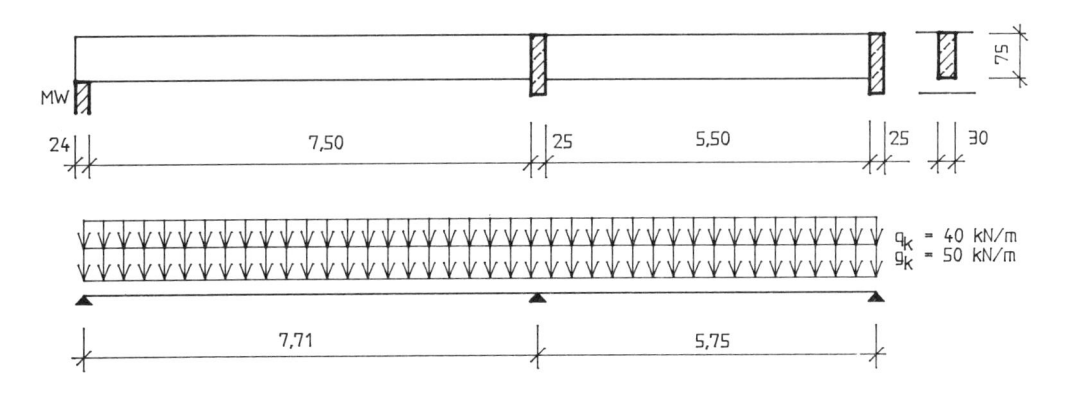

7,71   5,75

gesucht: - Bemessungsschnittgrößen nach Elastizitätstheorie ohne Momentenumlagerung

Lösung:

Schnittgröße		LF G	LF Q
max M_1	[kNm]	236	218
max M_2	[kNm]	84	132
max M_B	[kNm]	-301	-241
max V_A	[kN]	154	132
min V_{Bli}	[kN]	-232	-185
max V_{Br}	[kN]	196	157
min V_C	[kN]	-91	-103

Die Schnittgrößen können z. B. mit dem Kraftgrößenverfahren bestimmt werden oder mit Tabellenwerken (z. B. [2] Kap. 4.3).

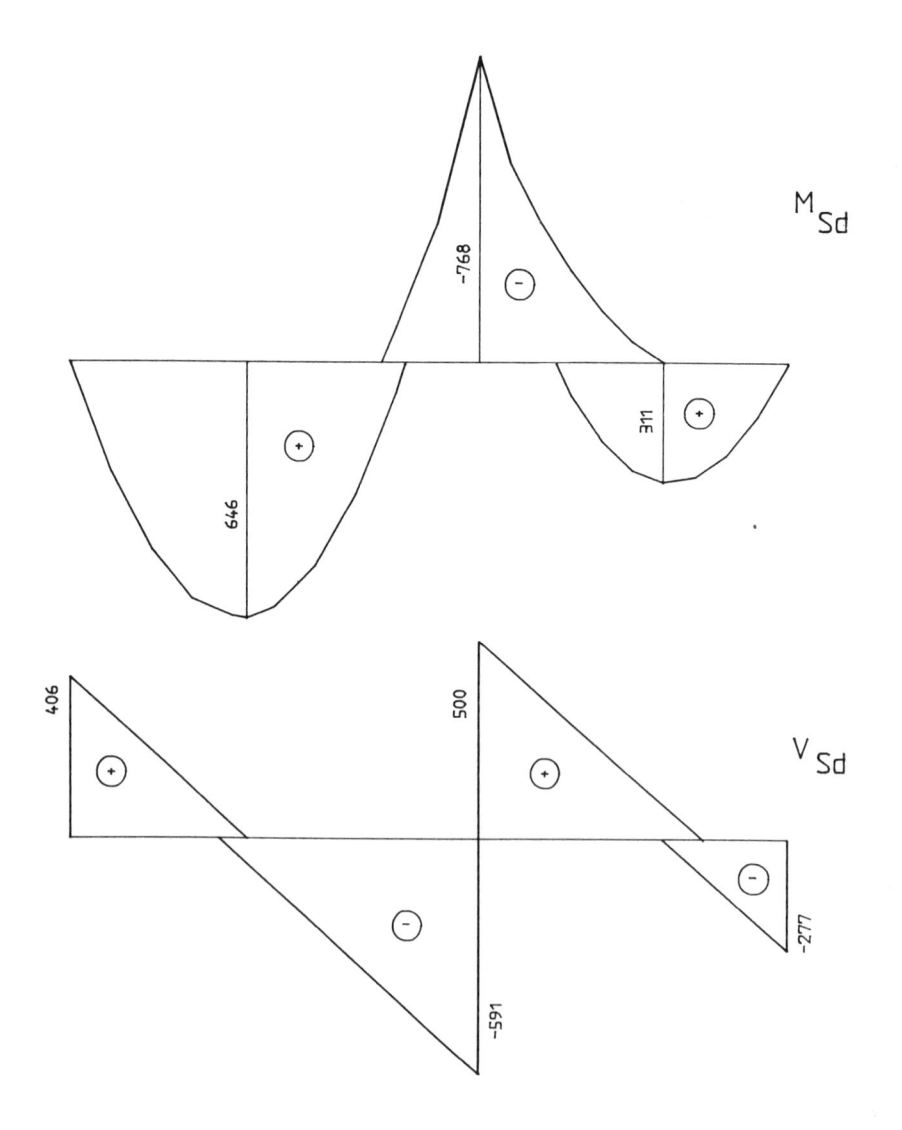

M_{Sd}: -768, 646, 311

V_{Sd}: 406, 500, -591, -277

4 Schnittgrößenermittlung

Superposition zu Bemessungsschnittgrößen:
$\gamma_G = 1{,}35$; $\gamma_Q = 1{,}50$
$\max M_1 = 1{,}35 \cdot 236 + 1{,}50 \cdot 218 = 646$ kNm
$\max M_2 = 1{,}35 \cdot 84 + 1{,}50 \cdot 132 = 311$ kNm
$\min M_B = 1{,}35 \cdot (-301) + 1{,}50 \cdot (-241) = -768$ kNm

TAB 4.2:
(4.11):
$$S_d = extr\left[\sum_j \gamma_{G,j} G_{k,j} + 1{,}5 \cdot Q_{k,1}\right]$$
Die Querkräfte werden analog bestimmt.

4.3.3 Schnittgrößenermittlung mit linearen Verfahren und begrenzter Momentenumlagerung

Eine Schnittgrößenermittlung für Stahlbetontragwerke nach der Elastizitätstheorie ist nur eine (auf der "sicheren Seite" liegende) Näherung für den Grenzzustand der Tragfähigkeit, da infolge der Rißbildung beim Stahlbeton Fließgelenke entstehen. Sofern ein Gleichgewichtszustand möglich ist, bewirken diese Fließgelenke, daß das Tragwerk noch höhere Lasten aufnehmen kann, bevor der Versagenszustand erreicht wird. In [V1] § 2.5.3.4.2 wird daher eine begrenzte Momentenumlagerung zugelassen.

Wenn die Schnittgrößenermittlung linear elastisch erfolgt ist, darf bei Durchlaufträgern das Stützmoment verändert werden, wenn das Verhältnis der Stützweiten benachbarter Felder < 2 ist. Das Gleichgewicht ist zu wahren, d. h., bei Verringerung des Stützmomentes ist das Feldmoment entsprechend zu erhöhen (**ABB 4.5**). Diese Maßnahme führt zu geringeren Bemessungsschnittgrößen, da die für das extremale Stützmoment maßgebende Lastfallkombination i. d. R. eine andere als diejenige für das extremale Feldmoment ist.

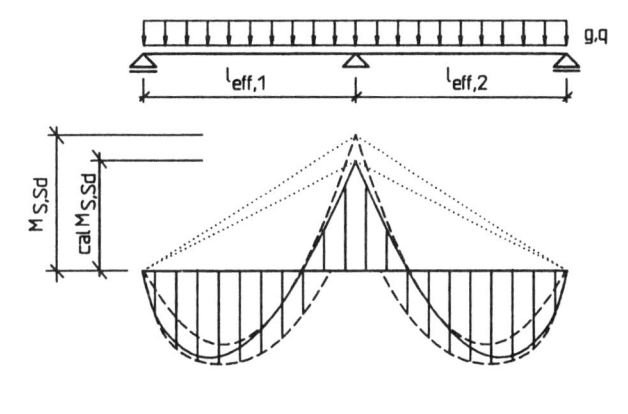

---- nach Elastizitätstheorie berechneter Schnittgrößenverlauf
——— umgelagerter Schnittgrößenverlauf
|||| maßgebender Schnittgrößenverlauf für die Bemessung

ABB 4.6: Momentenumlagerung unter Wahrung des Gleichgewichts

$$\text{cal}\, M_{S,Sd} = \delta \cdot M_{S,Sd} \tag{4.16}$$

Der Faktor δ darf - innerhalb vorgegebener Schranken - frei gewählt werden. Die Schranken sollen sicherstellen, daß das Rotationsvermögen (d. h. die Umlagerungsfähigkeit) des

Stahlbetons nicht überschritten wird. Es ist gemäß den folgenden Gln nachzuweisen ([V1] § 2.5.3.4.2).:

- Beton $\leq$ C 35/45: $\min\delta = 0,44 + 1,25 \cdot \dfrac{x}{d}$ (4.17)

　　　　 $\geq$ C 40/50: $\min\delta = 0,56 + 1,25 \cdot \dfrac{x}{d}$ (4.18)

- Betonstahl - normale Duktilität $\min\delta = 0,85$ (4.19)
　　　　　　 - hohe Duktilität $\min\delta = 0,70$ (4.20)

Der Nachweis für eine zulässige Wahl von δ ist nach der Schnittgrößenumlagerung zu führen. Hierzu werden die Gln (4.17) bis (4.20) überprüft. Dies kann für einen Rechteckquerschnitt auch graphisch mit Hilfe von (**ABB 4.7**) geschehen. Der Nachweis für die zulässige Wahl von δ ist nur bei geringerer Bauteilbeanspruchung möglich. Es ist daher zweckmäßig, ein nichtlineares Verfahren zur Schnittgrößenermittlung zu verwenden, sofern der Nachweis nicht erbracht werden kann.

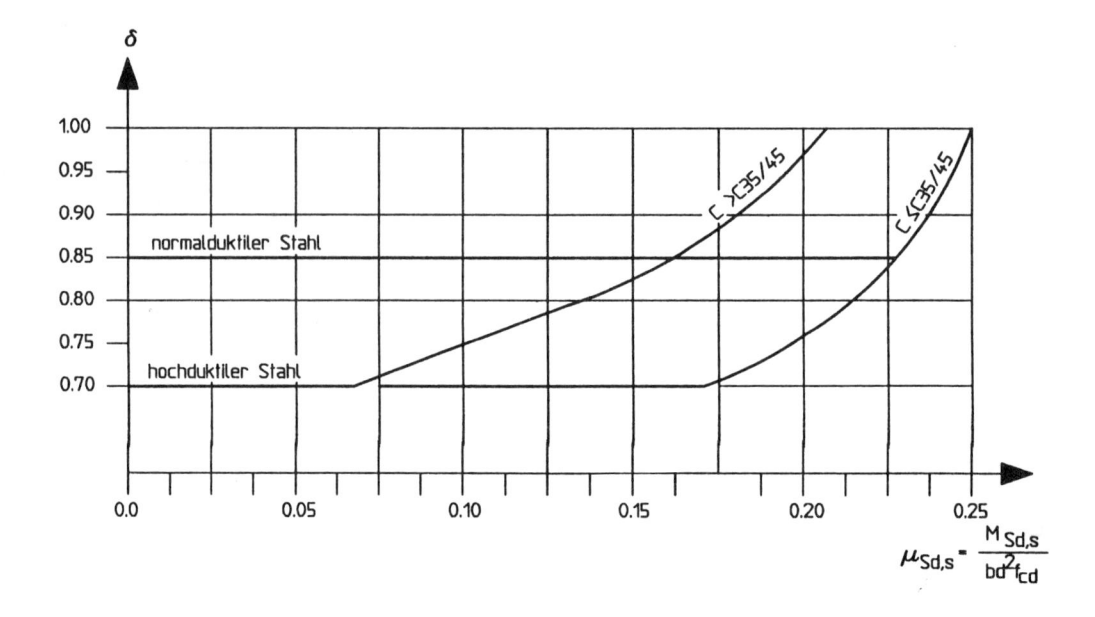

ABB 4.7: Zulässige Momentenumlagerung eines Rechteckquerschnitts ohne Druckbewehrung

4.3.4 Nichtlineare Verfahren zur Schnittgrößenermittlung [4])

Bei nichtlinearen Verfahren zur Schnittgrößenermittlung wird der Nachweis der Rotationsfähigkeit direkt geführt. Hierzu ist die mittlere Krümmung unter Berücksichtigung der Mitwirkung des Betons auf Zug im Stützenbereich zu führen. Dieser Nachweis ist jedoch für eine Handrechnung bei praktischen Anwendungen zu aufwendig. Bei Ermittlung der Schnittgrößen mit einem nichtlinearen Verfahren ist daher der Einsatz eines entsprechenden Computerprogramms erforderlich.

4.3.5 Mindestmomente

Die Bemessung an der Stütze muß bei linearer Berechnung ohne oder mit Umlagerung mindestens für ein Moment erfolgen, das 65 % des mit der lichten Weite l_n ermittelten Festeinspannmomentes entspricht ([V1] § 2.5.3.4.2). Für einen Durchlaufträger unter Gleichstreckenlast erhält man also

1. Innenstütze im Endfeld $\qquad \min M_{Sd} = -0{,}65 \cdot F_d \cdot \dfrac{l_n^2}{8} \approx -F_d \cdot \dfrac{l_n^2}{12}$ (4.21)

übrige Innenstützen $\qquad \min M_{Sd} = -0{,}65 \cdot F_d \cdot \dfrac{l_n^2}{12} \approx -F_d \cdot \dfrac{l_n^2}{18}$ (4.22)

$\qquad F_d \quad$ Bemessungswert der Streckenlast

Zur Berücksichtigung der bei einer Tragwerksidealisierung mit gelenkiger Lagerung vernachlässigten Einspannung am Endauflager soll hier eine Bemessung für 25 % des größten Feldmomentes erfolgen ([V1] § 5.4.2.1.2).

Endauflager von Balken $\qquad \min M_{Sd} = 0{,}25 \cdot \max M_F$ (4.23)

Beispiel 4.3: Bemessungsschnittgrößen nach Elastizitätstheorie mit Momentenumlagerung[5])

gegeben: - 2-Feld-Träger eines Hochbaus lt. Skizze in Beispiel 4.2
- Belastung $g_k = 50$ kN/m; $q_k = 40$ kN/m
- Baustoffe C 35/45; BSt 500 normale Duktilität

gesucht: - Bemessungsschnittgrößen nach Elastizitätstheorie mit Momentenumlagerung

---

[4]) Eine Anwendung dieses Verfahrens ist erst dann möglich, wenn bereits Kenntnisse zur Bemessung von Stahlbetontragwerken vorhanden sind. Ein Anwendungsbeispiel hierzu wird in [12] gegeben.

[5]) Dieses Beispiel sollte erst durchgearbeitet werden, wenn die Biegebemessung (Kap. 6) bekannt ist.

Lösung:

	Die Ergebnisse des Beispiels 4.2 können verwendet werden. Zunächst soll überprüft werden, wie groß die maximale Umlagerung ist.

$\gamma_c = 1,5$

$f_{cd} = \dfrac{35}{1,5} = 23,3 \, \text{N/mm}^2$

$d = 67,5$ cm

$\mu_{Sd,s} = \dfrac{0,768}{0,3 \cdot 0,675^2 \cdot 23,3} = 0,241$

$\delta = 0,945$

gew: $\delta = 0,95$

$\delta = 0,95 > 0,85 = \min \delta$

cal $M_{S,Sd} = 0,95 \cdot (-768) = -730$ kNm

$\mu_{Sd,s} = \dfrac{0,730}{0,3 \cdot 0,675^2 \cdot 23,3} = 0,23$

$\omega = 0,2913; \xi = 0,40$ (interpoliert)

$\xi = 0,40 < 0,45$

$\dfrac{x}{d} = 0,40$

$\min \delta = 0,44 + 1,25 \cdot 0,40 = 0,94 < 0,95 = \delta$

$\min M_{Sd} \approx -(1,35 \cdot 50 + 1,50 \cdot 40) \cdot \dfrac{7,50^2}{12} = -598$ kNm

TAB 2.11:	
(2.9): $f_{cd} = \dfrac{f_{ck}}{\gamma_c}$	
Schätzwert für statische Höhe	
(6.23): $\mu_{Sd,s} = \dfrac{M_{Sd,s}}{b \cdot d^2 \cdot f_{cd}}$	
maximal mögliche Umlagerung nach ABB 4.7	
(4.19): $\min \delta = 0,85$	
(4.16): cal $M_{S,Sd} = \delta \cdot M_{S,Sd}$	
(6.23): $\mu_{Sd,s} = \dfrac{M_{Sd,s}}{b \cdot d^2 \cdot f_{cd}}$	
TAB 6.4:	
(4.14): $C \leq C\,35/45$: $\xi \leq 0,45$	
(6.19): $x = \xi \cdot d$	
(4.17): $C \leq C\,35/45$:	
$\min \delta = 0,44 + 1,25 \cdot \dfrac{x}{d}$	
(4.21): $\min M_{Sd} \approx -F_d \cdot \dfrac{l_n^2}{12}$	

Es ist zu überprüfen, ob durch die Umlagerung des Stützmomentes eine andere Lastfallkombination maßgebend wird. Dies geschieht hier, indem die $(F_d \cdot l^2/8)$-Parabel in die Schlußlinie eingehängt wird. Man sieht, daß sich an den maßgebenden Lastfallkombinationen nichts ändert.

$|\Delta V_{\text{Feld 1}}| = \dfrac{768 - 730}{7,71} = 5$ kN $\qquad |\Delta V| = \dfrac{\Delta M}{l_{eff}}$

$|\Delta V_{\text{Feld 2}}| = \dfrac{768 - 730}{5,75} = 7$ kN $\qquad |\Delta V| = \dfrac{\Delta M}{l_{eff}}$

Wegen der geringen Querkraftänderungen werden keine Überlegungen angestellt, welche Querkraftlinie zu welcher Momentenlinie zuzuordnen ist.

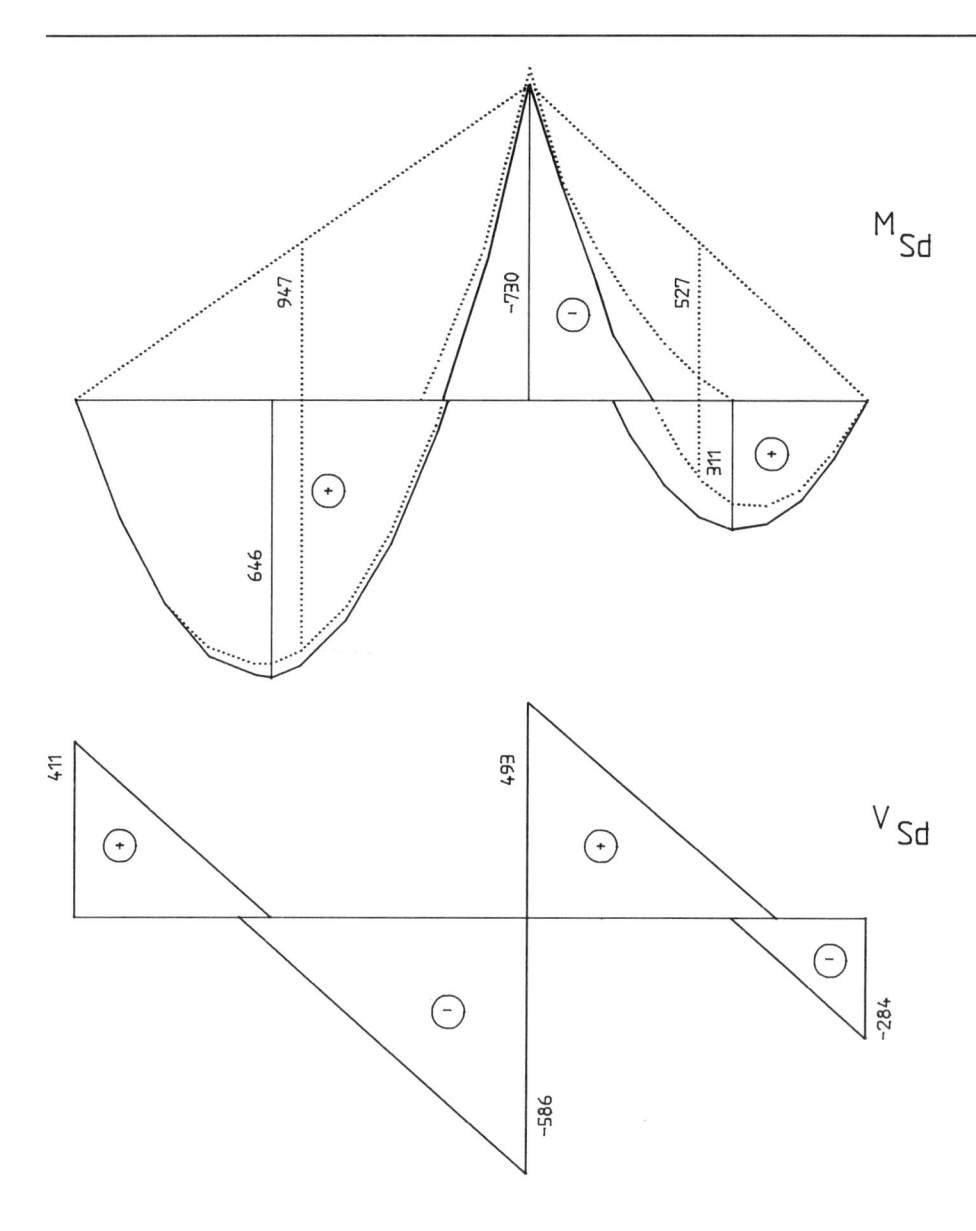

4.4 Verfahren zur Schnittgrößenermittlung im Grenzzustand der Gebrauchsfähigkeit ([V1] § 2.5.3)

Da sich Stahlbetontragwerke im Gebrauchszustand näherungsweise linear elastisch verhalten, genügt i. d. R. eine Ermittlung der Schnittgrößen mit linearen Verfahren. Die Extremalschnittgrößen werden unter Zugrundelegung der Teilsicherheitsbeiwerte $\gamma = 1$ ermittelt.

seltene Lastkombinationen:

$$S_d = extr\left[\sum_j G_{k,j} + P_k + Q_{k,1} + \sum_{i>1} \psi_{0,i} Q_{k,i}\right] \qquad (4.24)$$

häufige Lastkombinationen:

$$S_d = extr\left[\sum_j G_{k,j} + P_k + \psi_{1,1} Q_{k,1} + \sum_{i>1} \psi_{2,i} Q_{k,i}\right] \qquad (4.25)$$

quasi ständige Lastkombinationen:

$$S_d = extr\left[\sum_j G_{k,j} + P_k + \sum_i \psi_{2,i} Q_{k,i}\right] \qquad (4.26)$$

Zur Vereinfachung des Rechenaufwandes sind wie im Grenzzustand der Tragfähigkeit vereinfachte Lastkombinationen zulässig. Sie lauten für nicht vorgespannte Stahlbetontragwerke:

Bemessungssituationen mit einer veränderlichen Einwirkung $Q_{k,1}$:

$$S_d = extr\left[\sum_j G_{k,j} + Q_{k,1}\right] \qquad (4.27)$$

Bemessungssituationen mit mehreren veränderlichen Einwirkungen $Q_{k,i}$:

$$S_d = extr\left[\sum_j G_{k,j} + 0{,}90 \cdot \sum_i Q_{k,i}\right] \qquad (4.28)$$

4.5 Imperfektionen

Eine Herstellung von genau waagerechten bzw. senkrechten Bauteilen (wie im statischen System unterstellt) ist in der Realität nicht möglich. Eine mögliche ungünstige Einwirkung infolge von Schiefstellungen ist bei der Schnittgrößenermittlung für den Grenzzustand der Tragfähigkeit zu berücksichtigen ([V1] § 2.5.1.3). Bei der Schnittgrößenermittlung für das aussteifende Bauteil wird daher eine Ersatzschiefstellung v_1 des Gesamttragwerks unterstellt (**ABB 4.8**), aus der sich Belastungen für das aussteifende Bauteil ergeben.

$$v_1 = \frac{1}{100\sqrt{h_{tot}}} \geq v_{min} \qquad (4.29)$$

$$v_{min} = \begin{cases} \frac{1}{400} & \text{für nicht stabilitätsgefährdete Systeme } (\rightarrow \text{Kap. 15.2.2}) \\ \frac{1}{200} & \text{für stabilitätsgefährdete Systeme } (\rightarrow \text{Kap. 15.2.2}) \end{cases} \qquad (4.30)$$

Bei Anordnung vieler Stützenreihen unterscheiden sich die Schiefstellungen nach Größe und Richtung; die Abtriebskräfte kompensieren sich somit, und die Belastung für das aussteifende

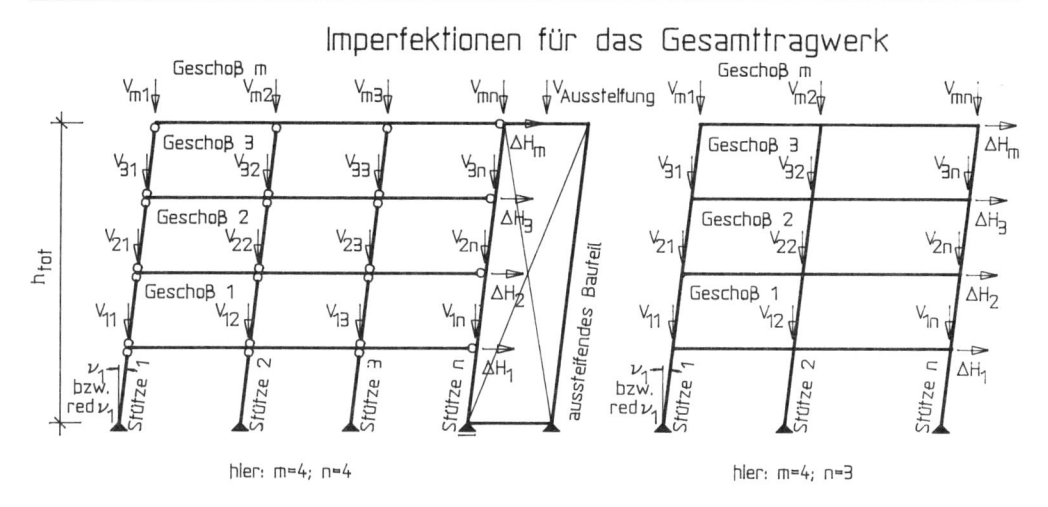

4 Schnittgrößenermittlung

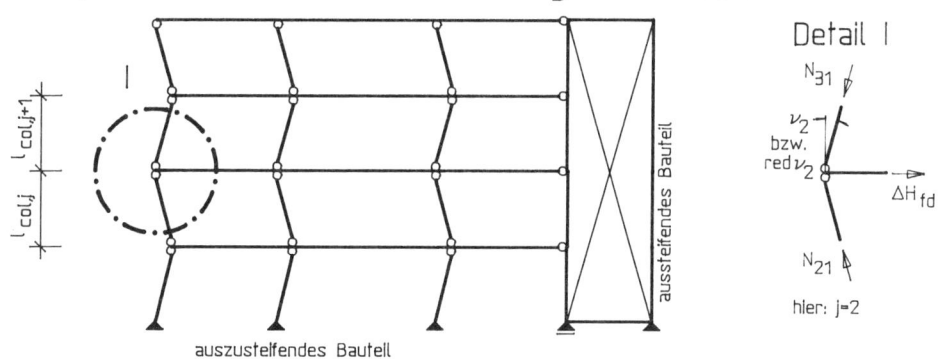

ABB 4.8: Ansatz von Ersatzschiefstellungen

Bauteil wird somit kleiner als bei nur einer Stützenreihe. Dieser Tatsache wird durch Einführen eines Abminderungsbeiwertes α_n Rechnung getragen. Mit der reduzierten Lotabweichung werden die Abtriebskräfte ermittelt.

$$\alpha_n = \sqrt{0,5 \cdot \left(1 + \frac{1}{n}\right)} \tag{4.31}$$

$$\text{red } \nu_1 = \alpha_n \cdot \nu_1 \tag{4.32}$$

$$\Delta H_j = \sum_{i=1}^{n} V_{ji} \cdot \text{red } \nu_1 \tag{4.33}$$

n \quad Anzahl der Stützenreihen (**ABB 4.8**)

Die für das Gesamtsystem ermittelte Schiefstellung v_1 ist auch bei der Bemessung von Stützen anzusetzen ($\rightarrow$ Kap. 15.3.2).

Für diejenigen Bauteile, die die Abtriebskräfte in die aussteifenden Bauteile leiten, sind ebenfalls Zusatzbeanspruchungen zu ermitteln und bei der Bemessung zu berücksichtigen. Der ungünstigste denkbare Fall ist hierbei, daß die Stützenneigungen zweier benachbarter Stockwerke gerade entgegengesetzt sind (**ABB 4.8**).

$$l_{col} = \frac{l_{col,i} + l_{col,i+1}}{2} \tag{4.34}$$

$$v_2 = \frac{1}{200\sqrt{l_{col}}} \geq 0{,}5 \cdot v_{min} \tag{4.35}$$

$$\text{red } v_2 = \alpha_n \cdot v_2 \tag{4.36}$$

$$\Delta H_{fd} = \sum_{i=1}^{n} \left(N_j + N_{j+1}\right)_i \cdot \text{red } v_2 \tag{4.37}$$

Die Abtriebskraft ΔH_{fd} darf bei der Bemessung vernachlässigt werden, sofern sie kleiner als die planmäßige Horizontalkraft H_{Sd} ist.

5 Grundlagen der Bemessung

5.1 Allgemeines

Die Bemessung eines Bauteils hat die Aufgaben,

- die Tragfähigkeit (= Standsicherheit)
  → Bemessung für den Grenzzustand der Tragfähigkeit
- die Gebrauchsfähigkeit
  → Bemessung für den Grenzzustand der Gebrauchsfähigkeit
- die Dauerhaftigkeit
  → Bemessung für den Grenzzustand der Gebrauchsfähigkeit

zu gewährleisten. Hieraus ist ersichtlich, daß eine Bemessung sowohl Sicherheitsanforderungen als auch Wirtschaftlichkeitsbedürfnisse gegeneinander abwägen muß. Die Anforderungen an die Sicherheit müssen um so höher sein, je höher das Schadenspotential eines Bauwerkes ist (TAB 5.1):

- Einsturz einer Scheune führt i. d. R. zu Sachschaden
  → geringe Sicherheitsanforderungen

Sicherheits-klasse	Versagens-wahrschein-lichkeit p_f	Mögliche Folgen von Gefährdungen, die	
		vorwiegend die Tragfähigkeit betreffen	vorwiegend die Gebrauchs-fähigkeit betreffen
1	10^{-5}	Keine Gefahr für Menschenleben; wirtschaftliche Folgen gering	Geringe wirtschaftliche Folgen; geringe Beeinträchtigung der Nutzung
2	10^{-6}	Gefahr für Menschenleben und/oder große wirtschaftliche Folgen	Beachtliche wirtschaftliche Folgen und Beeinträchtigung der Nutzung
3	10^{-7}	Große Bedeutung der baulichen Anlage für öffentliche Sicherheit	Große wirtschaftliche Folgen; große Beeinträchtigung der Nutzung

TAB 5.1: Sicherheitsklassen, operative Versagenswahrscheinlichkeiten p_f in den Grenzzuständen der Tragfähigkeit und Gebrauchstauglichkeit für einen Bezugszeitraum von einem Jahr (nach [13])

- Einsturz eines Kaufhauses führt zu sehr großem Personen- und Sachschaden
  → hohe Sicherheitsanforderungen.

Bauwerke des üblichen Hochbaus werden in Sicherheitsklasse 2 eingeordnet. Weiterhin soll eine Bemessung innerhalb eines Bauwerks erreichen, daß alle Bauteile in etwa das gleiche Sicherheitsniveau aufweisen, da für ein Versagen das schwächste Bauteil maßgebend ist. Um diese Anforderungen zu erreichen, sind mehrere Nachweise erforderlich, die nacheinander geführt werden müssen. Diese Nachweise werden in den folgenden Kapiteln behandelt.

Aus der Schnittgrößenermittlung erhält man im allgemeinen Fall folgende Schnittgrößen:

- die Biegemomente M
- die Längskräfte N
- die Querkräfte V
- die Torsionsmomente T (nicht in allen Fällen).

Die Schnittgrößen wurden für alle vorkommenden Lastfälle (Eigenlast G, Verkehr Q, Wind w usw.) zunächst getrennt berechnet und anschließend ungünstigst überlagert (→ Kap. 4). Das Ergebnis sind die Extremalschnittgrößen. Diese müssen bekannt sein, bevor eine Bemessung durchgeführt werden kann. Weiterhin muß - unabhängig vom verwendeten und zu bemessenden Baustoff - die Art der Bauteilbelastung bekannt sein; man unterscheidet

- äußere Lasten (z. B. Eigenlast G, Verkehr Q usw.)
    - vorwiegend ruhend,
    - nicht vorwiegend ruhend (= schwingend),
- äußere Zwangkräfte (entstehen durch Verformungsbehinderung eines Tragwerks, z. B. Stützensenkung an einem statisch unbestimmten System),
- innere Zwangkräfte (bewirken Spannungen, aber keine Schnittgrößen, z. B. nichtlineare Temperaturverteilung innerhalb eines Bauteils).

Eine Bemessung kann für jede einzelne Extremalschnittgröße oder - sofern dies zweckmäßig ist - für bestimmte Kombinationen von Schnittgrößen (z. B. $M+N$; $V+T$) erfolgen. Sie wird i. d. R. nur für die Stellen des Bauteils durchgeführt, an denen eine oder mehrere Schnittgrößen ihren Extremwert haben.

5.2 Bemessungskonzepte

5.2.1 Bemessung im Grenzzustand der Tragfähigkeit

In einer Bemessung wird nachgewiesen, daß die auf ein Bauteil wirkenden Beanspruchungen (= Einwirkungen) S_d nicht größer als die Bauteilfestigkeiten (= Widerstände) R_d sind.

5 Grundlagen der Bemessung

$$S_d \leq R_d \qquad (5.1)$$

Die Bemessung kann auf folgende Arten erfolgen:

- Die Bemessung erfolgt mit einem globalen Sicherheitsbeiwert γ. Der Nachweis erfolgt über zulässige Werte oder über Bruchschnittgrößen:

$$\text{vorh } \sigma \leq \text{zul } \sigma = \frac{\sigma_u}{\gamma} \qquad (5.2)$$

σ_u Bruchspannung

$$S_d \left[\gamma \cdot \left(\sum G_k + \sum Q_k \right) \right] \leq R_d \left[f_{ck}; f_{yk} \right] \qquad (5.3)$$

- Die Bemessung erfolgt unter Beachtung der stochastischen Unabhängigkeit verschiedener Einflußgrößen mit Teilsicherheitsbeiwerten:

$$S_d \left[\text{Gl (4.8) bis (4.12)} \right] \leq R_d \left[\frac{f_{ck}}{\gamma_c}; \frac{f_{yk}}{\gamma_s}; \frac{f_{Pk}}{\gamma_s} \right] \qquad (5.4)$$

Während die ersten beiden Formen der Bemessung deterministischer Art und seit langem im Bauwesen üblich sind, ist die letzte Möglichkeit neu. Sie bedarf daher einer näheren Betrachtung (→ Kap. 5.2.3).

5.2.2 Bemessung im Grenzzustand der Gebrauchsfähigkeit

Die Nachweise für den Grenzzustand der Gebrauchsfähigkeit werden analog zu denen der Tragfähigkeit geführt. Der Unterschied besteht darin, daß die Teilsicherheitsbeiwerte i. d. R. für den Gebrauchszustand zu eins gesetzt werden. Die Bemessungsformel lautet:

$$E_d \leq C_d \qquad (5.5)$$

E_d eine durch Einwirkungen verursachte Größe (z. B. Durchbiegungen, Rißbreite)
C_d ein festgelegter Grenzwert (z. B. zul. Durchbiegung, zul. Rißbreite)

Die Bemessung erfolgt mit dem probabilistischen Bemessungsverfahren auf der Basis von Gl. (5.6):

$$E_d \left[\text{Gl (4.24) bis (4.28)} \right] \leq C_d \left[\frac{f_{ck}}{\gamma_c}; \frac{f_{yk}}{\gamma_s}; \frac{f_{Pk}}{\gamma_s} \right] \qquad (5.6)$$

5.2.3 Probabilistisches Bemessungsverfahren

Die in unsere Berechnung eingehenden Parameter

- Einwirkungen
  (= Lasten)
- Bauteilwiderstände
  (= Bauteilfestigkeiten)

sind stochastische Werte (sie sind Streuungen unterworfen). Die streuenden Werte lassen sich in einer Häufigkeitskurve darstellen (ABB 5.1). Charakteristische Werte dieser Kurven sind die Standardabweichung s und der Quantilwert f_k (bei den Betonfestigkeitsklassen ist der 5 %-Quantilwert diejenige Bruchspannung, die von 5 % aller untersuchten Proben nicht erreicht wird).

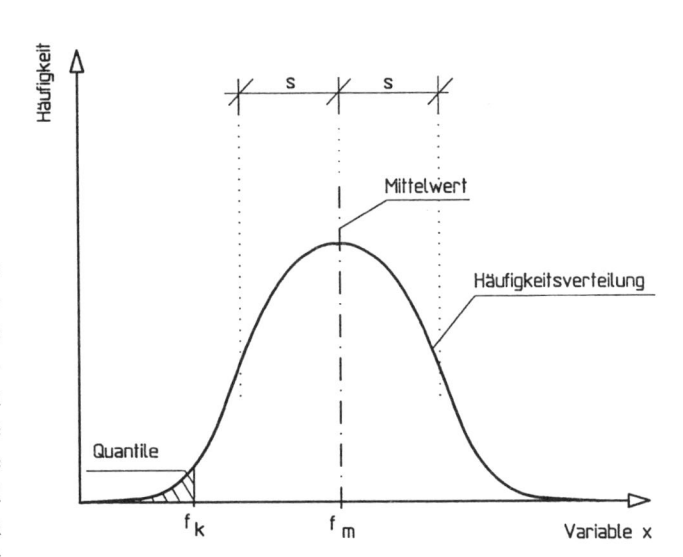

ABB 5.1: Häufigkeitskurve

Die Häufigkeitskurve der voraussichtlichen Beanspruchungen des Bauteils wird nun derjenigen der erwarteten Bauteilfestigkeiten gegenübergestellt (ABB 5.2). Die Belastung eines Bauteils besteht aus mehreren voneinander unabhängigen Lastanteilen (Eigenlast, Verkehrslast, Wind usw.). Die Bauteilfestigkeit hängt beim Stahlbeton von den Festigkeiten des Betons und des Stahls ab. Jeder Lastanteil und jeder Festigkeitsanteil streut, ist also mit einem bestimmten Teilsicherheitsbeiwert behaftet. Die Kurven der Einwirkungen und der Bauteilwiderstände sind also für sich genommen das Resultat weiterer Häufigkeitsverteilungen (Genaueres → [13],[14]).

Der Abstand der Häufigkeitsverteilung für die Einwirkungen und derjenigen für die Bauteilwiderstände ist ein Maß für die Sicherheit. Die lt. den Vorschriften (z. B. [V1]) zu verwendenden Teilsicherheitsbeiwerte wurden nun so festgelegt, daß ein gewünschtes Sicherheitsniveau (= ein gewünschter Abstand der Kurven in ABB 5.2) erreicht wird.

5 *Grundlagen der Bemessung*   57

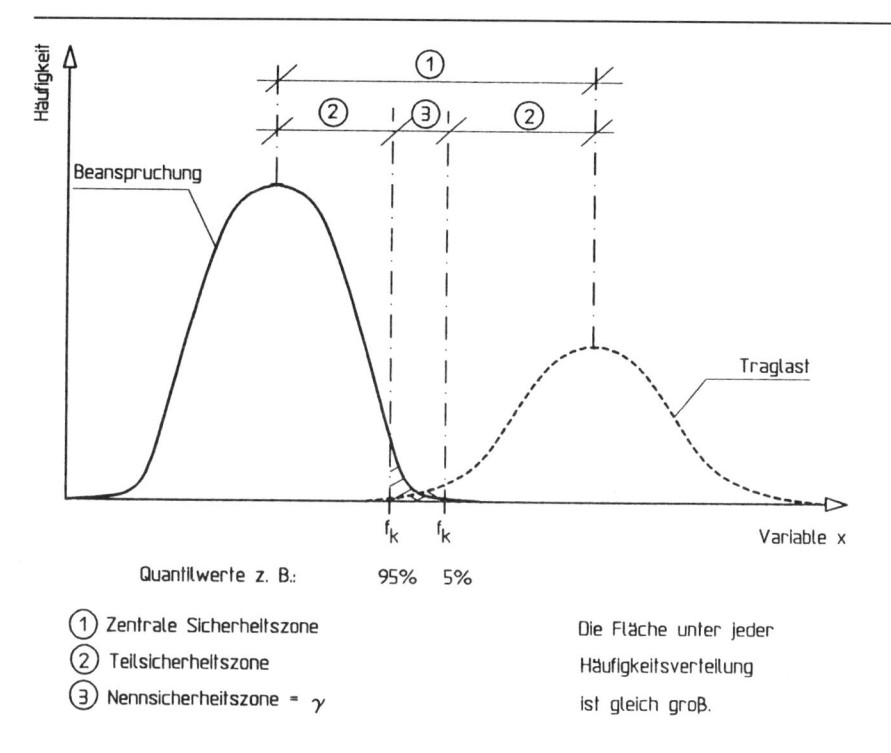

ABB 5.2: Häufigkeitsverteilung der Einwirkungen und der Bauteilwiderstände; Nennsicherheitszone γ

5.3 Bemessung im Stahlbetonbau

5.3.1 Statisches Zusammenwirken von Beton und Stahl

Beton kann zwar hohe Druckspannungen, aber nur geringe Zugspannungen übertragen (→ Kap. 2.3.1). Ein unbewehrter Betonbalken würde daher sehr schnell versagen. Betonstahl kann Zugspannungen (und auch Druckspannungen) gut übertragen. Legt man nun Betonstahl unverschieblich dort in den Beton, wo Zugkräfte auftreten, so vereint sich die hohe Druckfestigkeit des Betons mit der hohen Zugfestigkeit des Stahls zum tragfähigen Stahlbeton. Voraussetzung für das Zusammenwirken beider ist die relative Unverschieblichkeit des Stahls gegenüber dem ihn umgebenden Beton. Wenn sich nämlich der Stahl gegenüber dem Beton verschieben könnte, würde er sich nicht an der Lastaufnahme beteiligen (**ABB 5.3**). Stahlbetontragwerke werden daher so hergestellt, daß beide Baustoffe als "Verbundquerschnitt" zusammenwirken. Die Verbundwirkung wird wesentlich durch die Rippen auf den Betonstählen erreicht.

ohne Verbund · mit Verbund

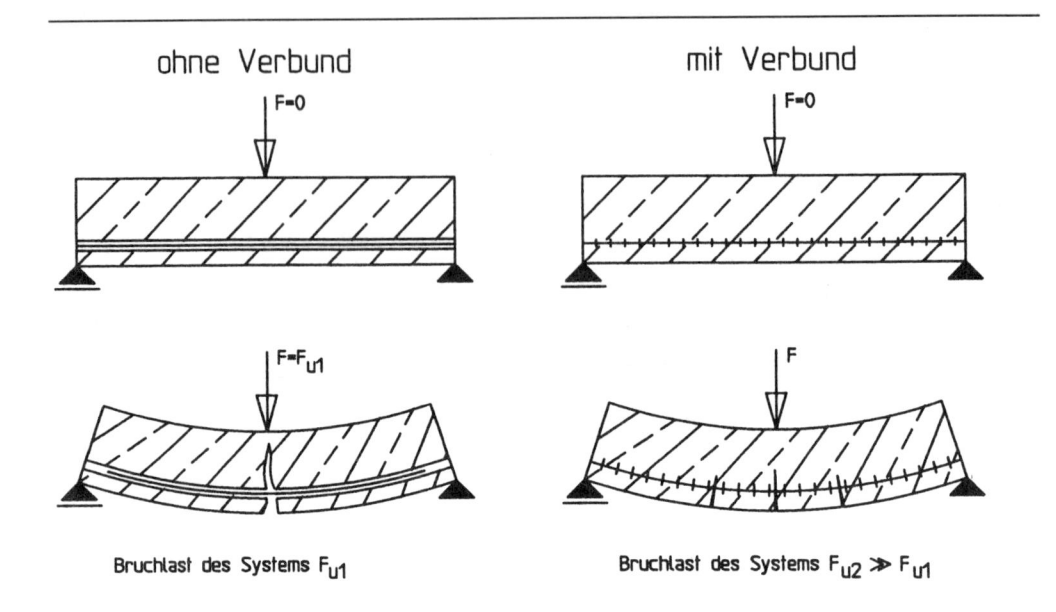

$F=0$ · $F=0$

$F=F_{u1}$ · F

Bruchlast des Systems F_{u1} · Bruchlast des Systems $F_{u2} \gg F_{u1}$

ABB 5.3: Auswirkung des Verbundes

5.3.2 Vorgehensweise bei der Bemessung

Die Bemessung eines Stahlbetonbauteils erfolgt durch diverse Nachweise, die nacheinander geführt werden. Für ein biegebeanspruchtes Bauteil sind dies z. B.:

Nachweis	Nachweis im Grenzzustand der...	Erfordernis der Nachweisführung
1. Biegebemessung (→ Kap. 6)	Tragfähigkeit	obligatorisch
2. Rißbreitenbeschränkung (→ Kap. 7)	Gebrauchsfähigkeit	nur bei bestimmten Bauteilen
3. Durchbiegungsbeschränkung (→ Kap. 8)	Gebrauchsfähigkeit	obligatorisch
4. Querkraftbemessung (→ Kap. 9)	Tragfähigkeit	obligatorisch
5. Torsionsmomentenbemessung (→ Kap. 10)	Tragfähigkeit	nur, sofern Torsionsmomente vorhanden
5. Zugkraftdeckung (→ Kap. 11)	Tragfähigkeit	nur bei Wahl einer gestaffelten Bewehrung
6. Bewehrungsführung (→ Kap. 12)	Tragfähigkeit	obligatorisch
7. Begrenzung der Spannungen unter Gebrauchsbedingungen (→ Kap. 13)	Gebrauchsfähigkeit	nur, sofern konstruktive Regeln nicht eingehalten werden

Darüber hinaus können für besondere Anforderungen (z. B. Feuerbeständigkeit) weitere Nachweise erforderlich werden.

5.3.3 Bemessungszustände im Stahlbetonbau

Zustand I   Der Stahlbetonquerschnitt ist ungerissen, der Beton nimmt sowohl Druck- als auch Zugspannungen auf.
Zustand II Der Stahlbetonquerschnitt weist Risse auf, Bauteil ist durch Lasten des Gebrauchszustandes beansprucht.
Zustand III Plastifizierung der Werkstoffe, der Bruchzustand wird erreicht.

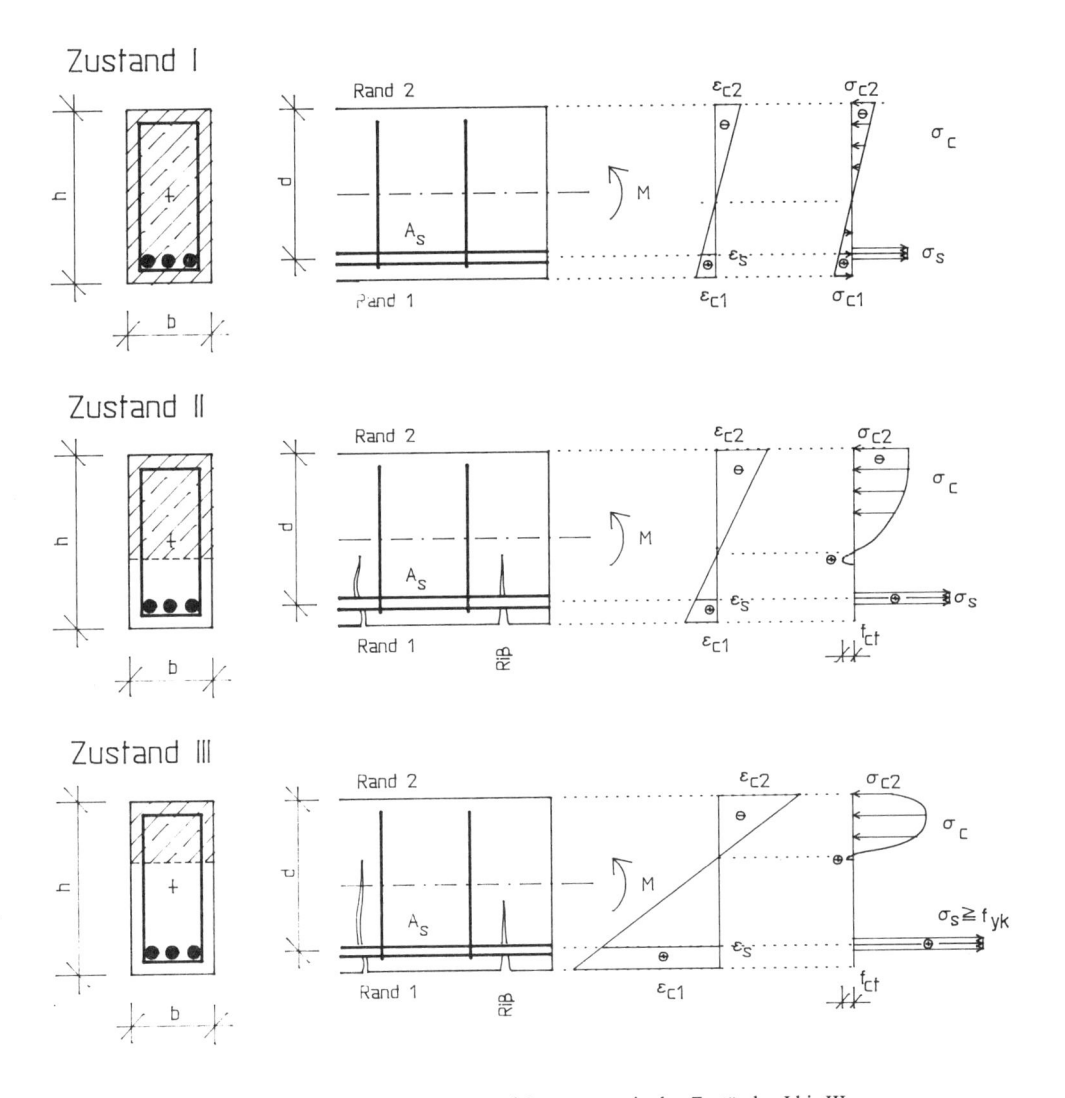

ABB 5.4: Stahlbetonquerschnitt mit Verzerrungen und Spannungen in den Zuständen I bis III

Solange die Betonzugspannungen σ_{ct} am unteren Rand kleiner als die Betonzugfestigkeit f_{ct} sind, trägt der Beton in der Zugzone mit. Das Bauteil befindet sich im Zustand I (**ABB 5.4**). Der wirksame Querschnitt setzt sich aus dem gesamten Betonquerschnitt A_c und dem Stahlquerschnitt A_s zusammen. Da die Verzerrungen [6]) im Zustand I sehr klein sind, gilt für den Beton mit genügender Genauigkeit das HOOKEsche Gesetz. Zusammen mit der Hypothese von BERNOULLI (Hypothese vom Ebenbleiben der Querschnitte) ergibt sich daraus eine geradlinige Spannungsverteilung.

Bei wachsender Last wird sehr schnell die Zugfestigkeit des Betons überschritten. Der Beton der Zugzone reißt teilweise auf. Der Querschnitt befindet sich nun im Zustand II. In diesem Zustand befindet sich das Tragwerk im Gebrauchszustand. Für die Bemessung ist der gerissene Querschnitt maßgebend. Idealisierend nimmt man an, daß die gesamte Zugzone gerissen ist. Als wirksamer Querschnitt stehen im Rißquerschnitt dann nur noch der Beton der Druckzone A_{cc} und der Stahlquerschnitt A_s zur Verfügung. Im Rißquerschnitt müssen alle Zugkräfte vom Stahl allein übertragen werden. Die Dehnungen bleiben linear verteilt. Der Beton verhält sich aber nicht mehr linear elastisch, die Betonstauchungen am gedrückten Rand wachsen schneller als die Betonspannungen, und die Spannungsverteilung ist gekrümmt.

Bei weiter steigender Belastung plastifizieren die Baustoffe. Die Bauteilverformungen nehmen sehr stark zu. Das Bauteil befindet sich im Zustand III. Es erreicht in diesem Zustand seine aufnehmbare Bruchbeanspruchung.

---

[6]) Verzerrung wird als Oberbegriff für Dehnungen und Stauchungen benutzt.

6 Biegebemessung

6.1 Allgemeines

Die Biegebemessung hat folgende zwei Aufgaben:

- die in das Bauteil einzulegende Biegezugbewehrung A_s zu bestimmen
- nachzuweisen, daß der Beton die vorhandenen (Druck-) Spannungen aufnehmen kann.

Bei der Biegebemessung geht man von folgenden Annahmen aus:

- Die Hypothese von BERNOULLI gilt, d. h., Querschnitte, die vor der Verformung eben waren, sind auch während der Verformung eben. Diese Annahme gilt nur bei schlanken Bauteilen (= Balken, Platten) und nicht bei wandartigen Trägern (= Scheiben). Schlanke Bauteile liegen dann vor, wenn

$$\frac{l_0}{h} \geq 2 \tag{6.1}$$

l_0 Abstand der Momentennullpunkte
h Bauteildicke

Die Biegebemessung ist also nur auf solche Bauteile anwendbar, die Gl (6.1) erfüllen. Aus der Hypothese von BERNOULLI folgt, daß die Verzerrungen mit zunehmendem Abstand von der Nullinie linear zunehmen.
- Die Zugfestigkeit des Betons wird nicht berücksichtigt, d. h., der Querschnitt wird für die Bemessung als bis zur Nullinie gerissen angenommen. Sämtliche Zugkräfte müssen durch die Bewehrung aufgenommen werden.
- Zwischen dem Beton und der Bewehrung liegt vollkommener Verbund vor, d. h., die Stahleinlagen erfahren die gleiche Dehnung wie die Betonfaser.

6.2 Bemessungsmomente

Die Biegebemessung erfolgt an den Stellen der maximalen Biegebeanspruchung. Bei einem Bauteil konstanter Dicke sind dies die Stellen der Extremalmomente. Sie treten an Lagern direkt über dem idealisierten Auflager auf. Lager haben in Wirklichkeit aber eine endliche Ausdehnung. Eine schneidenförmige Lagerung, wie sie im statischen System angenommen wird, darf daher korrigiert werden. Es dürfen die Biegemomente an Auflagern durchlaufender Konstruktionen mit folgenden Bemessungswerten verwendet werden, sofern eine gelenkige Lagerung angenommen wurde:

$$M'_{Sd} = |M_{Sd}| - |\Delta M| \qquad (6.2)$$

ABB 6.1: Fall 1: $\Delta M_{Sd} = F_{Sd,sup} \cdot \dfrac{b_{sup}}{8}$ (6.3)

Fall 2: $\Delta M_{Sd} = \min \begin{cases} |V_{Sd,li}| \cdot \dfrac{b_{sup}}{2} \\ |V_{Sd,re}| \cdot \dfrac{b_{sup}}{2} \end{cases}$ (6.4)

F_{Sd} zum Moment zugehörige Auflagerkraft

Die Bemessung muß dabei jedoch unter Einhaltung eines Mindestmomentes erfolgen, das 65 % des mit der lichten Weite l_n ermittelten Festeinspannmomentes entspricht, sofern die Schnittgrößenermittlung mit einem linearen Verfahren erfolgt ist (→ Kap. 4.3.5). An Endauflagern ist ebenfalls ein Mindestmoment einzuhalten.

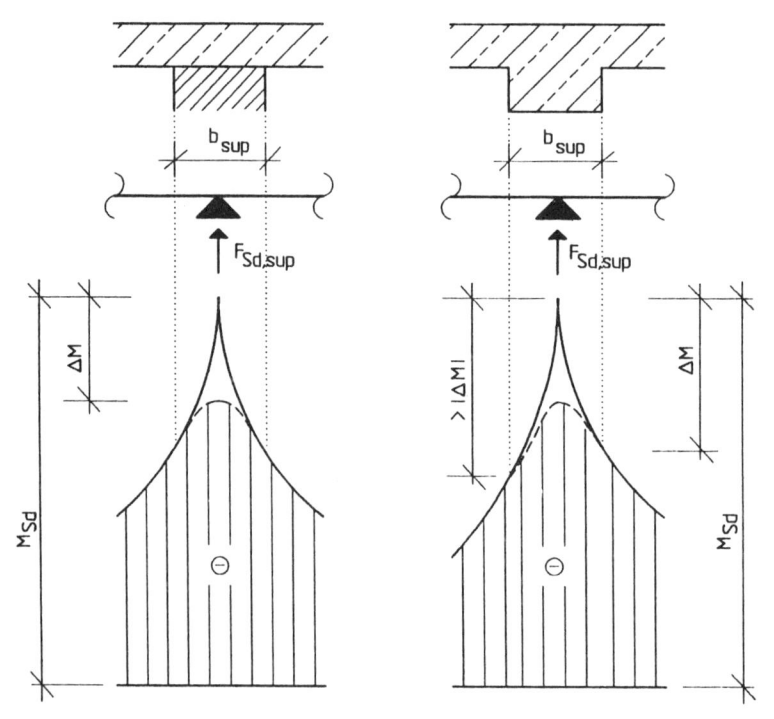

ABB 6.1: Momentenausrundung bei gelenkiger Lagerung

6.3 Biegebemessung von Rechteckquerschnitten

6.3.1 Spannungen und Dehnungen

Um ein Bauteil bemessen zu können, müssen die Spannungsdehnungslinien bekannt sein, beim Stahlbeton diejenigen für den Beton und den Betonstahl. Als Rechenwert der Spannungsdehnungslinie für den Beton wird diejenige gemäß **ABB 2.4**, für den Betonstahl diejenige nach **ABB 2.6** verwendet. In der Regel wird dabei für den Beton das "Parabel-Rechteck-Diagramm" verwendet.

Der Versagenszustand tritt ein, wenn die Grenzverzerrungen auftreten. Je nachdem, wo diese Grenzverzerrungen auftreten, kann das Versagen durch den Beton oder den Betonstahl ausgelöst werden:

- Ein <u>Versagen des Betons</u> liegt vor, wenn folgende Grenzstauchungen am Bauteilrand erreicht werden:
    - $\varepsilon_{c2} = -3,5$ ‰   bei Biegung
    - $\varepsilon_{c2} = \varepsilon_{c1} = -2,0$ ‰   bei zentrischem Druck
- Ein <u>Versagen des Betonstahls</u> liegt vor, wenn der Stahl folgende Grenzdehnungen erreicht:
    - $\varepsilon_{s1} = 10,0$ ‰ bzw. 20,0 ‰
- Ein <u>gleichzeitiges Versagen des Betons und des Betonstahls</u> liegt vor, wenn die Grenzstauchung des Betons und die Grenzdehnung des Stahls
    - $\varepsilon_{c2} = -3,5$ ‰
    - $\varepsilon_{s1} = 10,0$ ‰ bzw. 20,0 ‰ betragen.

Die zulässigen Dehnungsverteilungen aufgrund der verschiedenen Annahmen für die Spannungsdehnungslinien von [V1] und [V4] sind in **ABB 6.2** dargestellt. Aus der Dehnungsverteilung lassen sich mit den Spannungsdehnungslinien sofort die Betonspannung (im Druckbereich) und die Stahlspannung (unter der Voraussetzung vollkommenen Verbundes[7]) bestimmen. Durch Integration der Spannungen über die Fläche lassen sich somit die Bauteilwiderstände bestimmen. Die in **ABB 6.2** gezeigten Bereiche der Verzerrungen werden im folgenden näher erläutert.

<u>Bereich 1</u>:
Bereich 1 tritt bei einer mittig angreifenden Zugkraft oder bei einer Zugkraft mit kleiner Ausmitte (Biegung mit großem Axialzug) auf. Er umfaßt alle Lastkombinationen, die über den gesamten Querschnitt Zug verursachen (**ABB 6.3**). Der statisch wirksame Querschnitt besteht nur aus der Bewehrung mit den Querschnitten A_{s1} und A_{s2}. Die Bewehrung A_{s1} versagt, weil sie die

---

[7]) Vollkommener Verbund heißt: Zwischen Beton und Bewehrungsstahl finden keine Relativverschiebungen statt.

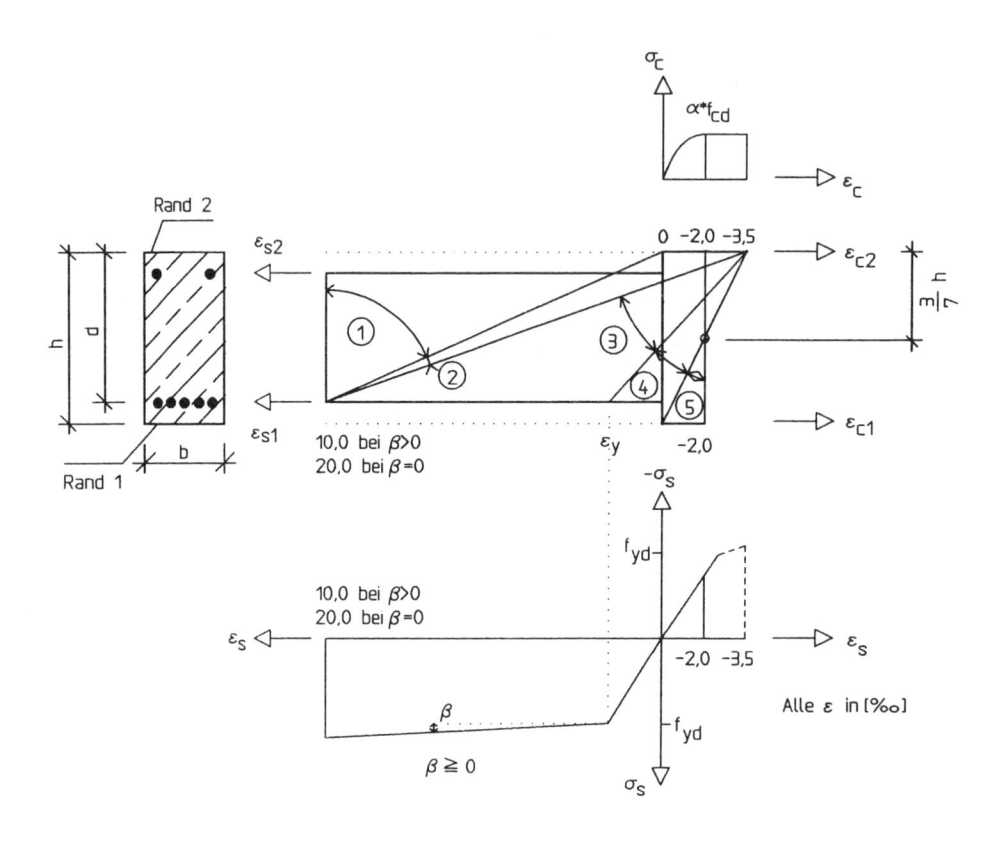

ABB 6.2: Rechnerisch mögliche Dehnungsverteilungen für Stahlbetonquerschnitte

Grenzdehnung von $\varepsilon_{s1} = 10{,}0$ ‰ bzw. $20{,}0$ ‰ erreicht. Die Bemessung erfolgt nach dem Hebelgesetz ($\rightarrow$ Kap. 6.3.8).

Bereich 2:
Bereich 2 tritt bei reiner Biegung und bei Biegung mit Längskraft (Druck- oder Zugkraft) auf. Die Nullinie liegt innerhalb des Querschnittes. Die Biegezugbewehrung wird voll ausgenutzt, d. h., der Stahl versagt, weil er die Grenzdehnung von $\varepsilon_{s1} = 10{,}0$ ‰ bzw. $20{,}0$ ‰ erreicht. Der Betonquerschnitt wird i. allg. nicht voll ausgenutzt (Stauchungen erreichen nicht 3,5 ‰). Sofern das Dehnungsverhältnis $\varepsilon_{c2} / \varepsilon_{s1} = -3{,}5 / 10{,}0$ bzw. $20{,}0$ (in ‰) auftritt, versagen Beton und Betonstahl gleichzeitig. Die Bemessung erfolgt z. B. mit dem k_h-Verfahren ($\rightarrow$ Kap. 6.3.4) oder einem dimensionslosen Bemessungsverfahren ($\rightarrow$ Kap. 6.3.5).

Bereich 3:
Bereich 3 tritt bei reiner Biegung und bei Biegung mit Längskraft (Druck) auf. Die Tragkraft des Stahls ist größer als die Tragkraft des Betons; es versagt der Beton, weil seine Grenzstauchung $\varepsilon_{c2} = -3{,}5$ ‰ erreicht wird. Das Versagen kündigt sich wie in den Bereichen 1 und 2 durch breite Risse an, da der Stahl die Streckgrenze überschreitet (Bruch mit

6 Biegebemessung

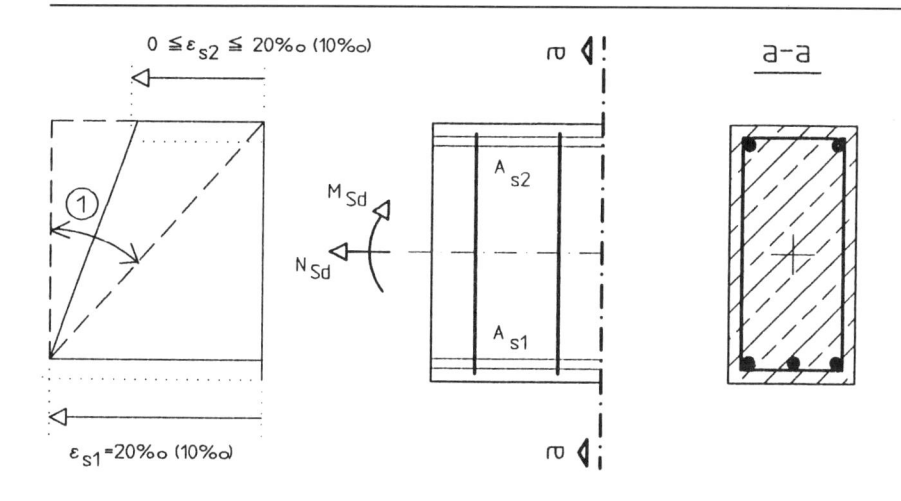

ABB 6.3: Dehnungen im Bereich 1

Vorankündigung). Die Bemessung erfolgt z. B. mit dem k_h-Verfahren oder einem dimensionslosen Bemessungsverfahren.

Bereich 4:
Bereich 4 tritt bei Biegung mit einer Längsdruckkraft auf. Er stellt den Übergang eines vorwiegend auf Biegung beanspruchten Querschnittes zu einem auf Druck beanspruchten Querschnitt dar. Der Beton versagt, bevor im Stahl die Streckgrenze erreicht wird, da die möglichen Dehnungen äußerst klein sind. Dieser Bereich führt zu einem stark bewehrten

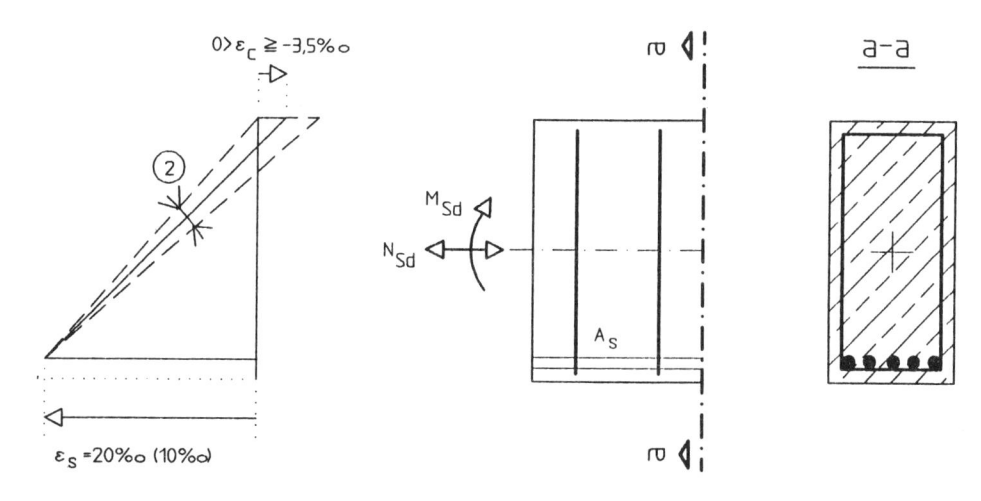

ABB 6.4: Dehnungen im Bereich 2

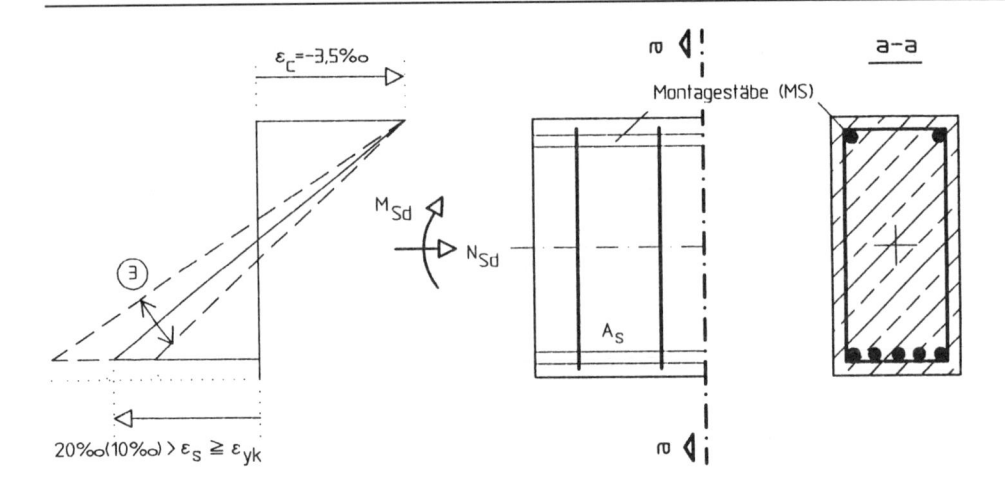

ABB 6.5: Betonstauchungen und Stahldehnungen im Bereich 3

Querschnitt. Er wird daher bei der Bemessungspraxis durch Einlegen einer Druckbewehrung (→ Kap. 6.3.6) vermieden. Kleine Stahldehnungen in der Zugzone führen zum Bruch ohne Vorankündigung (die Biegezugbewehrung gerät nicht ins Fließen).

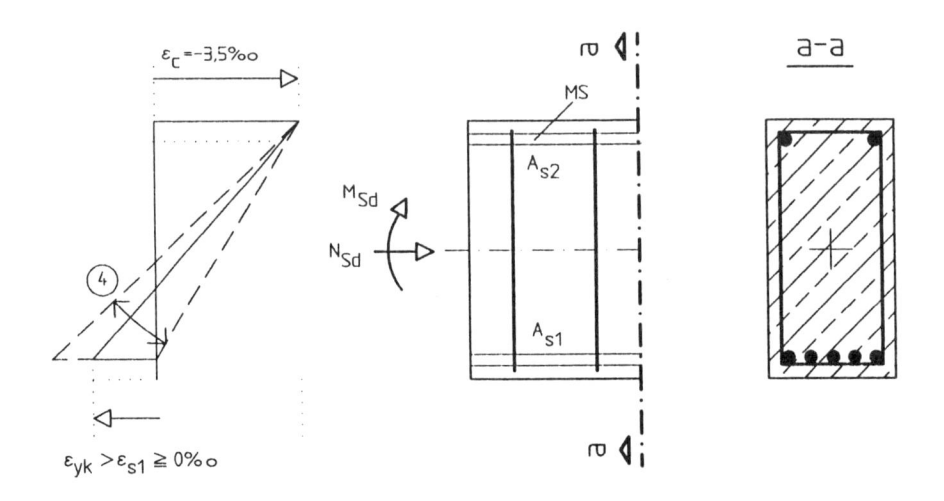

ABB 6.6: Betonstauchungen und Stahldehnungen im Bereich 4

6 Biegebemessung

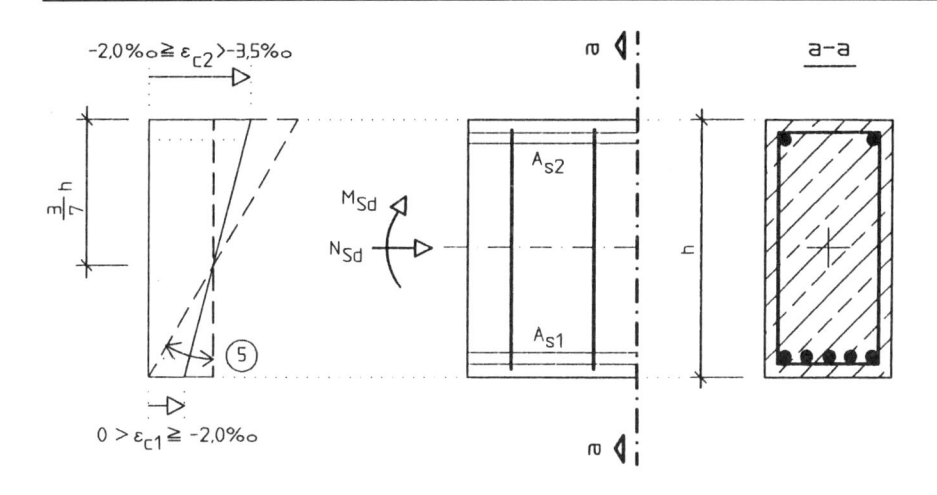

ABB 6.7: Beton- und Stahlstauchungen im Bereich 5

Bereich 5:
Bereich 5 tritt bei einer Druckkraft mit geringer Ausmitte (z. B. bei Stützen → Kap. 14) oder einer zentrischen Druckkraft auf. Er umfaßt alle Lastkombinationen, die über den gesamten Querschnitt Stauchungen erzeugen, so daß nur Druckspannungen auftreten. Die Stauchung am weniger gedrückten Rand liegt zwischen $0 > \varepsilon_{c1} > -2,0$ ‰. Alle Dehnungsverteilungen schneiden sich in dem Punkt, der im Abstand $3/7\,h$ vom stärker gedrückten Rand liegt.

6.3.2 Bauteildicke und statische Höhe

Die Bauteilabmessungen b und h sind aus den Architektenplänen oder einer Vorbemessung bekannt. Die statische Höhe d ist der Abstand vom gedrückten Querschnittsrand bis zum Schwerpunkt der Biegezugbewehrung. Sie muß zunächst geschätzt werden, da Anzahl und Durchmesser der Bewehrungsstäbe der Biegezugbewehrung erst durch die Bemessung bestimmt werden sollen (**ABB 6.8**). Am Ende einer Biegebemessung ist diese Schätzung zu überprüfen.

Die Biegezugbewehrung wird möglichst so angeordnet, daß die statische Höhe groß wird. Bei mehrlagiger Bewehrung oder bei obenliegender Biegezugbewehrung ist jedoch gleichzeitig darauf zu achten, daß der Beton auf der Baustelle eingebracht werden kann, es sind Rüttelgassen vorzusehen. Aufgrund des Flächenbedarfs für einen Innenrüttler ergibt sich für die Rüttelgasse ein lichter Abstand von 4 bis 8 cm. Der Abstand von Rüttelgassen ist ebenfalls zu beachten (**ABB 6.9**). Innenrüttler Ø 40 mm haben einen Wirkungsgrad < 45 cm, Innenrüttler Ø 80 mm < 110 cm.

Bei üblichen Hochbauten wird eine Biegezugbewehrung ein- oder zweilagig angeordnet. Für die Schätzung der statischen Höhe muß entschieden werden, ob die Biegezugbewehrung in <u>einer</u>

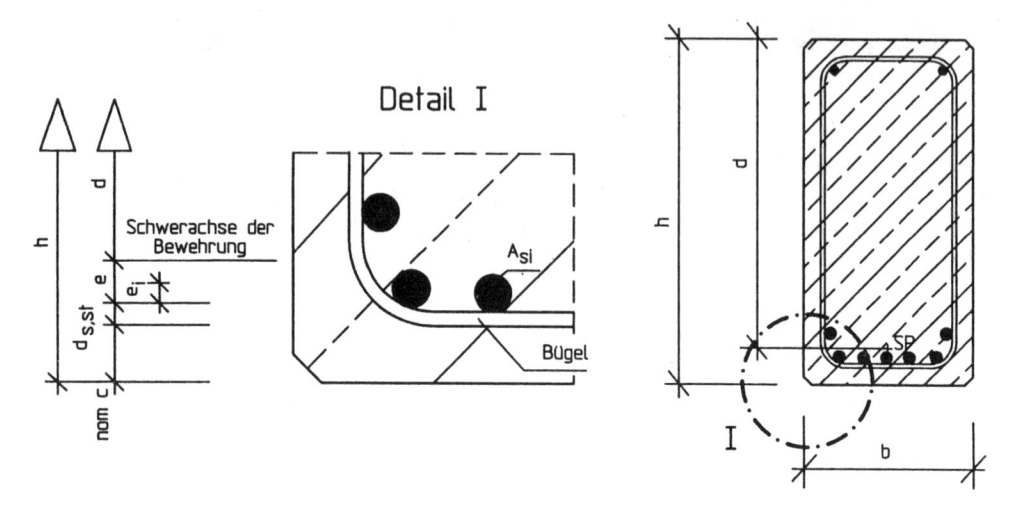

ABB 6.8: Ermittlung der statischen Höhe

Lage eingelegt werden kann oder ob eine zweilagige Bewehrung (wie in **ABB 6.8**) erforderlich ist, da sich in beiden Fällen der Schwerpunkt deutlich unterscheidet. Für Schätzungen kann je nach Betondeckung und Bewehrungsgrad

$$\text{est } d = h - (4 \text{ bis } 10) \qquad \text{in cm} \tag{6.5}$$

angenommen werden. Die Überprüfung der Schätzung erfolgt mit folgenden Gleichungen (vgl. **ABB 6.8**), wobei der Bügeldurchmesser $d_{s,st}$, der erst nach der Schubbemessung bekannt ist, mit 10 mm angenommen werden sollte.

$$d = h - \text{nom } c - d_{s,st} - e \qquad \text{in cm} \tag{6.6}$$

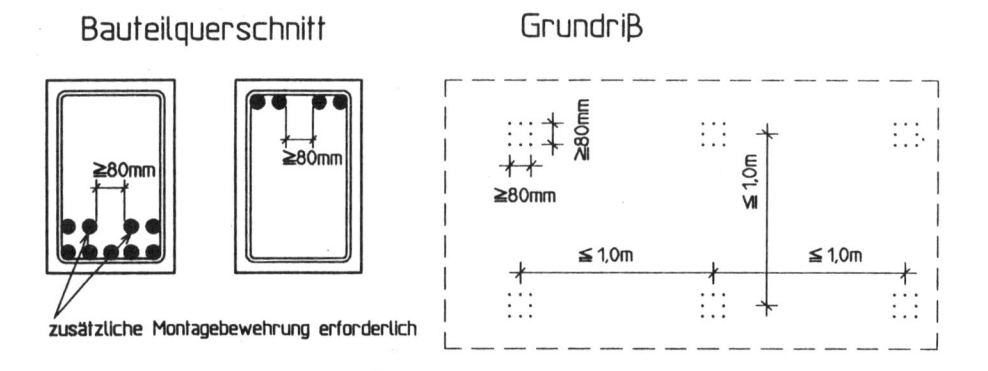

ABB 6.9: Anordnung von Rüttellücken und -gassen

6 *Biegebemessung*

Nenndurchmesser d_s in mm	6	8	10	12	14	16	20	25	28
realer Durchmesser Ø in mm	7	10	12	14	17	19	24	30	34

TAB 6.1: Realer Durchmesser von Betonstabstahl

$$e = \frac{\sum_i A_{si} \cdot e_i}{\sum_i A_{si}} \tag{6.7}$$

Sofern auf eine genaue Ermittlung von e verzichtet werden soll, kann dieses Maß auf "der sicheren Seite" liegend ermittelt werden

- bei einlagiger Bewehrung $\quad e = \dfrac{\max d_s}{2} \tag{6.8}$

- bei zweilagiger Bewehrung $e = 1{,}5 \cdot \max d_s \tag{6.9}$

$\max d_s \quad$ größter Durchmesser der Biegezugbewehrung

Wenn die sich tatsächlich ergebende statische Höhe d bei üblichen Hochbauabmessungen um mehr als 5 bis 10 mm von der Schätzung abweicht, ist die Biegebemessung zu wiederholen, oder die ermittelte Biegezugbewehrung ist (in Näherung) zu erhöhen auf:

$$\text{erf } A_s = A_s \cdot \frac{d_{\text{neu}}}{d_{\text{alt}}} \tag{6.10}$$

6.3.3 Betonstahlquerschnitte

In ein Bauteil werden so viele Bewehrungsstäbe eingelegt, daß der aus der Bemessung geforderte Betonstahlquerschnitt A_s ($\rightarrow$ Kap. 6.3.4) erreicht wird.

$$\text{vorh } A_s \geq A_s \; . \tag{6.11}$$

Um die Verbundwirkung zwischen Beton und Betonstahl zu gewährleisten, müssen die Bewehrungsstäbe vollständig von Beton umgeben sein. Der lichte Abstand (in horizontaler und vertikaler Richtung) zwischen gleichlaufenden Bewehrungsstäben muß daher mindestens

$$s \geq 20 \geq d_s \qquad \text{in mm} \tag{6.12}$$

Stabdurchmesser d_s	6	8	10	12	14	16	20	25	28
Stabanzahl n	Betonstahlquerschnitte A_s in cm²								
1	0,28	0,50	0,79	1,13	1,54	2,01	3,14	4,91	6,16
2	0,57	1,01	1,57	2,26	3,08	4,02	6,28	9,82	12,3
3	0,85	1,51	2,36	3,39	4,62	6,03	9,42	14,7	18,5
4	1,13	2,01	3,14	4,52	6,16	8,04	12,6	19,6	24,6
5	1,41	2,51	3,93	5,65	7,70	10,1	15,7	24,5	30,8
6	1,70	3,02	4,71	6,79	9,24	12,1	18,8	29,5	37,0
7	1,98	3,52	5,50	7,92	10,8	14,1	22,0	34,4	43,1
8	2,26	4,02	6,28	9,05	12,3	16,1	25,1	39,3	49,3
9	2,54	4,52	7,07	10,2	13,9	18,1	28,3	44,2	55,4
10	2,83	5,03	7,85	11,3	15,4	20,1	31,4	49,1	61,6
Balkenbreite an der Stelle der Bewehrung b; b_w in cm	Größte Stabanzahl in einer Lage (bei einer Betondeckung nom c = 3,0 cm)								
15	3	3	2	2	2	2	(2)		
20	5	4	4	4	3	3	3	2	2
25	7	6	(6)	5	5	4	4	3	3
30	(9)	8	7	7	6	6	5	4	(4)
35		9	9	8	(8)	7	6	5	4
40		11	10	9	9	8	7	6	5
45			12	11	10	(10)	(9)	7	6
50			13	12	(12)	11	10	8	7
55				14	13	12	11	(9)	8
60				15	14	13	12	9	8
65					16	15	13	10	9
70						16	14	11	10
min $d_{s,st}$	8						10		

( ) = geforderte Abstände geringfügig unterschritten

TAB 6.2: Betonstahlquerschnitte und größte Stabanzahl je Lage

betragen. Hierbei ist zu beachten, daß der reale Durchmesser von Betonstabstahl aufgrund der Rippen größer als der Nenndurchmesser d_s ist (**TAB 6.1**). Aus der Abstandsregel ergibt sich je nach verwendetem Durchmesser eine Höchstzahl von Stäben, die bei festgelegter Balkenbreite in einer Lage angeordnet werden kann. Sofern nur eine Durchmessergröße verwendet wurde, ist die Maximalanzahl dem unteren Teil der **TAB 6.2** zu entnehmen. Sofern unterschiedliche Stabdurchmesser verwendet wurden, kann die Stabanzahl näherungsweise aus dieser Tabelle ermittelt werden, wenn der größte verwendete Durchmesser der Tabelleneingangswert ist. Bei größerer als der vertafelten Betondeckung sind die in Klammern stehenden Anzahlen nicht mehr möglich, die Stückzahl ist um einen Stab zu vermindern.

Es dürfen aber auch Bewehrungsstäbe unterschiedlicher Durchmesser kombiniert werden. Hierbei ist jedoch zu beachten, daß alle Stäbe Durchmesser derselben Größenordnung besitzen, da sonst aufgrund des unterschiedlichen Verbundes dicker und dünner Stäbe die dünnen Stäbe in den Fließbereich geraten. Bei dünneren Stäben darf ein Durchmesser übersprungen werden, bei

6 Biegebemessung

dickeren Stäben dürfen nur benachbarte Durchmesser verwendet werden. Als Anhalt sollen die folgenden Gleichungen dienen:

$\max d_s \leq 20\,\text{mm}:$ $\quad \max d_s \leq \min d_s + 4 \quad$ in mm $\hfill (6.13)$

$\max d_s > 20\,\text{mm}:$ $\quad \max d_s \leq \min d_s + 5 \quad$ in mm $\hfill (6.14)$

6.3.4 Bemessung mit einem dimensionsgebundenen Verfahren

In **ABB 6.2** wurden fünf verschiedene Dehnungsbereiche mit unterschiedlichen Schnittgrößenkombinationen M und N unterschieden. Zur Bemessung von Stahlbetonquerschnitten sind diverse Hilfsmittel (Diagramme, Tabellen, Programme) vorhanden, die eine Bemessung für einen Bereich oder auch für alle Bereiche erlauben. Eine Unterteilung der Bereiche bedeutet für die Bemessungspraxis daher eine Abgrenzung in der Einsetzbarkeit des Bemessungshilfsmittels. Nachfolgend werden zwei Verfahren aus der Vielzahl der Hilfsmittel vorgestellt werden. Die Aufgabenstellung ist für alle Bemessungsverfahren dieselbe: Bei bekannter Schnittgrößenkombination M_{Sd}, N_{Sd} ist

- zu überprüfen, ob der vorhandene Betonquerschnitt zur Aufnahme der Einwirkungen ausreicht
- zu ermitteln, wie groß die erforderliche Biegezugbewehrung sein muß.

Bei dieser Aufgabe könnte entweder der erforderliche Betonquerschnitt oder der Stahlbedarf minimiert werden. Im Hinblick auf eine möglichst lohnsparende Bauweise werden die Bauteilquerschnitte innerhalb eines Bauwerks möglichst einheitlich festgelegt, um Schalungsumbauten zu vermeiden. Daher reduziert sich die Bemessung auf die Bestimmung der

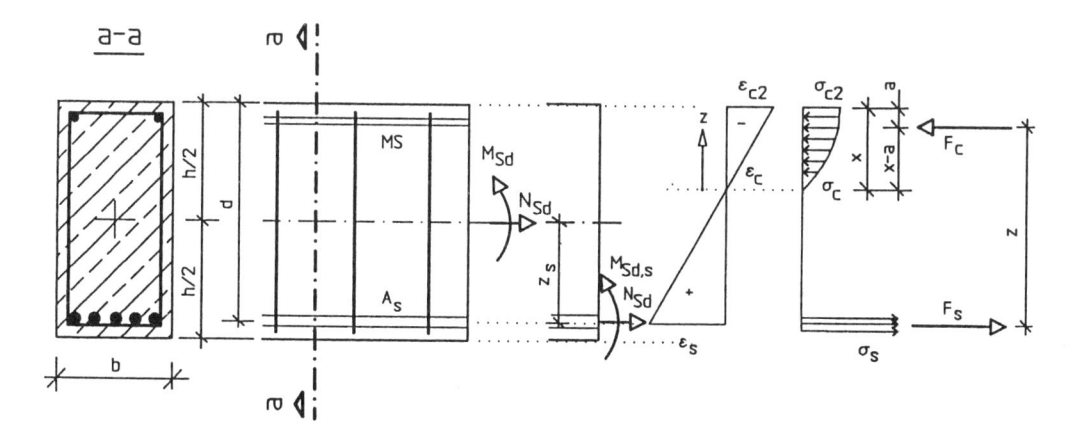

ABB 6.10: Rechteckquerschnitt unter Einwirkung von Biegemoment und Längskraft

k_h									k_s	ζ	ξ	$-\varepsilon_{c2}/\varepsilon_{s1}$
C 12	C 16	C 20	C 25	C 30	C 35	C 40	C 45	C 50				‰
16,3	14,1	12,6	11,3	10,3	9,54	8,92	8,41	7,98	2,32	0,99	0,02	0,50/20,00
8,68	7,52	6,72	6,01	5,49	5,08	4,76	4,48	4,25	2,34	0,98	0,05	1,00/20,00
6,20	5,37	4,80	4,30	3,92	3,63	3,40	3,20	3,04	2,36	0,97	0,07	1,50/20,00
5,01	4,34	3,88	3,47	3,17	2,93	2,75	2,59	2,46	2,38	0,97	0,09	2,00/20,00
4,34	3,76	3,36	3,01	2,75	2,54	2,38	2,24	2,13	2,40	0,96	0,11	2,50/20,00
3,91	3,39	3,03	2,71	2,47	2,29	2,14	2,02	1,92	2,43	0,95	0,13	3,00/20,00
3,61	3,12	2,79	2,50	2,28	2,11	1,98	1,86	1,77	2,45	0,94	0,15	3,50/20,00
3,46	3,00	2,68	2,40	2,19	2,03	1,89	1,79	1,69	2,47	0,93	0,16	3,50/18,00
3,31	2,86	2,56	2,29	2,09	1,94	1,81	1,71	1,62	2,49	0,93	0,18	3,50/16,00
3,15	2,73	2,44	2,18	1,99	1,84	1,72	1,63	1,54	2,51	0,92	0,20	3,50/14,00
2,98	2,58	2,31	2,06	1,88	1,74	1,63	1,54	1,46	2,54	0,91	0,23	3,50/12,00
2,80	2,43	2,17	1,94	1,77	1,64	1,53	1,45	1,37	2,58	0,89	0,26	3,50/10,00
2,71	2,35	2,10	1,88	1,71	1,59	1,48	1,40	1,33	2,60	0,88	0,28	3,50/ 9,00
2,61	2,26	2,02	1,81	1,65	1,53	1,43	1,35	1,28	2,63	0,87	0,30	3,50/ 8,00
2,52	2,18	1,95	1,74	1,59	1,47	1,38	1,30	1,23	2,67	0,86	0,33	3,50/ 7,00
2,46	2,13	1,91	1,71	1,56	1,44	1,35	1,27	1,21	2,69	0,85	0,35	3,50/ 6,50
2,41	2,09	1,87	1,67	1,53	1,41	1,32	1,25	1,18	2,72	0,85	0,37	3,50/ 6,00
2,36	2,04	1,83	1,64	1,49	1,38	1,29	1,22	1,16	2,74	0,84	0,39	3,50/ 5,50
2,31	2,00	1,79	1,60	1,46	1,35	1,26	1,19	1,13	2,78	0,83	0,41	3,50/ 5,00
2,25	1,95	1,75	1,56	1,42	1,32	1,23	1,16	1,10	2,81	0,82	0,44	3,50/ 4,50
2,23	1,93	1,73	1,54	1,41	1,31	1,22	1,15	1,09	2,83	0,81	0,45	3,50/ 4,28
2,20	1,90	1,70	1,52	1,39	1,29	1,20	1,13	1,08	2,85	0,81	0,47	3,50/ 4,00
2,14	1,85	1,66	1,48	1,35	1,25	1,17	1,11	1,05	2,90	0,79	0,50	3,50/ 3,50
2,09	1,81	1,62	1,44	1,32	1,22	1,14	1,08	1,02	2,96	0,78	0,54	3,50/ 3,00
2,03	1,76	1,57	1,40	1,28	1,19	1,11	1,05	0,99	3,04	0,76	0,58	3,50/ 2,50

TAB 6.3: k_h-Tabelle für Rechteckquerschnitte für Betonstahl BSt 500 (nach [15])

erforderlichen Biegezugbewehrung, die Überprüfung des vorhandenen Betonquerschnitts erfolgt meistens implizit in den Hilfsmitteln.

Die im folgenden wiedergegebenen Bemessungstabellen gelten für biegebeanspruchte Bauteile mit Längszug- oder -druckkräften [15]. Biegebeanspruchte Bauteile sind dadurch gekennzeichnet, daß aufgrund des Dehnungsverlaufes die Streckgrenze in der Biegezugbewehrung erreicht wird (Genaueres in [16]). Die Bemessungstabelle wurde aus der Identitätsbedingung ermittelt

(ABB 6.10) (Ableitung der Tabellen in [41]). Als Werkstoffgesetze wurden für den Beton das Parabel-Rechteck-Diagramm (ABB 2.4) und das bilineare Spannungsdehnungsdiagramm für Betonstahl ohne Spannungsanstieg nach Erreichen der Streckgrenze (ABB 2.6) verwendet. Die Anwendung der Tabellen geschieht in folgenden Schritten: Zunächst werden die Schnittgrößen auf die Schwerachse der Bewehrung bezogen. Für das Biegemoment interessiert hierbei nur der Betrag. Das Momentenvorzeichen regelt die Lage der Bewehrung; ein negatives Moment zeigt an, daß die Zugzone oben liegt, demzufolge muß auch die Biegezugbewehrung oben liegen.

$$M_{Sd,s} = |M_{Sd}| - N_{Sd} \cdot z_{s1} \qquad (\text{kNm} = \text{kNm} - \text{kN} \cdot \text{m}) \tag{6.15}$$

$$z_{s1} = d - \frac{h}{2} \qquad (\text{für Rechteckquerschnitte}) \tag{6.16}$$

Damit kann der Tabelleneingangswert k_h bestimmt werden:

$$k_h = \frac{d}{\sqrt{\frac{M_{Sd,s}}{b}}} \qquad \left(\frac{\text{cm}}{\sqrt{\frac{\text{kNm}}{\text{m}}}}\right) \tag{6.17}$$

Aus der Bemessungstabelle (TAB 6.3) können die Beiwerte k_s für den erforderlichen Stahlquerschnitt, ζ für den Hebelarm der inneren Kräfte z (ABB 6.10), ξ für die Höhe der Betondruckzone x und das Verhältnis der Randstauchungen abgelesen werden.

$$x = \xi \cdot d \tag{6.18}$$

$$z = \zeta \cdot d \tag{6.19}$$

$$A_s = \frac{M_{Sd,s}}{d} k_s + 10 \frac{N_{Sd}}{f_{yd}} \qquad \left(\text{cm}^2 = \frac{\text{kNm}}{\text{cm}} \cdot 1 + 1 \cdot \frac{\text{kN}}{\frac{\text{N}}{\text{mm}^2}}\right) \tag{6.20}$$

Beispiel 6.1: Biegebemessung eines Rechteckquerschnitts (reine Biegung)

gegeben: - Balken im Freien
- Rechteckquerschnitt b/h = 25/75 cm
- Schnittgrößen M_G = 250 kNm; M_Q = 150 kNm
- Baustoffe C 30; BSt 500

gesucht: - erforderliche Biegezugbewehrung
- Verhältnis der Randverzerrungen
- Höhe der Betondruckzone
- Hebelarm der inneren Kräfte

Lösung:
$\gamma_G = 1{,}35; \gamma_Q = 1{,}50$

$M_{Sd} = 1{,}35 \cdot 250 + 1{,}50 \cdot 150 = 563$ kNm

min $c = 25$ mm
nom $c = 25 + 10 = 35$ mm

est $d = 75 - 7{,}5 = 67{,}5$ cm
$M_{Sd,s} = |563| - 0 = 563$ kNm
$k_h = \dfrac{67{,}5}{\sqrt{\dfrac{563}{0{,}25}}} = 1{,}42$

$k_s = 2{,}81; \zeta = 0{,}82; \xi = 0{,}44; \varepsilon_{c2}/\varepsilon_{s1} = \underline{-3{,}50/4{,}50}$ ‰
$x = 0{,}44 \cdot 67{,}5 = \underline{29{,}7\,\text{cm}}$
$z = 0{,}82 \cdot 67{,}5 = \underline{55{,}4\,\text{cm}}$
$A_s = \dfrac{563}{67{,}5} \cdot 2{,}81 + 0 = \underline{23{,}4\,\text{cm}^2}$

gew: 5 Ø 25 mit vorh $A_s = 24{,}5$ cm²
 1. Lage 3 Ø 25 ; 2. Lage 2 Ø 25
vorh $A_s = 24{,}5\,\text{cm}^2 > 23{,}4\,\text{cm}^2 = A_s$

TAB 4.2:
(4.11):
$$S_d = extr\left[\sum_j \gamma_{G,j} G_{k,j} + 1{,}5 \cdot Q_{k,1}\right]$$
TAB 3.1: Umweltklasse 2b
(3.1): nom c = min $c + \Delta h$
Es wird angenommen, daß eine 2lagige Bewehrung erforderlich ist.
(6.5): est $d = h - (4\text{ bis }10)$
(6.15): $M_{Sd,s} = |M_{Sd}| - N_{Sd} \cdot z_{s1}$
(6.17): $k_h = \dfrac{d}{\sqrt{\dfrac{M_{Sd,s}}{b}}}$ $\left(\dfrac{\text{cm}}{\sqrt{\dfrac{\text{kNm}}{\text{m}}}}\right)$

TAB 6.3: C 30
(6.18): $x = \xi \cdot d$
(6.19): $z = \zeta \cdot d$
(6.20): $A_s = \dfrac{M_{Sd,s}}{d} k_s + 10 \dfrac{N_{Sd}}{f_{yd}}$

$\left(\text{cm}^2 = \dfrac{\text{kNm}}{\text{cm}} \cdot 1 + 1 \cdot \dfrac{\text{kN}}{\frac{\text{N}}{\text{mm}^2}}\right)$

TAB 6.2
TAB 6.2
(6.11): vorh $A_s \geq A_s$

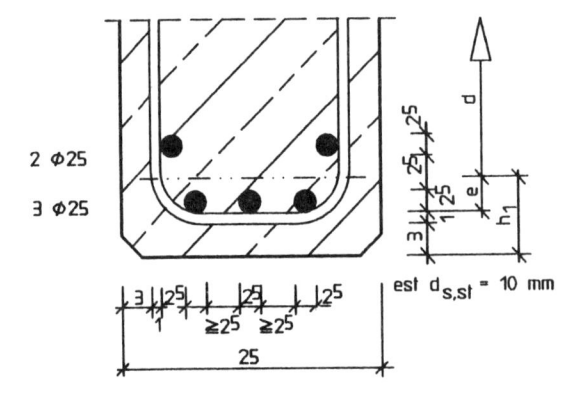

$e = \dfrac{3 \cdot 4{,}91 \cdot \frac{2{,}5}{2} + 2 \cdot 4{,}91 \cdot \left(2 \cdot 2{,}5 + \frac{2{,}5}{2}\right)}{5 \cdot 4{,}91} = 3{,}3$ cm

$d = 75 - 3{,}5 - 1{,}0 - 3{,}3 = 67{,}2\,\text{cm} \approx 67{,}5\,\text{cm} = \text{est}\,d$

(6.7): $e = \dfrac{\sum_i A_{si} \cdot e_i}{\sum_i A_{si}}$

(6.6): $d = h - \text{nom}\,c - d_{s,st} - e$

6 Biegebemessung

Beispiel 6.2: Biegebemessung eines Rechteckquerschnitts mit dimensionsgebundenem Verfahren

gegeben:
- Balken im Freien
- Rechteckquerschnitt $b/h = 25/75$ cm
- Schnittgrößen $M_G = 250$ kNm; $M_Q = 150$ kNm
  $N_G = 80$ kN; $N_Q = 60$ kN
- Baustoffe C 30; BSt 500

gesucht: - erforderliche Biegezugbewehrung

Lösung:
$\gamma_G = 1{,}35; \gamma_Q = 1{,}50$
$M_{Sd} = 1{,}35 \cdot 250 + 1{,}50 \cdot 150 = 563$ kNm

TAB 4.2:
(4.11): $S_d = extr\left[\sum_j \gamma_{G,j} G_{k,j} + 1{,}5 \cdot Q_{k,1}\right]$

$N_{Sd} = 1{,}35 \cdot 80 + 1{,}50 \cdot 60 = 198$ kN

est $d = 67{,}5$ cm

Aufgrund ähnlicher Verhältnisse wie in Beispiel 6.1 wird die seinerzeitige Schätzung hier übernommen.

$z_{s1} = 67{,}5 - \dfrac{75}{2} = 30$ cm

(6.16): $z_{s1} = d - \dfrac{h}{2}$

$M_{Sd,s} = |563| - 198 \cdot 0{,}30 = 504$ kNm

(6.15): $M_{Sd,s} = |M_{Sd}| - N_{Sd} \cdot z_{s1}$
N_{Sd} wird mit Vorzeichen eingesetzt.

$k_h = \dfrac{67{,}5}{\sqrt{\dfrac{504}{0{,}25}}} = 1{,}50$

(6.17): $k_h = \dfrac{d}{\sqrt{\dfrac{M_{Sd,s}}{b}}}$ $\left(\dfrac{\text{cm}}{\sqrt{\dfrac{\text{kNm}}{\text{m}}}}\right)$

Dieser Wert ist nicht vertafelt. Es wird der ungünstigere, d. h. nächstkleinere verwendet.
$k_s = 2{,}74$
$\gamma_s = 1{,}15$

TAB 6.3: C 30
TAB 2.11:

$f_{yd} = \dfrac{500}{1{,}15} = 435$ N/mm^2

(2.12): $f_{yd} = \dfrac{f_{yk}}{\gamma_s}$

$A_s = \dfrac{504}{67{,}5} \cdot 2{,}74 + 10 \cdot \dfrac{198}{435} = 25{,}0$ cm^2

(6.20): $A_s = \dfrac{M_{Sd,s}}{d} k_s + 10 \dfrac{N_{Sd}}{f_{yd}}$

$\left(\text{cm}^2 = \dfrac{\text{kNm}}{\text{cm}} \cdot 1 + 1 \cdot \dfrac{\text{kN}}{\dfrac{\text{N}}{\text{mm}^2}}\right)$

gew: 2 Ø28 + 3 Ø25 mit vorh $A_s = 12{,}3 + 14{,}7 = 27{,}0$ cm^2

Es wird eine Kombination verschiedener Ø verwendet, wobei Gl (6.14) zu beachten ist.
TAB 6.2

1. Lage 2 Ø28 + 1 Ø25 ; 2. Lage 2 Ø25
vorh $A_s = 27{,}0$ cm$^2 > 25{,}0$ cm$^2 = A_s$

(6.11): vorh $A_s \geq A_s$

$e = \dfrac{2 \cdot 6{,}16 \cdot \dfrac{2{,}8}{2} + 4{,}91 \cdot \dfrac{2{,}5}{2} + 2 \cdot 4{,}91 \cdot \left(2 \cdot 2{,}8 + \dfrac{2{,}5}{2}\right)}{2 \cdot 6{,}16 + 3 \cdot 4{,}91} = 3{,}4$ cm

(6.7): $e = \dfrac{\sum_i A_{si} \cdot e_i}{\sum_i A_{si}}$

$d = 75 - 3{,}5 - 1{,}0 - 3{,}4 = 67{,}1$ cm $\approx 67{,}5$ cm = est d

(6.6): $d = h - \text{nom } c - d_{s,st} - e$

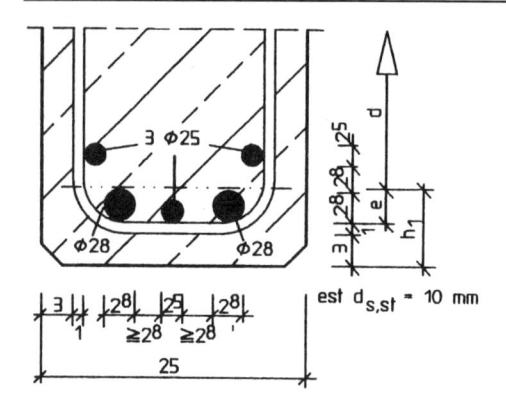

Beispiel 6.3: Biegebemessung eines Rechteckquerschnitts mit dimensionsgebundenem Verfahren

gegeben: - Balken im Freien
 - Rechteckquerschnitt b/h = 25/75 cm
 - Schnittgrößen M_G = -250 kNm; M_Q = -150 kNm
   N_G = 80 kN; N_Q = 60 kN
 - Baustoffe C 30; BSt 500

gesucht: - erforderliche Biegezugbewehrung

Lösung:
Die Aufgabe ist bis auf die negativen Vorzeichen identisch mit Beispiel 6.2. Das negative Vorzeichen zeigt an, daß die Zugzone oben liegt. Demzufolge ist die Biegezugbewehrung oben einzulegen. Der Lösungsweg ist derselbe wie bei Beispiel 6.2. Um eine Rüttelgasse vorzusehen, wird eine andere Bewehrungsanordnung gewählt, z. B. 2·2=4 Ø 28 mit vorh A_s = 24,6 cm² ≈ A_s.

Die Ermittlung des erforderlichen Querschnitts der Biegezugbewehrung ist bei Neubauten wichtig. Bei bestehenden Tragwerken ergibt sich des öfteren eine andere Fragestellung. Im Zuge einer geänderten Nutzung und/oder einer Überprüfung der rechnerischen Standsicherheit soll geklärt werden, welche Schnittgrößen bei der vorhandenen Bewehrung und den tatsächlichen Baustoffgüten (oftmals ist die tatsächliche Betonfestigkeitsklasse höher als die seinerzeit beim Bau vorgesehene) aufnehmbar sind. Aufgrund des so ermittelten Bauteilwiderstandes kann dann über evtl. erforderliche Verstärkungsmaßnahmen entschieden werden. Zur Lösung dieses Falles können die vorhandenen Gleichungen umgestellt und dann durch eine Iteration gelöst werden. Hierzu löst man Gl (6.20) nach $M_{Sd,s}$ auf und setzt sie dann in Gl (6.17) ein.

$$M_{Sd,s} = \left(A_s - 10 \cdot \frac{N_{Sd}}{f_{yd}}\right) \cdot \frac{d}{k_s} \qquad (\text{kNm} = \left(\text{cm}^2 - 1 \cdot \frac{\text{kN}}{\text{N}/\text{mm}^2}\right) \cdot \frac{\text{cm}}{1}) \qquad (6.21)$$

6   Biegebemessung

$$k_h = \sqrt{\frac{d \cdot b \cdot k_s}{A_s - \frac{10 N_{Sd}}{f_{yd}}}} \qquad (1 = \sqrt{\frac{cm \cdot m \cdot 1}{cm^2 - \frac{1 \cdot kN}{N/mm^2}}}) \qquad (6.22)$$

Diese Aufgabenstellung kann nicht mehr geschlossen gelöst werden, es muß iteriert werden. Zunächst wird ein Dehnungsverhältnis geschätzt. Aus **TAB 6.3** werden der zugehörige k_h- und k_s-Wert abgelesen. Wenn der sich nach Gl (6.22) ergebende k_h-Wert dem Schätzwert entspricht, ist die Iteration abgeschlossen. Das aufnehmbare Moment kann mit den Gln (6.21) und (6.15) bestimmt werden.

Beispiel 6.4:   Ermittlung des aufnehmbaren Biegemomentes bei vorgegebener Bewehrung

gegeben:
- Balken im Freien
- Rechteckquerschnitt $b/h = 25/75$ cm
- statische Höhe $d = 70$ cm
- Biegezugbewehrung $A_s = 14{,}7$ cm² [3 Ø25]
- Baustoffe C 20; BSt 500
- keine Längskräfte

gesucht:
- das aufnehmbare Moment M_{Sd}

Lösung:

1. Schätzung: $-\varepsilon_{c2}/\varepsilon_{s1} = 3{,}5/7{,}0$ ‰

$k_s = 2{,}67$; zug $k_h = 1{,}95$

$k_h = \sqrt{\dfrac{70 \cdot 0{,}25 \cdot 2{,}67}{14{,}7 - \frac{10 \cdot 0}{435}}} = 1{,}78 < 1{,}95 =$ zug k_h

2. Schätzung: $-\varepsilon_{c2}/\varepsilon_{s1} = 3{,}5/5{,}0$ ‰

$k_s = 2{,}78$; zug $k_h = 1{,}79$

$k_h = \sqrt{\dfrac{70 \cdot 0{,}25 \cdot 2{,}78}{14{,}7 - \frac{10 \cdot 0}{435}}} = 1{,}82 \approx 1{,}79 =$ zug k_h

$M_{Sd,s} = \left(14{,}7 - 10 \cdot \dfrac{0}{435}\right) \cdot \dfrac{70}{2{,}78} = 370$ kNm

$M_{Sd} = M_{Sd,s} = \underline{370 \text{ kNm}}$

TAB 6.3

(6.22): $k_h = \sqrt{\dfrac{d \cdot b \cdot k_s}{A_s - \frac{10 N_{Sd}}{f_{yd}}}}$

Es wird das Dehnungsverhältnis verwendet, das zu dem k_h-Wert der 1. Schätzung gehört.

TAB 6.3

(6.22): $k_h = \sqrt{\dfrac{d \cdot b \cdot k_s}{A_s - \frac{10 N_{Sd}}{f_{yd}}}}$

(6.21): $M_{Sd,s} = \left(A_s - 10 \cdot \dfrac{N_{Sd}}{f_{yd}}\right) \cdot \dfrac{d}{k_s}$

(6.15): $M_{Sd,s} = |M_{Sd}| - N_{Sd} \cdot z_{s1}$

$\mu_{Sd,s}$	ω	ζ	ξ	$-\varepsilon_{c2}/\varepsilon_{s1}$ ‰
0,01	0,0101	0,987	0,036	0,75/20,00
0,02	0,0204	0,981	0,053	1,12/20,00
0,03	0,0307	0,976	0,067	1,43/20,00
0,04	0,0412	0,971	0,079	1,72/20,00
0,05	0,0518	0,966	0,091	2,01/20,00
0,06	0,0625	0,960	0,103	2,31/20,00
0,07	0,0733	0,954	0,116	2,62/20,00
0,08	0,0844	0,948	0,128	2,94/20,00
0,09	0,0955	0,942	0,141	3,28/20,00
0,10	0,1069	0,935	0,155	3,50/19,03
0,12	0,1303	0,921	0,189	3,50/14,99
0,14	0,1544	0,907	0,224	3,50/12,10
0,16	0,1795	0,892	0,261	3,50/ 9,92
0,18	0,2055	0,876	0,299	3,50/ 8,22
0,20	0,2327	0,859	0,338	3,50/ 6,85
0,22	0,2613	0,842	0,380	3,50/ 5,72
0,24	0,2913	0,824	0,423	3,50/ 4,77
0,26	0,3231	0,805	0,470	3,50/ 3,95
0,28	0,3571	0,784	0,519	3,50/ 3,24
0,30	0,3937	0,762	0,572	3,50/ 2,62
0,31	0,4132	0,750	0,601	3,50/ 2,33

TAB 6.4: Bemessungstabelle mit dimensionsechten Beiwerten (nach [2] Abschnitt 5) für Betonstahl BSt 500

6.3.5 Bemessung mit einem dimensionsechten Verfahren

Für die Bemessung können auch dimensionsechte Verfahren verwendet werden. Hierzu wird zunächst ein bezogenes Biegemoment $\mu_{Sd,s}$ bestimmt. Aus der Bemessungstabelle kann der zugehörige mechanische Bewehrungsgrad ω abgelesen werden.

$$\mu_{Sd,s} = \frac{M_{Sd,s}}{b \cdot d^2 \cdot f_{cd}} \qquad (6.23)$$

$$\omega = \frac{A_s \cdot f_{yd} - N_{Sd}}{b \cdot d \cdot f_{cd}} \qquad (6.24)$$

Hieraus kann die erforderliche Biegezugbewehrung bestimmt werden.

6 Biegebemessung

$$A_s = \frac{\omega \cdot b \cdot d \cdot f_{cd} + N_{Sd}}{f_{yd}} \qquad (6.25)$$

Beispiel 6.5: Biegebemessung eines Rechteckquerschnitts mit dimensionsechtem Verfahren

gegeben:
- Balken im Freien
- Rechteckquerschnitt $b/h = 25/75$ cm
- Schnittgrößen $M_G = 250$ kNm; $M_Q = 150$ kNm
  $N_G = 80$ kN; $N_Q = 60$ kN
- Baustoffe C 30; BSt 500

gesucht:
- erforderliche Biegezugbewehrung

Lösung:
$\gamma_G = 1{,}35; \gamma_Q = 1{,}50$
$M_{Sd} = 1{,}35 \cdot 250 + 1{,}50 \cdot 150 = 563$ kNm

$N_{Sd} = 1{,}35 \cdot 80 + 1{,}50 \cdot 60 = 198$ kN

est $d = 67{,}5$ cm

$z_{s1} = 67{,}5 - \dfrac{75}{2} = 30$ cm

$M_{Sd,s} = |563| - 198 \cdot 0{,}30 = 504$ kNm
$\gamma_c = 1{,}50; \gamma_s = 1{,}15$
$f_{cd} = \dfrac{30}{1{,}5} = 20{,}0$ N/mm²
$f_{yd} = \dfrac{500}{1{,}15} = 435$ N/mm²
$\mu_{Sd,s} = \dfrac{0{,}504}{0{,}25 \cdot 0{,}675^2 \cdot 20} = 0{,}221$
$\omega = 0{,}2613$
$A_s = \dfrac{0{,}2613 \cdot 0{,}25 \cdot 0{,}675 \cdot 20 + 0{,}198}{435} \cdot 10^4 = 24{,}8$ cm²
gew: 2 Ø 28 + 3 Ø 25 mit vorh $A_s = 12{,}3 + 14{,}7 = 27{,}0$ cm²

TAB 4.2:
(4.11):
$$S_d = extr\left[\sum_j \gamma_{G,j} G_{k,j} + 1{,}5 \cdot Q_{k,1}\right]$$
Aufgrund ähnlicher Verhältnisse wie in Beispiel 6.1 wird die seinerzeitige Schätzung hier übernommen.
(6.16): $z_{s1} = d - \dfrac{h}{2}$
(6.15): $M_{Sd,s} = |M_{Sd}| - N_{Sd} \cdot z_{s1}$
TAB 2.11:
(2.9): $f_{cd} = \dfrac{f_{ck}}{\gamma_c}$
(2.12): $f_{yd} = \dfrac{f_{yk}}{\gamma_s}$
(6.23): $\mu_{Sd,s} = \dfrac{M_{Sd,s}}{b \cdot d^2 \cdot f_{cd}}$
TAB 6.4:
(6.25): $A_s = \dfrac{\omega \cdot b \cdot d \cdot f_{cd} + N_{Sd}}{f_{yd}}$
weiter wie in Beispiel 6.2

6.3.6 Bemessung mit Druckbewehrung

Mit zunehmender Höhe der Druckzone und abnehmender Stahldehnung nimmt der Stahlverbrauch schneller zu als das aufnehmbare Moment. Dies hat folgende Gründe

- Das Spannungsdehnungsdiagramm des Betons ist nichtlinear (Parabel-Rechteck-Diagramm **ABB 2.4**).
- Der Hebelarm der inneren Kräfte verringert sich (**ABB 6.11**).
- Bei Stahldehnungen $\varepsilon_{s1} < 2{,}17$ ‰ wird die Streckgrenze im Betonstahl nicht mehr erreicht.

Daher wenden wir die Dehnungsverhältnisse des Bereichs 4 nicht an und bezeichnen das bei einem Dehnungsverhältnis $-\varepsilon_{c2}/\varepsilon_{yd} = -3{,}50/2{,}17$ ‰ aufnehmbare Moment mit Tragmoment lim $M_{Sd,s}$. Sofern keine konstruktiven Maßnahmen getroffen werden, kann das Tragmoment schon bei $\xi > 0{,}45$ (bzw. 0,35) erreicht werden ($\rightarrow$ Kap. 4.3.2).

Wenn das vorhandene Biegemoment größer als das Tragmoment ist, gibt es (bei nicht veränderbaren Schnittgrößen) folgende Möglichkeiten:

- Änderung der Bauteilabmessungen
- Erhöhung der Betonfestigkeitsklasse
- Einlegen einer "Druckbewehrung", d. h. Anordnen von Stahleinlagen in der Druckzone.

Eine Druckbewehrung ist nur dann sinnvoll und wirtschaftlich, wenn bei vielen Trägern gleicher Abmessungen, aber unterschiedlicher Beanspruchung bei <u>einem</u> (besonders hoch belasteten) Träger das Tragmoment überschritten wird. Für diesen Balken müßte dann bei geänderten Abmessungen die Schalung umgebaut werden oder örtlich ein anderer Beton eingebaut werden. Daher wird besser in diesem einen Bauteil eine Druckbewehrung angeordnet. Sofern schon im Regelfall das Tragmoment überschritten wird, ist eine Veränderung der Bauteilabmessungen oder der Betonfestigkeitsklasse wirtschaftlicher.

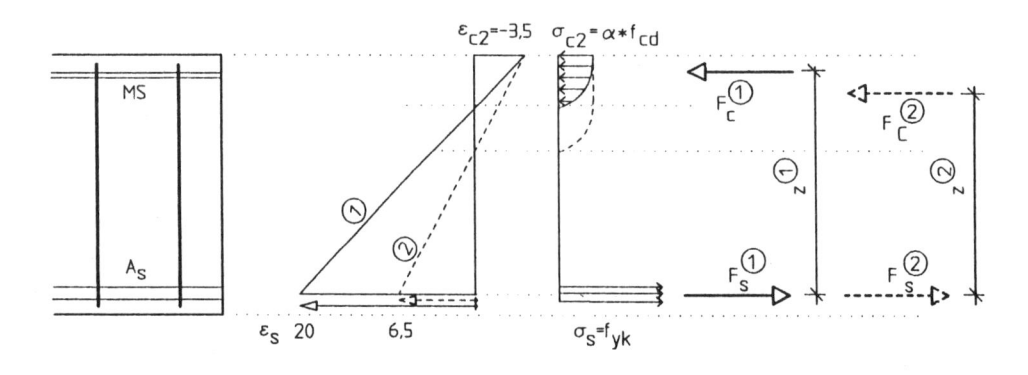

ABB 6.11: Abhängigkeit des Hebelarms der inneren Kräfte z vom Verhältnis der Randdehnungen

6 Biegebemessung

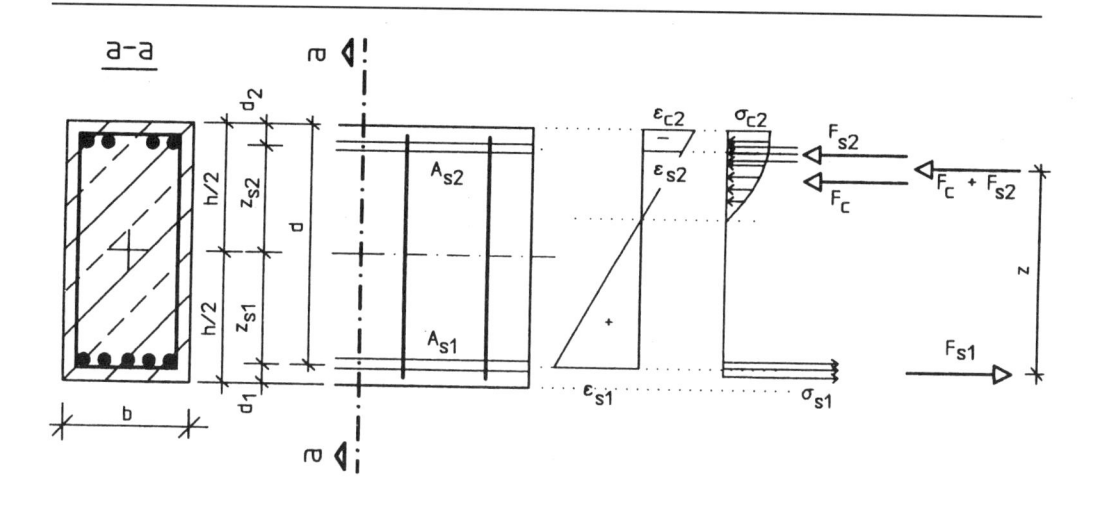

ABB 6.12: Dehnungen, Spannungen und innere Kräfte bei Anordnung einer Druckbewehrung

Durch die Druckbewehrung vergrößert sich die aufnehmbare innere Druckkraft, da der Betonstahl aufgrund seines gegenüber Beton größeren Elastizitätsmoduls bei derselben Dehnung erheblich größere Spannungen aufnehmen kann. Außerdem vergrößert sich der Hebelarm der inneren Kräfte durch die Druckbewehrung (**ABB 6.12**). Eine Druckbewehrung ist so anzuordnen, daß Rüttelgassen zum Einbringen des Betons verbleiben. Außerdem muß die Druckbewehrung gegen Ausknicken durch geschlossene Bügel gesichert werden.

Die Bemessung erfolgt, indem der Anteil des vorhandenen Momentes, der über das Tragmoment hinausgeht, durch ein inneres Kräftepaar aufgenommen wird.

Man kann das Tragmoment ermitteln, indem die Gln für die einfache Bewehrung umgeformt werden und das Dehnungsverhältnis $-\varepsilon_{c2}/\varepsilon_{yd} = -3{,}50/2{,}17$ ‰ (bzw. der zugehörige $\lim k_h$-Wert oder $\lim \mu_{Sd,s}$) eingesetzt wird.

$$\lim M_{Sd} = \lim M_{Sd,s} + N_{Sd} \cdot z_{s1} \tag{6.26}$$

dimensionsgebundenes Verfahren:

$$\lim M_{Sd,s} = b \left(\frac{d}{\lim k_h} \right)^2 \qquad \text{kNm} = \text{m}\left(\frac{\text{cm}}{1}\right)^2 \tag{6.27}$$

dimensionsechtes Verfahren:

$$\lim M_{Sd,s} = \lim \mu_{Sd,s} \cdot b \cdot d^2 \cdot f_{cd} \tag{6.28}$$

Die Bemessung erfolgt, indem der Anteil des vorhandenen Momentes, der über das Tragmoment hinausgeht, durch ein inneres Kräftepaar aufgenommen wird. Dieses Kräftepaar wird durch die Druckbewehrung und eine zusätzliche Biegezugbewehrung möglich. Die erforderlichen

Bewehrungsquerschnitte kann man aus den Gleichgewichtsbedingungen ermitteln (vgl. **ABB 6.12**).

$$\Delta M_{Sd,s} = M_{Sd,s} - \lim M_{Sd,s} \tag{6.29}$$

$$A_{s1} = \frac{1}{f_{yd}} \left(\frac{\lim M_{Sd,s}}{z} + \frac{\Delta M_{Sd,s}}{d - d_2} + N_{Sd} \right) \tag{6.30}$$

$$A_{s2} = \frac{1}{\sigma_{s2}} \cdot \frac{\Delta M_{Sd,s}}{d - d_2} \tag{6.31}$$

$$d_2 = \text{nom } c + d_{s,st} + \frac{d_{s2}}{2} \tag{6.32}$$

Die Lage der Druckbewehrung und damit d_2 ist zunächst zu schätzen. Weiterhin wird bei der Bemessung der Druckbewehrung zunächst angenommen, daß die Stauchung in Höhe der Bewehrung ausreicht, um die Streckgrenze des Betonstahls zu erreichen. Diese Annahme ist am Ende der Bemessung zu überprüfen.

$$\varepsilon_{s2} = \left(|\varepsilon_{c2}| + \varepsilon_{s1} \right) \frac{d - d_2}{d} - \varepsilon_{s1} \overset{?}{>} \varepsilon_{yd} \tag{6.33}$$

Beispiel 6.6: Biegebemessung mit Druckbewehrung

gegeben:
- Balken im Freien
- Rechteckquerschnitt $b/h = 25/75$ cm
- Schnittgrößen $M_G = 250$ kNm; $M_Q = 240$ kNm
  $N_G = -80$ kN; $N_Q = -60$ kN
- Baustoffe C 30; BSt 500

gesucht:
- erforderliche Biegezugbewehrung

Lösung:
$\gamma_G = 1{,}35; \gamma_Q = 1{,}50$
$M_{Sd} = 1{,}35 \cdot 250 + 1{,}50 \cdot 240 = 698$ kNm

$N_{Sd} = 1{,}35 \cdot (-80) + 1{,}50 \cdot (-60) = -198$ kN

est $d = 67{,}5$ cm

$z_{s1} = 67{,}5 - \dfrac{75}{2} = 30$ cm

$M_{Sd,s} = |698| - (-198) \cdot 0{,}30 = 757$ kNm

$\gamma_c = 1{,}50$

TAB 4.2:
(4.11):

$$S_d = \text{extr} \left[\sum_j \gamma_{G,j} G_{k,j} + 1{,}5 \cdot Q_{k,1} \right]$$

Aufgrund ähnlicher Verhältnisse wie in Beispiel 6.1 wird die seinerzeitige Schätzung hier übernommen.

(6.16): $z_{s1} = d - \dfrac{h}{2}$

(6.15): $M_{Sd,s} = |M_{Sd}| - N_{Sd} \cdot z_{s1}$

TAB 2.11:

6 Biegebemessung

$f_{cd} = \dfrac{30}{1,5} = 20,0 \text{ N/mm}^2$ \hfill (2.9): $f_{cd} = \dfrac{f_{ck}}{\gamma_c}$

$f_{yd} = \dfrac{500}{1,15} = 435 \text{ N/mm}^2$ \hfill (2.12): $f_{yd} = \dfrac{f_{yk}}{\gamma_s}$

$\mu_{Sd,s} = \dfrac{0,757}{0,25 \cdot 0,675^2 \cdot 20} = 0,332$ \hfill (6.23): $\mu_{Sd,s} = \dfrac{M_{Sd,s}}{b \cdot d^2 \cdot f_{cd}}$

$\mu_{Sd,s} = 0,332 > 0,31 = \lim \mu_{Sd,s}$; \hfill TAB 6.4:
$\zeta = 0,75$; $-\varepsilon_{c2}/\varepsilon_{s1} = -3,50/2,33$ ‰

\hfill (6.28):

$\lim M_{Sd,s} = 0,31 \cdot 0,25 \cdot 0,675^2 \cdot 20 \cdot 10^3 = 706 \text{ kNm}$ \hfill $\lim M_{Sd,s} = \lim \mu_{Sd,s} \cdot b \cdot d^2 \cdot f_{cd}$

$\Delta M_{Sd,s} = 757 - 706 = 51 \text{ kNm}$ \hfill (6.29): $\Delta M_{Sd,s} = M_{Sd,s} - \lim M_{Sd,s}$

$d_2 = 35 + 10 + \dfrac{12}{2} = 46 \text{ mm}$ \hfill (6.32): $d_2 = \text{nom } c + d_{s,st} + \dfrac{d_{s2}}{2}$

$z = 0,75 \cdot 0,675 = 0,506 \text{ m}$ \hfill (6.19): $z = \zeta \cdot d$

\hfill (6.30):

$A_{s1} = \dfrac{1}{435}\left(\dfrac{706}{0,506} + \dfrac{51}{0,675 - 0,046} - 198\right) \cdot 10 = 29,4 \text{ cm}^2$ \hfill $A_{s1} = \dfrac{1}{f_{yd}}\left(\dfrac{\lim M_{Sd,s}}{z} + \dfrac{\Delta M_{Sd,s}}{d - d_2} + N_{Sd}\right)$

gew: 5 Ø28 mit vorh $A_s = 30,8 \text{ cm}^2$ \hfill TAB 6.2:

vorh $A_s = 30,8 \text{ cm}^2 > 29,4 \text{ cm}^2 = A_s$ \hfill (6.11): vorh $A_s \geq A_s$

$e = \dfrac{3 \cdot 6,16 \cdot \frac{2,8}{2} + 2 \cdot 6,16 \cdot \left(2 \cdot 2,8 + \frac{2,8}{2}\right)}{5 \cdot 6,16} = 3,4 \text{ cm}$ \hfill (6.7): $e = \dfrac{\sum\limits_i A_{si} \cdot e_i}{\sum\limits_i A_{si}}$

$d = 75 - 3,5 - 1,0 - 3,4 = 67,1 \text{ cm} \approx 67,5 \text{ cm} = \text{est } d$ \hfill (6.6): $d = h - \text{nom } c - d_{s,st} - e$

$A_{s2} = \dfrac{1}{435} \cdot \dfrac{51}{0,675 - 0,046} \cdot 10 = 1,9 \text{ cm}^2$ \hfill (6.31): $A_{s2} = \dfrac{1}{\sigma_{s2}} \cdot \dfrac{\Delta M_{Sd,s}}{d - d_2}$

gew: 2 Ø 12 mit vorh $A_s = 2,26 \text{ cm}^2$ \hfill TAB 6.2:

vorh $A_s = 2,26 \text{ cm}^2 > 1,9 \text{ cm}^2 = A_s$ \hfill (6.11): vorh $A_s \geq A_s$

\hfill (6.33):

$\varepsilon_{s2} = (|-3,50| + 2,33)\dfrac{67,5 - 4,6}{67,5} - 2,33 = 3,10 > 2,17 = \varepsilon_{yd}$ \hfill $\varepsilon_{s2} = (|\varepsilon_{c2}| + \varepsilon_{s1})\dfrac{d - d_2}{d} - \varepsilon_{s2} \overset{?}{>} \varepsilon_{yd}$

Die Streckgrenze wird erreicht.

6.3.7 Grenzwerte der Biegezugbewehrung

Um die Rißbreiten für nicht quantifizierbare Zwangeinwirkungen zu begrenzen, ist in [V1] § 5.4.2.1.1 eine Mindestbiegezugbewehrung vorgeschrieben. Die Mindestbewehrung soll ebenfalls ein Versagen ohne Vorankündigung bei Bildung der ersten Risse verhindern. Der Höchstwert der Biegezugbewehrung ist ebenfalls begrenzt. Der Höchstwert der Bewehrung ist nur außerhalb von Stößen einzuhalten. Bei monolithischen Konstruktionen ist auch bei Einfeldträgern mit gelenkig angenommener Stützung eine konstruktive Einspannung zu berücksichtigen.

Diese ist für ein Moment zu bemessen, das betragsmäßig mindestens 25% des größten Feldmomentes ist (→ Kap. 4.3.5).

$$\min A_{s1} = \max \begin{cases} \dfrac{0,6 \cdot b_t \cdot d}{f_{yk}} \\ 0,0015 \cdot b_t \cdot d \end{cases} \quad (b_t;\, d \text{ in cm};\, f_{yk} \text{ in N/mm}^2) \quad (6.34)$$

b_t mittlere Breite der Zugzone

vorh $A_s \leq 0,04 \cdot A_c$ (6.35)

Beispiel 6.7:   Vollständige Biegebemessung eines Rechteckquerschnitts
                     (Fortsetzung von Beispiel 4.2)

gegeben: - Ergebnisse der Beispiele 4.1 und 4.2
               - Balkenbreite $b = 25$ cm
               - Baustoffe C 30; BSt 500

gesucht: - erforderliche Biegezugbewehrung incl. Überprüfung der Bewehrungsgrenzwerte

Lösung:

min $c = 25$ mm	TAB 3.1: Umweltklasse 2b
nom $c = 25 + 10 = 35$ mm	(3.1): nom $c = \min c + \Delta h$
$\gamma_c = 1,50;\, \gamma_s = 1,15$	TAB 2.11:
$f_{cd} = \dfrac{30}{1,5} = 20\text{ N/mm}^2$	(2.9): $f_{cd} = \dfrac{f_{ck}}{\gamma_c}$
$f_{yd} = \dfrac{500}{1,15} = 435\text{ N/mm}^2$	(2.12): $f_{yd} = \dfrac{f_{yk}}{\gamma_s}$
Feld 1:	Es wird angenommen, daß eine 2lagige Bewehrung erforderlich ist.
est $d = 75 - 7,5 = 67,5$ cm	(6.5): est $d = h - (4\text{ bis }10)$
$\mu_{Sd,s} = \dfrac{0,646}{0,25 \cdot 0,675^2 \cdot 20} = 0,284$	(6.23): $\mu_{Sd,s} = \dfrac{M_{Sd,s}}{b \cdot d^2 \cdot f_{cd}}$
$\omega = 0,3937$	TAB 6.4:
$A_s = \dfrac{0,3937 \cdot 0,25 \cdot 0,675 \cdot 20}{435} \cdot 10^4 = 30,5\text{ cm}^2$	(6.25): $A_s = \dfrac{\omega \cdot b \cdot d \cdot f_{cd} + N_{Sd}}{f_{yd}}$
gew: 5 Ø 28 mit vorh $A_s = 30,8\text{ cm}^2$	TAB 6.2
1. Lage 3 Ø 28 ; 2. Lage 2 Ø 28	TAB 6.2
vorh $A_s = 30,8\text{ cm}^2 > 30,5\text{ cm}^2 = A_s$	(6.11): vorh $A_s \geq \bar{A}_s$
$e = \dfrac{3 \cdot 6,16 \cdot \frac{2,8}{2} + 2 \cdot 6,16 \cdot \left(2 \cdot 2,8 + \frac{2,8}{2}\right)}{5 \cdot 6,16} = 3,6\text{ cm}$	(6.7): $e = \dfrac{\sum\limits_i A_{si} \cdot e_i}{\sum\limits_i A_{si}}$
$d = 75 - 3,5 - 1,0 - 3,6 = 66,9\text{ cm} \approx 67,5\text{ cm} = \text{est } d$	(6.6): $d = h - \text{nom } c - d_{s,st} - e$

Die Mindestbewehrung wird für das geringer beanspruchte Feld 1, die Maximalbewehrung für die höher beanspruchte Stütze nachgewiesen.

6   Biegebemessung   85

Feld 2:
Die Biegezugbewehrung könnte in analoger Weise zu Feld 1 bestimmt werden. Hier wird sie überschläglich durch lineare Interpolation [8]) bestimmt.

$A_s = 30,5 \cdot \dfrac{311}{646} = 14,7 \text{ cm}^2$ $\qquad\bigg|\; A_s = A'_s \dfrac{M_{Sd,s}}{M'_{Sd,s}}$

gew: 3 Ø 25 mit vorh $A_s = 14,7 \text{ cm}^2$ $\qquad\qquad$ TAB 6.2
$\qquad$ 1. Lage 3 Ø 25 $\qquad\qquad\qquad\qquad\qquad\;\;$ TAB 6.2

vorh $A_s = 14,7 \text{ cm}^2 = A_s$ $\qquad\qquad\qquad\quad$ (6.11): vorh $A_s \geq A_s$

$\min A_{s1} = \max \begin{cases} \dfrac{0,6 \cdot 25 \cdot 67,5}{435} = 2,33 \text{ cm}^2 \\ 0,0015 \cdot 25 \cdot 67,5 = 2,53 \text{ cm}^2 < 14,7 \text{ cm}^2 \end{cases}$ $\;\bigg|\; $ (6.34): $\min A_{s1} = \max \begin{cases} \dfrac{0,6 \cdot b_t \cdot d}{f_{yk}} \\ 0,0015 \cdot b_t \cdot d \end{cases}$

Stütze B:

$\mu_{Sd,s} = \dfrac{0,768}{0,25 \cdot 0,675^2 \cdot 20} = 0,337$ $\qquad\qquad$ (6.23): $\mu_{Sd,s} = \dfrac{M_{Sd,s}}{b \cdot d^2 \cdot f_{cd}}$

$\mu_{Sd,s} = 0,337 > 0,31 = \lim \mu_{Sd,s}$; $\qquad\qquad\;\;$ TAB 6.4:
$\zeta = 0,75$; $-\varepsilon_{c2}/\varepsilon_{s1} = -3,50/2,33$ ‰

$\qquad\qquad\qquad\qquad\qquad\qquad\qquad\qquad\qquad$ (6.28):

$\lim M_{Sd,s} = 0,31 \cdot 0,25 \cdot 0,675^2 \cdot 20 \cdot 10^3 = 706 \text{ kNm}$ $\quad\;\;$ $\lim M_{Sd,s} = \lim \mu_{Sd,s} \cdot b \cdot d^2 \cdot f_{cd}$ [9])
$\Delta M_{Sd,s} = 768 - 706 = 62 \text{ kNm}$ $\qquad\qquad\qquad\;\;$ (6.29): $\Delta M_{Sd,s} = M_{Sd,s} - \lim M_{Sd,s}$
$d_2 = 35 + 10 + \dfrac{12}{2} = 46 \text{ mm}$ $\qquad\qquad\qquad\;\;$ (6.32): $d_2 = \text{nom } c + d_{s,st} + \dfrac{d_{s2}}{2}$
$z = 0,75 \cdot 0,675 = 0,506 \text{ m}$ $\qquad\qquad\qquad\;\;\;$ (6.19): $z = \zeta \cdot d$
$\qquad\qquad\qquad\qquad\qquad\qquad\qquad\qquad\qquad$ (6.30):

$A_{s1} = \dfrac{1}{435}\left(\dfrac{706}{0,506} + \dfrac{62}{0,675-0,046}\right) \cdot 10 = 34,3 \text{ cm}^2$ $\;\bigg|\; A_{s1} = \dfrac{1}{f_{yd}}\left(\dfrac{\lim M_{Sd,s}}{z} + \dfrac{\Delta M_{Sd,s}}{d-d_2} + N_{Sd}\right)$

gew: 4 Ø 28 + 2 Ø 25 mit vorh $A_s = 24,6 + 9,8 = 34,4 \text{ cm}^2$ $\quad\;$ TAB 6.2:
$\qquad$ 1. Lage: $2 \cdot (\text{Ø } 28 + \text{Ø } 25)$ als Stabbündel $\qquad\;\;$ ($\rightarrow$ Kap. 12.2.4)
$\qquad$ 2. Lage: 2 Ø 28

vorh $A_s = 34,4 \text{ cm}^2 > 34,3 \text{ cm}^2 = A_s$ $\qquad\qquad\;$ (6.11): vorh $A_s \geq A_s$

$A_{s2} = \dfrac{1}{435} \cdot \dfrac{62}{0,675-0,046} \cdot 10 = 2,27 \text{ cm}^2$ $\qquad\;\;$ (6.31): $A_{s2} = \dfrac{1}{\sigma_{s2}} \cdot \dfrac{\Delta M_{Sd,s}}{d-d_2}$

gew: 2 Ø 12 mit vorh $A_s = 2,26 \text{ cm}^2$ $\qquad\qquad\;\;$ TAB 6.2:
vorh $A_s = 2,26 \text{ cm}^2 \approx A_s$ $\qquad\qquad\qquad\quad\;\;$ (6.11): vorh $A_s \geq A_s$
$\qquad\qquad\qquad\qquad\qquad\qquad\qquad\qquad\qquad$ (6.33):

$\varepsilon_{s2} = (|-3,50| + 2,33)\dfrac{67,5-4,6}{67,5} - 2,33 = 3,10 > 2,17 = \varepsilon_{yd}$ $\;\bigg|\; \varepsilon_{s2} = (|\varepsilon_{c2}| + \varepsilon_{s1})\dfrac{d-d_2}{d} - \varepsilon_{s2} \overset{?}{>} \varepsilon_{yd}$

vorh $A_s \leq 0,04 \cdot 25 \cdot 75 = 75,0 \text{ cm}^2$ $\qquad\qquad\;\;$ (6.35): vorh $A_s \leq 0,04 \cdot A_c$
vorh $A_s = 34,3 + 2,27 = 36,6 \text{ cm}^2 < 75,0 \text{ cm}^2$

---

[8]) Aufgrund des nichtlinearen Werkstoffgesetzes für Beton liegt die Interpolation auf der "sicheren Seite". Eine Extrapolation würde auf der "unsicheren Seite" liegen. Im Beispiel wurde daher mit Feld 2 begonnen.
[9]) Wenn das Stützmoment nach Kap. 6.2 ausgerundet würde, könnte auf die Druckbewehrung verzichtet werden.

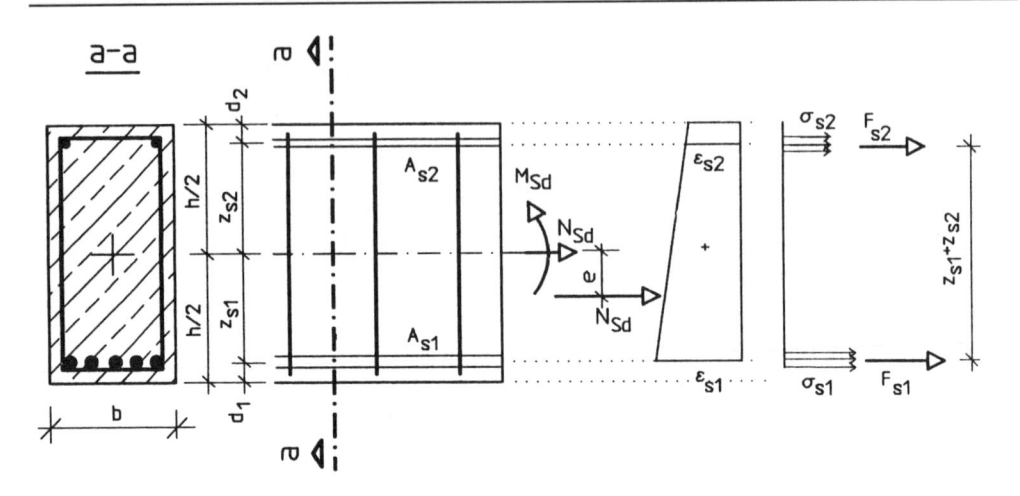

ABB 6.13: Spannungen und Dehnungen bei überwiegenden Längszugkräften

6.3.8 Bemessung vollständig gerissener Querschnitte

Mit den vorangehend erläuterten Verfahren können Querschnitte für Schnittgrößen bemessen werden, die zu Dehnungen der Bereiche 2, 3 (oder 4) führen. Wenn jedoch neben (kleinen) Momenten große Längszugkräfte wirken, tritt auch am oberen Rand eine Dehnung auf (**ABB 6.13**). Dies ist der Bereich 1. Der Beton beteiligt sich im Bereich 1 nicht mehr an der Übertragung der Schnittgrößen; er dient nur noch dem Korrosionsschutz der Bewehrung. Die Schnittgrößen werden vollständig durch den eingelegten Betonstahl aufgenommen. Insofern ist generell überlegenswert, ob für ein so beanspruchtes Bauteil vorgespannter Beton oder ein anderer Werkstoff wie Stahl oder Holz nicht sinnvoller sind. Da sich der Beton nicht mehr an der Lastabtragung beteiligt, ist die Querschnittsform des Bauteils beliebig. Das folgende Bemessungsverfahren gilt daher für alle Querschnittsformen.

Der Querschnitt weist nur Dehnungen, keine Stauchungen auf, wenn für die Ausmitte e gilt:

$$e \leq z_{s1} \tag{6.36}$$

$$e = \frac{|M_{Sd}|}{N_{Sd}} \tag{6.37}$$

Der Schwerpunktabstand der Bewehrung z_{s1} bezieht sich hierbei auf den stärker gedehnten Bewehrungsstrang, der Schwerpunktabstand z_{s2} bezieht sich auf den weniger stark gedehnten Strang. Für einen Rechteckquerschnitt lassen sich beide ermitteln zu

$$z_{s1} = \frac{h}{2} - d_1 \tag{6.38}$$

6 Biegebemessung

$$z_{s2} = \frac{h}{2} - d_2 \tag{6.39}$$

Durch das Momentengleichgewicht um die obere und untere Bewehrungslage erhält man (vgl. **ABB 6.13**) unter der Annahme, daß die Streckgrenze in beiden Bewehrungssträngen erreicht wird:

$$A_{s2} = \frac{N_{Sd}}{f_{yd}} \cdot \frac{z_{s1} - e}{z_{s1} + z_{s2}} \tag{6.40}$$

$$A_{s1} = \frac{N_{Sd}}{f_{yd}} \cdot \frac{z_{s2} + e}{z_{s1} + z_{s2}} \tag{6.41}$$

Beispiel 6.8: Bemessung eines vollständig gerissenen Querschnitts

gegeben: - Balken im Freien
- Rechteckquerschnitt $b/h = 25/75$ cm
- Schnittgrößen $M_G = 15$ kNm; $M_Q = 5$ kNm
   $N_G = 150$ kN; $N_Q = 50$ kN
- Baustoffe C 30; BSt 500

gesucht: - erforderliche Biegezugbewehrung

Lösung:

$\gamma_G = 1{,}35; \gamma_Q = 1{,}50$	**TAB 4.2:**
$M_{Sd} = 1{,}35 \cdot 15 + 1{,}50 \cdot 5 = 27{,}8$ kNm	(4.11):
$N_{Sd} = 1{,}35 \cdot 150 + 1{,}50 \cdot 50 = 278$ kN	$S_d = extr\left[\sum_j \gamma_{G,j} G_{k,j} + 1{,}5 \cdot Q_{k,1}\right]$
est d_1 = est d_2 = 5,0 cm	später zu überprüfender Schätzwert
$z_{s1} = \frac{0{,}75}{2} - 0{,}05 = 0{,}325$ m	(6.38): $z_{s1} = \frac{h}{2} - d_1$
$z_{s2} = \frac{0{,}75}{2} - 0{,}05 = 0{,}325$ m	(6.39): $z_{s2} = \frac{h}{2} - d_2$
$e = \frac{|27{,}8|}{278} = 0{,}10$ m	(6.37): $e = \frac{|M_{Sd}|}{N_{Sd}}$
$e = 0{,}10$ m $< 0{,}325$ m .	(6.36): $e \leq z_{s1}$
$A_{s2} = \frac{278 \cdot 10^3}{435} \cdot \frac{0{,}325 - 0{,}10}{0{,}325 + 0{,}325} = 221$ mm^2 = 2,21 cm^2	(6.40): $A_{s2} = \frac{N_{Sd}}{f_{yd}} \cdot \frac{z_{s1} - e}{z_{s1} + z_{s2}}$
gew: 2 Ø 14 mit vorh $A_s = 3{,}08$ cm^2	**TAB 6.2**
vorh $A_s = 3{,}08$ cm$^2 > 2{,}21$ cm$^2 = A_s$	(6.11): vorh $A_s \geq A_s$
$A_{s2} = \frac{278 \cdot 10^3}{435} \cdot \frac{0{,}325 + 0{,}10}{0{,}325 + 0{,}325} = 418$ mm^2 = 4,18 cm^2	(6.41): $A_{s1} = \frac{N_{Sd}}{f_{yd}} \cdot \frac{z_{s2} + e}{z_{s1} + z_{s2}}$
gew: 3 Ø 14 mit vorh $A_s = 4{,}62$ cm^2	**TAB 6.2**
vorh $A_s = 4{,}62$ cm$^2 > 4{,}18$ cm$^2 = A_s$	(6.11): vorh $A_s \geq A_s$

6.4 Biegebemessung von Plattenbalken

6.4.1 Begriff und Tragverhalten

Im Stahlbetonbau werden i. allg. Unterzüge und Deckenplatten zusammen betoniert. Sie sind monolithisch miteinander verbunden, es entsteht ein T-förmiger Querschnitt. Einen derartigen Balken nennt man Plattenbalken [10] (ABB 6.14).

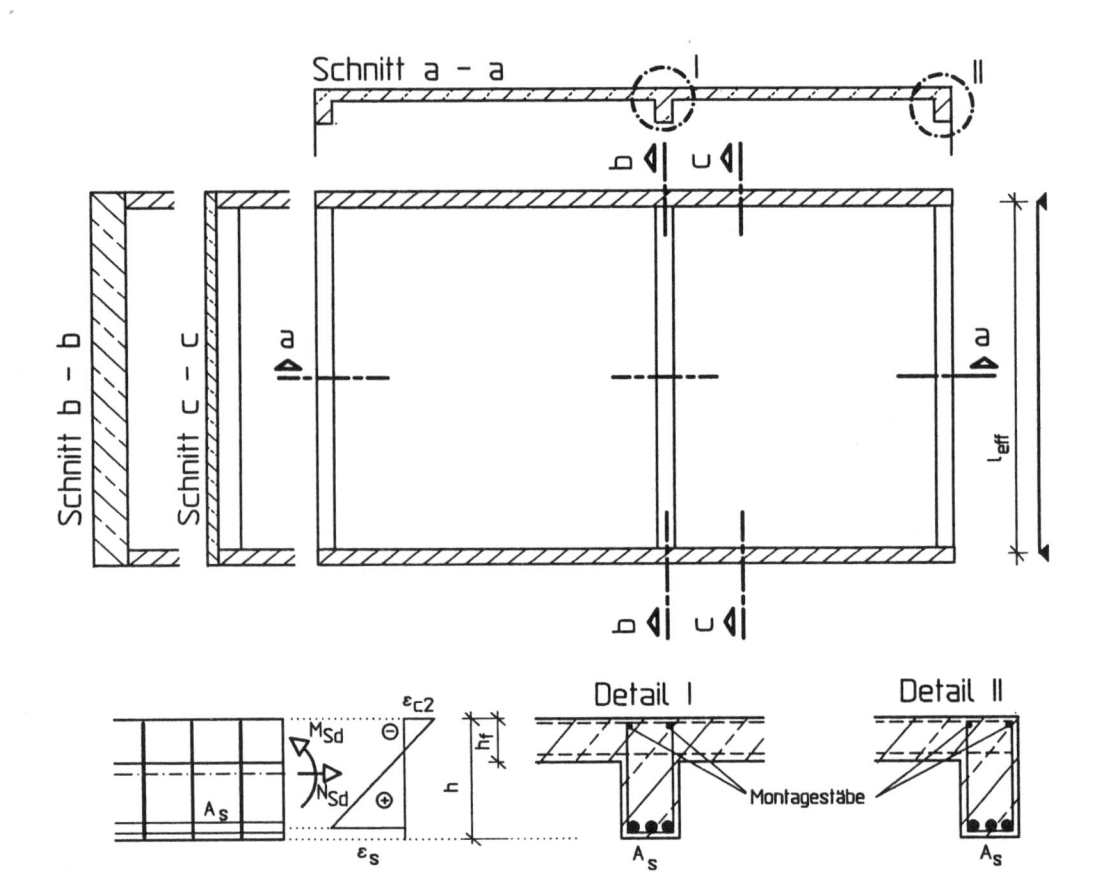

ABB 6.14: Der Plattenbalken

---

[10] Der Begriff Plattenbalken wird in diesem Buch ausschließlich aufgrund der äußeren Kontur benutzt. Im Hinblick auf die Biegebemessung liegt ein Plattenbalken nur vor, wenn die Nullinie im Steg liegt. Um beide Sachverhalte zu unterscheiden, wird dieser Fall mit einem "rechnerischen Plattenbalken" bezeichnet. Ein rechnerischer Plattenbalken ist nicht ausschließlich an die Querschnittsform (und die Nullinie) gebunden, auch ein Kastenquerschnitt oder I-förmiger Querschnitt können rechnerische Plattenbalken sein.

Sind Deckenplatte und Unterzug monolithisch miteinander verbunden, dann erfahren bei einer Belastung beide Bauteile am Anschnitt zwischen Platte und Balken die gleiche Verformung. Bei positivem Biegemoment und obenliegender Platte liegt diese in der Druckzone. Da Platte und Balken monolithisch verbunden sind, beteiligt sich auch die Platte am Lastabtrag. Hierin besteht für den Stahlbetonbau die ideale Trägerform mit einem großen Betonquerschnitt in der Druckzone und einem kleinen (ohnehin nicht mitwirkenden) in der Zugzone. Die Zugzone reicht jedoch zur Unterbringung der Biegezugbewehrung aus.

6.4.2 Mitwirkende Plattenbreite

Aufgrund der schubfesten Verbindung zwischen Gurt und Steg wirken die Gurtplatten im stegnahen Bereich in vollem Umfang, mit zunehmender Entfernung vom Steg immer weniger mit. Rechnerisch kann dieses Tragverhalten mit der Elastizitätstheorie einer Scheibe erfaßt werden. Da die Scheibentheorie für die alltägliche Praxis zu aufwendig ist, erfolgt die Berechnung mit einem Näherungsverfahren, das mit der Ermittlung der "mitwirkenden Breite" arbeitet.

Betrachtet man die Druckspannungen aus der Tragwirkung des Plattenbalkens, so haben sie ihr Maximum im Steg und werden mit zunehmender Entfernung vom Steg kleiner (**ABB 6.15**). Bei sehr breiten Platten kann die Druckspannung in den vom Steg weit entfernten Plattenbereichen auch Null sein; hier beteiligt sich die Platte dann nicht mehr am Tragverhalten.

Die mitwirkende Plattenbreite b_{eff} ist diejenige Breite, die sich unter der Annahme einer rechteckigen Spannungsverteilung mit derselben maximalen Randspannung max σ_c wie bei der tatsächlichen Spannungsverteilung ergibt, wenn in beiden Fällen die innere Betondruckkraft F_c gleich sein soll (**ABB 6.16**):

$$b_{eff} = \frac{1}{\max \sigma_c} \int_{y=-\infty}^{y=+\infty} \sigma_c \, dy$$

Die Dehnungsverteilung und damit auch die Nullinienlage bleiben bei der Näherung unverändert. Dieser Sachverhalt ist in **ABB 6.17** nochmals für eine Platte mit mehreren Stegen, einem mehrstegigen Plattenbalken, dargestellt. Die hierbei zugrunde zu legende Breite b zählt jeweils von Feldmitte in Platte i bis Feldmitte in Platte $i+1$.

Die mitwirkende Plattenbreite ist abhängig von:

- den Dicken von Platte und Steg h_f/h
- der Balkenstützweite l_{eff} (vgl. **ABB 6.14**)
- den Lagerungsbedingungen (gelenkig oder eingespannt), da hiervon der Abstand der Momentennullpunkte innerhalb der Stützweite abhängt
- der Belastungsart (Gleichlast oder Einzellast).

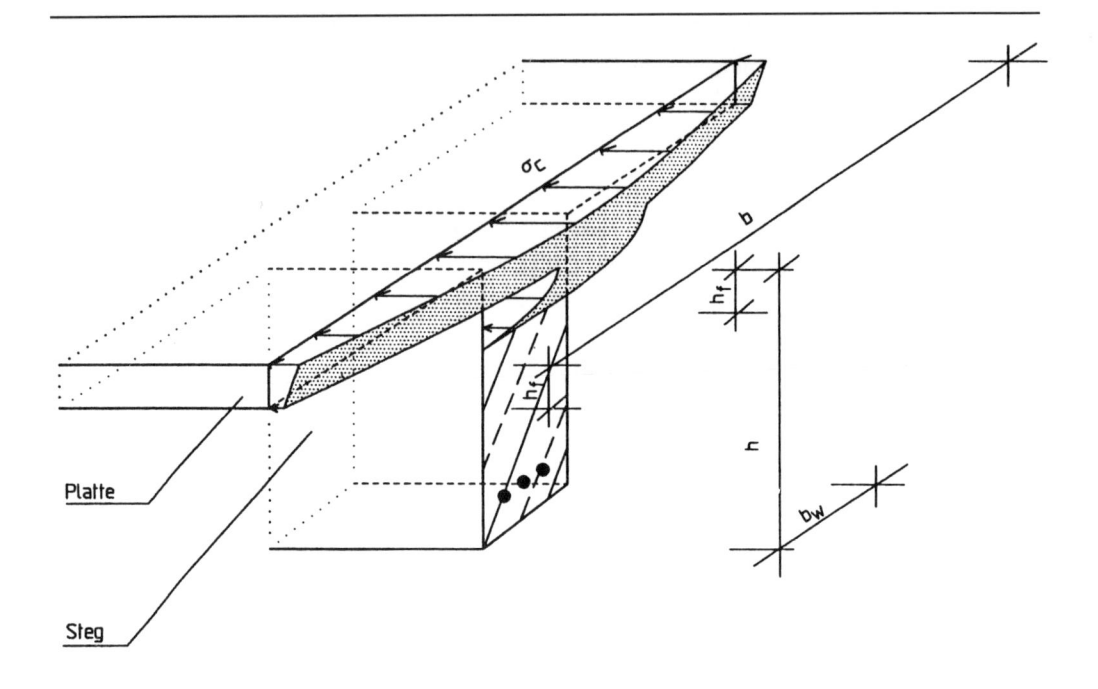

ABB 6.15: Verteilung der tatsächlichen Betondruckspannungen im Plattenbalken

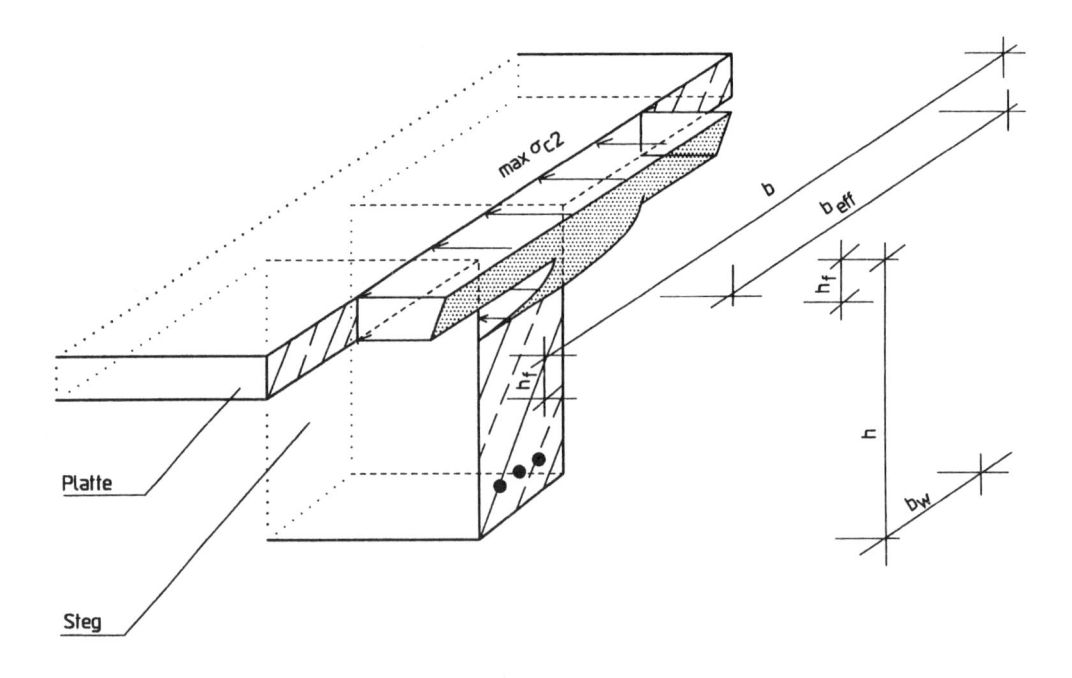

ABB 6.16: Verteilung der rechnerischen Betondruckspannungen im Plattenbalken

6 *Biegebemessung*

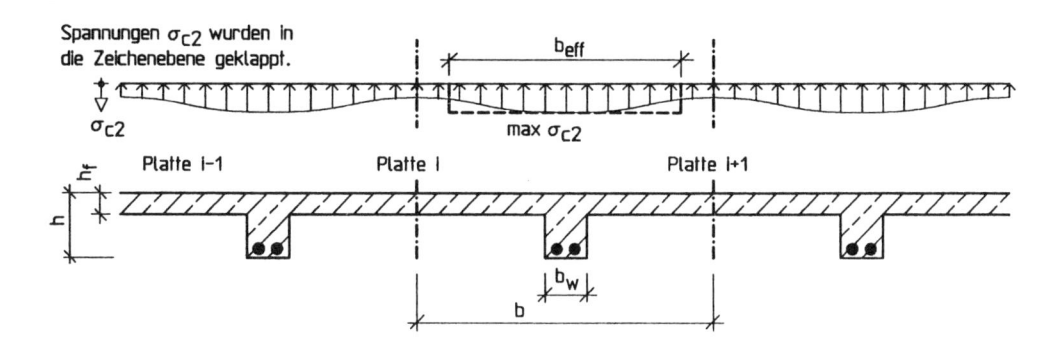

ABB 6.17: Die mitwirkende Plattenbreite

Die mitwirkende Breite $b_{\it eff}$ kann nach [V1] § 2.5.2.2.1 überschläglich ermittelt werden

- bei einem beidseitigen Plattenbalken (**ABB 6.18**, **ABB 6.19**):

$$b_{\it eff} = b_w + \frac{l_0}{5} \le b = b_w + b_1 + b_2 \tag{6.42}$$

- bei einem einseitigen Plattenbalken (**ABB 6.18**, **ABB 6.19**), wenn die Platte seitlich gehalten oder so breit ist, daß keine nennenswerte seitliche Ausbiegung auftreten kann:

$$b_{\it eff} = b_w + \frac{l_0}{10} \le b = b_w + b_1 \tag{6.43}$$

Da die Platte nur dann mitwirken kann, wenn sie in der Druckzone des Querschnittes liegt, geht in die Gln nur der Abstand der Momentennullpunkte l_0 ein. Dieser Abstand kann bei

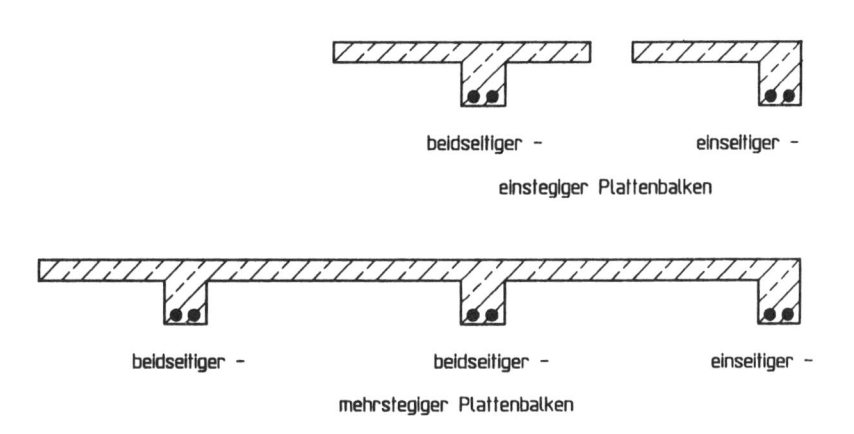

ABB 6.18: Einseitiger und beidseitiger Plattenbalken

Ermittlung der mitwirkenden Plattenbreite

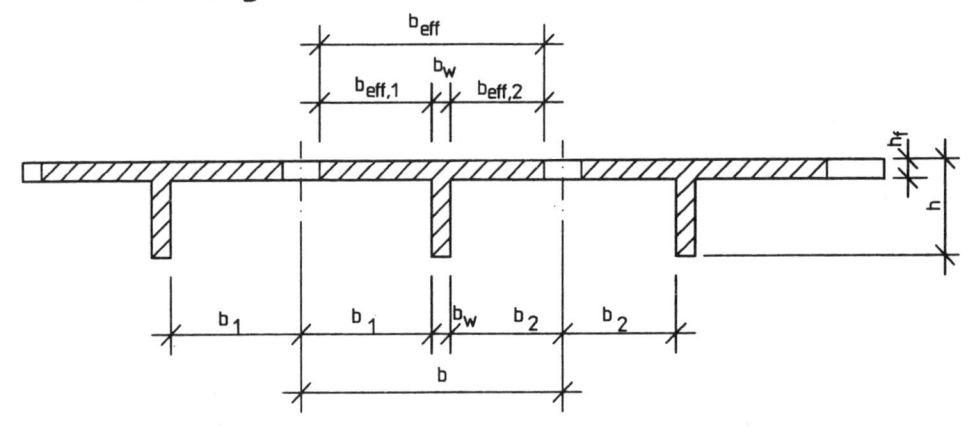

Näherungsweiser Abstand der Momentennullpunkte
(= ideelle Stützweite)

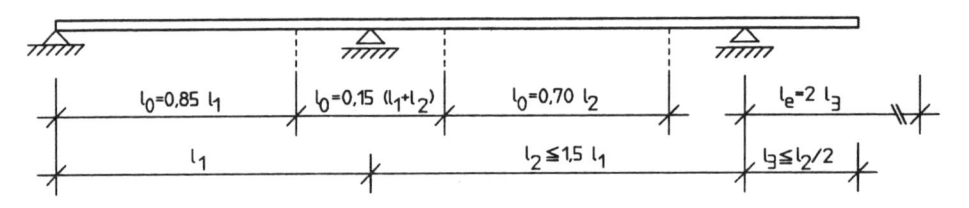

ABB 6.19: Näherungsweise Bestimmung des Abstandes der Momentennullpunkte

durchlaufenden Konstruktionen näherungsweise aus folgenden Gln. bestimmt werden (**ABB 6.19**):

- Endfeld (sofern Platte oben) $\quad l_0 = 0{,}85 \cdot l_1$ (6.44)

- Innenfeld (sofern Platte oben) $\quad l_0 = 0{,}70 \cdot l_2$ (6.45)

- Innenstütze (sofern Platte unten) $\quad l_0 = 0{,}15 \cdot (l_1 + l_2)$ (6.46)

- Kragarm (sofern Platte unten) $\quad l_e = 2{,}0 \cdot l_3$ (6.47)

Bei den Überschlagsgleichungen (6.42) und (6.43) sind keine weiteren Abminderungen für Einzellasten erforderlich. Sofern die Überschlagsgleichungen zu einer unwirtschaftlichen Bewehrung führen, kann eine genauere Ermittlung der mitwirkenden Breite sinnvoll sein.

6 Biegebemessung

Beispiel 6.9: Ermittlung der mitwirkenden Plattenbreite nach dem Überschlagsverfahren

gegeben: - Deckenplatte mit Unterzug gemäß Skizze

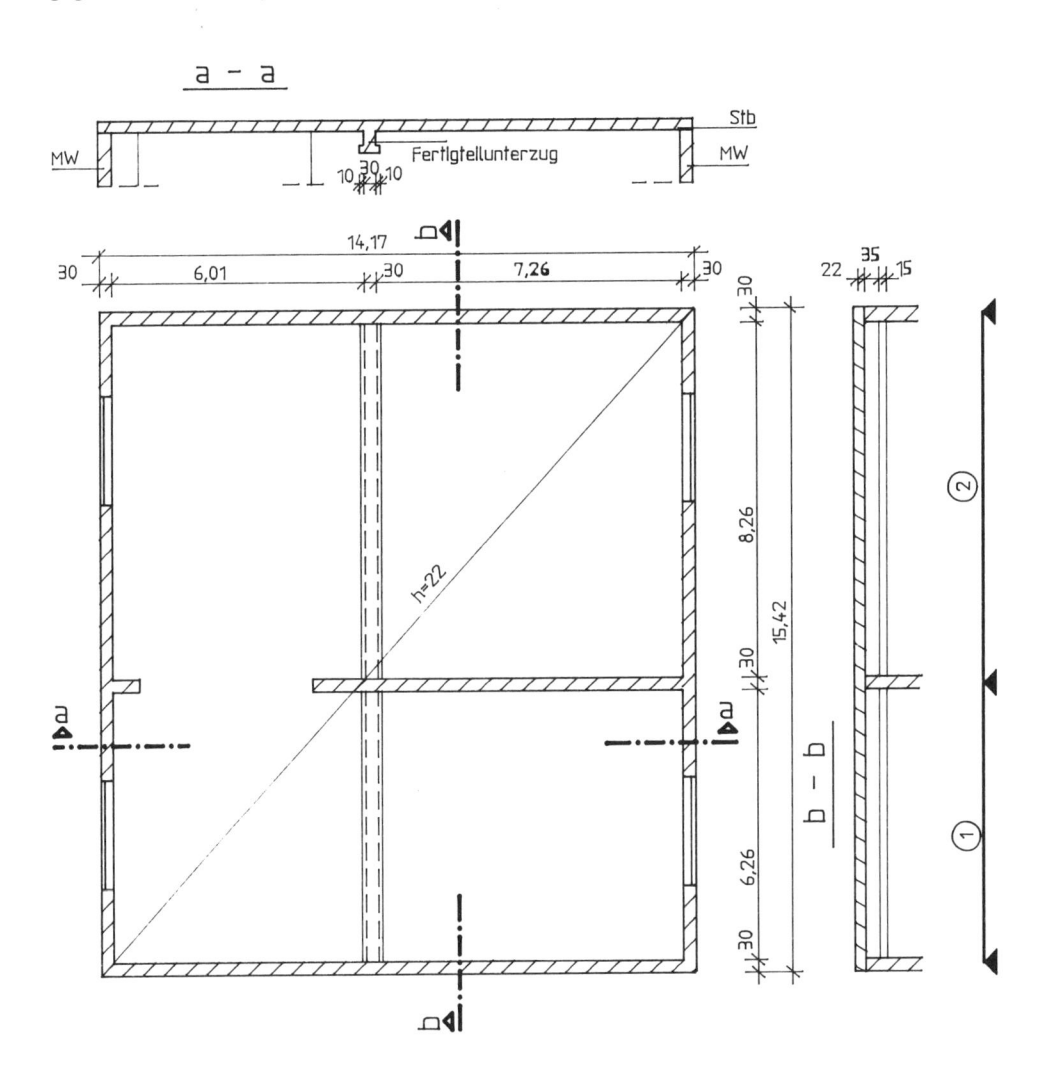

gesucht: - die mitwirkenden Plattenbreiten nach dem Überschlagsverfahren

Lösung:
Feld 1:

$a_1 = \dfrac{0,30}{3} = 0,10$ m   (4.2): $\dfrac{t}{2} \geq a_i > \dfrac{t}{3}$

$a_2 = \dfrac{0,30}{2} = 0,15$ m   (4.7): $a_i = \dfrac{t}{2}$

$l_{eff} = 6,26 + 0,10 + 0,15 = 6,51$ m   (4.1): $l_{eff} = l_n + a_1 + a_2$

$l_0 = 0,85 \cdot 6,51 = 5,53$ m   (6.44): $l_0 = 0,85 \cdot l_1$

$b_{eff} = 0,30 + \dfrac{5,53}{5} = 1,40\,\text{m} < 6,94\,\text{m} = 0,30 + \dfrac{7,26}{2} + \dfrac{6,01}{2}$ | (6.42): $b_{eff} = b_w + \dfrac{l_0}{5} \leq b = b_w + b_1 + b_2$

Feld 2:

$a_1 = \dfrac{0,30}{2} = 0,15\,\text{m}$ | (4.7): $a_i = \dfrac{t}{2}$

$a_2 = \dfrac{0,30}{3} = 0,10\,\text{m}$ | (4.2): $\dfrac{t}{2} \geq a_i > \dfrac{t}{3}$

$l_{eff} = 8,26 + 0,15 + 0,10 = 8,51\,\text{m}$ | (4.1): $l_{eff} = l_n + a_1 + a_2$

$l_0 = 0,85 \cdot 8,51 = 7,23\,\text{m}$ | (6.44): $l_0 = 0,85 \cdot l_1$

 | (6.42):

$b_{eff} = 0,30 + \dfrac{7,23}{5} = 1,75\,\text{m} < 6,94\,\text{m} = 0,30 + \dfrac{7,26}{2} + \dfrac{6,01}{2}$ | $b_{eff} = b_w + \dfrac{l_0}{5} \leq b = b_w + b_1 + b_2$

Stütze:

$l_0 = 0,15 \cdot (6,51 + 8,51) = 2,25\,\text{m}$ | (6.46): $l_0 = 0,15 \cdot (l_1 + l_2)$

 | (6.42):

$b_{eff} = 0,30 + \dfrac{2,25}{5} = 0,75\,\text{m} > 0,50\,\text{m}$ | $b_{eff} = b_w + \dfrac{l_0}{5} \leq b = b_w + b_1 + b_2$

Bei einer genaueren Berechnung der mitwirkenden Breite ergeben sich größere mitwirkende Plattenbreiten:

$$b_{eff} = b_w + b_{eff1} + b_{eff2} \leq b \qquad (6.48)$$

$$b_{effi} = f_i \cdot b_i \qquad (6.49)$$

Die Faktoren f_i können **TAB 6.5** entnommen werden. Die Tabelle berücksichtigt das Verhältnis Plattendicke zu Bauteildicke und das Verhältnis der vorhandenen Plattenbreite zur Stützweite. Der Abstand der Momentennullpunkte kann mit folgenden Gln. bestimmt werden:

- Endfeld (sofern Platte oben) $\qquad l_0 = 0,80 \cdot l_1 \qquad (6.50)$

- Innenfeld (sofern Platte oben) $\qquad l_0 = 0,60 \cdot l_2 \qquad (6.51)$

- Innenstütze (sofern Platte unten) $\quad l_0 = 0,20 \cdot (l_1 + l_2) \qquad (6.52)$

- Kragarm (sofern Platte unten) $\qquad l_e = 1,5 \cdot l_3 \qquad (6.53)$

Unter Einzellasten schnürt sich die mitwirkende Plattenbreite ein. Wenn solche Einzellasten einen wesentlichen Anteil am maßgebenden Moment haben, sollte die mitwirkende Plattenbreite um 20 % reduziert werden. Wenn an Innenstützen von Durchlaufträgern die Platte unten liegt (Platte liegt in der Druckzone bei negativen Momenten), wird die Einschnürung der mitwirkenden Plattenbreite so groß, daß sie zu reduzieren ist um $\alpha = 40\,\%$.

$$\text{red}\,b_{eff} = (1 - \alpha) \cdot b_{eff} \qquad (6.54)$$

6 *Biegebemessung*   95

Die mitwirkende Plattenbreite ist sowohl bei der Schnittgrößenermittlung als auch bei der Bemessung zu berücksichtigen. Ein Einfluß bei der Schnittgrößenermittlung tritt jedoch nur bei sich sehr stark unterscheidenden mitwirkenden Breiten (und damit sehr unterschiedlichen Trägheitsmomenten) auf.

6.4.3 Biegebemessung von Plattenbalken

Die Verfahren, die im folgenden angegeben werden, setzen voraus, daß die Nullinie parallel zum Plattenrand verläuft. Dies trifft bei beidseitigen Plattenbalken zu. Bei einseitigen Plattenbalken (Randträgern) wird dies erzwungen, wenn der Träger mit den übrigen Konstruktionsteilen monolithisch verbunden ist. In Sonderfällen muß die schiefe Lagerung berücksichtigt werden [17].

In **ABB 6.20** ist der Dehnungsverlauf über einen Plattenbalkenquerschnitt aufgetragen. Es ist ersichtlich, daß die

- Nullinie in der Platte: $x \leq h_f$ (6.55)
    oder
- Nullinie im Steg: $x > h_f$ (6.56)

verlaufen kann. Den Zusammenhang zwischen Verzerrungen, Spannungen und Sicherheitsbeiwerten liefert **ABB 6.2**. Im Unterschied zum Rechteckquerschnitt wirken die Betondruckspannun-

h_f/h	l/b_w	b_1/l_0 bzw. b_2/l_0									
		1,0	0,9	0,8	0,7	0,6	0,5	0,4	0,3	0,2	0,1	
0,10	≤10	0,18	0,20	0,22	0,26	0,31	0,38	0,48	0,62	0,82	1,00	Fakto-
	20	0,18	0,20	0,22	0,26	0,31	0,38	0,48	0,62	0,82	1,00	ren f_i
	50	0,19	0,22	0,25	0,28	0,33	0,39	0,48	0,62	0,82	1,00	zur
0,15	≤10	0,19	0,21	0,24	0,28	0,32	0,39	0,49	0,63	0,82	1,00	Ermitt-
	20	0,20	0,22	0,25	0,28	0,33	0,40	0,50	0,64	0,83	1,00	lung
	50	0,23	0,26	0,28	0,32	0,37	0,44	0,53	0,67	0,84	1,00	von
0,20	≤10	0,21	0,23	0,26	0,30	0,35	0,42	0,52	0,66	0,84	1,00	b_{eff1}/b_1
	20	0,23	0,26	0,30	0,34	0,38	0,45	0,55	0,68	0,85	1,00	bzw.
	50	0,30	0,33	0,36	0,41	0,47	0,54	0,63	0,75	0,88	1,00	b_{eff2}/b_2
0,30	≤10	0,28	0,31	0,35	0,39	0,44	0,50	0,58	0,70	0,86	1,00	
	20	0,32	0,36	0,40	0,44	0,50	0,56	0,63	0,74	0,87	1,00	
	50	0,42	0,46	0,50	0,55	0,62	0,69	0,78	0,85	0,91	1,00	

TAB 6.5: Bezogene mitwirkende Plattenbreite (nach [16])

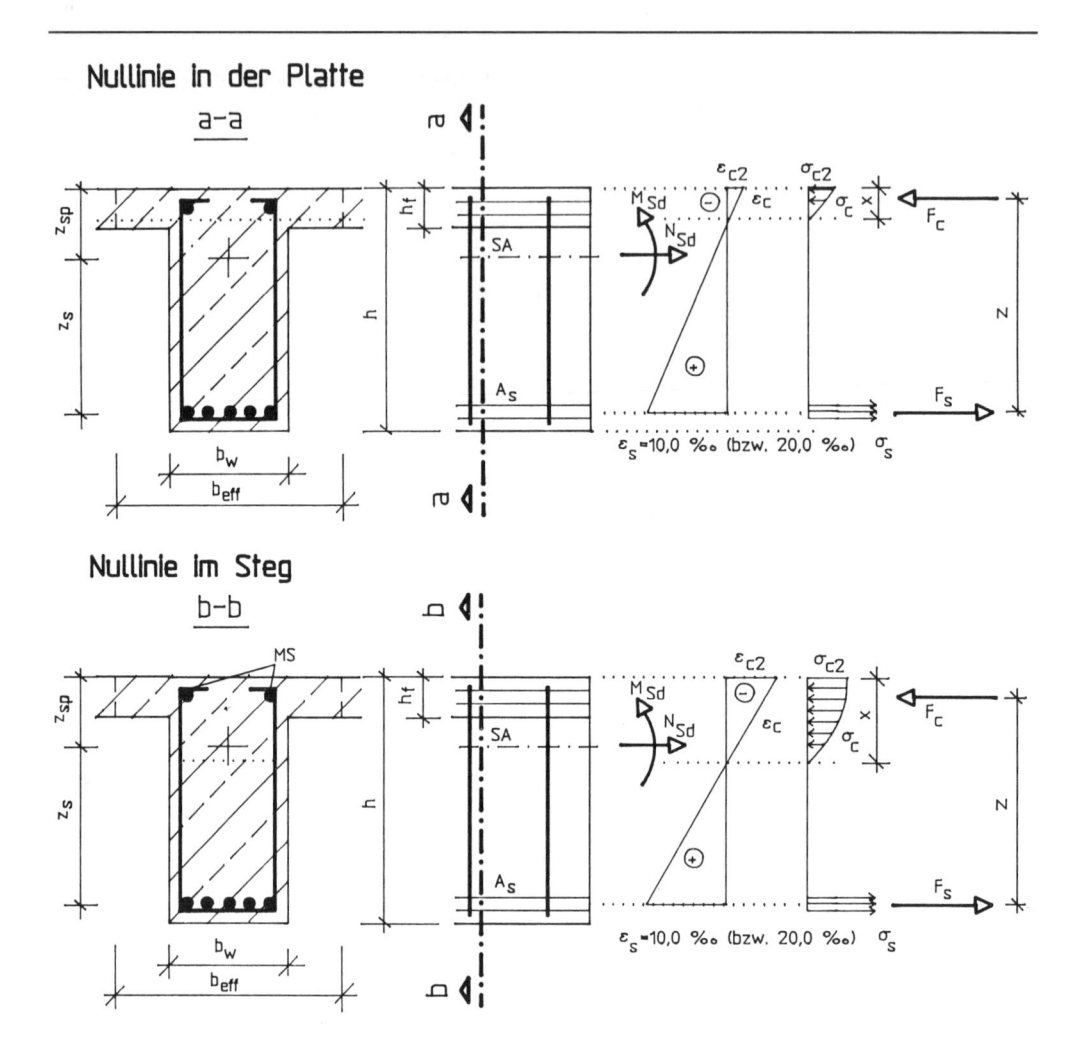

ABB 6.20: Verzerrungen und Spannungen im Plattenbalken

gen (rechnerisch) jedoch nicht auf die Plattenbreite b, sondern auf die mitwirkende Plattenbreite b_{eff}.

Die für Druckspannungen zur Verfügung stehende Querschnittfläche ist wesentlich größer als beim Rechteckquerschnitt. Im Grenzzustand des Versagens reicht die Betondruckzone daher immer aus, und der Betonstahl versagt; der Balken befindet sich im Bereich 2, d. h. $0 \leq \varepsilon_{c2} < -3{,}50\ ‰$.

6 Biegebemessung

Nullinie in der Platte:

Bei der Biegebemessung von Rechteckquerschnitten ist nur eine rechteckige Betondruckzone erforderlich. Die Querschnittsform im Zugbereich ist für die Biegebemessung uninteressant, da die Zugfestigkeit des Betons rechnerisch Null ist. Sofern die Nullinie in der Platte liegt, unterscheidet sich die Biegebemessung des Plattenbalkens daher nicht von derjenigen des Rechteckquerschnitts. Es ist nur anstatt der Breite b die mitwirkende Plattenbreite b_{eff} und für z_s Gl (6.57) zu verwenden.

$$z_s = d - z_{SP} \qquad (6.57)$$

Vor der Bemessung ist die Lage der Nullinie noch unbekannt. Deshalb wird zunächst angenommen, die Nullinie verlaufe in der Platte, und diese Annahme wird nach der Bemessung überprüft. Wird die Annahme bestätigt, ist die Bemessung in Ordnung; war die Annahme falsch, ist die Bemessung für eine Nullinie im Steg zu wiederholen.

Beispiel 6.10: Biegebemessung eines Plattenbalkens (Nullinie in der Platte)

gegeben:
- Hochbaudecke im Inneren eines Wohngebäudes gemäß Skizze von Beispiel 6.9
- Baustoffgüten C 20; BSt 500

gesucht:
- Lastannahmen
- Schnittgrößen des Unterzuges mit einem linearen Verfahren
- mitwirkende Plattenbreite
- Biegebemessung im Feld 1 mit dimensionsgebundenem, im Feld 2 mit dimensionsechtem Verfahren

Lösung:

Lastannahmen:

Eigenlast der Decke

Kunststoffbelag 1,0 cm	$0,15 \cdot 1,0 =$	$0,15$ kN/m²	[V18] T.1 § 7.9
Anhydritestrich 5,0 cm	$0,22 \cdot 5 =$	$1,10$ kN/m²	[V18] T.1 § 7.9
Konstruktionsbeton	$25 \cdot 0,22 =$	$5,50$ kN/m²	[V18] T.1 § 7.4
Gipsdeckenputz 1,5 cm		$0,18$ kN/m²	[V18] T.1 § 7.8
	$g' =$	$6,93$ kN/m²	
	$g =$	$7,00$ kN/m²	
Verkehrslast der Decke	$q =$	$1,50$ kN/m²	[V18] T.3 § 6.1 Zur Ermittlung der Lasteinflußfläche für den Unterzug → [1]

Eigenlast für den Unterzug:
Decke $\quad 7,00 \cdot [0,30 + 0,6 \cdot (6,01 + 7,26)] = \quad 57,8$ kN/m
Unterzug $25 \cdot (0,50 \cdot 0,30 + 2 \cdot 0,10 \cdot 0,15) = \quad 4,5$ kN/m

$\qquad\qquad\qquad\qquad\qquad\qquad g_k = \quad 62,3$ kN/m

Verkehrslast für den Unterzug:
$q_k = 1,5 \cdot [0,30 + 0,6 \cdot (6,01 + 7,26)] =$ 12,4 kN/m

Schnittgrößen:
Feld 1: $l_{eff} = 6,51$ m vgl. Bsp. 6.9
Feld 2: $l_{eff} = 8,51$ m
$l_{eff1} : l_{eff2} = 6,51 : 8,51 = 1 : 1,31 \approx 1 : 1,30$

Die Schnittgrößen werden mit [2] Kap. 4.3 ermittelt.

Schnittgröße		LF G	LF Q	Bemessungs-schnittgröße
max M_1	kNm	140	52	267
max M_2	kNm	351	82	597
max M_B	kNm	-459	-91	-756
max V_A	kN	132	36	232
min V_{Bli}	kN	-273	-54	-450
max V_{Br}	kN	318	63	524
min V_C	kN	-209	-45	-350

mitwirkende Plattenbreiten:
Feld 1:
$\dfrac{h_f}{h} = \dfrac{22}{72} = 0,305 \approx 0,30$

$l_0 = 0,80 \cdot 6,51 = 5,21$ m (6.50): $l_0 = 0,80 \cdot l_1$

$\dfrac{l}{b_w} = \dfrac{5,21}{0,30} = 17,4 \approx 20$

$\dfrac{b_1}{l} = \dfrac{0,5 \cdot 6,01}{5,21} = 0,58$

$f_i = 0,51$ TAB 6.5: interpolierter Wert

$b_{eff1} = 0,51 \cdot (0,5 \cdot 6,01) = 1,53$ m (6.49): $b_{effi} = f_i \cdot b_i$

$\dfrac{b_2}{l} = \dfrac{0,5 \cdot 7,26}{5,21} = 0,70$ (6.50): $l_0 = 0,80 \cdot l_1$

$f_i = 0,44$ TAB 6.5: interpolierter Wert

$b_{eff2} = 0,44 \cdot (0,5 \cdot 7,26) = 1,60$ m (6.49): $b_{effi} = f_i \cdot b_i$

$b_{eff} = 0,30 + 1,53 + 1,60 = \underline{3,43\,\text{m}} \leq 6,94\,\text{m} = 0,30 + \dfrac{6,01}{2} + \dfrac{7,26}{2}$ (6.48): $b_{eff} = b_w + b_{eff1} + b_{eff2} \leq b$

Feld 2:
$l_0 = 0,80 \cdot 8,51 = 6,81$ m (6.50): $l_0 = 0,80 \cdot l_1$

$\dfrac{l}{b_w} = \dfrac{6,81}{0,30} = 22,7 \approx 20$

$\dfrac{b_1}{l} = \dfrac{0,5 \cdot 6,01}{6,81} = 0,44$

$f_i = 0,60$ TAB 6.5: interpolierter Wert

$b_{eff1} = 0{,}60 \cdot (0{,}5 \cdot 6{,}01) = 1{,}80$ m

$\dfrac{b_2}{l} = \dfrac{0{,}5 \cdot 7{,}26}{6{,}81} = 0{,}53$

$f_i = 0{,}54$

$b_{eff2} = 0{,}54 \cdot (0{,}5 \cdot 7{,}26) = 1{,}96$ m

$b_{eff} = 0{,}30 + 1{,}80 + 1{,}96 = \underline{4{,}06\,\text{m}} \le 6{,}94\,\text{m} = 0{,}30 + \dfrac{6{,}01}{2} + \dfrac{7{,}26}{2}$

Stütze:

$l_0 = 0{,}20 \cdot (6{,}51 + 8{,}51) = 3{,}00$ m

$\dfrac{l}{b_w} = \dfrac{3{,}00}{0{,}30} = 10$

$\dfrac{b_1}{l} = \dfrac{0{,}5 \cdot 6{,}01}{3{,}00} = 1{,}0$

$f_i = 0{,}28$

$b_{eff1} = 0{,}28 \cdot (0{,}5 \cdot 6{,}01) = 0{,}84$ m

$\dfrac{b_2}{l} = \dfrac{0{,}5 \cdot 7{,}26}{3{,}00} = 1{,}21 > 1{,}0$

$f_i = 0{,}28$

$b_{eff2} = 0{,}28 \cdot (0{,}5 \cdot 7{,}26) = 1{,}02$ m

$b_{eff} = 0{,}30 + 0{,}84 + 1{,}02 = 2{,}16\,\text{m} > 0{,}50$ m

$\text{red}\,b_{eff} = (1 - 0{,}4) \cdot 2{,}16 = 1{,}30\,\text{m} > \underline{0{,}50\,\text{m}}$

Biegebemessung:

Feld 1:

$M_{Sd,s} = |267| - 0 = 267$ kNm

$k_h = \dfrac{67{,}5}{\sqrt{\dfrac{267}{3{,}43}}} = 7{,}65$

$k_s = 2{,}34;\ \xi = 0{,}05;\ \zeta = 0{,}98$

$x = 0{,}05 \cdot 67{,}5 = 3{,}4$ cm

$x = 3{,}4\,\text{cm} < 22{,}0\,\text{cm} = h_f$

$\rightarrow$ rechnerischer Rechteckquerschnitt

$A_s = \dfrac{267}{67{,}5} \cdot 2{,}34 + 0 = \underline{9{,}3\,\text{cm}^2}$

gew: 5 Ø 16 mit vorh $A_s = 10{,}1$ cm²

1. Lage 5 Ø 16

vorh $A_s = 10{,}1\,\text{cm}^2 > 9{,}3\,\text{cm}^2 = A_s$

$d = 72 - 2{,}5 - 1{,}0 - 0{,}8 = 67{,}7\,\text{cm} \approx 67{,}5\,\text{cm} = \text{est}\,d$

$b_t \approx 40$ cm

$\min A_{s1} = \max \begin{cases} \dfrac{0{,}6 \cdot 40 \cdot 67{,}7}{435} = 3{,}7\,\text{cm}^2 \\ 0{,}0015 \cdot 40 \cdot 67{,}7 = \underline{4{,}1\,\text{cm}^2} < 10{,}1\,\text{cm}^2 \end{cases}$

(6.49): $b_{effi} = f_i \cdot b_i$

(6.50): $l_0 = 0{,}80 \cdot l_1$

TAB 6.5: interpolierter Wert

(6.49): $b_{effi} = f_i \cdot b_i$

(6.48): $b_{eff} = b_w + b_{eff1} + b_{eff2} \le b$

(6.52): $l_0 = 0{,}20 \cdot (l_1 + l_2)$

TAB 6.5

(6.49): $b_{effi} = f_i \cdot b_i$

(6.50): $l_0 = 0{,}80 \cdot l_1$

TAB 6.5

(6.49): $b_{effi} = f_i \cdot b_i$

(6.48): $b_{eff} = b_w + b_{eff1} + b_{eff2} \le b$

(6.54): $\text{red}\,b_{eff} = (1 - \alpha) \cdot b_{eff}$

(6.15): $M_{Sd,s} = |M_{Sd}| - N_{Sd} \cdot z_{s1}$

(6.17): $k_h = \dfrac{d}{\sqrt{\dfrac{M_{Sd,s}}{b}}}$

TAB 6.3: C 20

(6.18): $x = \xi \cdot d$

(6.55): $x \le h_f$

(6.20): $A_s = \dfrac{M_{Sd,s}}{d} k_s + 10 \dfrac{N_{Sd}}{f_{yd}}$

TAB 6.2

TAB 6.2

(6.11): vorh $A_s \ge A_s$

(6.6): $d = h - \text{nom}\,c - d_{s,st} - e$

(6.34): $\min A_{s1} = \max \begin{cases} \dfrac{0{,}6 \cdot b_t \cdot d}{f_{yk}} \\ 0{,}0015 \cdot b_t \cdot d \end{cases}$

Feld 2:

$f_{cd} = \dfrac{20}{1,5} = 13,3 \text{ N/mm}^2$ (2.9): $f_{cd} = \dfrac{f_{ck}}{\gamma_c}$

$f_{yd} = \dfrac{500}{1,15} = 435 \text{ N/mm}^2$ (2.12): $f_{yd} = \dfrac{f_{yk}}{\gamma_s}$

$\mu_{Sd,s} = \dfrac{0,597}{4,06 \cdot 0,675^2 \cdot 13,3} = 0,024$ (6.23): $\mu_{Sd,s} = \dfrac{M_{Sd,s}}{b \cdot d^2 \cdot f_{cd}}$

$\omega = 0,0307; \xi = 0,067; \zeta = 0,976$ TAB 6.4:
$x = 0,067 \cdot 67,5 = 4,5 \text{ cm}$ (6.18): $x = \xi \cdot d$
$x = 4,5 \text{ cm} < 22,0 \text{ cm} = h_f$ (6.55): $x \le h_f$

→ rechnerischer Rechteckquerschnitt

$A_s = \dfrac{0,0307 \cdot 4,06 \cdot 0,675 \cdot 13,3 + 0}{435} \cdot 10^4 = 25,7 \text{ cm}^2$ (6.25): $A_s = \dfrac{\omega \cdot b \cdot d \cdot f_{cd} + N_{Sd}}{f_{yd}}$

gew: 9 Ø 20 mit vorh $A_s = 28,3 \text{ cm}^2$ TAB 6.2
  1. Lage 9 Ø 20   TAB 6.2
vorh $A_s = 28,3 \text{ cm}^2 > 25,7 \text{ cm}^2 = A_s$ (6.11): vorh $A_s \ge A_s$
$d = 72 - 2,5 - 1,0 - 1,0 = 67,5 \text{ cm} = \text{est } d$ (6.6): $d = h - \text{nom } c - d_{s,st} - e$

  Auf eine Momentenausrundung gemäß
Stütze: ABB 6.1 wird hier verzichtet.

$\mu_{Sd,s} = \dfrac{0,756}{0,50 \cdot 0,675^2 \cdot 13,3} = 0,250$ (6.23): $\mu_{Sd,s} = \dfrac{M_{Sd,s}}{b \cdot d^2 \cdot f_{cd}}$

$\omega = 0,3070; \xi = 0,446$ TAB 6.4:
$x = 0,446 \cdot 67,5 = 30,1 \text{ cm}$ (6.18): $x = \xi \cdot d$
$x = 31,7 \text{ cm} > 15,0 \text{ cm} = h_f$ (6.56): $x > h_f$

→ Nullinie im Steg, rechnerischer Plattenbalken   Beispiel wird mit Bsp. 6.11 fortgesetzt.

Nullinie im Steg:

Wenn die Nullinie im Steg liegt, befinden sich die gesamte Platte und ein Teil des Steges im Druckbereich (**ABB 6.20**). Es liegt ein "rechnerischer" Plattenbalken vor. Für die Bemessung ist zunächst zu unterscheiden, ob die Plattenbreite sehr viel größer als die Stegbreite ist. Wenn die Plattenbreite sehr viel größer ist, liegt ein stark profilierter Plattenbalken[11]), andernfalls ein schwach profilierter vor.

stark profilierter Plattenbalken: $\dfrac{b_{eff}}{b_w} \ge 5,0$ (6.58)

schwach profilierter Plattenbalken: $\dfrac{b_{eff}}{b_w} < 5,0$ (6.59)

---

[11]) andere gebräuchliche Bezeichnungen: schlanker Plattenbalken (= stark profilierter Plattenbalken)
          gedrungener Plattenbalken (= schwach profilierter Plattenbalken)

6 Biegebemessung

Die zum Gleichgewicht erforderliche innere Betondruckkraft F_c setzt sich aus einem Platten- und einem Steganteil zusammen (ABB 6.20). Bei einem gedrungenen Plattenbalken ist die mitwirkende Plattenbreite nicht wesentlich größer als die Stegbreite.

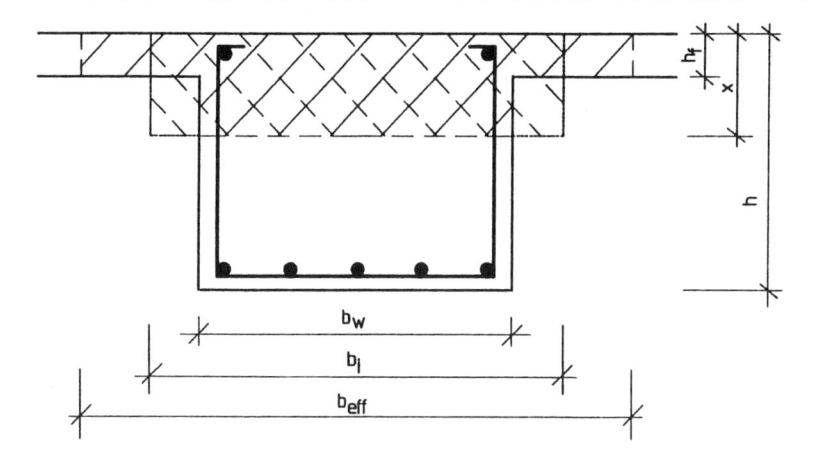

ABB 6.21: Ersatzbreite bei einem schwach profilierten Plattenbalken

Der Anteil des Steges an den Druckkräften kann daher nicht vernachlässigt werden. Da eine exakte Berechnung mit T-förmiger Druckzone sehr umständlich ist, wird eine Näherungsberechnung durchgeführt [18]. Hierbei wandelt man die T-förmige Druckzone der Breite b_{eff} in eine rechteckige Fläche mit der ideellen Breite b_i um. Bedingung ist hierbei, daß die Druckkräfte in der Betondruckzone in beiden Fällen gleich groß sind (ABB 6.21). Die Ersatzbeite wird mit TAB 6.6 und Gl (6.60) ermittelt:

$$b_i = \lambda_b \cdot b_{eff} \qquad (6.60)$$

Der Hebelarm der inneren Kräfte bei einem Querschnitt mit der Ersatzbreite b_i ist geringfügig kleiner als beim wirklich vorhandenen Querschnitt; deshalb liegt die Bemessung auf der sicheren Seite. Die Bemessung erfolgt in Form einer Iteration; häufig ist jedoch der 1. Iterationsschritt ausreichend genau.

Vorgehen zur Bemessung:

1. Verhältnisse b_{eff}/b_w und h_f/d bestimmen
2. ξ schätzen (sofern bereits eine Biegebemessung für einen Rechteckquerschnitt durchgeführt wurde, jenen ξ-Wert als Schätzung benutzen, evtl. est ξ etwas erhöhen)
3. aus TAB 6.6 λ_b entnehmen
4. Ersatzbreite b_i mit Gl (6.60) berechnen
5. ξ-Wert für einen Rechteckquerschnitt mit TAB 6.3 oder TAB 6.4 bestimmen
6. Schätzung und Berechnung von ξ vergleichen. Sofern der Unterschied in den ξ-Werten kleiner als der Unterschied zweier Zeilen in der Bemessungstabelle ist, liegt eine ausreichend genaue Schätzung vor. Bei schlechter Übereinstimmung neue Iteration mit verbessertem ξ.

$$\text{est}\,\xi \approx \xi \qquad (6.61)$$

7. Biegebemessung für einen Rechteckquerschnitt der Breite b_i

hf/d										beff/bw						
0,50	0,45	0,40	0,35	0,30	0,25	0,20	0,15	0,10	0,05	1,5	2,0	2,5	3,0	3,5	4,0	5,0
ζ										λ_b						
0,50	0,45	0,40	0,35	0,30	0,25	0,20	0,15	0,10	0,05	1,00	1,00	1,00	1,00	1,00	1,00	1,00
	0,50	0,44	0,39	0,33	0,28	0,22	0,17	0,11	0,06	0,99	0,99	0,99	0,99	0,99	0,99	0,98
		0,50	0,44	0,38	0,31	0,25	0,19	0,13	0,06	0,97	0,96	0,95	0,95	0,95	0,94	0,94
			0,50	0,43	0,36	0,29	0,21	0,14	0,07	0,95	0,92	0,90	0,89	0,89	0,88	0,87
				0,50	0,42	0,33	0,25	0,17	0,08	0,91	0,87	0,84	0,82	0,81	0,80	0,79
					0,50	0,40	0,30	0,20	0,10	0,87	0,81	0,77	0,75	0,73	0,71	0,70
						0,50	0,38	0,25	0,13	0,83	0,75	0,70	0,66	0,64	0,62	0,60
							0,50	0,33	0,17	0,79	0,69	0,62	0,58	0,55	0,53	0,50
								0,50	0,25	0,75	0,62	0,55	0,50	0,46	0,44	0,40
									0,50	0,71	0,56	0,47	0,42	0,37	0,34	0,30

TAB 6.6: Tafel zur Bestimmung der Ersatzbreite b_i (nach [17] Tafel 1.17)

Beispiel 6.11: Biegebemessung eines gedrungenen Plattenbalkens (Nullinie im Steg) (Fortsetzung von Beispiel 6.10)

gegeben: - Aufgabenstellung und Ergebnisse von Beispiel 6.10
gesucht: - Fortsetzung der Biegebemessung über der Stütze

Lösung:

$\dfrac{b_{eff}}{b_w} = \dfrac{0,50}{0,30} = 1,67 < 5,0$ schwach profilierter Plattenbalken | (6.58): $\dfrac{b_{eff}}{b_w} < 5,0$

$\dfrac{h_f}{d} = \dfrac{22}{67,5} = 0,326$

est ξ = 0,447

Ergebnis aus Bemessung von Bsp. 6.10 wird hier als Schätzwert verwendet.
TAB 6.6 interpolierter Wert

$\lambda_b = 0,94$
$b_i = 0,94 \cdot 0,50 = 0,47$ m

(6.60): $b_i = \lambda_b \cdot b_{eff}$

$\mu_{Sd,s} = \dfrac{0,756}{0,47 \cdot 0,675^2 \cdot 13,3} = 0,265 \approx 0,26$

(6.23): $\mu_{Sd,s} = \dfrac{M_{Sd,s}}{b \cdot d^2 \cdot f_{cd}}$

ω = 0,3231; ξ = 0,447; ζ = 0,805
est ξ = 0,447 = ξ

TAB 6.4:
(6.61): est ξ ≈ ξ

$A_s = \dfrac{0,3231 \cdot 0,47 \cdot 0,675 \cdot 13,3 + 0}{435} \cdot 10^4 = 31,3$ cm²

(6.25): $A_s = \dfrac{\omega \cdot b \cdot d \cdot f_{cd} + N_{Sd}}{f_{yd}}$

gew: 5 Ø 25 + 2 Ø 20 mit vorh A_s = 30,8 cm² ≈ 31,3 cm²
1. Lage 5 Ø25 + 2 Ø20

TAB 6.2
In der Platte ist genügend Platz für 1lagige Bewehrung.

6 Biegebemessung

Der stark profilierte Plattenbalken mit Nullinie im Steg tritt im üblichen Hochbau relativ selten auf, da dieser Fall nur bei sehr dünnen Platten wahrscheinlich ist.

Bei einem schlanken Plattenbalken ist der Plattenanteil der weitaus überwiegende, da

- die Plattenfläche sehr viel größer als die gestauchte Teilfläche des Steges ist
- die Randstauchungen in der Platte und damit die Spannungen größer als diejenigen im Steg sind
- der Hebelarm des inneren Betondruckkraftanteils der Platte größer als derjenige des Steges ist.

"Auf der sicheren Seite" liegend, kann daher der Steganteil vernachlässigt werden. Dann liegt ein Querschnitt vor, bei dem nur noch die gesamte Platte Druckspannungen unterworfen ist (ABB 6.22).

Für eine Überschlagsrechnung (wie sie z. B. zur Kontrolle von EDV-Programmen erforderlich ist) kann näherungsweise davon ausgegangen werden, daß die resultierende Biegedruckkraft in Plattenmitte auftritt (dies ist immer dann genau, wenn $\varepsilon_{c3} \geq 2,00$ ‰ ist). Weiterhin ist bei stark profilierten Plattenbalken die Stahlspannung ausgenutzt, d. h. $\sigma_s = f_{yd}$. Die erforderliche Biegezugbewehrung erhält man aus

$$A_s \approx \frac{1}{f_{yd}} \cdot \left(\frac{M_{Sd,s}}{d - \frac{h_f}{2}} + N_{Sd} \right) \quad (6.62)$$

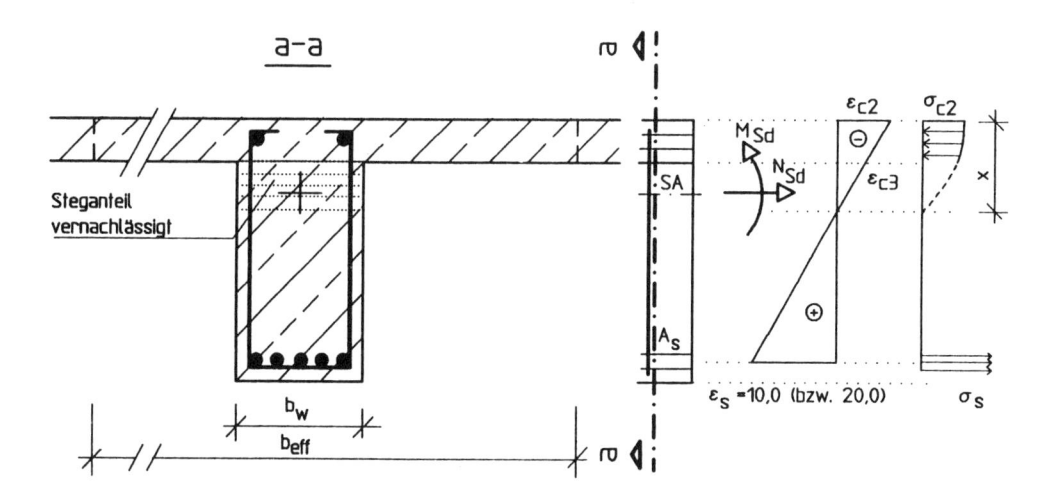

ABB 6.22: Stark profilierter Plattenbalken mit Nullinie im Steg und vernachlässigtem Steganteil

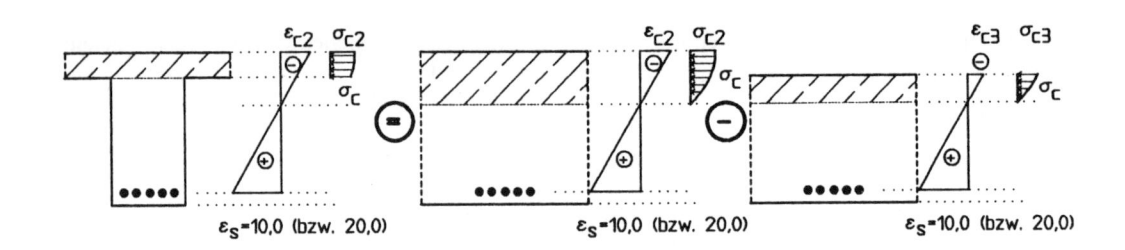

ABB 6.23: Biegebemessung unter Vernachlässigung des Steganteils mit der Bemessungstabelle für Rechteckquerschnitte

Zusätzlich wäre bei der Biegebemessung zu überprüfen, daß die Betondruckzone ausreicht. Sofern sich die Biegezugbewehrung bei stark profilierten Plattenbalken in den Steg einlegen läßt, ist (nach Meinung des Verfassers) diese Bedingung bei üblichen Hochbauten automatisch erfüllt.

Eine genauere Biegebemessung an einem derartigen Plattenbalken läßt sich nun durchführen, indem die Bemessungstabelle für Rechteckquerschnitte (**TAB 6.3** oder **TAB 6.4**) verwendet wird. Zunächst wird ein Rechteckquerschnitt der Breite des Plattenbalkens bemessen, und die Stauchung ε_{c3} in Höhe des Steganschnitts wird bestimmt. Die hierbei angenommene Fläche der Druckzone unterhalb des Steganschnitts ist jedoch nicht vorhanden. Daher wird das aufnehmbare Moment eines Querschnitts derselben Breite, aber mit der Bauteildicke des Steges abgezogen, wobei die Stauchung am oberen Rand diejenige des Steganschnitts ist (**ABB 6.23**). Wird dieser Gedankengang in allgemeiner Form durchgeführt, erhält man Bemessungstabellen für stark profilierte Plattenbalken, wobei diese wieder in dimensionsechter oder dimensionsbehafteter Form aufgestellt werden können (**TAB 6.7**).

Gegenüber der Bemessungstabelle für Rechteckquerschnitte ist nur ein zusätzlicher Tabelleneingangswert, die bezogene Plattendicke h_f/d, erforderlich. Da die Bemessungstabelle für Plattenbalken unabhängig von der Betonfestigkeitsklasse vertafelt ist, wurde die Rechenfestigkeit in die Gleichung für k'_h aufgenommen:

$$k'_h = k_h \cdot \sqrt{f_{ck}} \qquad (1 = 1 \cdot \sqrt{N/mm^2}) \tag{6.63}$$

Sofern durch eine vorgeschaltete Bemessung mit der Bemessungstabelle für Rechteckquerschnitte bereits festgestellt wurde, daß die Nullinie im Steg liegt, wird in jedem Fall in der Tabelle für Plattenbalken der k'_h-Wert angetroffen. Wenn keine vorgeschaltete Bemessung durchgeführt wurde und kein passender k'_h-Wert in **TAB 6.7** angetroffen wird, heißt dies, daß die Nullinie in der Platte liegt. Die Bemessungstabelle wird angewendet, indem zunächst der für die vorhandene bezogene Plattendicke h_f/d geltende Tabellenblock herausgesucht wird. Aus diesem Block werden analog zum Vorgehen bei Rechteckquerschnitten die Werte k_s, ξ, ζ herausgesucht. Die Stauchung ε_{c3} ist diejenige an der Plattenunterkante.

h_f/d	k'_h	k_s	ζ	ξ	$-\varepsilon_{c2}$ ‰	$-\varepsilon_{c3}$ ‰	h_f/d	k'_h	k_s	ζ	ξ	$-\varepsilon_{c2}$ ‰	$-\varepsilon_{c3}$ ‰
0,01	70,5	2,31	1,00	0,02	0,50	0,30	0,06	21,7	2,36	0,98	0,07	1,50	0,21
	50,6	2,31	1,00	0,05	1,00	0,79		18,8	2,36	0,97	0,09	2,00	0,68
	44,2	2,31	1,00	0,07	1,50	1,28		17,8	2,37	0,97	0,11	2,50	1,15
	42,2	2,31	1,00	0,09	2,00	1,78		17,4	2,37	0,97	0,13	3,00	1,62
	42,1	2,31	1,00	0,11	2,50	2,28		17,4	2,37	0,97	0,15	3,50	2,09
	42,1	2,31	1,00	0,13	3,00	2,77	0,07	18,0	2,37	0,97	0,09	2,00	0,46
	42,1	2,31	1,00	0,15	3,50	3,27		16,7	2,38	0,97	0,11	2,50	0,93
0,02	57,4	2,32	0,99	0,02	0,50	0,09		16,3	2,38	0,97	0,13	3,00	1,39
	37,6	2,32	0,99	0,05	1,00	0,58		16,2	2,38	0,97	0,15	3,50	1,86
	32,0	2,32	0,99	0,07	1,50	1,07	0,08	17,5	2,38	0,97	0,09	2,00	0,24
	30,1	2,32	0,99	0,09	2,00	1,56		16,0	2,39	0,96	0,11	2,50	0,70
	29,9	2,32	0,99	0,11	2,50	2,05		15,4	2,39	0,96	0,13	3,00	1,16
	29,9	2,32	0,99	0,13	3,00	2,54		15,2	2,40	0,96	0,15	3,50	1,62
	29,9	2,32	0,99	0,15	3,50	3,03	0,09	17,4	2,38	0,97	0,09	2,00	0,02
0,03	32,6	2,33	0,99	0,05	1,00	0,37		15,5	2,40	0,96	0,11	2,50	0,47
	26,9	2,33	0,99	0,07	1,50	0,86		14,7	2,40	0,96	0,13	3,00	0,93
	24,9	2,33	0,99	0,09	2,00	1,34		14,4	2,41	0,96	0,15	3,50	1,38
	24,5	2,34	0,99	0,11	2,50	1,83	0,10	15,2	2,40	0,96	0,11	2,50	0,25
	24,4	2,34	0,99	0,13	3,00	2,31		14,2	2,41	0,95	0,13	3,00	0,70
	24,4	2,34	0,99	0,15	3,50	2,80		13,8	2,42	0,95	0,15	3,50	1,15
0,04	30,5	2,34	0,98	0,05	1,00	0,16	0,11	15,1	2,40	0,96	0,11	2,50	0,03
	24,2	2,34	0,98	0,07	1,50	0,64		13,8	2,42	0,95	0,13	3,00	0,47
	21,9	2,35	0,98	0,09	2,00	1,12		13,3	2,43	0,95	0,15	3,50	0,92
	21,3	2,35	0,98	0,11	2,50	1,60	0,12	13,6	2,43	0,95	0,13	3,00	0,24
	21,2	2,35	0,98	0,13	3,00	2,08		12,9	2,44	0,94	0,15	3,50	0,68
	21,2	2,35	0,98	0,15	3,50	2,56	0,13	13,0	2,44	0,94	0,14	3,25	0,23
0,05	22,6	2,35	0,98	0,07	1,50	0,42		12,7	2,45	0,94	0,15	3,50	0,45
	20,1	2,36	0,98	0,09	2,00	0,90	0,14	12,5	2,45	0,94	0,15	3,50	0,21
	19,2	2,36	0,98	0,11	2,50	1,38							
	19,0	2,36	0,98	0,13	3,00	1,85							
	19,0	2,36	0,98	0,15	3,50	2,33							

TAB 6.7: Bemessungstabelle für stark profilierte Plattenbalken

Beispiel 6.12: Biegebemessung eines stark profilierten Plattenbalkens (Nullinie im Steg)

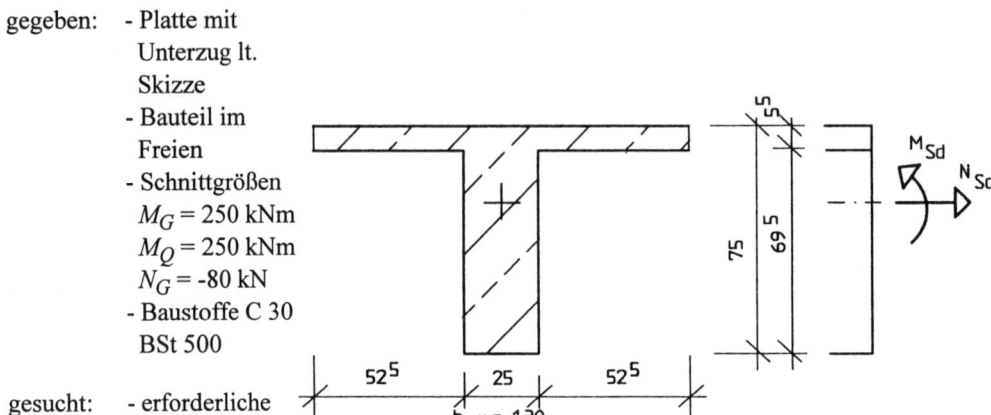

gegeben:
- Platte mit Unterzug lt. Skizze
- Bauteil im Freien
- Schnittgrößen
  $M_G = 250$ kNm
  $M_Q = 250$ kNm
  $N_G = -80$ kN
- Baustoffe C 30 BSt 500

gesucht:
- erforderliche Biegezugbewehrung

Lösung:

$\gamma_G = 1,35; \gamma_Q = 1,50$
$M_{Sd} = 1,35 \cdot 250 + 1,50 \cdot 250 = 713$ kNm

$N_{Sd} = -1,35 \cdot 80 = -108$ kN

est $d = 67,5$ cm

$z_{sp} = \dfrac{(1,30 - 0,25) \cdot 0,055^2 + 0,25 \cdot 0,75^2}{2[(1,30 - 0,25) \cdot 0,055 + 0,25 \cdot 0,75]} = 0,293$ m

$z_s = 0,675 - 0,293 = 0,382$ m
$M_{Sd,s} = |713| + 108 \cdot 0,382 = 754$ kNm
$k_h = \dfrac{67,5}{\sqrt{\dfrac{754}{1,30}}} = 2,80$

$\xi = 0,11$
$x = 0,11 \cdot 67,5 = 7,4$ cm
$x = 7,4$ cm $> 5,5$ cm $= h_f$
→ rechnerischer Plattenbalken

$\dfrac{b_{eff}}{b_w} = \dfrac{1,30}{0,25} = 5,2 > 5,0$ stark profilierter Plattenbalken

$\dfrac{h_f}{d} = \dfrac{5,5}{67,5} = 0,081 \approx 0,08$

$k_h' = 2,80 \cdot \sqrt{30} = 15,3$
$k_s = 2,40$

TAB 4.2:
(4.11):

$S_d = extr\left[\sum_j \gamma_{G,j} G_{k,j} + 1,5 \cdot Q_{k,1}\right]$

Aufgrund ähnlicher Verhältnisse wie in Beispiel 6.1 wird die seinerzeitige Schätzung hier übernommen.

$z_{sp} = \dfrac{(b_{eff} - b_w) \cdot h_f^2 + b_w \cdot h^2}{2[(b_{eff} - b_w) \cdot h_f + b_w \cdot h]}$

(z. B. [2])
(6.57): $z_s = d - z_{SP}$
(6.15): $M_{Sd,s} = |M_{Sd}| - N_{Sd} \cdot z_{s1}$
(6.17): $k_h = \dfrac{d}{\sqrt{\dfrac{M_{Sd,s}}{b}}}$

TAB 6.3: C 30
(6.18): $x = \xi \cdot d$
(6.56): $x > h_f$

(6.58): $\dfrac{b_{eff}}{b_w} \geq 5,0$

(6.63): $k_h' = k_h \cdot \sqrt{f_{ck}}$
TAB 6.7:

6   Biegebemessung

$A_s = \dfrac{754}{67,5} \cdot 2,40 + 10 \cdot \dfrac{-108}{435} = 24,3 \text{ cm}^2$ | (6.20): $A_s = \dfrac{M_{Sd,s}}{d} k_s + 10 \dfrac{N_{Sd}}{f_{yd}}$

gew: 5 ⌀ 25 mit vorh $A_s = 24,5$ cm² | TAB 6.2
       1. Lage 3 ⌀ 25 ; 2. Lage 2 ⌀ 25 | TAB 6.2

vorh $A_s = 24,5$ cm² > 24,3 cm² = A_s | (6.11): vorh $A_s \geq A_s$

$e = \dfrac{3 \cdot 4,91 \cdot \frac{2,5}{2} + 2 \cdot 4,91 \cdot \left(2 \cdot 2,5 + \frac{2,5}{2}\right)}{5 \cdot 4,91} = 3,3 \text{ cm}$ | (6.7): $e = \dfrac{\sum_i A_{si} \cdot e_i}{\sum_i A_{si}}$

$d = 75 - 3,5 - 1,0 - 3,3 = 67,2 \text{ cm} \approx 67,5 \text{ cm} = \text{est } d$ | (6.6): $d = h - \text{nom } c - d_{s,st} - e$

   | (6.34):

$\min A_{s1} = \max \begin{cases} \dfrac{0,6 \cdot 25 \cdot 67,5}{500} = 2,0 \text{ cm}^2 \\ 0,0015 \cdot 25 \cdot 67,5 = 2,5 \text{ cm}^2 < 24,5 \text{ cm}^2 \end{cases}$ | $\min A_{s1} = \max \begin{cases} \dfrac{0,6 \cdot b_t \cdot d}{f_{yk}} \\ 0,0015 \cdot b_t \cdot d \end{cases}$

Beispiel 6.13: Vollständige Biegebemessung bei einem Durchlaufträger
                 (Fortsetzung von Beispiel 4.3)

gegeben: - Ergebnisse der Beispiele 4.1 bis 4.3
            - Baustoffe C 35; BSt 500

gesucht: - erforderliche Biegezugbewehrung incl. Überprüfung der Bewehrungsgrenzwerte

Lösung:

min $c = 25$ mm | TAB 3.1: Umweltklasse 2b
nom $c = 25 + 10 = 35$ mm | (3.1): nom $c = \min c + \Delta h$
$\gamma_c = 1,50; \gamma_s = 1,15$ | TAB 2.11:
$f_{cd} = \dfrac{35}{1,5} = 23,3 \text{ N/mm}^2$ | (2.9): $f_{cd} = \dfrac{f_{ck}}{\gamma_c}$
$f_{yd} = \dfrac{500}{1,15} = 435 \text{ N/mm}^2$ | (2.12): $f_{yd} = \dfrac{f_{yk}}{\gamma_s}$

Feld 1: | Es wird angenommen, daß eine 2lagige Bewehrung erforderlich ist.

est $d = 75 - 7,5 = 67,5$ cm | (6.5): est $d = h - (4 \text{ bis } 10)$

$\mu_{Sd,s} = \dfrac{0,646}{0,30 \cdot 0,675^2 \cdot 23,3} = 0,20$ | (6.23): $\mu_{Sd,s} = \dfrac{M_{Sd,s}}{b \cdot d^2 \cdot f_{cd}}$

$\omega = 0,2327; \zeta = 0,859$ | TAB 6.4:

$A_s = \dfrac{0,2327 \cdot 0,30 \cdot 0,675 \cdot 23,3}{435} \cdot 10^4 = 25,2 \text{ cm}^2$ | (6.25): $A_s = \dfrac{\omega \cdot b \cdot d \cdot f_{cd} + N_{Sd}}{f_{yd}}$

gew: 5 ⌀ 25 mit vorh $A_s = 24,5$ cm² | TAB 6.2
       1. Lage 3 ⌀ 25 ; 2. Lage 2 ⌀ 25 | TAB 6.2

vorh $A_s = 24,5$ cm² ≈ 25,2 cm² = A_s | (6.11): vorh $A_s \geq A_s$

$$e = \frac{3 \cdot 4{,}91 \cdot \frac{2{,}5}{2} + 2 \cdot 4{,}91 \cdot \left(2 \cdot 2{,}5 + \frac{2{,}5}{2}\right)}{5 \cdot 4{,}91} = 3{,}3 \text{ cm}$$

$d = 75 - 3{,}5 - 1{,}0 - 3{,}3 = 67{,}2 \text{ cm} \approx 67{,}5 \text{ cm} = \text{est } d$

(6.7): $e = \dfrac{\sum\limits_i A_{si} \cdot e_i}{\sum\limits_i A_{si}}$

(6.6): $d = h - \text{nom } c - d_{s,st} - e$

Die Mindestbewehrung wird für das geringer beanspruchte Feld 2, die Maximalbewehrung für die höher beanspruchte Stütze nachgewiesen.

Feld 2:
est $d = 69{,}5$ cm

$\mu_{Sd,s} = \dfrac{0{,}311}{0{,}30 \cdot 0{,}695^2 \cdot 23{,}3} = 0{,}092$

$\omega = 0{,}1069; \zeta = 0{,}935$

$A_s = \dfrac{0{,}1069 \cdot 0{,}30 \cdot 0{,}695 \cdot 23{,}3}{435} \cdot 10^4 = 12{,}0 \text{ cm}^2$

gew: 3 Ø 25 mit vorh $A_s = 14{,}7$ cm²
  1. Lage 3 Ø 25

vorh $A_s = 14{,}7 \text{ cm}^2 > 12{,}0 \text{ cm}^2 = A_s$

$\min A_{s1} = \max \begin{cases} \dfrac{0{,}6 \cdot 30 \cdot 69{,}5}{435} = 2{,}9 \text{ cm}^2 \\ 0{,}0015 \cdot 30 \cdot 69{,}5 = 3{,}1 \text{ cm}^2 < 14{,}7 \text{ cm}^2 \end{cases}$

$d = 75 - 3{,}5 - 1{,}0 - 1{,}3 = 69{,}2 \text{ cm} \approx 69{,}5 \text{ cm} = \text{est } d$

Stütze B:

$|\Delta M_{Sd}| = \min \begin{cases} |591| \cdot \dfrac{0{,}25}{2} = 74 \text{ kNm} \\ |500| \cdot \dfrac{0{,}25}{2} = 62 \text{ kNm} \end{cases}$

$|M'_{Sd}| = 730 - |62| = 668 \text{ kNm}$

$\mu_{Sd,s} = \dfrac{0{,}668}{0{,}30 \cdot 0{,}675^2 \cdot 23{,}3} = 0{,}21$

$\omega = 0{,}2468; \zeta = 0{,}851$

$A_s = \dfrac{0{,}2468 \cdot 0{,}30 \cdot 0{,}675 \cdot 23{,}3}{435} \cdot 10^4 = 26{,}8 \text{ cm}^2$

gew: 6 Ø 25 mit vorh $A_s = 29{,}5$ cm²
  1. Lage 4 Ø 25; 2. Lage 2 Ø 25

vorh $A_s = 29{,}5 \text{ cm}^2 > 26{,}8 \text{ cm}^2 = A_s$

vorh $A_s = 29{,}5 \text{ cm}^2 < 90 \text{ cm}^2 = 0{,}04 \cdot 30 \cdot 75$

$$e = \frac{4 \cdot 4{,}91 \cdot \frac{2{,}5}{2} + 2 \cdot 4{,}91 \cdot \left(2 \cdot 2{,}5 + \frac{2{,}5}{2}\right)}{6 \cdot 4{,}91} = 2{,}9 \text{ cm}$$

$d = 75 - 3{,}5 - 1{,}0 - 2{,}9 = 67{,}6 \text{ cm} \approx 67{,}5 \text{ cm} = \text{est } d$

1lagige Bewehrung

(6.23): $\mu_{Sd,s} = \dfrac{M_{Sd,s}}{b \cdot d^2 \cdot f_{cd}}$

TAB 6.4:

(6.25): $A_s = \dfrac{\omega \cdot b \cdot d \cdot f_{cd} + N_{Sd}}{f_{yd}}$

TAB 6.2
TAB 6.2
(6.11): vorh $A_s \geq A_s$

(6.34): $\min A_{s1} = \max \begin{cases} \dfrac{0{,}6 \cdot b_t \cdot d}{f_{yk}} \\ 0{,}0015 \cdot b_t \cdot d \end{cases}$

(6.6): $d = h - \text{nom } c - d_{s,st} - e$

(6.4): $|\Delta M_{Sd}| = \min \begin{cases} |V_{Sd,li}| \cdot \dfrac{b_{\sup}}{2} \\ |V_{Sd,re}| \cdot \dfrac{b_{\sup}}{2} \end{cases}$

(6.2): $|M'_{Sd}| = |M_{Sd}| - |\Delta M|$

(6.23): $\mu_{Sd,s} = \dfrac{M_{Sd,s}}{b \cdot d^2 \cdot f_{cd}}$

TAB 6.4: interpoliert

(6.25): $A_s = \dfrac{\omega \cdot b \cdot d \cdot f_{cd} + N_{Sd}}{f_{yd}}$

TAB 6.2
TAB 6.2
(6.11): vorh $A_s \geq A_s$
(6.35): vorh $A_s \leq 0{,}04 \cdot A_c$

(6.7): $e = \dfrac{\sum\limits_i A_{si} \cdot e_i}{\sum\limits_i A_{si}}$

(6.6): $d = h - \text{nom } c - d_{s,st} - e$

6   Biegebemessung   109

Beispiel 6.14:   Vollständige Biegebemessung bei einem gevouteten Balken [12]

gegeben: - Balken im Hochbau lt. Skizze
           - Schnittgrößen wurden bereits ermittelt
           - Baustoffe C 20; BSt 500

gesucht: - erforderliche Biegezugbewehrung

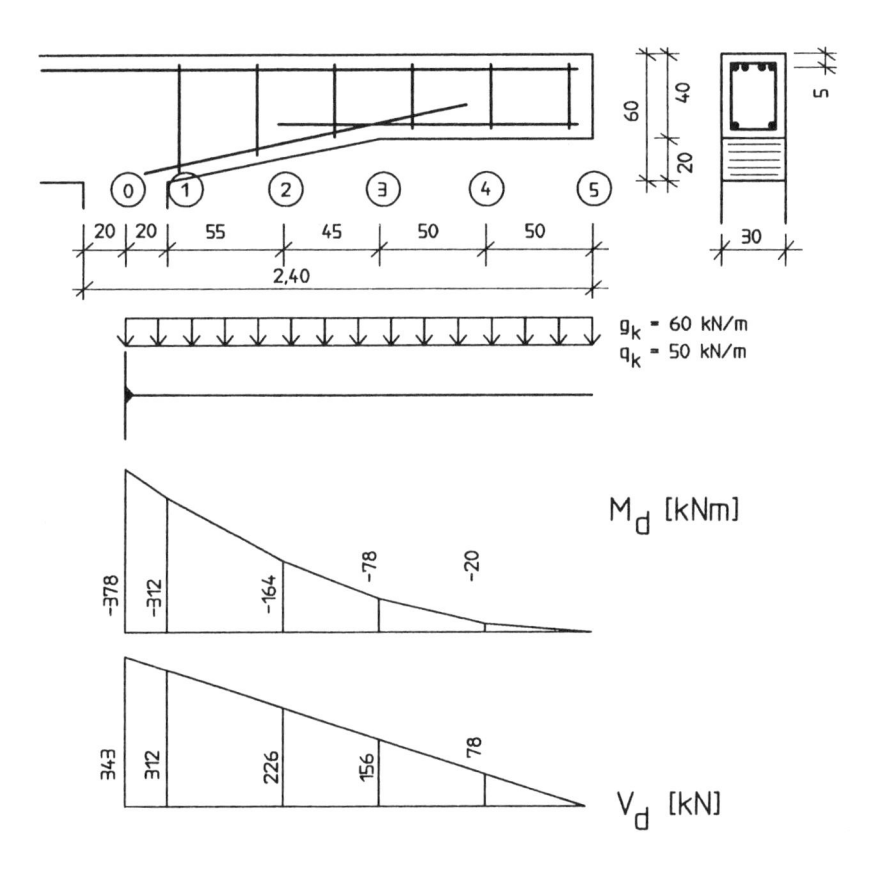

Lösung:

$|\Delta M_{Sd}| = |343| \cdot \dfrac{0,4}{2} = 69$ kNm

$|M'_{Sd}| = |378| - |69| = 309$ kNm $\{\approx 312$ kNm$\}$

$M_{Sd,s} = |309| - 0 = 309$ kNm

$(6.4): |\Delta M_{Sd}| = \min \begin{cases} |V_{Sd,li}| \cdot \dfrac{b_{\sup}}{2} \\ |V_{Sd,re}| \cdot \dfrac{b_{\sup}}{2} \end{cases}$

$(6.2): |M'_{Sd}| = |M_{Sd}| - |\Delta M|$

$(6.15): M_{Sd,s} = |M_{Sd}| - N_{Sd} \cdot z_{s1}$

---

[12] Dieses Beispiel kann als Übungsbeispiel verwendet werden. In der Lösung werden keine Neuerungen behandelt. Das Beispiel dient als Vorgabe für Beispiel 9.4.

est $d = 60 - 3{,}5 - 1{,}0 - \dfrac{2{,}5}{2} = 54{,}2 \text{ cm} \approx 54 \text{ cm}$

$k_h = \dfrac{54}{\sqrt{\dfrac{309}{0{,}3}}} = 1{,}68$

$k_s = 2{,}90;\ \zeta = 0{,}79$

$A_s = \dfrac{309}{54} \cdot 2{,}90 + 0 = \underline{16{,}6 \text{ cm}^2}$

gew: 2 Ø 25 + 2 Ø 20 mit vorh $A_s = 16{,}1 \text{ cm}^2$

vorh $A_s = 16{,}1 \text{ cm}^2 \approx 16{,}6 \text{ cm}^2 = A_s$ [13])

$d = 60 - 3{,}5 - 1{,}0 - \dfrac{(2{,}5 + 2{,}0)/2}{2} = 54{,}4 \text{ cm} \approx 54 \text{ cm}$

$\min A_{s1} = \max \begin{cases} \dfrac{0{,}6 \cdot 30 \cdot 54}{435} = 2{,}2 \text{ cm}^2 \\ 0{,}0015 \cdot 30 \cdot 54 = 2{,}4 \text{ cm}^2 < 16{,}1 \text{ cm}^2 \end{cases}$

(6.6): $d = h - \text{nom } c - d_{s,st} - e$

(6.17): $k_h = \dfrac{d}{\sqrt{\dfrac{M_{Sd,s}}{b}}}$

TAB 6.3: C 20

(6.20): $A_s = \dfrac{M_{Sd,s}}{d} k_s + 10 \dfrac{N_{Sd}}{f_{yd}}$

TAB 6.2

(6.11): vorh $A_s \geq A_s$

(6.6): $d = h - \text{nom } c - d_{s,st} - e$

(6.34): $\min A_{s1} = \max \begin{cases} \dfrac{0{,}6 \cdot b_t \cdot d}{f_{yk}} \\ 0{,}0015 \cdot b_t \cdot d \end{cases}$

---

[13]) Die geringfügige Unterschreitung liegt im Rahmen der Rechengenauigkeit. Außerdem ist die statische Höhe etwas größer, als oben geschätzt.

7 Beschränkung der Rißbreite

7.1 Allgemeines

Bei der Biegebemessung wurde eine gerissene Betonzugzone angenommen. Risse sind für die Entfaltung der Tragwirkung des Stahlbetons notwendig und daher kein Mangel im Sinne von [24] Teil B §13. Die Beschränkung der Rißbreite ist jedoch ein wichtiges Kriterium für die Dauerhaftigkeit eines Stahlbetontragwerkes. Sie bedeutet also nicht die Verhinderung von Rissen, sondern die Begrenzung der vorhandenen Rißbreiten auf unschädliche Werte.

Ohne Berücksichtigung der aggressiven Umweltbedingungen, allein aus der Bauart heraus, ist die Beschränkung der Rißbreite heute wichtiger als früher, da Betonstähle mit höheren zulässigen Spannungen (BSt 500 gegenüber BSt 420) verwendet werden und damit die Dehnungen zunehmen.

Unter der Rißbreite w versteht man die Breite eines Risses an der Bauteiloberfläche (ABB 7.1). Mit zunehmender Entfernung von der Oberfläche nimmt die Rißbreite stark ab. Die zulässige Größe der Rißbreite hängt ab von

- den Umweltbedingungen (TAB 3.1)
- der Funktion des Bauteils (z. B. wasserundurchlässiger Beton)
- der Korrosionsempfindlichkeit der Bewehrung (für rostfreien Bewehrungsstahl gelten andere zulässige Rißbreiten als für Betonstahl gemäß DIN 488 [V11]).

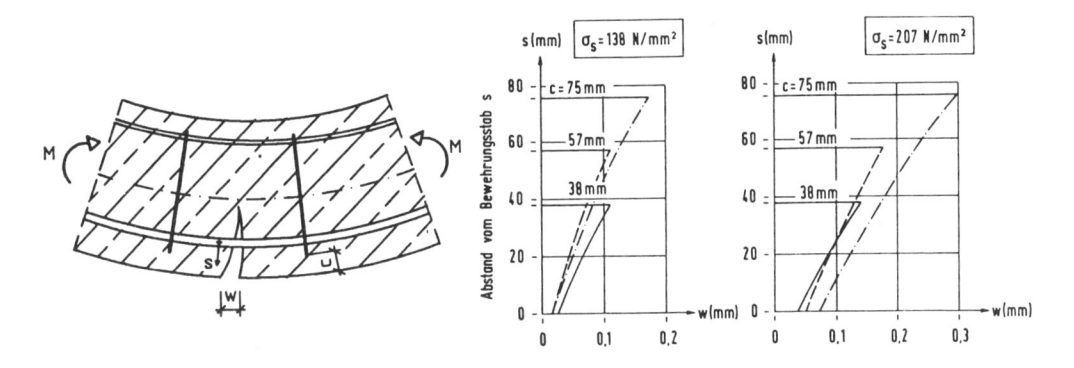

ABB 7.1: Abnahme der Rißbreite von der Außenfläche zur Bewehrung hin in Abhängigkeit von Stahlspannung σ_s und Betondeckung c (in Anlehnung an [V20] Bild 2)

Als grobe Angabe für die Rißbreite, bis zu der die Bewehrung vor Korrosion geschützt ist, kann für

   Innenbauteile $w \leq 0,40$ mm
   Außenbauteile $w \leq 0,30$ mm
   WU-Beton [14]) $w \leq 0,15$ mm

genannt werden. Bei Innenbauteilen kann aufgrund der fehlenden Feuchtigkeit keine Korrosion auftreten. Die Rißbreite ist hier aus ästhetischen Gesichtspunkten zu begrenzen. Bei wasserundurchlässigem Beton (= WU-Beton) sind noch geringere Rißbreiten als bei Außenbauteilen erforderlich ([V21], [26], [27]).

Während Biegebemessung und Querkraftbemessung (→ Kap. 9) die Standsicherheit eines Bauteils gewährleisten, sorgen der Nachweis der Beschränkung der Rißbreite und die Begrenzung der Durchbiegungen (→ Kap. 8) für die Sicherung der Gebrauchsfähigkeit. Durch die Beschränkung der Rißbreite wird die Dauerhaftigkeit (von der tragwerksplanerischen Seite) sichergestellt. Insgesamt gesehen, ist Dicke und Qualität der Betondeckung von weit größerer Bedeutung für die Dauerhaftigkeit als die Rißbreite.

Rißart	Rißrichtung	Merkmale
Oberflächige Netzrisse	beliebig	Können an der Oberfläche von Platten oder Scheiben auftreten. Die Rißtiefe ist gering. Meistens liegt keine bevorzugte Richtung vor.
Längsrisse	parallel zur oberen Bewehrung	Können an nicht geschalten Oberflächen über der obenliegenden Bewehrung auftreten; Ursache meistens Setzen des Frischbetons (bei zu hohem w_z-Wert); unter der Bewehrung entsteht ein zunächst wassergefüllter Porenraum.
Verbundrisse	parallel zur Bewehrung	Treten bei zu großen Verbundspannungen zwischen Beton und Betonstahl auf; Rißtiefe bis zum Bewehrungsstab.
Biegerisse	annähernd senkrecht zur Biegezugbewehrung	Treten bei biegebeanspruchten Bauteilen in der Zugzone auf; Rißtiefe bis in den Bereich der neutralen Faser; größte Rißtiefe im Bereich der Maximalmomente.
Trennrisse	senkrecht zur Längsbewehrung	Treten bei Zug mit kleiner Ausmitte oder zentrischem Zug auf; gehen durch den gesamten Querschnitt und sind daher besonders ungünstig.
Schubrisse	zur Stabachse geneigt (ca. 45°)	Treten bei querkraftbeanspruchten Bauteilen auf (die i. allg. auch biegebeansprucht sind); breite Druckzone und schmale Stege begünstigen Schubrisse.

TAB 7.1: Rißarten und deren Kennzeichen

---

[14]) WU-Beton = wasserundurchlässiger Beton (Näheres → z. B.:[V21]; [26]; [27])

7.2 Grundlagen der Rißentwicklung

7.2.1 Rißarten und Rißursachen

In **TAB 7.1** sind unterschiedliche Rißarten aufgeführt. Während Risse längs der Bewehrung und oberflächige Netzrisse durch die Bauausführung beeinflußt werden, werden Biegerisse, Trennrisse, Schubrisse und Verbundrisse maßgeblich durch die Konstruktion beeinflußt. Der Nachweis der Beschränkung der Rißbreite wirkt sich auf Biege- und Trennrisse aus. Schubrisse werden durch die Schubbemessung begrenzt; Verbundrisse werden durch Wahl ausreichender Verankerungslängen (→ Kap. 12.2) verhindert. Längsrisse verlaufen längs des Bewehrungsstabes und können zur Korrosion längs des gesamten Stabes führen. Sie wirken sich auf die Dauerhaftigkeit daher nachteiliger als Querrisse aus.

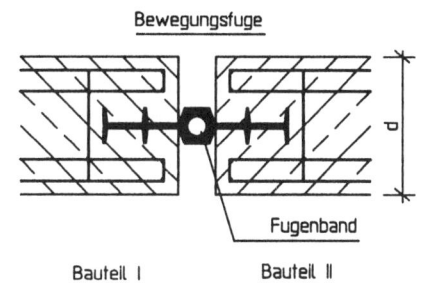

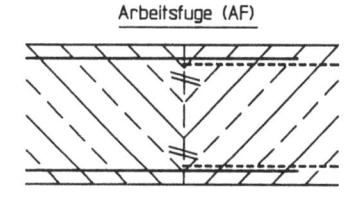

Einen Überblick über die Entstehung und Ursachen von Rissen gibt **TAB 7.2**. Hierbei sind jedoch nur die Hauptursachen für das Entstehen von Rissen aufgeführt, i. d. R. haben Risse jedoch mehrere Ursachen. Neben den in **TAB 7.2** angegebenen Ursachen können auch weitere Gründe für eine Rißentwicklung vorliegen:

ABB 7.2: Unterschied zwischen Bewegungs- und Arbeitsfugen

- unzweckmäßige Wahl des statischen Systems
- unvollständige oder falsche Lastannahmen
- falsche Lage der Bewehrung
- schlechte Bewehrungsführung, zu große Stabdurchmesser und/oder Stababstände
- zu kurze Verankerungslängen
- zu große Verformung von Schalung und Gerüsten
- Unterschreitung des Mindestmaßes der Betondeckung
- unzureichende betontechnologische Maßnahmen (insbesondere im Hinblick auf die Hydratationswärme)
- unzureichende oder fehlende Nachbehandlung
- chemische Reaktionen (Alkalireaktion und Sulfattreiben).

Rißursache	Merkmale der Rißbildung	Zeitpunkt der Rißbildung	Beeinflussung der Rißbildung
Setzen des Frischbetons	Längsrisse über der oberen Bewehrung; Rißbreite bis einige mm; Rißtiefe i. allg. gering, bis zu einigen cm	Innerhalb der ersten Stunden nach dem Betonieren; solange der Beton plastisch verformbar ist.	Betonzusammensetzung (w_z-Wert, Sieblinie), Verarbeitung des Betons, Nachverdichtung
Schrumpfen	Oberflächenrisse, vor allem bei flächigen Bauteilen ohne ausgeprägte Richtung; Rißbreiten bis über 1 mm; Rißtiefe gering	Wie bei "Setzen des Frischbetons"	Vorkehrungen gegen raschen Feuchtigkeitsverlust
Abfließen der Hydratationswärme	Oberflächenrisse, Trennrisse, Biegerisse; Rißtiefe u. U. über 1 mm	Innerhalb der ersten Tage nach dem Betonieren	Betonzusammensetzung, Zementart, -festigkeitsklasse; Nachbehandlung, Bewehrungsmenge und -anordnung, Betonierabschnitte (Fugen), evtl. Kühlung des Frischbetons
Schwinden	Wie "Schrumpfen"	Einige Wochen bis Monate nach dem Betonieren	Betonzusammensetzung, Begrenzung der Betonzugfestigkeit, Fugen, Vakuumbehandlung
Äußere Temperatureinwirkungen	Biege- und Trennrisse, Rißbreite u. U. über 1 mm, u. U. auch Oberflächenrisse	Jederzeit während der gesamten Nutzungsdauer des Bauwerks, wenn Temperaturänderungen auftreten	Bewehrung, Maßnahmen zur Begrenzung der Betonzugfestigkeit, Fugen
Änderungen der Auflagerbedingungen (Setzungen)	Biege- und Trennrisse, Rißbreite u. U. über 1 mm	Jederzeit bei Änderung der Auflagerbedingungen	Statisches System
Eigenspannungszustände	Je nach Ursache unterschiedlich	Jederzeit bei Auftreten der rißverursachenden Dehnungen	Zweckmäßige Wahl und Anordnung der Bewehrung
Äußere Lasten	Biege-, Trenn- oder Schubrisse	Jederzeit während der Nutzungsdauer	Wie "Eigenspannungen"
Frost	Vorwiegend Längsrisse und/oder Absprengungen im Bereich wassergefüllter Hohlräume	Jederzeit bei Frost	Vermeidung wassergefüllter Hohlräume
Korrosion der Bewehrung	Risse entlang der Bewehrung und an Bauteilecken, Absprengungen	Nach mehreren Jahren	Dicke und Qualität der Betondeckung

TAB 7.2: Übersicht über Rißursachen, Merkmale, Zeitpunkte und Beeinflussung der Rißbildung (vgl. [V20])

7.2.2 Bauteile mit erhöhter Wahrscheinlichkeit einer Rißbildung

Bestimmte Bauteile können aufgrund ihrer Lage im Bauwerk, aufgrund des gewählten Bauablaufs oder der gewählten Abmessungen rißanfällig sein. Sofern mehrere Rißursachen (TAB 7.2) gleichzeitig zutreffen, ist die Wahrscheinlichkeit besonders groß, daß Risse auftreten.

Einige Beispiele für erhöhte Rißanfälligkeit sind:

- **Arbeitsfugen**
  Man unterscheidet Bewegungsfugen und Arbeitsfugen (ABB 7.2). Im Unterschied zu Bewegungsfugen sind Arbeitsfugen nur aufgrund der Herstellungsreihenfolge erforderlich. An Arbeitsfugen können Risse nur schwer vermieden werden, da zwischen dem älteren und dem jüngeren Beton nur eine geringe Zugfestigkeit vorhanden ist. Da Betonierabschnitt II an den bereits erhärteten Betonierabschnitt I anbetoniert wird, fließt die Hydratationswärme im Randbereich aus dem Betonierabschnitt II ab. Nach dem Erhärten entstehen hieraus Zwangbeanspruchungen. Sofern Abschnitt II wesentlich später als Betonierabschnitt I hergestellt wird, können Zusatzbeanspruchungen aus Schwinden entstehen.
- **Massige Bauteile**
  Je dicker Bauteile sind, um so größer werden die Beanspruchungen aus Eigenspannungen und Zwang.
- **Bauteile unterschiedlicher Abmessungen**
  Ein dünneres Bauteil schwindet schneller und ändert seine Temperatur schneller als ein dickeres Bauteil. Durch die Verformungsbehinderung zwischen beiden Bauteilen entstehen Zwangbeanspruchungen, die zu Trennrissen im dünneren Bauteil führen können.
- **Einspringende Ecken**
  An einspringenden Ecken und Querschnittssprüngen (z. B. Aussparungen) weicht der Spannungsverlauf von der klassischen Biegetheorie ab. Dies ist Ursache für Risse, die durch eine sachgemäß konstruierte Bewehrung in ihrer Rißbreite begrenzt werden können.
- **Konzentrierte Kräfte**
  Im Einleitungsbereich konzentrierter großer Kräfte entsteht ein räumlicher Spannungszustand, der zu Rissen führen kann. Die Rißbreite wird durch eine zweckmäßig angeordnete Bewehrung begrenzt.

7.2.3 Abfließen der Hydratationswärme

Ein Bauwerk ist in viele Betonierabschnitte unterteilt, die nacheinander hergestellt werden. Wenn ein Betonierabschnitt an einen bereits betonierten angrenzt, fließt ein Teil der Hydratationswärme aus dem erhärtenden Betonierabschnitt in den bereits erhärteten Betonierabschnitt (ABB 7.3). Nach Abschluß der Erhärtung sinkt die Hydratationstemperatur auf die Umgebungstemperatur ab. An der Arbeitsfuge wird die Verkürzung des Betons durch den Anschluß an das ältere Bauteil behindert, und es kommt zur Rißbildung.

Das Abfließen der Hydratationswärme führt bei dicken Bauteilen zu Rissen, besonders wenn es mit rascher Abkühlung infolge kalter Umgebungsluft überlagert wird. Eine wirksame Gegenmaßnahme ist die Wahl eines langsam erhärtenden Zementes mit geringer Wärmetönung.

7.2.4 Zusammenhänge bei Rißbildung

Zwischen Beton und Betonstahl bestehen verschiedene Arten der Verbundwirkung:

- Haftverbund
  (Adhäsion zwischen Beton und Stahl = Klebewirkung zwischen Zementstein und Stahl)
- Reibungsverbund
  tritt nur auf, wenn Querpressungen vorhanden sind und der Haftverbund zerstört ist
- Scherverbund
  Verzahnung zwischen den Rippen des Betonstahls und dem Beton (ABB 7.4). Der Scherverbund ist die wichtigste Verbundwirkung. Die Rippenabstände, -höhe und -form an den Betonstählen sind für eine bestmögliche Verbundwirkung optimiert worden.

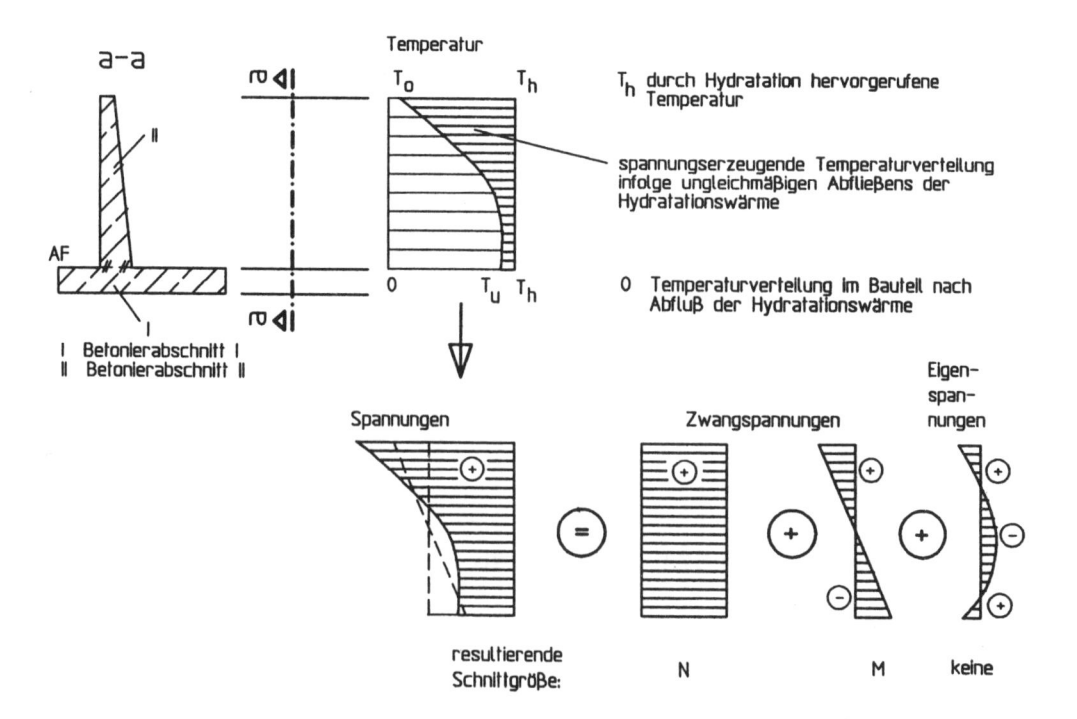

ABB 7.3: Spannungen infolge Abfließens der Hydratationswärme (nach [25])

7 Beschränkung der Rißbreite

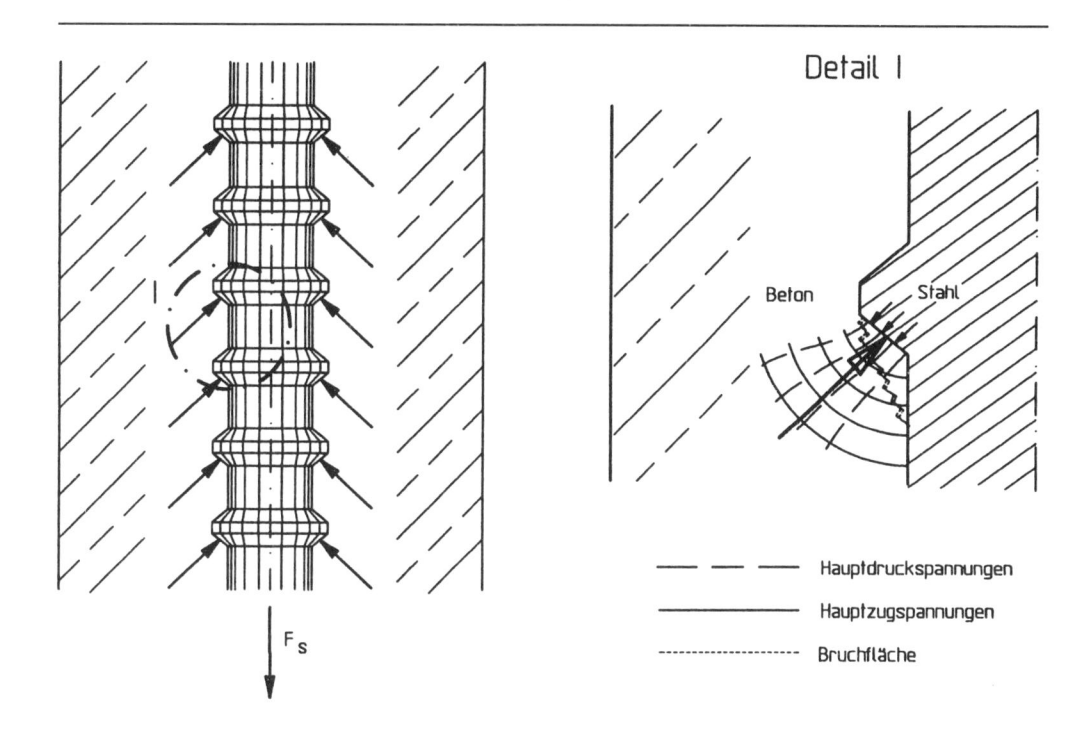

ABB 7.4: Scherverbund zwischen Beton und Stahl (Rippenform vereinfacht dargestellt)

Sofern zwischen dem Betonstahl und dem ihn umgebenden Beton keine Relativverschiebungen auftreten, spricht man von vollkommenem Verbund, andernfalls von unvollkommenem (oder verschieblichem) Verbund.

Die Zusammenhänge bei der Bildung von Rissen sollen an einem zentrisch gezogenen Stab dargestellt werden.

Bei geringer Zugkraft befindet sich der Stab zunächst im Zustand I. Beton und Betonstahl weisen die gleichen Dehnungen auf (**ABB 7.5**), es liegt vollkommener Verbund vor. Die Beton- und Stahlspannungen ergeben sich mit den Abkürzungen n für das Verhältnis der Elastizitätsmoduli und der ideellen Querschnittsfläche A_i:

$$n = \frac{E_s}{E_c} \tag{7.1}$$

$$A_i = A_c + (n-1)A_s \tag{7.2}$$

$$\sigma_{ct} = \frac{F}{A_i} \tag{7.3}$$

$$\sigma_s = n \cdot \sigma_{ct} \tag{7.4}$$

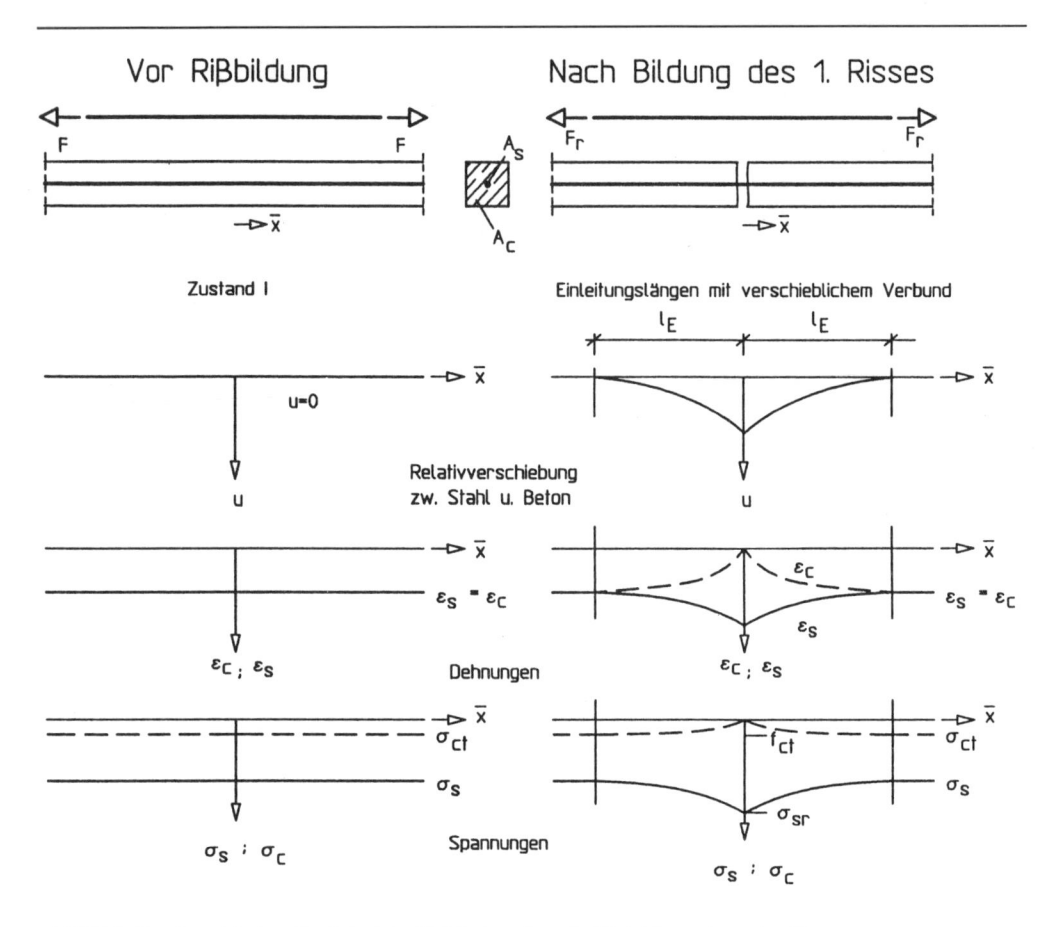

ABB 7.5: Durch zentrischen Zug belastetes Stahlbetonprisma bei Entstehung des ersten Risses

Bei Steigerung der Last F entsteht irgendwann der erste Riß. Der Ort, an dem der erste Riß entsteht, kann nicht vorausgesagt werden. Es ist die Stelle, an der der Beton zufällig die geringste Zugfestigkeit $f_{ct,eff}$ aufweist. An der Stelle des Risses muß nun der Stahl die gesamte Rißlast F_{cr} übertragen, die man aus Gl (7.5) ermitteln kann.

$$F_{cr} = f_{ct,eff} \cdot A_i \tag{7.5}$$

$$\sigma_{s,cr} = \frac{F_{cr}}{A_s} \tag{7.6}$$

Die Spannungserhöhung im Betonstahl kann nach dem HOOKEschen Gesetz nur aufgenommen werden, wenn der Stahl sich entsprechend dehnt. Damit entstehen Relativverschiebungen u zwischen Stahl und Beton (**ABB 7.5**), der vorher vollkommene Verbund geht in einen verschieblichen Verbund über. Über die Verbundwirkung wird ein Teil der Rißlast in den Beton eingeleitet. Am Ende der Einleitungslänge l_E weisen Beton und Stahl wieder die gleiche

Dehnung auf. Jenseits der Einleitungslänge gelten die Gleichungen für den Zustand I. Man erkennt, daß der Beton zwischen den Rissen auf Zug mitwirkt.

Setzt man Gl (7.5) in Gl (7.6) ein und führt als Abkürzung den geometrischen Bewehrungsgrad ρ ein, erhält man

$$\rho = \frac{A_s}{A_c} \tag{7.7}$$

$$\sigma_{s,cr} = f_{ct,eff} \cdot \frac{1+(n-1)\rho}{\rho} \approx \frac{f_{ct,eff}}{\rho} \tag{7.8}$$

Die Stahlspannungen steigen im Augenblick der Rißbildung von der Spannung σ_s auf σ_{sr}. Aus Gl (7.8) ist erkennbar, daß der Anstieg der Stahlspannungen mit steigender Betonzugfestigkeit $f_{ct,eff}$ größer und mit steigendem Bewehrungsgrad ρ kleiner wird. Eine Mindestvoraussetzung zur Begrenzung der Rißbreite ist, daß $\sigma_{s,cr} < f_{yk}$ ist.

Bei weiterer Steigerung der Last entsteht irgendwo ein zweiter Riß. An diesem Riß treten wieder die in **ABB 7.5** gezeigten Spannungen und Dehnungen auf. Der Vorgang der Rißbildung wiederholt sich so lange, bis spätestens am Ende der Einleitungslänge des einen Risses die Einleitungslänge des nächsten Risses beginnt. Dann spricht man von abgeschlossener Rißbildung (**ABB 7.6**), der mittlere Rißabstand beträgt $s_{rm} \leq 2\, l_E$.

Man erkennnt, daß bei einer abgeschlossenen Rißbildung die Stahldehnungen ε_s immer größer als die Betondehnungen ε_c sind. Weiter sieht man, daß die Stahldehnungen sich an jeder Stelle des Stabes verändern. Zur allgemeinen Beschreibung der Dehnungen eignet sich daher die mittlere Stahldehnung ε_{sm} besser.

Die Rißbreite w läßt sich aus **ABB 7.6** ermitteln. Da weiterhin im Gegensatz zum Gedankenmodell in Wirklichkeit nicht alle Rißbreiten gleich groß sind, erhält man verallgemeinernd:

$$w = 2 \cdot l_E \cdot \varepsilon_{sm} \tag{7.9}$$
$$w_m = s_{crm} \cdot \varepsilon_{sm} \tag{7.10}$$

w_m mittlere Rißbreite
s_{crm} mittlerer Rißabstand

Bei der Beschränkung der Rißbreite interessiert uns nicht die mittlere Rißbreite, sondern ein oberer Quantilwert, der in 95 % aller Fälle nicht überschritten wird. Wir bezeichnen ihn mit Rechenwert der Rißbreite $w_{k,cal}$. Man erhält ihn durch Multiplikation mit einem Faktor β zur Berücksichtigung der Streuungen. Dies ist die grundlegende Gl. zur Ableitung von Rißformeln (vgl.[28]):

$$w_{k,cal} = \beta \cdot s_{crm} \cdot \varepsilon_{sm} \tag{7.11}$$

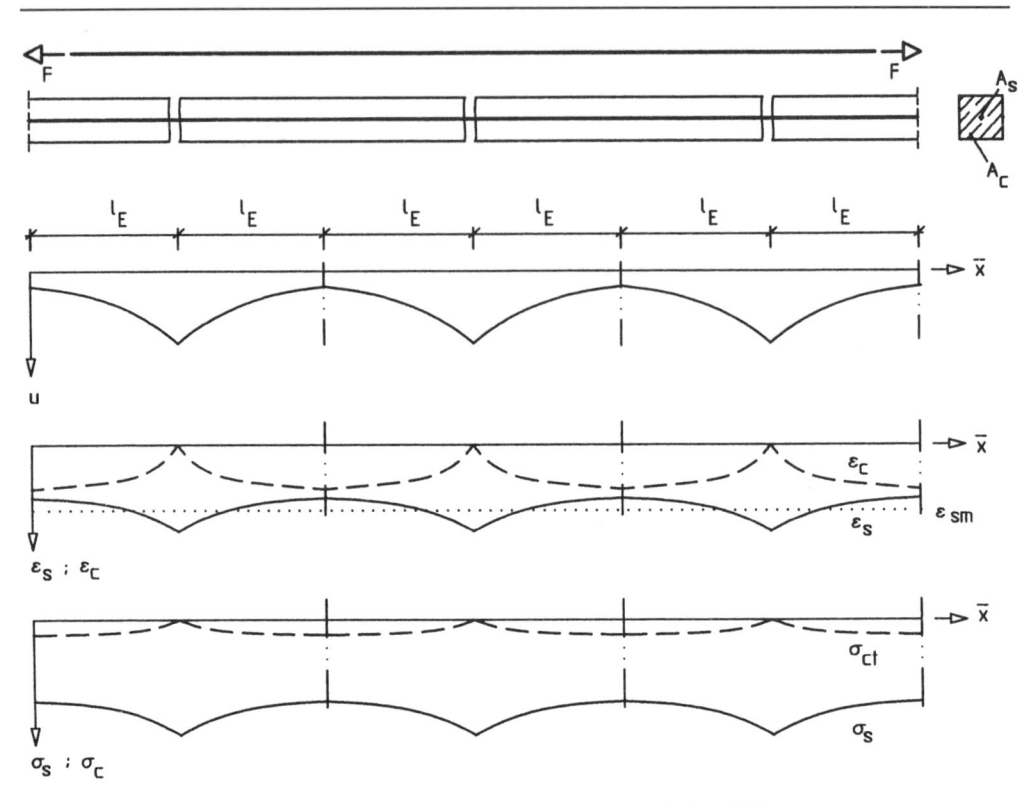

ABB 7.6: Durch zentrischen Zug belastetes Stahlbetonprisma nach Abschluß der Rißbildung

Nachdem in den vorangegangenen Überlegungen die Spannungs- und Dehnungsverläufe in Stablängsrichtung betrachtet wurden, soll nun der Zusammenhang zwischen der äußeren Last F unseres Stahlbetonprismas und der mittleren Stahldehnung bei Steigerung der Last betrachtet werden. Dieser Zusammenhang kann ohne Änderung allgemein aufgetragen werden, wenn für die Ordinate nicht die äußere Last, sondern die Schnittgrößen N oder M gewählt werden (**ABB 7.7**).

Bei geringer Belastung ist der erste Riß noch nicht aufgetreten (das Stahlbetonprisma befindet sich im Zustand I). Der Zusammenhang zwischen den Dehnungen und den Schnittgrößen ist annähernd linear, da die Betonspannungen sich noch annähernd linear elastisch verhalten. Aus **ABB 7.5** ist ersichtlich, daß bis zum ersten Riß $\varepsilon_{sm} = \varepsilon_s = \varepsilon_c$ gilt.

Wenn die Biegezugfestigkeit des Betons $f_{ct,eff}$ erreicht wird, entsteht der erste Riß, und bei weiterer geringer Laststeigerung entstehen die weiteren Risse. Infolge der Rißbildung wachsen die Dehnungen sehr schnell an. Nach Abschluß der Rißbildung steigen die Schnittgrößen wieder an, bis der Betonstahl die Streckgrenze erreicht. Zwischen den Rissen beteiligt sich der Beton an der Aufnahme der Zugspannungen. Die mittlere Stahldehnung bleibt daher immer kleiner als beim reinen Zustand II. Die Tragfähigkeit des Bauteils ist erschöpft, wenn der Stahl die Streckgrenze erreicht hat.

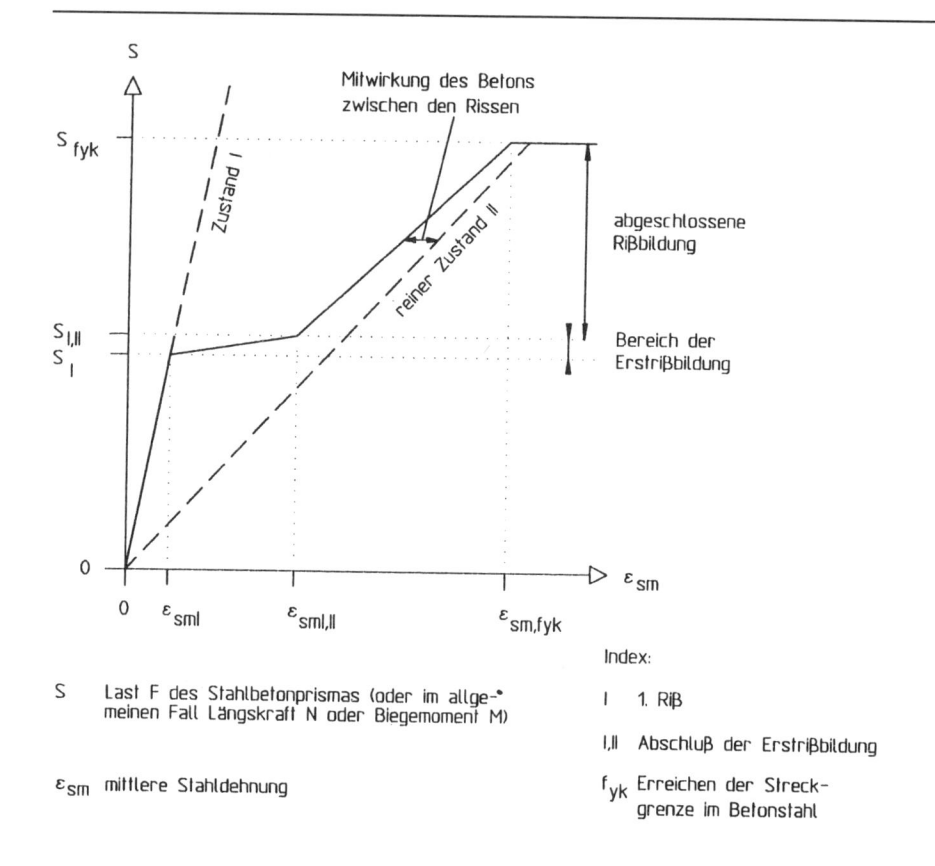

ABB 7.7: Vereinfachter Zusammenhang zwischen Schnittgröße S und mittlerer Stahldehnung ε_{sm} eines Stahlbetonquerschnittes

7.3 Konstruktionsregeln zur Rißbreitenbeschränkung

7.3.1 Konzept

Die Rißbreite in Stahlbetonbauteilen hängt von vielen Einflüssen ab, insbesondere von der

- Bewehrungsführung
- Zugfestigkeit bzw. Biegezugfestigkeit des Betons
- Verbundcharakteristik zwischen Beton und Betonstahl
- Spannungsverteilung über die Querschnittsdicke
- Bauteildicke und -form
- Betondeckung.

In der praktischen Bauausführung streuen die Biegezugfestigkeit des Betons und die Verbundcharakteristik sehr stark. Eine genaue Berechnung der Rißbreite für das aktuelle Bauteil unter Verwendung von Gl (7.11) ist daher nicht möglich. Wegen des geringen Einflusses des Absolutwertes der Rißbreite im Bereich w ≤ 0,4 mm auf den Korrosionsschutz der Bewehrung ist eine genaue Vorausberechnung auch nicht notwendig. Daher sind in [V1] § 4.4.2 Konstruktionsregeln angegeben, bei deren Einhaltung die Rißbreiten mit hoher Wahrscheinlichkeit (90%-Quantile) eingehalten werden. Als Rechenwerte für die Rißbreiten wurden hierbei zugrunde gelegt:

- Umweltklasse 1 (**TAB 3.1** Zeile 1)
  Wegen fehlender Feuchtigkeit kann es nicht zur Korrosion des Betonstahls kommen (→ Kap. 2.5). Die Rißbreiten brauchen daher nicht begrenzt zu werden, sofern der Riß keinen optischen Mangel darstellt.
- Umweltklasse 2 bis 4 (**TAB 3.1** Zeilen 2 bis 4)
  $w_k = 0,3$ mm
- Umweltklasse 5 (**TAB 3.1** Zeile 5)
  Die Wahl der zulässigen Breite des Risses hängt von der Aggressivität des chemischen Angriffs ab und ist im Einzelfall festzulegen.

Diese Werte sind keine Grenzwerte, sondern Rechenwerte zur Ableitung sinnvoller Konstruktionsregeln. Einzelne tatsächlich auftretende Risse im Bauwerk können daher durchaus breiter sein (ohne daß die Dauerhaftigkeit eingeschränkt wird). Die Konstruktionsregeln führen zu einer

- **Mindestbewehrung zur Abdeckung von Zwängungen** (→ Kap. 7.3.2 oder Kap. 7.4)
  Analysen von Schadensfällen mit klaffenden Rissen haben nämlich gezeigt, daß diese fast ausschließlich durch unberücksichtigte Zwangbeanspruchungen verursacht wurden.
- **statisch erforderlichen Bewehrung**
  zur Abdeckung von Lastbeanspruchungen (→ Kap. 7.3.3 oder Kap. 7.4)
- **Kombination aus Mindestbewehrung und statisch erforderlicher Bewehrung**
  bei Last- und Zwangbeanspruchung (→ Kap. 7.3.2 und Kap. 7.3.3 oder Kap. 7.4).

Die Konstruktionsregeln gelten nicht, wenn besondere Anforderungen (z. B. WU-Beton) an das Bauteil gestellt werden. Sie reichen auch bei Bauteilen mit sehr starkem Tausalzangriff nicht aus (→ Kap. 2.5.3).

Festigkeitsklasse N/mm²	C12/15	C16/20	C20/25	C25/30	C30/37	C35/45	C40/50	C45/55	C50/60
$f_{ctk,0.05}$	1,1	1,3	1,5	1,8	2,0	2,2	2,5	2,7	2,9
f_{ctm}	1,6	1,9	2,2	2,6	2,9	3,2	3,5	3,8	4,1
$f_{ctk,0.95}$	2,0	2,5	2,9	3,3	3,8	4,2	4,6	4,9	5,3

TAB 7.3: Mittelwert, unterer und oberer charakteristischer Wert der Zugfestigkeit von Normalbeton in N/mm² (nach [V1] Tabelle 3.1)

7.3.2 Mindestbewehrung

Auf eine Mindestbewehrung darf in folgenden Fällen verzichtet werden:

- bei Innenbauteilen, da wegen des fehlenden Feuchtigkeitsangebotes eine wesentliche Voraussetzung für Korrosion der Bewehrung nicht gegeben ist
- bei Bauteilen, in denen Zwangauswirkungen nicht auftreten können (z. B. durch zwängungsfreie Lagerung)
- sofern Bauteile nicht korrosionsgefährdet sind und breite Risse unbedenklich sind (z. B., weil die Bauteile verkleidet werden)
- wenn nachgewiesen wird, daß die Zwangschnittgrößen vom Bauteil aufgenommen werden können, ohne daß dessen Zugfestigkeit des Betons erreicht wird. In diesem Fall ist jedoch die "statisch erforderliche Bewehrung" ($\rightarrow$ Kap 7.3.3) zu ermitteln, indem das Bauteil für die Zwangschnittgrößen bemessen wird. Eventuell sollte versucht werden, die Zwangbeanspruchung durch betontechnologische Maßnahmen zu reduzieren.

Sofern auf die Mindestbewehrung nicht verzichtet werden kann, muß sie so groß sein, daß die Rißschnittgrößen N_{cr} und M_{cr} im Zustand II aufgenommen werden können. Die Rißschnittgrößen sind diejenigen Schnittgrößen, bei denen die Betonrandspannung im Bauteil gleich der wirksamen Betonzugfestigkeit $f_{ct,eff}$ ist. In oberflächennahen Bereichen von Stahlbetonbauteilen ist eine Mindestbewehrung min A_s zur Abdeckung nicht berücksichtigter Eigenspannungen aus Temperatur, Schwinden usw. einzulegen, um das Entstehen klaffender Risse zu verhindern.

$$\min A_s = k_c \cdot k \cdot \frac{f_{ct,eff}}{\sigma_s} \cdot A_{ct} \qquad (7.12)$$

$f_{ct,eff}$ ist die wirksame Betonzugfestigkeit in Abhängigkeit von der Festigkeitsklasse der Betons nach TAB 7.3. Im Normalfall kann der Mittelwert der charakteristischen Zugfestigkeit f_{ctm} für $f_{ct,eff}$ eingesetzt werden, sofern der Zwang bei einem Betonalter $t \geq 28$ d auftritt. Die tatsächliche Betonfestigkeit kann gegenüber der geplanten Festigkeitsklasse größer ausfallen. Mit dieser "Überfestigkeit" der Druckfestigkeit ist zwangsläufig auch eine größere Zugfestigkeit verbunden. Um die hieraus möglichen Streuungen der Zugfestigkeit abzudecken, sollte $\min f_{ct,eff} = 3{,}0$ N/mm² als Mindestwert in Gl (7.12) eingesetzt werden, sofern der Zwang bei einem Betonalter $t \geq 28$ d auftritt.

Wenn der Zwang in jungem Betonalter $t < 28$ d auftritt (z. B. Zwang aus abfließender Hydratationswärme), darf die wirksame Betonzugfestigkeit in Abhängigkeit von der erwarteten Druckfestigkeit abgemindert werden (z. B. eine Betonfestigkeitsklasse geringer wählen).

Der Beiwert k_c in Gl (7.12) ist ein Beiwert zur Beschränkung der Breite von Erstrissen in Bauteilen.

– unter zentrischem Zwang	$k_c = 1{,}0$	(7.13)
– unter Biegezwang	$k_c = 0{,}4$	(7.14)

– bei Biegung mit Längsdruckkraft $\quad k_c = 0{,}4 \cdot \left(1 + \dfrac{\sigma_{cs}}{f_{ctk,0{,}95}}\right) \geq 0 \qquad (7.15)$

$$\sigma_{cs} = \frac{N_{Sd}}{A_c} \qquad (7.16)$$

Der Beiwert k berücksichtigt Eigenspannungen:

– allgemein bei Zugspannungen aus Zwang im Bauteil	$k = 0{,}8$	(7.17)
– bei Rechteckquerschnitten mit $h \leq 30$ cm	$k = 0{,}8$	(7.18)
– bei Rechteckquerschnitten mit $h \geq 80$ cm	$k = 0{,}5$	(7.19)
– bei Zwang, der durch andere Bauteile hervorgerufen wird	$k = 1{,}0$	(7.20)
– für abliegende Teile von Querschnitten, in denen die Biegezugbewehrung liegt		
(z. B. Gurte von Plattenbalken im Zugbereich)	$0{,}5 < k < 1{,}0$	(7.21)

In Gl (7.12) bezeichnet A_{ct} die Fläche der Zugzone im Zustand I; σ_s die Spannung des Betonstahls im Zustand II in Abhängigkeit vom verwendeten Durchmesser. Die Betonstahlspannung σ_s darf in Abhängigkeit vom (zunächst geschätzten) Stabdurchmesser (est) d_s **TAB 7.4** entnommen werden. Die Schätzung des Stabdurchmessers est d_s ist bei der Wahl der Bewehrung zu berücksichtigen, ggf. ist die Rechnung mit einer korrigierten Schätzung zu wiederholen.

$$\mathrm{est}\, d_s \leq d_s \leq \lim d_s \qquad (7.22)$$

$\lim d_s$ Grenzdurchmesser nach **TAB 7.4**

Bei dicken Bauteilen darf der Grenzdurchmesser $\lim d_s$ nach Gl (7.23) mit f_1 vergrößert werden:

$$f_1 = \frac{h}{10(h-d)} \geq 1{,}0 \qquad (7.23)$$

$$\mathrm{cal}\, d_s = f_1 \cdot \lim d_s \qquad (7.24)$$

Die Bewehrung wird entsprechend dem erforderlichen Stahlquerschnitt nach Durchmesser und Stababständen gewählt. Die vorhandene Bewehrung kann nach folgender Gleichung bestimmt werden:

$$\mathrm{vorh}\, A_s = n \cdot \frac{l_B}{s} \cdot A_{s,ds} \qquad (7.25)$$

n Anzahl der Bewehrungslagen, z. B. bei beidseitiger Bewehrung $n = 2$
l_B Bezugslänge, auf die die Bewehrung verteilt wird

Stahlspannung σ_s in N/mm²	160	200	240	280	320	360	400	450
Grenzdurchmesser $\lim d_s$ in mm	32	25	20	16	12	10	8	6

TAB 7.4: Grenzdurchmesser $\lim d_s$ der Betonstahlbewehrung (nach [V1] Tabelle 4.11)

7 Beschränkung der Rißbreite

Beispiel 7.1: Beschränkung der Rißbreite bei Zwangschnittgrößen
gegeben: - Wand eines Wasserbeckens mit Innenabdichtung gemäß Skizze
            - Baustoffgüten C 20 ; BSt 500 S

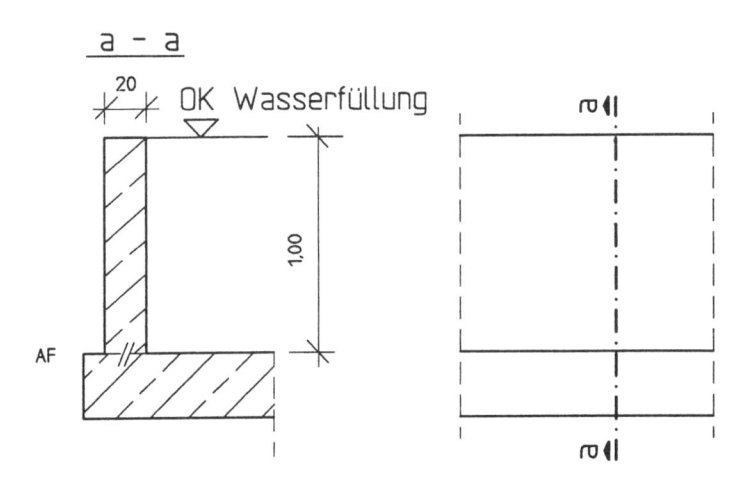

gesucht: - Bewehrung in der Wand in horizontaler Richtung senkrecht zur Zeichenebene
Hinweis: Auf die Mindestbewehrung in weitergehenden technischen Vorschriften (wie z. B. ZTV-K88 [V22]) wird hier nicht eingegangen.

Lösung:
Die Wand weist in horizontaler Richtung keine Lasten auf, sie wird nur aus Zwang infolge Abfließens der Hydratationswärme beansprucht. Es ist nämlich davon auszugehen, daß die Bodenplatte schon vor der Wand erstellt wurde und beim Betonieren der Wand bereits erhärtet ist. Es wird die Mindestbewehrung bestimmt, um die Zwangschnittgrößen aus abfließender Hydratationswärme aufnehmen zu können.
Beim Entstehen des Zwangs aus abfließender Hydratationswärme ist die geplante Festigkeitsklasse noch nicht erreicht, daher wird $f_{ct,eff}$ für eine Betonfestigkeitsklasse geringer ermittelt.

$f_{ct,eff} = f_{ctm} = 1,9 \text{ N/mm}^2$	TAB 7.3: C 16/20
$k_c = 1,0$	(7.13) zentrischer Zwang
$k = 0,8$	(7.18), da $h = 20\,\text{cm} < 30\,\text{cm}$
est $d_{s,st} = 10$ mm	zunächst geschätzt, vgl. Bsp. 7.2
est $d_s = 10$ mm	
$d = 0,20 - 0,035 - 0,01 - \dfrac{0,01}{2} = 0,15\,\text{m}$	(6.6): $d = h - \text{nom } c - d_{s,st} - e$
$f_1 = \dfrac{0,20}{10(0,20-0,15)} = 0,4 < \underline{1,0}$	(7.23): $f_1 = \dfrac{h}{10(h-d)} \geq 1,0$
cal $d_s = 1,0 \cdot 10 = 10\,\text{mm}$	(7.24): cal $d_s = f_1 \cdot \lim d_s$
$\sigma_s = 360\,\text{N/mm}^2$	TAB 7.4:
$A_{ct} = 20 \cdot 100 = 2000\,\text{cm}^2$	hier: $A_{ct} = b \cdot h$
min $A_s = 1,0 \cdot 0,8 \cdot \dfrac{1,9}{360} \cdot 2000 = 8,44\,\text{cm}^2$	(7.12): min $A_s = k_c \cdot k \cdot \dfrac{f_{ct,eff}}{\sigma_s} \cdot A_{ct}$
gew.: <u>Ø 10 - 17.5 beidseitig</u>	TAB 6.2

vorh $A_s = 2 \cdot \dfrac{1,00}{0,175} \cdot 0,79 = 9,0 \text{ cm}^2$

vorh $A_s = 9,0 \text{ cm}^2 > 8,44 \text{ cm}^2 = A_s$

est $d_s = 10 \text{ mm} = d_s$

(7.25): vorh $A_s = n \cdot \dfrac{l_B}{s} \cdot A_{s,ds}$

(6.11): vorh $A_s \geq A_s$

(7.22): est $d_s \leq d_s \leq \lim d_s$

Beispiel wird mit Bsp. 7.2 fortgesetzt.

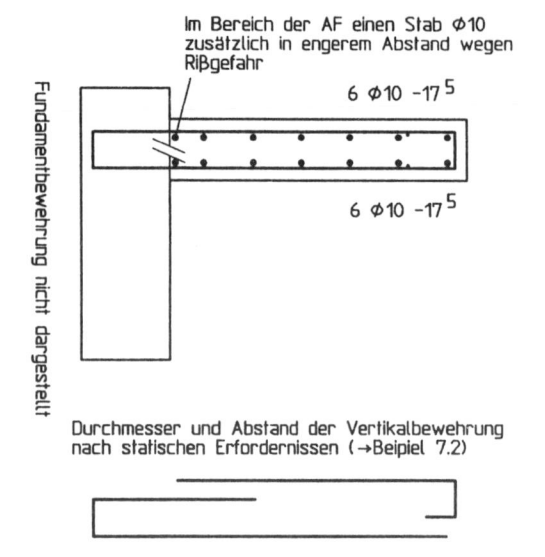

```
                    Im Bereich der AF einen Stab Ø10
                    zusätzlich in engerem Abstand wegen
                    Rißgefahr
                              6 Ø10 -17⁵


                              6 Ø10 -17⁵

        Durchmesser und Abstand der Vertikalbewehrung
        nach statischen Erfordernissen (→Beipiel 7.2)
```

Fundamentbewehrung nicht dargestellt

7.3.3 Beschränkung der Rißbildung ohne direkte Berechnung

Für das Bauteil ist zunächst eine normale Biegebemessung durchzuführen. Danach erfolgt der Nachweis zur Beschränkung der Rißbreite. Im Gegensatz zur Biegebemessung, die mit den größten anzusetzenden Lasten geführt wird, ist beim Nachweis zur Beschränkung der Rißbreite die quasi-ständig wirkende Lastkombination (→ Kap. 4.3.2; Kap. 4.4) zu benutzen.

Betonstahlspannung σ_s in N/mm²		160	200	240	280	320	360
Höchstwerte der Stababstände zul s in mm	reine Biegung	300	250	200	150	100	50
	zentrischer Zug	200	150	125	75	-	-

TAB 7.5: Höchstwerte der Stababstände der Betonstahlbewehrung (nach [V1] Tabelle 4.12)

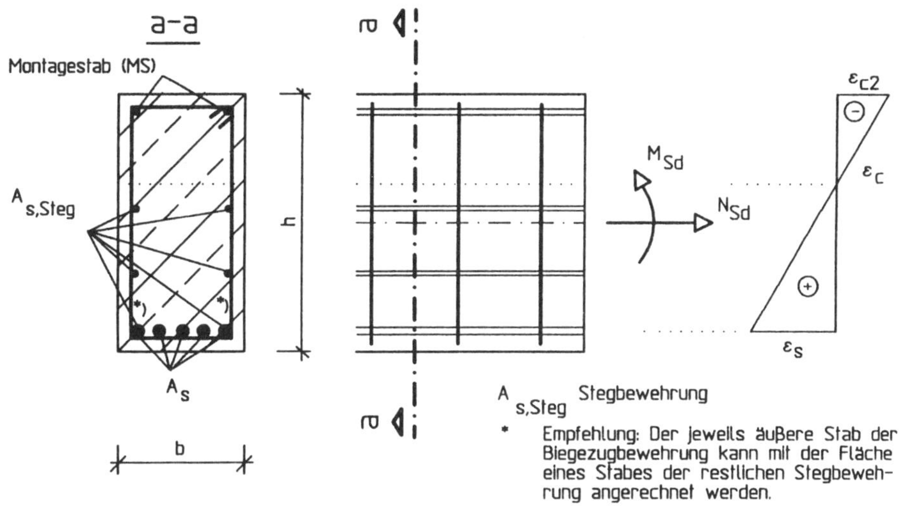

ABB 7.8: Anordnung zusätzlicher Bewehrung in der Zugzone der Stegseiten bei hohen Balken

Der Nachweis zur Beschränkung der Rißbreite w ≤ 0,3 mm ist erfüllt, wenn

    entweder   die Grenzdurchmesser nach **TAB 7.4** eingehalten werden.
                   Bei gleichzeitiger Zwangeinwirkung sind die Werte für den Grenzdurchmesser nach folgender Gl zu ermitteln:

$$\operatorname{cal} d_s = f_1 \cdot f_2 \cdot \lim d_s \tag{7.26}$$

                   für f_1 gelten folgende Unterscheidungen:
                   – bei reinem Biegezwang oder zentrischem Zwang: f_1 nach Gl (7.23)
                   – bei Vollquerschnitten unter Biegung mit einer Längsdruckkraft

$$f_1 = 0,2 \frac{h-x}{h-d} \ge 1,0 \tag{7.27}$$

                   – für die Längsbewehrung in den Gurten von gegliederten Querschnitten

$$f_1 = 1,0 \tag{7.28}$$

$$f_2 = \frac{f_{ctm}}{2,5} \tag{7.29}$$

    oder   die zulässigen Stababstände zul s nach **TAB 7.5** eingehalten werden.

$$s \le \operatorname{zul} s \tag{7.30}$$

Die zulässigen Stababstände nach **TAB 7.5** sind also nur dann nachzuweisen, wenn sich der Grenzdurchmesser nicht einhalten läßt. Sofern beide Tabellen gleichzeitig nicht eingehalten werden können, ist die gewählte Bewehrung vorh A_s zu erhöhen, wodurch dann die Betonstahlspannung σ_s sinkt.

$$\sigma_s = \frac{1}{\operatorname{vorh} A_s} \left(\frac{M_{Sd,s}}{z} + N_{Sd} \right) \tag{7.31}$$

Die Schnittgrößen sind hierbei diejenigen aus der quasi-ständigen Lastkombination. Für den Hebelarm der inneren Kräfte darf näherungsweise der Wert aus der Biegebemessung verwendet werden.

Auf den Nachweis zur Ermittlung der statisch erforderlichen Bewehrung darf bei der Bemessung von Vollplatten mit $h \leq 20$ cm verzichtet werden. Diese Erleichterung ist dadurch gerechtfertigt, daß bei Einhaltung der Regeln für die bauliche Durchbildung von Vollplatten ($\rightarrow$ Teil 2 oder [1]) Risse mit Breiten über 0,3 mm nicht zu erwarten sind.

In Balken und Stegen mit einer am Rand konzentrierten Biegezugbewehrung und einer Bauteildicke, die größer als 1 m ist, muß eine Stegbewehrung zwischen der Biegezugbewehrung und der Nullinie eingelegt werden (**ABB 7.8**). Hierdurch sollen breite Sammelrisse an den Stegseiten vermieden werden. Die Querschnittsfläche wird nach Gl (7.12) ermittelt, wobei $k = 0,5$ und $\sigma_s = f_{yk}$ gesetzt wird. Abstand und Durchmesser der Bewehrungsstäbe können den Tabellen **TAB 7.4** und **TAB 7.5** entnommen werden, wobei reiner Zug und eine Stahlspannung anzunehmen ist, die halb so groß wie die Spannung in der Hauptzugbewehrung ist.

Beispiel 7.2: Beschränkung der Rißbreite bei Lastschnittgrößen
(Fortsetzung von Beispiel 7.1)
gegeben: - Behälterwand von Beispiel 7.1
gesucht: - Biegebemessung in der Zeichenebene
- Nachweis der Rißbreitenbeschränkung

Lösung:
Das Bauteil ist in der Zeichenebene durch den hydrostatischen Wasserdruck beansprucht. Das Bauteil ist eine Platte. Das statische System ist ein Kragbalken. Die Berechnung erfolgt für eine Bauteilbreite $b = 1,0$ m. Als quasi-ständige Lastkombination ist hierbei eine volle Wasserfüllung anzunehmen. In Abweichung zu **TAB 4.2** wird hier jedoch $\gamma_Q = 1,0$ angesetzt, da Wasser nicht schwerer werden kann.

$M_k = -10 \cdot \dfrac{1^2}{6} = -1,67$ kNm $\quad\bigg|\quad$ $M_k = -F_k \cdot \dfrac{l_{eff}^2}{6}$

$N_k = -25 \cdot 0,2 \cdot 1,0 = -5,0$ kN $\quad\bigg|\quad$ $N_k = -\rho \cdot V$

$\gamma_G = 1,00$ $\quad\bigg|\quad$ **TAB 4.2**: Eigenlast wirkt günstig

$M_{Sd} = -1,67$ kNm $\quad\bigg|\quad$ (4.11): mit $\gamma_Q = 1,0$ (nur Wasser)

$N_{Sd} = 1,0 \cdot (-5,0) = -5,0$ kN $\quad\bigg|\quad$ $S_d = extr\left[\sum_j \gamma_{G,j} G_{k,j} + 1,0 \cdot Q_{k,1}\right]$

$d = 0,20 - 0,035 - \dfrac{0,01}{2} = 0,16$ m $\quad\bigg|\quad$ (6.6): $d = h - \text{nom } c - d_{s,st} - e$

$z_{s1} = 16 - \dfrac{20}{2} = 6$ cm $\quad\bigg|\quad$ (6.16): $z_{s1} = d - \dfrac{h}{2}$

$M_{Sd,s} = |1,67| - (-5) \cdot 0,06 = 1,97$ kNm $\quad\bigg|\quad$ (6.15): $M_{Sd,s} = |M_{Sd}| - N_{Sd} \cdot z_{s1}$

$k_h = \dfrac{16}{\sqrt{\dfrac{1,97}{1,0}}} = 11,4$ $\quad\bigg|\quad$ (6.17): $k_h = \dfrac{d}{\sqrt{\dfrac{M_{Sd,s}}{b}}}$

$k_s = 2,34; \zeta = 0,98$ $\quad\bigg|\quad$ **TAB 6.3**: C 20

7 Beschränkung der Rißbreite

$\gamma_s = 1,15$	**TAB 2.11:**
$f_{yd} = \dfrac{500}{1,15} = 435 \text{ N/mm}^2$	(2.12): $f_{yd} = \dfrac{f_{yk}}{\gamma_s}$
$A_s = \dfrac{1,97}{16,0} \cdot 2,34 + 10 \cdot \dfrac{-5}{435} = 0,18 \text{ cm}^2$	(6.20): $A_s = \dfrac{M_{Sd,s}}{d} k_s + 10 \dfrac{N_{Sd}}{f_{yd}}$
gew.: Ø 8-25 = 4 Ø 8 mit vorh A_s = 2,01 cm²	Der Ø 8 wird aus baupraktischen Gesichtspunkten gewählt, da dünnere Betonstabstahldurchmesser sich zu leicht verbiegen und die Betondeckung nicht sichergestellt ist.
vorh $A_s = 2,01 \text{ cm}^2 > 0,18 \text{ cm}^2 = A_s$	(6.11): vorh $A_s \geq A_s$
	In senkrechter Richtung kann sich Bauteil frei verformen, es liegt kein Zwang vor.
$f_1 = \dfrac{0,20}{10(0,20-0,16)} = 0,5 < \underline{1,0}$	(7.23): $f_1 = \dfrac{h}{10(h-d)} \geq 1,0$
cal $d_s = 1,0 \cdot 8 = 8$ mm	(7.24): cal $d_s = f_1 \cdot \lim d_s$
$z = 0,98 \cdot 16,0 = \underline{15,7 \text{ cm}}$	(6.19): $z = \zeta \cdot d$
	In diesem Fall ist die Lastfallkombination der Biegebemessung gleichzeitig die quasiständige Lastfallkombination.
$\sigma_s = \dfrac{1}{2,01}\left(\dfrac{1,97}{0,157} - 5,0\right) \cdot 10 = 38 \text{ N/mm}^2$	(7.31): $\sigma_s = \dfrac{1}{\text{vorh } A_s}\left(\dfrac{M_{Sd,s}}{z} + N_{Sd}\right)$
$\lim d_s = 32 \text{ mm} > 8 \text{ mm}$	**TAB 7.4:** $\sigma_s \leq 160 \text{ N/mm}^2$
Nachweis ist erbracht.	

7.3.4 Abschätzung der Rißbreite

Die Rißbreite kann nach Gl (7.11) "berechnet" [15] werden. Im folgenden wird erläutert, wie die einzelnen Faktoren hierzu ermittelt werden. Der Beiwert β kennzeichnet das Verhältnis vom Rechenwert der Rißbreite zum Mittelwert der Rißbreite (→ Kap. 7.2.4).

β = 1,7   (7.32)   - für Rißbildung, die durch Lasten hervorgerufen wird
                                        - für Rißbildung, die durch Zwang hervorgerufen wird bei
                                           Querschnitten mit $h > 0,80$ m

β = 1,3   (7.33)   - für Rißbildung, die durch Zwang hervorgerufen wird bei
                               Querschnitten mit $0,30 \text{ m} \geq \min \begin{Bmatrix} b \\ h \end{Bmatrix}$

---

[15] Aufgrund der vielen Einflußgrößen kann man nicht von einer Berechnung im exakten Sinne sprechen, vielmehr handelt es sich um eine Abschätzung der zu erwartenden Rißbreite.

$$\beta = 1{,}3 + \frac{h - 0{,}3}{0{,}5} \cdot 0{,}4 \quad (7.34) \quad \text{- für Rißbildung, die durch Zwang hervorgerufen wird bei}$$

Querschnitten $0{,}30\,\text{m} < h \leq 0{,}80\,\text{m}$

Die mittlere Dehnung ε_{sm} der Bewehrung, die unter der maßgebenden Lastkombination und unter Berücksichtigung der Mitwirkung des Betons zwischen den Rissen auf Zug beansprucht wird, wird nach folgender Gl bestimmt:

$$\varepsilon_{sm} = \frac{\sigma_s}{E_s}\left[1 - \beta_1 \cdot \beta_2 \left(\frac{\sigma_{sr}}{\sigma_s}\right)^2\right] \quad (7.35)$$

β_1 Beiwert zur Berücksichtigung des Einflusses eines Bewehrungsstabes auf die mittlere Dehnung
   - Rippenstäbe $\quad\quad\quad\quad\quad\quad\quad\quad \beta_1 = 1{,}0 \quad\quad\quad\quad\quad (7.36)$
   - glatte Stäbe $\quad\quad\quad\quad\quad\quad\quad\quad \beta_1 = 0{,}5 \quad\quad\quad\quad\quad (7.37)$

β_2 Beiwert zur Berücksichtigung der Belastungsdauer auf die mittlere Dehnung
   - einzelne kurzzeitige Belastung $\quad\quad \beta_2 = 1{,}0 \quad\quad\quad\quad\quad (7.38)$
   - andauernde Last oder häufige Lastwechsel $\beta_2 = 0{,}5 \quad\quad\quad\quad\quad (7.39)$

Diejenige Spannung der Zugbewehrung, die auf der Grundlage eines gerissenen Querschnittes berechnet wird, wird mit σ_s bezeichnet. σ_{sr} ist die Spannung der Zugbewehrung, die auf der Grundlage eines gerissenen Querschnittes für eine Lastkombination berechnet wird, die zur Erstrißbildung führt. Bei Bauteilen, die nur im Bauteil selbst hervorgerufenem Zwang unterworfen sind, gilt

$$\sigma_s = \sigma_{sr} \quad\quad\quad\quad\quad\quad\quad\quad\quad\quad\quad\quad\quad\quad\quad\quad\quad\quad\quad (7.40)$$

Der mittlere Rißabstand s_{rm} bei abgeschlossenem Rißbild bei Bauteilen, die überwiegend Biegung oder Zug ausgesetzt sind, kann wie folgt bestimmt werden:

$$s_{rm} = 50 + 0{,}25 \cdot \alpha \cdot k_1 \cdot k_2 \cdot \frac{d_s}{\rho_r} \quad\quad\quad \text{mm} \quad\quad\quad\quad\quad (7.41)$$

α Beiwert zur Unterscheidung von Last- und Zwangbeanspruchung
   - Lastbeanspruchung $\quad \alpha = 1{,}0 \quad\quad\quad\quad\quad\quad\quad\quad\quad (7.42)$
   - Zwangbeanspruchung $\quad \alpha = k$ nach Gl (7.17) ff

k_1 Beiwert zur Berücksichtigung der Verbundeigenschaften der Betonstahls auf den Rißabstand
   - Rippenstäbe $\quad k_1 = 0{,}8 \quad\quad\quad\quad\quad\quad\quad\quad\quad\quad\quad (7.43)$
   - glatte Stäbe $\quad k_1 = 1{,}6 \quad\quad\quad\quad\quad\quad\quad\quad\quad\quad\quad (7.44)$

k_2 Beiwert zur Berücksichtigung des Einflusses der Dehnungsverteilung auf den Rißabstand
   - reine Biegung $\quad\quad\quad\quad k_2 = 0{,}5 \quad\quad\quad\quad\quad\quad\quad\quad (7.45)$
   - zentrischer Zug $\quad\quad\quad\quad k_2 = 1{,}0 \quad\quad\quad\quad\quad\quad\quad\quad (7.46)$
   - Biegung mit Längs-(zug-)kraft $k_2 = \dfrac{\varepsilon_1 + \varepsilon_2}{2 \cdot \varepsilon_1} \quad\quad\quad (7.47)$

Dabei ist ε_1 die betragsmäßig größere und ε_2 die betragsmäßig kleinere Dehnung im Zustand II an den Rändern des betrachteten Querschnitts.

7 Beschränkung der Rißbreite

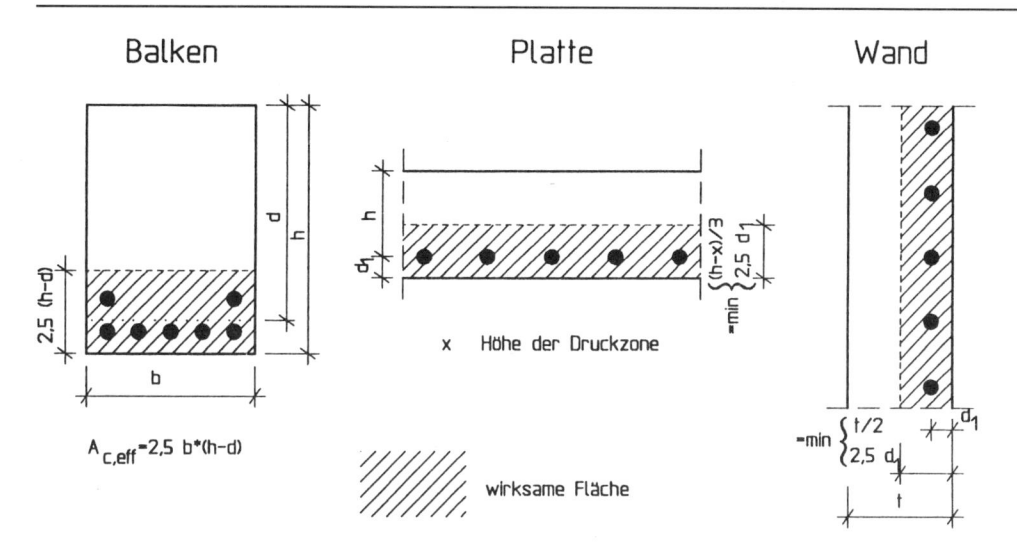

Balken — **Platte** — **Wand**

$A_{c,eff} = 2,5 \, b \cdot (h-d)$

x Höhe der Druckzone

wirksame Fläche

ABB 7.9: Fläche der wirksamen Zugzone (typische Fälle)

ρ_r wirksamer Bewehrungsgrad $\quad \rho_r = \dfrac{A_s}{A_{c,eff}}$ (7.48)

Die Fläche der wirksamen Zugzone $A_{c,eff}$ ist diejenige Betonfläche, die die Zugbewehrung umgibt und eine Höhe gleich dem 2,5fachen Abstand der Randzugfaser vom Schwerpunkt der Bewehrung aufweist (**ABB 7.9**). Bei Platten, deren Höhe der Zugzone klein sein kann, sollte die Höhe der wirksamen Zugzone nicht höher als $(h-x)/3$ angenommen werden.

Beispiel 7.3: Nachweis durch Ermittlung der Rißbreite
gegeben: - Wand eines Wasserbeckens mit Innenabdichtung gemäß Skizze von Beispiel 7.1
 - Baustoffgüten C 20 ; BSt 500 S
gesucht: - Bewehrung in der Wand in horizontaler Richtung senkrecht zur Zeichenebene, wobei der Beton wasserundurchlässig ausgebildet werden sollte. [16]

Lösung:
Die Lösung erfolgt zunächst wie in Beispiel 7.1, wobei hier jedoch ein größerer Bewehrungsgrad gewählt wird (gew. Ø10-10 beidseitig).

$f_{ct,eff} = f_{ctm} = 1,9 \text{ N/mm}^2$

$k_c = 1,0$
$k = 0,8$
est $d_{s,st} = 10$ mm
est $d_s = 10$ mm
$d = 0,20 - 0,035 - 0,01 - \dfrac{0,01}{2} = 0,15 \text{ m}$

TAB 7.3: C 16/20; eine Klasse geringer als Zielwert wegen Hydratationszwang (7.13) zentrischer Zwang (7.18), da $h = 20$ cm < 30 cm zunächst geschätzt, vgl. Bsp. 7.2

(6.6): $d = h - \text{nom } c - d_{s,st} - e$

---

[16] Ein Bauteil aus WU-Beton sollte eine Mindestdicke von 30 cm aufweisen, die Wand wäre somit um 10 cm dicker auszubilden. Im Rahmen dieses (Rechen-) Beispiels wird hier ausnahmsweise mit 20 cm bemessen, um den direkten Vergleich zu Beispiel 7.1 zu haben.

$f_1 = \dfrac{0{,}20}{10(0{,}20-0{,}15)} = 0{,}4 < 1{,}0$ | (7.23): $f_1 = \dfrac{h}{10(h-d)} \geq 1{,}0$

$\operatorname{cal} d_s = 1{,}0 \cdot 10 = 10 \text{ mm}$ | (7.24): $\operatorname{cal} d_s = f_1 \cdot \lim d_s$

$\sigma_s = 360 \text{ N/mm}^2$ | TAB 7.4:

$A_{ct} = 20 \cdot 100 = 2000 \text{ cm}^2$ | hier: $A_{ct} = b \cdot h$

$\min A_s = 1{,}0 \cdot 0{,}8 \cdot \dfrac{1{,}9}{360} \cdot 2000 = 8{,}44 \text{ cm}^2$ | (7.12): $\min A_s = k_c \cdot k \cdot \dfrac{f_{ct,eff}}{\sigma_s} \cdot A_{ct}$

$\operatorname{vorh} A_s = 2 \cdot \dfrac{1{,}00}{0{,}10} \cdot 0{,}79 = 15{,}8 \text{ cm}^2$ | (7.25): $\operatorname{vorh} A_s = n \cdot \dfrac{l_B}{s} \cdot A_{s,ds}$

Im folgenden werden die Vorwerte für Gl (7.11) bestimmt. | (7.11): $w_{k,cal} = \beta \cdot s_{rm} \cdot \varepsilon_{sm}$

$0{,}30 \text{ m} > 0{,}30 \text{ m} = \min\begin{cases} 0{,}20 \text{ m} = b \\ 1{,}0 \text{ m} = h \end{cases} \quad \beta = 1{,}3$ | (7.33): sofern $0{,}30 \text{ m} \geq \min\begin{cases} b \\ h \end{cases}$

$\beta_1 = 1{,}0$ | (7.36): sofern Rippenstäbe

$\beta_2 = 0{,}5$ | (7.39): sofern lang andauernde Belastung; Zwang aus Hydratation ist eine andauernde Last.

$\sigma_s = \sigma_{sr}$ | (7.40) bei Zwang

$\operatorname{vorh} \sigma_s = 360 \dfrac{8{,}44}{15{,}8} = 192 \text{ N/mm}^2$ | $\operatorname{vorh} \sigma_s = \sigma_s \dfrac{A_s}{\operatorname{vorh} A_s}$

$\varepsilon_{sm} = \dfrac{192}{200000}\left[1 - 1{,}0 \cdot 0{,}5 \cdot (1)^2\right] = 0{,}48 \cdot 10^{-3}$ | (7.35): $\varepsilon_{sm} = \dfrac{\sigma_s}{E_s}\left[1 - \beta_1 \cdot \beta_2 \left(\dfrac{\sigma_{sr}}{\sigma_s}\right)^2\right]$

$\alpha = k = 0{,}8$ | hier liegt Zwang vor

$k_1 = 0{,}8$ | (7.43): sofern Rippenstäbe

$k_2 = 1{,}0$ | (7.46): sofern zentrischer Zug

| ABB 7.9: hier ist t/2 maßgebend

$A_{c,eff} = \dfrac{0{,}2}{2} \cdot 1{,}0 = 0{,}10 \text{ m}^2$ | $A_{c,eff} = \dfrac{t}{2} \cdot h$

$\rho_r = \dfrac{0{,}5 \cdot 15{,}8}{1000} = 0{,}0079$ | (7.48): $\rho_r = \dfrac{A_s}{A_{c,eff}}$

$s_{rm} = 50 + 0{,}25 \cdot 0{,}8 \cdot 0{,}8 \cdot 1{,}0 \cdot \dfrac{10}{0{,}0079} = 253 \text{ mm}$ | (7.41): $s_{rm} = 50 + 0{,}25 \cdot \alpha \cdot k_1 \cdot k_2 \cdot \dfrac{d_s}{\rho_r}$

$w_{k,cal} = 1{,}3 \cdot 253 \cdot 0{,}48 \cdot 10^{-3} = 0{,}158 \text{ mm}$ | (7.11): $w_{k,cal} = \beta \cdot s_{rm} \cdot \varepsilon_{sm}$

Die Rißbreite entspricht der anzustrebenden Rißbreite $w = 0{,}15$ mm für WU-Beton. Es ist darauf hinzuweisen, daß neben dieser Bemessung betontechnologische Maßnahmen und eine entsprechende Nachbehandlung von mindestens ebenso großer Wichtigkeit für eine mängelfreie Herstellung sind.

7.4 Weitere Verfahren zum Nachweis der Beschränkung der Rißbreite

7.4.1 Überblick

Die in den vorangegangenen Abschnitten erläuterten Konstruktionsregeln führen häufig zu sehr großen Bewehrungsquerschnitten. Es ist aber gestattet, genauere Verfahren nach [29] heranzuziehen. Hierzu werden im folgenden zwei Tafelwerke vorgestellt.

7.4.2 Tafeln zur Rißbreitenbeschränkung nach MEYER

Auf der Grundlage der in [29] erläuteten Rißformeln wurden in [30] Diagramme veröffentlicht, die eine schnelle Bemessung gestatten. Es wurden Diagramme zur Beschränkung der Rißbreite bei Zwang (ABB 7.10) und bei Lastbeanspruchung aufgestellt. Das Tafelwerk enthält zwar Diagramme vorwiegend nach DIN 1045 [V5], jedoch auch solche für eine Bemessung nach [V1].

Zwangbeanspruchung:
Aufgrund der Vorgaben für die anzustrebende Rißbreite, Betondeckung und Zwang bzw. Zwang aus Hydratationswärme ist das entsprechende Nomogramm zu wählen. Die erforderliche Bewehrung wird aus dem Diagramm abgelesen. Die Mindestbewehrung kann hiernach mit folgender Gleichung ermittelt werden:

$$A_{s1} = A_{s2} = \alpha_c \cdot \alpha_{CE} \cdot A_{s,\text{Diag}} \tag{7.49}$$

Beispiel 7.4: Rißbreitenbeschränkung mit Tafelwerk nach MEYER
(= Beispiel 7.3 mit anderem Lösungsverfahren)
gegeben: - Wand eines Wasserbeckens mit Innenabdichtung gemäß Skizze von Beispiel 7.1
- Baustoffgüten C 20 ; BSt 500 S
- Zement CE 32,5
gesucht: - Bewehrung in der Wand in horizontaler Richtung senkrecht zur Zeichenebene, wobei der Beton wasserundurchlässig ausgebildet werden sollte
- Lösung soll mit Tafeln nach MEYER erfolgen.

Lösung:
Das Bauteil ist durch Zwang aus abfließender Hydratationswärme beansprucht. Die Betondeckung der außenliegenden (Vertikal-)Bewehrung beträgt 3,5 cm. Somit beträgt der Abstand der gesuchten Horizontalbewehrung:

$d_1 = 3,5 + 1,0 + \dfrac{1,0}{2} = 5,0\,\text{cm}$ $\quad\Big|\quad$ $d_1 = \text{nom}\,c + d_{s,st} + \dfrac{d_{s1}}{2}$

$A_{s,\text{Diag}} = 7,3\,\text{cm}^2$ $\quad\Big|\quad$ **ABB 7.10:** Wahl des Diagramms und Ablesung aufgrund der Vorgaben

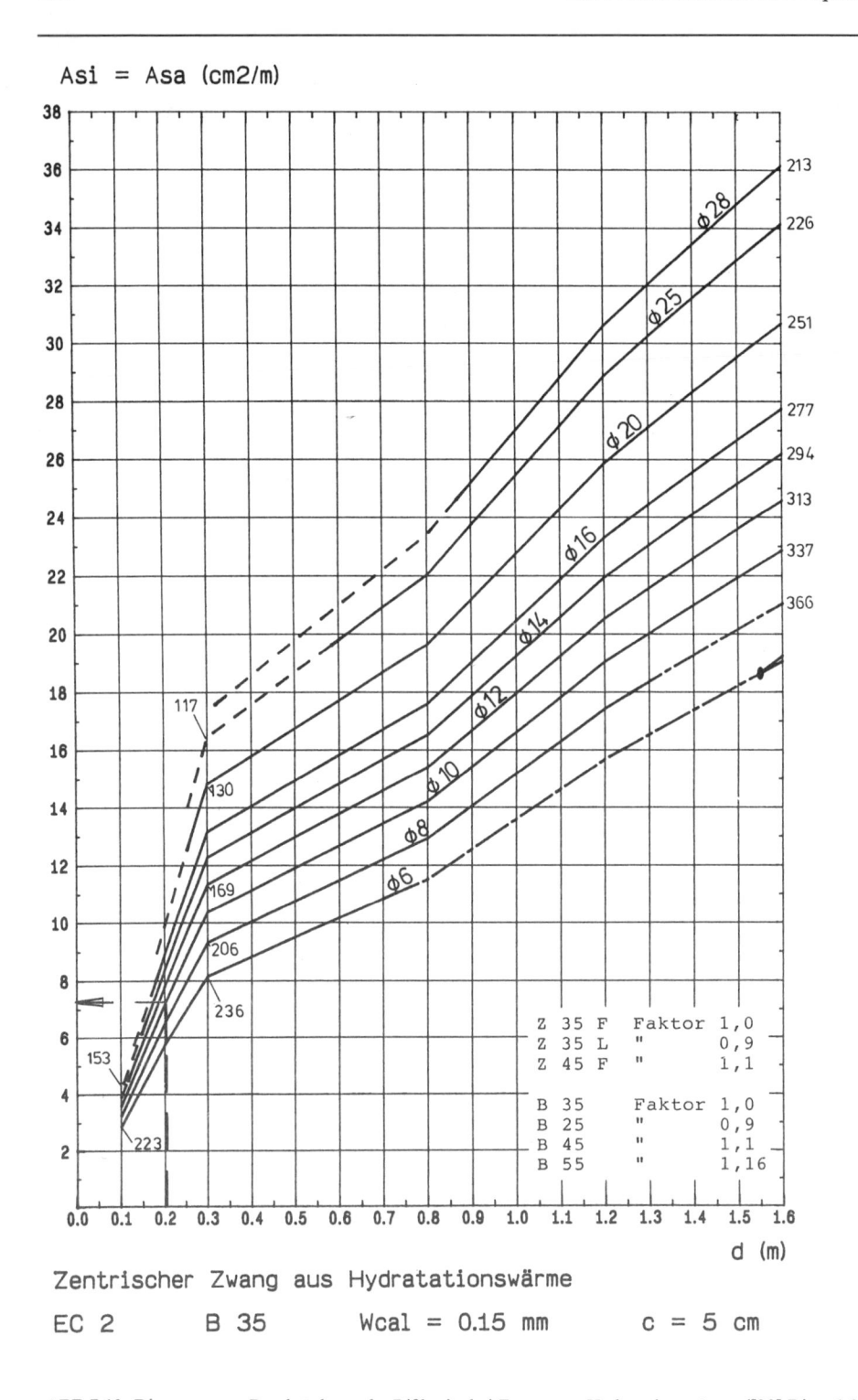

ABB 7.10: Diagramm zur Beschränkung der Rißbreite bei Zwang aus Hydratationswärme ([30] Diag. 1.3.1-14)

7 Beschränkung der Rißbreite

CE 32,5 ≈ Z 35 L	**TAB 2.1:**
$\alpha_{CE} = 0,9$	**ABB 7.10:**
C20 ≈ B25	
Durch betontechnologische Maßnahmen kann der Beton zielsicher hergestellt werden, so daß sich keine Überfestigkeiten entwickeln können.	
$\alpha_c = 0,9$	**ABB 7.10:**
$A_{s1} = A_{s2} = 0,9 \cdot 0,9 \cdot 7,3 = 5,91 \text{ cm}^2$	(7.49): $A_{s1} = A_{s2} = \alpha_c \cdot \alpha_{CE} \cdot A_{s,\text{Diag}}$
gew: Ø10-12^5 beidseitig	
vorh $A_s = 2 \cdot \dfrac{1,00}{0,125} \cdot 0,79 = 12,6 \text{ cm}^2$	(7.25): vorh $A_s = n \cdot \dfrac{l_B}{s} \cdot A_{s,ds}$
vorh $A_s = 12,6 \text{ cm}^2 > 11,8 \text{ cm}^2 = 2 \cdot 5,91 = A_s$	(6.11): vorh $A_s \geq A_s$

Lastbeanspruchung:

Die Diagramme wurden für eine Bemessung nach DIN 1045 [V5] aufgestellt, sie gelten daher nur näherungsweise für eine Rißbreitenbeschränkung nach EC 2. Bei hohem Eigenlastanteil und großem Anteil der quasi-ständigen Lasten an den Gesamtlasten kann die Stahlspannung nach EC 2 größer werden als die in [30] vertafelten Werte. Aufgrund der Vorgaben für die anzustrebende Rißbreite, Betondeckung und Betongüte ist das entsprechende Nomogramm zu wählen. Der zulässige Stabdurchmesser in Abhängigkeit von der Stahlspannung wird aus dem Diagramm abgelesen.

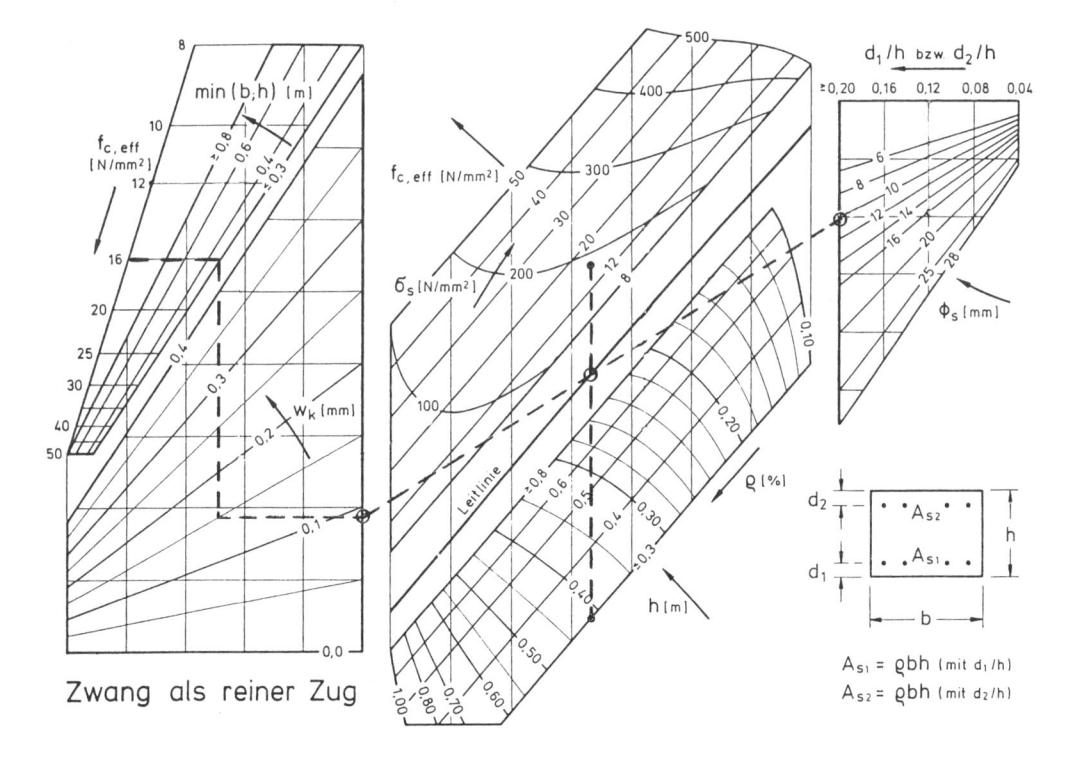

ABB 7.11: Rißbreite bei Zwang aus zentrischem Zug (aus [31])

7.4.3 Graphische Rißbreitenermittlung für Zwang

Auf der Basis von DIN 1045 [V5] entwickelte WINDELS ein graphisches Verfahren, mit dem Rißbreiten direkt ermittelt werden können [31]. Dieses Verfahren wurde später auf eine Bemessung nach [V1] erweitert [32]. Hierin werden je ein Nomogramm für zentrischen Zwang (ABB 7.11) und ein Nomogramm für Biegezwang angegeben. In den Diagrammen sind 7 Parameter aufgeführt. Sofern hiervon 6 Größen bekannt sind, kann die siebte bestimmt werden. Diese ist

- bei Bemessungsaufgaben der Bewehrungsgrad ρ oder der Stabdurchmesser d_s
$$A_{s1} = A_{s2} = \rho \cdot A_c \tag{7.50}$$
- bei Nachrechnungen die Rißbreite w_k aufgrund einer vorgegebenen Bewehrung.

Die Anwendung des Nomogramms wird anhand eines Beispiels gezeigt.

Beispiel 7.5: Rißbreitenbeschränkung mit Diagrammen nach WINDELS
(= Beispiel 7.3 mit anderem Lösungsverfahren)

gegeben: - Wand eines Wasserbeckens mit Innenabdichtung gemäß Skizze von Beispiel 7.1
- Baustoffgüten C 20 ; BSt 500 S

gesucht: - Bewehrung in der Wand in horizontaler Richtung senkrecht zur Zeichenebene, wobei der Beton wasserundurchlässig ausgebildet werden sollte
- Lösung soll mit Tafeln nach WINDELS erfolgen.

Lösung:

$f_{ck} = 16,0 \text{ N/mm}^2$ | TAB 2.9: C16/20; eine Klasse geringer als Zielwert wegen Hydratationszwang

Mit f_{ck} wird waagerecht im Nomogramm (ABB 7.12) bis zur kleineren Bauteilabmessung (hier min $b = 0,20$) gefahren; dann lotrecht nach unten bis zur gewünschten Rißbreite w_k (hier $w_k = 0,15$ mm); nun wieder waagerecht bis zur linken vertikalen Leitlinie. Im rechten Teil des Nomogramms wird zunächst mit dem bezogenen Randabstand d_1/h (hier $d_1/h = 0,05/0,20 = 0,25$) senkrecht nach unten bis zum verwendeten Durchmesser gefahren; dann waagerecht bis zum Punkt auf der rechten vertikalen Leitlinie. Die Punkte auf den beiden vertikalen Leitlinien werden anschließend durch eine Gerade verbunden. Der Schnittpunkt dieser Geraden mit der schrägen Leitlinie ist Ausgangspunkt für eine vertikale Gerade nach oben und unten. Oben wird in Abhängigkeit von f_{ck} die Stahlspannung abgelesen, unten in Abhängigkeit von der Bauteildicke (hier 0,20 m) der erforderliche Bewehrungsgrad ρ.

$\sigma_s \approx 195 \text{ N/mm}^2$ | Ablesung oben in ABB 7.12
$\rho = 0,41\%$ | Ablesung unten in ABB 7.12
$A_{s1} = A_{s2} = 0,41 \cdot 10^{-2} \cdot 20 \cdot 100 = 8,2 \text{ cm}^2$ | (7.50): $A_{s1} = A_{s2} = \rho \cdot A_c$
gew: Ø10-10 beidseitig |
vorh $A_s = 2 \cdot \dfrac{1,00}{0,10} \cdot 0,79 = 15,8 \text{ cm}^2$ | (7.25): vorh $A_s = n \cdot \dfrac{l_B}{s} \cdot A_{s,ds}$
vorh $A_s = 15,8 \text{ cm}^2 \approx 16,4 \text{ cm}^2 = 2 \cdot 5,91 = A_s$ | (6.11): vorh $A_s \geq A_s$

Die geringen Abweichungen in den Ergebnissen der Beispiele 7.3 und 7.5 liegen im Rahmen der Rechen- und Zeichengenauigkeit.

8 Beschränkung der Durchbiegungen

8.1 Allgemeines

Die Durchbiegungen eines Bauteils müssen beschränkt werden, um seine Gebrauchsfähigkeit und Dauerhaftigkeit sicherzustellen. Infolge zu großer Durchbiegungen eines Bauteils ist nicht nur dieses Bauteil, sondern sind auch andere in ihrer Funktionsfähigkeit eingeschränkt (**ABB 8.1**). Sofern die Durchbiegung nicht beschränkt wird, könnte in extremen Fällen sogar die Standsicherheit gefährdet sein (z. B., weil ein gelenkig angenommenes Auflager infolge zu großer Verdrehung versagt). Besonders bei Platten ist der Nachweis zur Beschränkung der Durchbiegungen häufig maßgebend für die Bestimmung der Bauteildicke.

Die Berechnung der Durchbiegungen ist im Vergleich zu einem homogenen isotropen Material (wie Stahl) wesentlich schwieriger, da neben geometrischen Parametern (Bauteilabmessungen, Lagerungsbedingungen) weitere Größen die Durchbiegung beeinflussen. Dies sind

Leichte Trennwand — Schaden

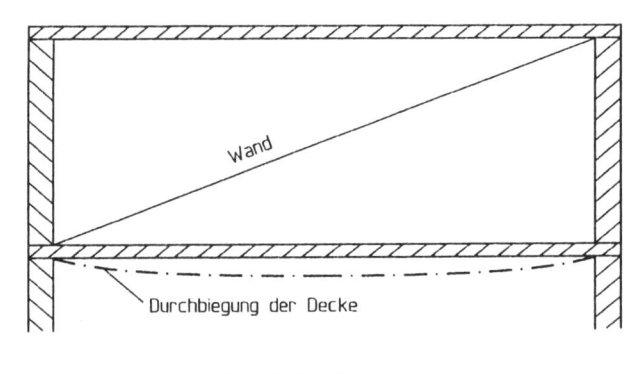

Die Decke verformt sich. Da die Wand eine sehr viel größere Steifigkeit als die Decke hat, kann sie sich nicht verformen. Je nach Konstruktion entstehen Risse in der Wand oder am Anschluß Wand/Decke.

Flachdach

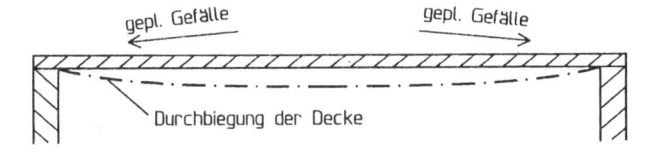

Die Decke verformt sich so stark, daß das Gefälle nach außen nicht mehr vorhanden ist und sich das Regenwasser in Dachmitte sammelt. Bei Frosteinwirkung entstehen Schäden an der Dachabdichtung. Außerdem bewirkt die zusätzliche Wasserlast neue Verformungen.

ABB 8.1: Beispiele für Schäden, die infolge einer zu großen Durchbiegung entstanden sind

- die nichtlineare Spannungsdehnungslinie des Betons,
- die geringe Zugfestigkeit des Betons und daraus resultierend Bereiche innerhalb des Bauteils, die sich im Zustand II befinden, während andere noch im Zustand I verblieben sind (**ABB 8.2**). Da die Betonzugfestigkeit in der Baupraxis sehr stark streut (Einflüsse aus Zuschlagstoffen, w_z-Wert, Nachbehandlung usw.), lassen sich die Bereiche, die gerissen bzw. ungerissen sind, nicht genau abschätzen.
- zeitabhängige Verformungen des Betons aus Langzeitbelastungen, die bei Entlastung nur zum Teil zurückgehen. Diesen Effekt nennt man "Kriechen".
- zeitabhängige Verformungen des Betons aus Umwelteinflüssen (Temperatur und Feuchtigkeit). Dieser Effekt wird mit "Schwinden" bezeichnet.
- die bei der Tragwerksplanung noch nicht bekannte, sich tatsächlich einstellende Betondruckfestigkeit.

Die Durchbiegungen werden daher im Stahlbetonbau nur in seltenen Fällen berechnet. Meistens wird die Bauteildicke so gewählt, daß unzulässig große Verformungen nicht zu erwarten sind. Diese Form des Nachweises bezeichnet man mit "Begrenzung der Biegeschlankheit".

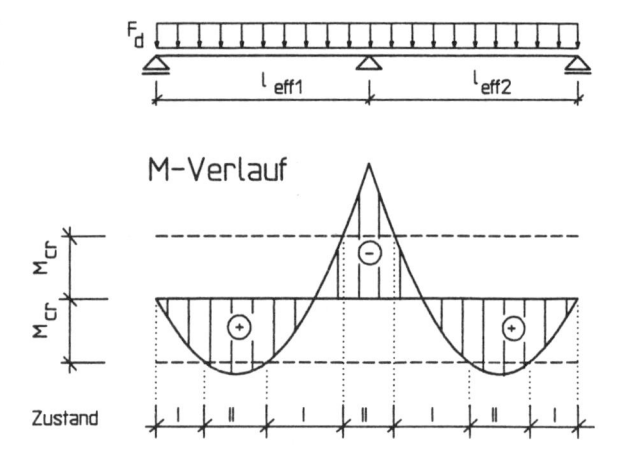

8.2 Begrenzung der Biegeschlankheit

M_{cr} Rißmoment (entspricht S_I in Abb 7.7)

ABB 8.2: Gerissene und ungerissene Bauteilbereiche

8.2.1 Allgemeines

Sofern keine genaue Berechnung der Durchbiegung bei Platten und Balken erfolgt, darf die Beschränkung der Durchbiegung über einen vereinfachten Nachweis erfolgen ([V1] § 4.4.3.2). Bei diesem Nachweis wird die Biegeschlankheit des Bauteils begrenzt. Die Biegeschlankheit ist das Verhältnis von Stützweite zu statischer Höhe.

Bei der Ableitung der entsprechenden Gleichungen wurde davon ausgegangen, daß die Durchbiegung unter quasi-ständigen Lasten (→ Kap. 4.3.2) folgende Werte nicht überschreitet:

allgemeiner Fall $\qquad \text{zul } f = \dfrac{l_{eff}}{250}$ (8.1)

Bauteile, bei denen übermäßige Verformungen zu Folgeschäden
führen können (z. B., leichte Trennwände stehen auf dem Bauteil) $\text{zul } f = \dfrac{l_{eff}}{500}$ (8.2)

Auf der Grundlage dieser Empfehlungen wurden durch umfangreiche Rechnungen zulässige Schlankheitsverhältnisse bestimmt. Die Beiwerte f_i regeln dabei unterschiedliche Einflußfaktoren

$$\frac{l_{eff}}{d} \leq f_1 \cdot f_2 \cdot f_3 \cdot f_4 \tag{8.3}$$

- f_1 regelt den Einfluß des statischen Systems
- f_2 regelt den Einfluß der Stützweite
- f_3 regelt den Einfluß der Stahlspannung (Betonstahlgüte)
- f_4 regelt den Einfluß der Querschnittsform.

8.2.2 Einfluß des statischen Systems

Maßgeblicher Parameter für die Entwicklung der Durchbiegung ist der Abstand der Momentennullpunkte. Dieser wird durch die Art der Stützung maßgeblich beeinflußt (bei konstant gehaltener Stützweite). Eine Einspannung vermindert die Durchbiegung, daher können bei eingespannten Systemen größere Beiwerte f_1 zugelassen werden. Die zulässigen Beiwerte hängen davon ab, ob das Bauteil vorwiegend im Zustand I (geringe Durchbiegung) oder Zustand II (große Durchbiegung) ist. Das Vorliegen von Zustand I oder II ist gleichbedeutend mit geringer oder hoher Beanspruchung. Daher werden für den Beiwert f_1 zwei Werte angegeben (TAB 8.1). Die Begriffe "gering beansprucht" und "hoch beansprucht" sind in der Tabelle willkürlich durch den geometrischen Bewehrungsgrad ρ_1 der Biegezugbewehrung festgelegt.

$$\rho_1 = \frac{A_{s1}}{A_c} \tag{8.4}$$

- geringe Beanspruchung $\qquad\qquad\qquad \rho_1 < 0{,}5\%$ (8.5)
  und Platten des üblichen Hochbaus

- hohe Beanspruchung $\qquad\qquad\qquad\qquad \rho_1 > 1{,}5\%$ (8.6)

- mittlere Beanspruchung $\qquad\qquad\qquad 0{,}5\% \leq \rho_1 \leq 1{,}5\%$ (8.7)

Bei mittlerer Beanspruchung darf zwischen den Tabellenwerten für geringe und hohe Beanspruchung interpoliert werden.

$$f_1 = f_{1,\rho 0.5} + (\rho_1 - 0{,}5) \cdot (f_{1,\rho 1.5} - f_{1,\rho 0.5}) \tag{8.8}$$

8.2.3 Einfluß der Stützweite

Mit zunehmender Stützweite vergrößern sich die Durchbiegungen deutlich. Bei linear elastischem Werkstoffgesetz geht die Stützweite bei Einzellasten mit der 3. Potenz, bei Gleichlasten mit der 4. Potenz in die Durchbiegung ein. Um den Einfluß der Stützweite zu berücksichtigen, wird daher der Beiwert f_2 eingeführt.

statisches System			Beanspruchung	
Einfeldträger	Durchlaufträger	Platte	hoch	gering
l_{eff} (einfach gelagert)		Platte mit l_{eff}	18	25
l_{eff} (eingespannt-gelagert)	Endfeld l_{eff}	Platte mit l_{eff}	23	32
l_{eff} (beidseitig eingespannt)	Innenfeld l_{eff}	Platte mit l_{eff}	25	35
l_{eff} (Kragarm)		Platte mit l_{eff}	7	10
	punktförmig gestützte Platten	Platte mit l_{eff}	21	30

Zeichensymbole bei Platten:
— gelenkig gelagert
═ starr eingespannt
--- freier Rand
····· Ausschnitt aus einer größeren Platte

TAB 8.1: Beiwert f_1 für den Nachweis zur Begrenzung der Biegeschlankheit

- punktförmig gestützte Platten: $l_{eff} \leq 8{,}5\,\text{m}$ $f_2 = 1{,}0$ (8.9)

  $l_{eff} > 8{,}5\,\text{m}$ $f_2 = \dfrac{8{,}5}{l_{eff}}$ (8.10)

- andere Bauteile: $l_{eff} \leq 7{,}0\,\text{m}$ $f_2 = 1{,}0$ (8.11)

  $l_{eff} > 7{,}0\,\text{m}$ $f_2 = \dfrac{7{,}0}{l_{eff}}$ (8.12)

8.2.4 Einfluß der Stahlspannung

Bei der Ableitung von **TAB 8.2** lag für den Betonstahl eine Streckgrenze $f_{yk} = 400\,\text{N/mm}^2$ (BSt 420) und eine Stahlspannung unter häufigen Einwirkungen $\sigma_s = 250\,\text{N/mm}^2$ zugrunde. Der Einfluß anderer Stahlspannungen aufgrund höherfester Stahlsorten oder eines Bewehrungsquerschnittes, der über dem erforderlichen liegt, wird durch den Beiwert f_3 berücksichtigt. Er kann nach [V1] §4.4.3.2 näherungsweise aus folgender Gl. bestimmt werden:

$$f_3 = \frac{250}{\text{vorh}\,\sigma_s} \qquad (8.13)$$

$$f_3 \approx \frac{400}{f_{yk}} \cdot \frac{\text{vorh}\,A_s}{A_s} \qquad (8.14)$$

Diese Gl geht von der sehr ungünstigen Annahme aus, daß das Verhältnis von Verkehrslast/Gesamtlast in den Grenzzuständen der Gebrauchstauglichkeit und der Tragfähigkeit gleich ist. Dies trifft jedoch bei Anwendung der Kombinationsbeiwerte ψ_1 (→ Kap. 4.3.2) nicht zu. LITZNER [12] empfiehlt daher, die Stahlspannung unter häufiger Lastkombination folgendermaßen abzuschätzen:

$$\text{vorh}\,\sigma_s \approx \frac{M_{Sd,\text{häuf}}}{0{,}9 \cdot d \cdot \text{vorh}\,A_s} \qquad (8.15)$$

8.2.5 Einfluß der Querschnittsform

Stark profilierte Plattenbalken (→ Kap. 6.4.3) weisen nicht die Biegesteifigkeit auf wie ein Rechteckquerschnitt gleicher Höhe. Bei Plattenbalken mit breiter Platte ist die zulässige Biegeschlankheit mit Hilfe des Beiwertes f_4 abzumindern.

- Plattenbalken mit $\dfrac{b}{b_w} > 3{,}0$: $f_4 = 0{,}8$ (8.16)

- andere Bauteile $f_4 = 1{,}0$ (8.17)

Beispiel 8.1: Beschränkung des Biegeschlankheit
(Fortsetzung von Beispiel 6.11)

gegeben: - Unterzug lt. Skizze in Beispiel 6.10
           - Querschnitt jedoch lt. Skizze

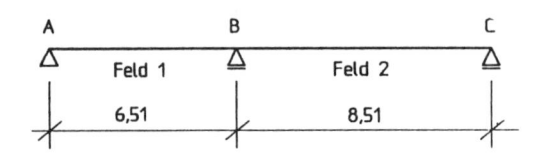

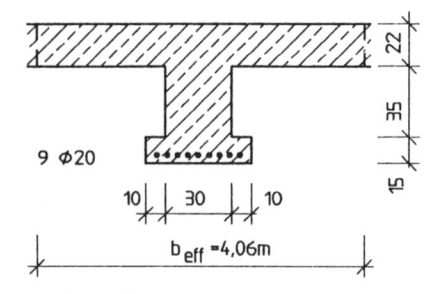

gesucht: - Nachweis zur Begrenzung der Biegeschlankheit

Lösung:
Da beide Felder dieselbe Lagerungsart aufweisen, ist das Feld 2 (mit der größeren Stützweite) maßgebend.

$A_{s1} = 25{,}7$ cm² (gew: 9 Ø 20 mit vorh $A_s = 28{,}3$ cm²) | vgl. Bsp. 6.10

$A_c = 4{,}06 \cdot 22 + 0{,}30 \cdot (0{,}72 - 0{,}22) = 1{,}04$ m² $= 10400$ cm² | hier: $A_c = b_{eff} \cdot h_f + b_w \cdot (h - h_f)$

$\rho_1 = \dfrac{28{,}3}{10400} = 0{,}27\% < 0{,}5\%$ | (8.4): $\rho_1 = \dfrac{A_{s1}}{A_c}$

→ geringe Beanspruchung | (8.5): $\rho_1 < 0{,}5\%$

$f_1 = 32$ | TAB 8.1: Endfeld eines Durchlaufträgers

$l_{eff} > 7{,}0$ m: → $f_2 = \dfrac{7{,}0}{8{,}51} = 0{,}823$ | (8.12): $f_2 = \dfrac{7{,}0}{l_{eff}}$

$f_3 \approx \dfrac{400}{500} \cdot \dfrac{28{,}3}{25{,}7} = 0{,}881$ | (8.14): $f_3 \approx \dfrac{400}{f_{yk}} \cdot \dfrac{\text{vorh } A_s}{A_s}$

$\dfrac{b}{b_w} = \dfrac{4{,}06}{0{,}30} = 13{,}5 > 3{,}0 : \to f_4 = 0{,}8$ | (8.16): $f_4 = 0{,}8$

$\dfrac{l_{eff}}{d} = \dfrac{8{,}51}{0{,}675} = 12{,}6 < 18{,}6 = 32 \cdot 0{,}823 \cdot 0{,}881 \cdot 0{,}8$ | (8.3): $\dfrac{l_{eff}}{d} \leq f_1 \cdot f_2 \cdot f_3 \cdot f_4$

8.3 Direkte Berechnung der Verformungen

8.3.1 Grundlagen der Berechnung

Die Durchbiegung muß nur dann berechnet werden, wenn

- sich der Nachweis zur Begrenzung der Biegeschlankheit nicht führen läßt. Dies ist vornehmlich bei dünnen Plattentragwerken wahrscheinlich.
- die Durchbiegungen wirklichkeitsnah ermittelt werden sollen (um z. B. die Schalung zu überhöhen).

8 Beschränkung der Durchbiegungen

Das gewählte Berechnungsverfahren muß das tatsächliche Bauwerksverhalten mit einer Genauigkeit wiedergeben, die dem Berechnungszweck entspricht. Eine rechnerisch ermittelte Durchbiegung kann immer nur ein Hinweis auf die zu erwartende Größenordnung sein; es ist keinesfalls genau der Rechenwert zu erwarten.

Aus der Differentialgleichung der Biegelinie kann durch zweimalige Integration die Durchbiegung ermittelt werden.

$$-w'' = \frac{1}{r} = \frac{M(x)}{E \cdot I(x)} \tag{8.18}$$

$$w = \iint_l \frac{M(x)}{E \cdot I(x)} dx \tag{8.19}$$

Eine geschlossene Integration ist möglich bei linear elastischen Baustoffen. Bei einem Stahlbetonbauteil ändert sich die Steifigkeit jedoch abschnittsweise infolge Rißbildung. Die Momenten-Krümmungs-Beziehung ist daher nichtlinear (**ABB 8.3**), wobei große Unterschiede in der Krümmung und damit auch in der Durchbiegung für Zustand I bzw. Zustand II bestehen. Sofern höchste Genauigkeiten angestrebt werden, ist daher eine Integration mit numerischen Verfahren für gerissene und ungerissene Bereiche durchzuführen. Ein derart großer Aufwand ist im allgemeinen nicht gerechtfertigt.

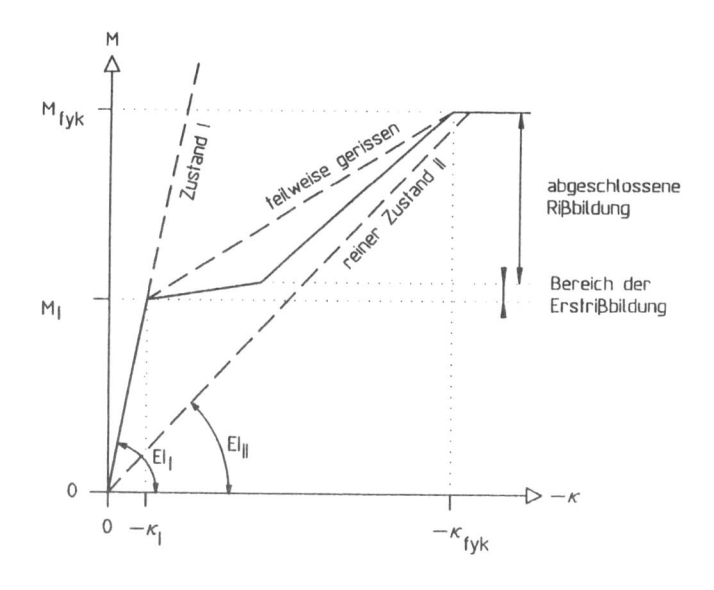

Index: I 1. Riß
fyk Erreichen der Streckgrenze im Betonstahl

ABB 8.3: Momenten-Krümmungs-Beziehung bei Stahlbetonbauteilen

Unterer Rechenwert der Durchbiegung:

Die geringste Durchbiegung erhält man, wenn die Berechnung für einen vollständig ungerissenen Querschnitt durchgeführt wird (Zustand I). Diese Durchbiegung bezeichnen wir mit unterem Rechenwert der Durchbiegung f_I.

Oberer Rechenwert der Durchbiegung:

Die größte Durchbiegung erhält man, wenn die Berechnung für einen vollständig gerissenen Querschnitt durchgeführt wird (reiner Zustand II). Diese Durchbiegung bezeichnen wir mit oberem Rechenwert der Durchbiegung f_{II}.

Wahrscheinlicher Wert der Durchbiegung:

Nimmt man an, daß Teilbereiche des Querschnitts ungerissen, andere, höher beanspruchte gerissen sind, wobei die Momenten-Krümmungs-Beziehung bis zum 1. Riß nach Zustand I und dann teilweise gerissen verläuft, erhält man den wahrscheinlichen Wert der Durchbiegung f. Er liegt zwischen dem unteren und dem oberen Rechenwert und kann aus folgender Beziehung gewonnen werden:

$$\alpha = \zeta \cdot \alpha_{II} + (1-\zeta) \cdot \alpha_I \qquad (8.20)$$

Belastung	Momentenverlauf	Beiwert K
(Einfeldträger mit Endmomenten M)	Rechteck, M	$0{,}125$
(Einzellast F bei αl_{eff})	Dreieck, $M = F\alpha(1-\alpha)l_{eff}$	$\dfrac{3-4\alpha^2}{48(1-\alpha)}$ für $\alpha = \dfrac{1}{2}: K = \dfrac{1}{12}$
(Kragarm mit Endmoment)	Dreieck, M	$0{,}0625$
(zwei Lasten F/2 bei αl_{eff})	Trapez, $M = \dfrac{F\alpha l_{eff}}{2}$	$0{,}125 - \dfrac{\alpha^2}{6}$
(Gleichlast q)	Parabel, $\dfrac{ql_{eff}^2}{8}$	$0{,}104$
(Dreieckslast q)	$\dfrac{ql_{eff}^2}{15{,}6}$	$0{,}102$
(Gleichlast q mit Endmomenten M_A, M_B)	mit M_C	$K = 0{,}104\left(1-\dfrac{\beta}{10}\right)$ $\beta = \dfrac{M_A + M_B}{M_C}$
(Kragarm, Einzellast F bei αl_{eff})	$F\alpha l_{eff}$	f am Kragarmende $= \dfrac{\alpha(3-\alpha)}{6}$ $\alpha = 1{,}0 : K = 0{,}333$
(Kragarm, Teilgleichlast q auf αl_{eff})	$\dfrac{q\alpha^2 l_{eff}^2}{2}$	$\dfrac{\alpha(3-\alpha)}{12}$ $\alpha = 1{,}0 : K = 0{,}25$
(Einzellast mit Endmomenten M_A, M_B)	mit M_C	$K = 0{,}083\left(1-\dfrac{\beta}{4}\right)$ $\beta = \dfrac{M_A + M_B}{M_C}$
(zwei Einzellasten bei αl_{eff})	$\dfrac{Fl_{eff}^2}{24}(3-4\alpha^2)$	$\dfrac{1}{80}\dfrac{(5-4\alpha^2)^2}{3-4\alpha^2}$

TAB 8.2: Beiwert k für die vereinfachte Durchbiegungsberechnung für verschiedene Momentenverteilungen (nach [33] Tabelle 11.1)

Der Wert α kennzeichnet einen allgemeinen Verformungsbeiwert. Dies kann eine Dehnung, Krümmung, Durchbiegung oder Verdrehung sein.

8.3.2 Durchführung der Berechnung

Ausreichend genau kann die Krümmung $1/r_{tot}$ an der Stelle des Maximalmomentes berechnet werden. Da der Verlauf der Krümmung in Bauteillängsrichtung affin zu dem des Momentes ist, kann die Durchbiegung dann folgendermaßen berechnet werden:

$$f = k \cdot l_{eff}^2 \cdot \frac{1}{r_{tot}} \qquad (8.21)$$

$$f \leq \text{zul } f \qquad (8.22)$$

k \qquad Koeffizient zur Beschreibung der Momentenverteilung nach **TAB 8.2**

Die Gesamtkrümmung infolge von Lasten und plastischen Verformungen des Betons an der Stelle des Maximalmomentes erhält man aus:

$$\frac{1}{r_{tot}} = \frac{1}{r_m} + \frac{1}{r_{cs,m}} \qquad (8.23)$$

$1/r_m$ \qquad Krümmung infolge Lasten unter Berücksichtigung des Kriechens an der Stelle des Maximalmomentes

$1/r_{cs,m}$ \qquad Krümmung infolge Schwinden

Krümmung infolge Lasten:

Das Kriechen des Betons unter Lasteinwirkung wird erfaßt, indem der Elastizitätsmodul des Betons auf den wirksamen Elastizitätsmodul $E_{c,eff}$ vermindert wird.

$$E_{c,eff} = \frac{E_{cm}}{1+\phi} \qquad (8.24)$$

$$\alpha_e = \frac{E_s}{E_{c,eff}} \qquad (8.25)$$

Φ \qquad Endkriechzahl nach [V1] Tabelle 3.3
α_e \qquad Verhältnis der E-Moduln

Für einen einfach bewehrten Querschnitt kann die Druckzonenhöhe, die für den Gebrauchszustand (im Rahmen der Biegebemessung) nicht bestimmt wurde, bei Annahme einer linearen Spannungsverteilung und einem Verhältnis α_e der E-Moduln aus folgender Gl bestimmt werden:

$$\frac{x}{d} = \sqrt{\alpha_e \cdot \rho \cdot (2+\alpha_e \cdot \rho)} - \alpha_e \cdot \rho \qquad (8.26)$$

Die Krümmung infolge Lasten kann aus der allgemeinen Beziehung (8.20) gewonnen werden. Der Verformungsbeiwert ζ kennzeichnet die Verteilung der Risse. Bei ungerissenen Querschnitten (Moment aus häufigen Lasten kleiner als das Rißmoment) ist $\zeta = 0$.

$$\frac{1}{r_m} = \zeta \cdot \frac{1}{r_{II}} + (1-\zeta) \cdot \frac{1}{r_I} \tag{8.27}$$

$$\zeta = 1 - \beta_1 \cdot \beta_2 \left(\frac{\sigma_{sr}}{\sigma_s}\right)^2 \tag{8.28}$$

$$\sigma_s = \frac{M_{Sd,ständ}}{A_s \cdot z} \approx \frac{M_{Sd,ständ}}{A_s \cdot (d - x/3)} \tag{8.29}$$

$$\sigma_{sr} = \frac{M_{cr}}{A_s \cdot z} \approx \frac{M_{cr}}{A_s \cdot (d - x/3)} \tag{8.30}$$

$$M_{cr} = f_{ctm} \cdot W \tag{8.31}$$

$\quad\quad\quad\quad\beta_1; \beta_2 \quad$ Beiwerte nach Gl (7.36) bis (7.39)
$\quad\quad\quad\quad M_{cr} \quad\;\;$ Rißmoment
$\quad\quad\quad\quad W \quad\;\;\;$ Flächenmoment 1. Grades

Krümmung infolge Schwinden:

Die Krümmung infolge Schwinden kann aus folgender Gl. abgeschätzt werden:

$$\left(\frac{1}{r}\right)_{cs} = \varepsilon_{cs} \cdot \alpha_e \cdot \frac{S}{I} \tag{8.32}$$

$$S_I = A_s \cdot z_s \tag{8.33}$$

$$S_{II} = A_s \cdot (d - x) \tag{8.34}$$

$$I_{II} = k_{II} \cdot I_I \tag{8.35}$$

$\quad\quad\quad\quad \varepsilon_{cs} \quad\;\;$ freie Schwinddehnung nach [V1] Tabelle 3.4
$\quad\quad\quad\quad S \quad\;\;\;\;$ statisches Moment
$\quad\quad\quad\quad I \quad\;\;\;\;\,$ Flächenmoment 2. Grades
$\quad\quad\quad\quad 1/k_{II} \quad$ Steifigkeitsbeiwert für Zustand II ([33] Bild 11.3)

8 *Beschränkung der Durchbiegungen* 147

Beispiel 8.2: Ermittlung der Durchbiegung

gegeben: - Decke unter einem Verkaufsraum (< 50 m²) lt. Skizze. Die Decke wird aus Fertigteilen mit einer Breite $b = 1,00$ m hergestellt.
- Fertigteile werden nach ca. 90 Tagen verlegt und belastet
- Baustoffgüten C 30; BSt 500

gesucht: - Biegebemessung und Überprüfung der Durchbiegungen

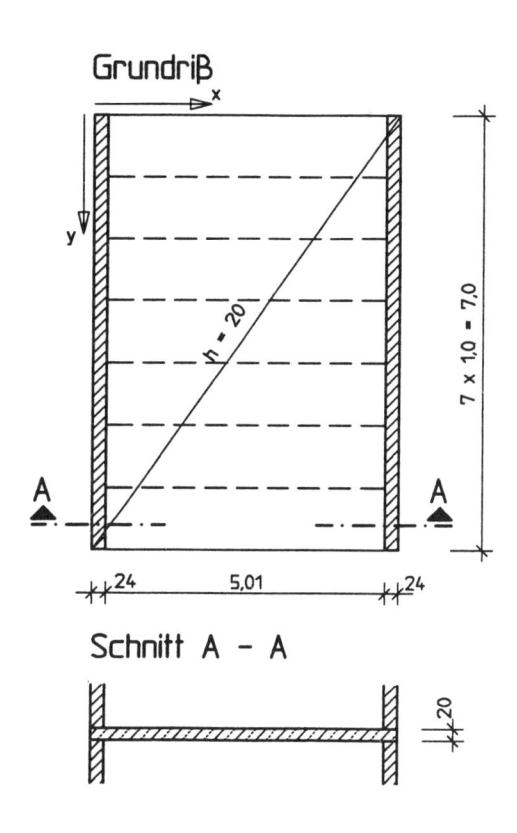

Lösung:
Lasten:
Eigenlast der Decke

Kunststoffbelag 1,0 cm	$0,15 \cdot 1,0 \cdot 1,0 =$	0,15 kN/m	[V18] T. 1 § 7.9
Gußasphaltestrich 4,0 cm	$0,23 \cdot 4,0 \cdot 1,0 =$	0,92 kN/m	[V18] T. 1 § 7.9
Konstruktionsbeton	$25 \cdot 0,2 \cdot 1,0 =$	5,00 kN/m	[V18] T. 1 § 7.4
abgehängte Decke		0,30 kN/m	incl. Unterkonstruktion
	$g_k =$	6,37 kN/m	Wert wird aufgerundet.
	cal $g_k =$	6,50 kN/m	
Verkehrslast der Decke	$q_k =$	5,00 kN/m	[V18] T. 3 § 6.1

Statisches System:

$$a_1 = a_2 = \frac{0,24}{2} = 0,12 \text{ m}$$

$$l_{eff} = 5,01 + 0,12 + 0,12 = 5,25 \text{ m}$$

Schnittgrößen:

Grenzzustand der Tragfähigkeit:
$\gamma_G = 1,35; \gamma_Q = 1,50$

$$\max M_{Sd} = (1,35 \cdot 6,50 + 1,50 \cdot 5,00)\frac{5,25^2}{8} = 56,1 \text{ kNm}$$

Grenzzustand der Gebrauchsfähigkeit:

$\psi_2 = 0,3$

$$\max M_{Sd,\text{ständ}} = (6,50 + 0,30 \cdot 5,00)\frac{5,25^2}{8} = 27,6 \text{ kNm}$$

Biegebemessung:

est $d = 17$ cm

$$\mu_{Sd,s} = \frac{0,0561}{1,00 \cdot 0,17^2 \cdot 20} = 0,097$$

$\omega = 0,1069$

$$A_s = \frac{0,1069 \cdot 1,00 \cdot 0,17 \cdot 20 + 0}{435} \cdot 10^4 = 8,4 \text{ cm}^2$$

gew: 10 Ø 12 mit vorh $A_s = 11,3$ cm²

vorh $A_s = 11,3$ cm² $> 8,4$ cm² $= A_s$

$d = 20 - 2,5 - 0 - \frac{1,2}{2} = 16,9$ cm ≈ 17 cm $=$ est d

$$\min A_{s1} = \max \begin{cases} \dfrac{0,6 \cdot 100 \cdot 16,9}{435} = 2,3 \text{ cm}^2 \\ 0,0015 \cdot 100 \cdot 16,9 = \underline{2,5 \text{ cm}^2} < 11,3 \text{ cm}^2 \end{cases}$$

Begrenzung der Biegeschlankheit:

→ geringe Beanspruchung
$f_1 = 25$
$l_{eff} \leq 7,0$ m: → $f_2 = 1,0$
$f_3 \approx \dfrac{400}{500} \cdot \dfrac{11,3}{8,4} = 1,08$
$f_4 = 1,0$
$\dfrac{l_{eff}}{d} = \dfrac{5,25}{0,169} = 31,1 > 26,9 = 25 \cdot 1,0 \cdot 1,08 \cdot 1,0$

Einfeldträger mit Gleichlast

(4.2): $\dfrac{t}{2} \geq a_i > \dfrac{t}{3}$

(4.1): $l_{eff} = l_n + a_1 + a_2$
Im Rahmen der Aufgabe werden nur Biegemomente benötigt.

TAB 4.2:
(4.11):

$$S_d = extr\left[\sum_j \gamma_{G,j} G_{k,j} + 1,5 \cdot Q_{k,1}\right]$$

Benötigt wird ständige Lastkombination.
TAB 4.3: Verkaufsraum bis 50 m²
(4.26):

$$S_d = extr\left[\sum_j G_{k,j} + P_k + \sum_i \psi_{2,i} Q_{k,i}\right]$$

(6.23): $\mu_{Sd,s} = \dfrac{M_{Sd,s}}{b \cdot d^2 \cdot f_{cd}}$

TAB 6.4:
(6.25): $A_s = \dfrac{\omega \cdot b \cdot d \cdot f_{cd} + N_{Sd}}{f_{yd}}$

TAB 6.2
(6.11): vorh $A_s \geq A_s$

(6.6): $d = h - $ nom $c - d_{s,st} - e$

(6.34):

$$\min A_{s1} = \max \begin{cases} \dfrac{0,6 \cdot b_t \cdot d}{f_{yk}} \\ 0,0015 \cdot b_t \cdot d \end{cases}$$

Es liegt eine Platte vor.
TAB 8.1: Einfeldträger
(8.11): $f_2 = 1,0$

(8.14): $f_3 \approx \dfrac{400}{f_{yk}} \cdot \dfrac{\text{vorh } A_s}{A_s}$

(8.17): $f_4 = 1,0$

(8.3): $\dfrac{l_{eff}}{d} \leq f_1 \cdot f_2 \cdot f_3 \cdot f_4$

8 Beschränkung der Durchbiegungen

→ Nachweis über Begrenzung der Biegeschlankheit nicht erbracht.

Durchbiegungen:

$A_c = 100 \cdot 20 = 2000 \text{ cm}^2$ | hier: $A_c = b \cdot h$

$W = \dfrac{1,0 \cdot 0,2^2}{6} = 0,00667 \text{ m}^3$ | $W = \dfrac{b \cdot h^2}{6}$

$I = \dfrac{1,0 \cdot 0,20^3}{12} = 0,667 \cdot 10^{-3} \text{ m}^4$ | $I = \dfrac{b \cdot h^3}{12}$

$\rho_1 = \dfrac{11,3}{2000} = 0,57\%$ | (8.4): $\rho_1 = \dfrac{A_{s1}}{A_c}$

$u = 2 \cdot (100 + 20) = 240 \text{ cm}$ | $u = 2(b + d)$

$\dfrac{2A}{u} = \dfrac{2 \cdot 2000}{240} = 17 \text{ cm}$

$\Phi = 2,4$ | [V1] Tabelle 3.3: $t_0 = 90$ Tage

$\varepsilon_{cs\infty} = -0,60 \cdot 10^{-3}$ | [V1] Tabelle 3.4: Innenbauteil

$E_{cm} = 32000 \text{ N/mm}^2$ | **TAB 2.10**: C 30

$E_{c,\text{eff}} = \dfrac{32000}{1+2,4} = 9410 \text{ N/mm}^2$ | (8.24): $E_{c,\text{eff}} = \dfrac{E_{cm}}{1+\phi}$

$\alpha_e = \dfrac{200000}{9410} = 21,3$ | (8.25): $\alpha_e = \dfrac{E_s}{E_{c,\text{eff}}}$

(8.26):

$\dfrac{x}{d} = \sqrt{21,3 \cdot 0,0057 \cdot (2 + 21,3 \cdot 0,0057)} - 21,3 \cdot 0,0057$ | $\dfrac{x}{d} = \sqrt{\alpha_e \cdot \rho \cdot (2 + \alpha_e \cdot \rho)} - \alpha_e \cdot \rho$

$= 0,386$

$x = 0,386 \cdot 16,9 = 6,5 \text{ cm}$

$f_{ctm} = 2,9 \text{ N/mm}^2$ | **TAB 7.3**: C 20

$M_{cr} = 2,9 \cdot 0,00667 \cdot 10^3 = 19,3 \text{ kNm}$ | (8.31): $M_{cr} = f_{ctm} \cdot W$

$\sigma_{sr} \approx \dfrac{19,3 \cdot 10^{-3}}{11,30 \cdot 10^{-4} \cdot (0,169 - 0,065/3)} = 116 \text{ N/mm}^2$ | (8.30): $\sigma_{sr} \approx \dfrac{M_{cr}}{A_s \cdot (d - x/3)}$

$\sigma_s \approx \dfrac{27,6 \cdot 10^6}{1130 \cdot (169 - 65/3)} = 166 \text{ N/mm}^2$ | (8.29): $\sigma_s \approx \dfrac{M_{Sd,\text{ständ}}}{A_s \cdot (d - x/3)}$

$\beta_1 = 1,0$ | (7.36): Rippenstäbe

$\beta_2 = 0,5$ | (7.39): Dauerlast

$\zeta = 1 - 1,0 \cdot 0,5 \left(\dfrac{116}{166}\right)^2 = 0,756$ | (8.28): $\zeta = 1 - \beta_1 \cdot \beta_2 \left(\dfrac{\sigma_{sr}}{\sigma_s}\right)^2$

$\varepsilon_s = \dfrac{166}{200000} = 0,830 \cdot 10^{-3}$ | (2.8): $\sigma_s = E_s \cdot \varepsilon_s$

$\dfrac{1}{r_I} = \dfrac{27,6 \cdot 10^6}{9410 \cdot 0,667 \cdot 10^9} = 4,40 \cdot 10^{-6} \text{ 1/mm}$ | (8.18): $\dfrac{1}{r_I} = \dfrac{M_{Sd,\text{ständ}}}{E \cdot I}$

$\dfrac{1}{r_{II}} = \dfrac{0,830 \cdot 10^{-3}}{169 - 65} = 8,14 \cdot 10^{-6} \text{ 1/mm}$ | $\dfrac{1}{r_{II}} = \dfrac{\varepsilon_s}{d - x}$

$$\frac{1}{r_m} = 0{,}756 \cdot 8{,}14 \cdot 10^{-6} + (1 - 0{,}756) \cdot 4{,}40 \cdot 10^{-6}$$

$$= 7{,}22 \cdot 10^{-6} \quad 1/\text{mm}$$

$$S_I = 1130 \cdot \left(169 - \frac{200}{2}\right) = 78 \cdot 10^3 \text{ mm}^3$$

$$S_{II} = 1130 \cdot (169 - 65) = 118 \cdot 10^3 \text{ mm}^3$$

$21{,}3 \cdot 0{,}0057 = 0{,}121$

$1/k_{II} = 1{,}1$

$$I_{II} = \frac{1}{1{,}1} \cdot 0{,}667 \cdot 10^{-3} = 0{,}606 \cdot 10^{-3} \text{ m}^4$$

$$\left(\frac{1}{r}\right)_{cs,I} = 600 \cdot 10^{-6} \cdot 21{,}3 \cdot \frac{78 \cdot 10^3}{0{,}667 \cdot 10^9} = 1{,}49 \cdot 10^{-6} \ 1/\text{mm}$$

$$\left(\frac{1}{r}\right)_{cs,II} = 600 \cdot 10^{-6} \cdot 21{,}3 \cdot \frac{118 \cdot 10^3}{0{,}606 \cdot 10^9} = 2{,}40 \cdot 10^{-6} \ 1/\text{mm}$$

$$\frac{1}{r_{cs,m}} = 0{,}756 \cdot 2{,}40 \cdot 10^{-6} + (1 - 0{,}756) \cdot 1{,}49 \cdot 10^{-6}$$

$$= 2{,}18 \cdot 10^{-6} \ 1/\text{mm}$$

$$\frac{1}{r_{tot}} = 7{,}22 \cdot 10^{-6} + 2{,}18 \cdot 10^{-6} = 9{,}40 \cdot 10^{-6} \ 1/\text{mm}$$

$k = 0{,}104$

$f = 0{,}104 \cdot 5{,}25^2 \cdot 10^6 \cdot 9{,}40 \cdot 10^{-6} = 26{,}9 \text{ mm}$

$$\text{zul } f = \frac{5250}{250} = 21 \text{ mm}$$

$f = 26{,}9 \text{ mm} \approx 21 \text{ mm} = \text{zul } f$

(8.27): $\dfrac{1}{r_m} = \zeta \cdot \dfrac{1}{r_{II}} + (1 - \zeta) \cdot \dfrac{1}{r_I}$

(8.33): $S_I = A_s \cdot z_s$

(8.34): $S_{II} = A_s \cdot (d - x)$

[33] Bild 11.3
(8.35): $I_{II} = k_{II} \cdot I_I$

(8.32): $\left(\dfrac{1}{r}\right)_{cs} = \varepsilon_{cs} \cdot \alpha_e \cdot \dfrac{S}{I}$

(8.32): $\left(\dfrac{1}{r}\right)_{cs} = \varepsilon_{cs} \cdot \alpha_e \cdot \dfrac{S}{I}$

(8.27): $\dfrac{1}{r_m} = \zeta \cdot \dfrac{1}{r_{II}} + (1 - \zeta) \cdot \dfrac{1}{r_I}$

(8.23): $\dfrac{1}{r_{tot}} = \dfrac{1}{r_m} + \dfrac{1}{r_{cs,m}}$

TAB 8.2: Einfeldträger mit Gleichlast

(8.21): $f = k \cdot l_{eff}^2 \cdot \dfrac{1}{r_{tot}}$

Es sollen keine leichten Trennwände vorgesehen werden.

(8.1): zul $f = \dfrac{l_{eff}}{250}$

(8.22): $f \leq \text{zul } f$

Die Schalung wird um 25 mm überhöht. Sofern leichte Trennwände auf der Decke stehen sollten, wäre Gl. (8.2) einzuhalten. Aufgrund der Rißgefahr in den Wänden sollte dann die Plattendicke so gewählt werden, daß die zulässige Durchbiegung sicher eingehalten werden kann.

9 Bemessung für Querkräfte [17]

9.1 Allgemeine Grundlagen

Biegebeanspruchte Bauteile werden i. allg. nicht nur durch Biegemomente und evtl. kleine Längskräfte beansprucht. Sofern das Biegemoment nicht konstant ist, wirken zusätzlich Querkräfte. Eine Biegebemessung allein reicht daher nicht aus. Zusätzlich muß nachgewiesen werden, daß auch die Querkräfte aufgenommen werden können. Aus der Statik ist zwar der Zusammenhang zwischen Biegemomenten und Querkräften bekannt

$$V(x) = \frac{dM(x)}{dx} \tag{9.1}$$

und damit auch klar, daß beide Einwirkungen voneinander nicht unabhängig sind. Für die praktische Bemessung im Stahlbetonbau reicht es jedoch aus, die Nachweise für beide Einwirkungen getrennt zu führen (für die Biegebemessung → Kap 6).

Die Schubbemessung muß zwei Aufgaben erfüllen:

- Es muß durch die Bemessung sichergestellt werden, daß die Hauptzugspannungen σ_1, die ja nicht vom Beton aufgenommen werden können, durch eine zusätzliche Bewehrung, die Schubbewehrung, aufgenommen werden können. Diese Bewehrung besteht aus Bügeln und, sofern gewünscht, zusätzlich aus Schrägaufbiegungen (**ABB 9.1**).
- Die Hauptdruckspannungen σ_2 werden vom Beton übertragen und dürfen die Betondruckfestigkeit nicht überschreiten. Sie sind daher durch einen Vergleich mit zulässigen Spannungen oder nach Integration mit Bauteilwiderständen in ihrer Größe zu begrenzen.

Bei der Bemessung wird unterschieden werden zwischen Bauteilen

- ohne Schubbewehrung (dies sind z. B. Platten) und
- Bauteilen mit Schubbewehrung (dies sind z. B. Balken).

Im Rahmen der Schubbemessung ist der Nachweis zu erbringen, daß die aufzunehmende Querkraft V_{Sd} (= Einwirkung) nicht größer als die aufnehmbare Querkraft V_{Rdi} (= Bauteilwiderstand) ist.

---

[17] Es ist auch noch der Begriff "Schubbemessung" gebräuchlich.

$$V_{Sd} \leq V_{Rdi} \tag{9.2}$$

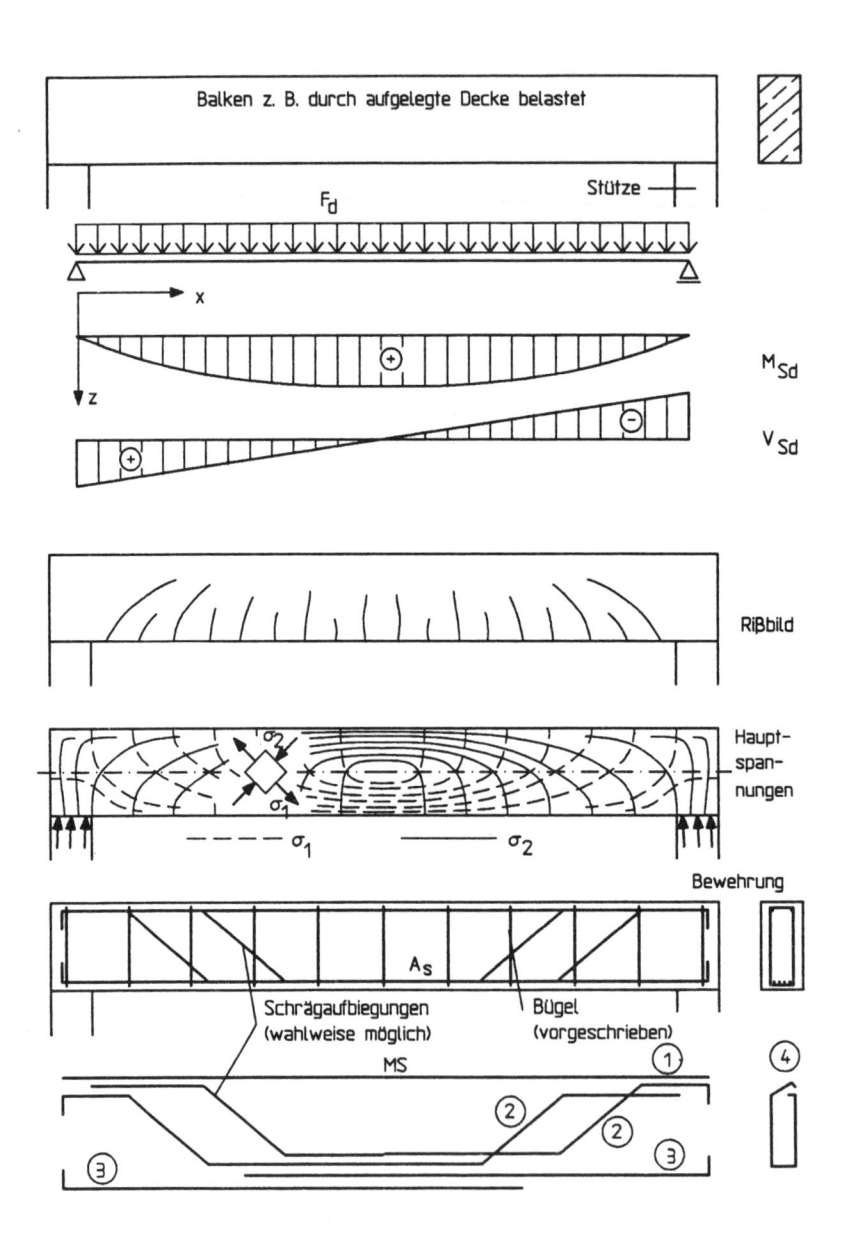

$$i = 1, 2, 3$$

ABB 9.1: Vollständige Bewehrung eines Stahlbetonbalkens für Biegemomente und Querkräfte

9 *Bemessung für Querkräfte* 153

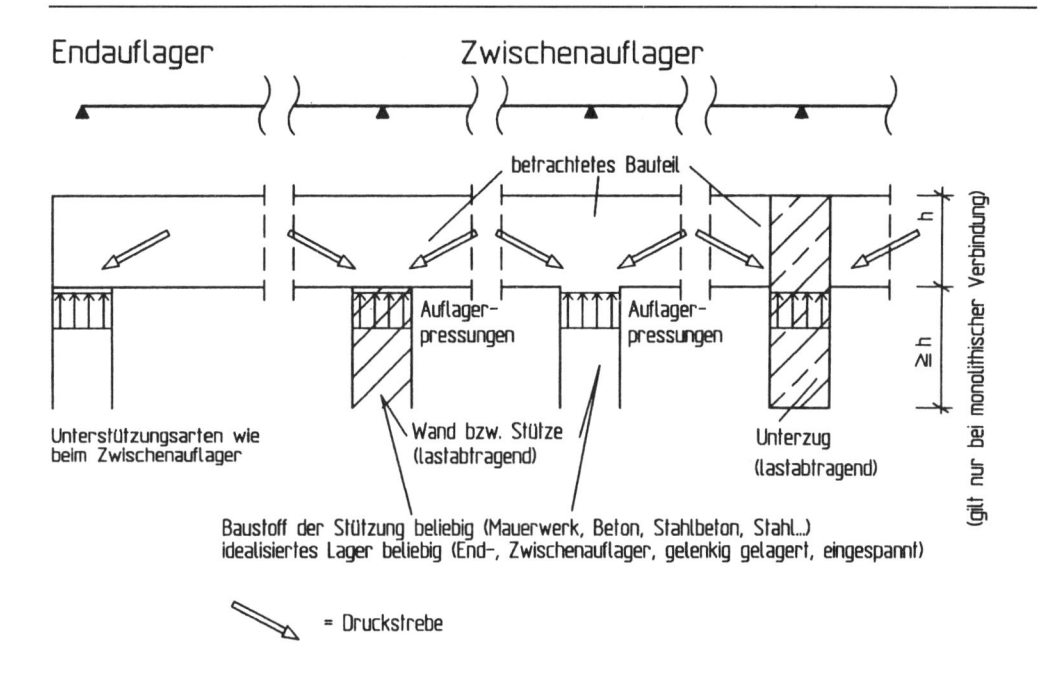

ABB 9.2: Beispiele unmittelbarer Lagerungen

- V_{Rd1} ist der Bauteilwiderstand von Bauteilen ohne Schubbewehrung (→ Kap. 9.4)

- V_{Rd2} ist der Bauteilwiderstand, der von den Betondruckstreben erreicht wird (→ Kap. 9.5.1)

- V_{Rd3} ist der Bauteilwiderstand der Schubbewehrung, die zu ermitteln ist (→ Kap. 9.5.1).

9.2 Maßgebende Querkraft

9.2.1 Bauteile mit konstanter Bauteildicke

Für die Schubbemessung ist zunächst festzulegen, an welcher Stelle bzw. an welchen Stellen in Bauteillängsrichtung die Schubbemessung durchgeführt werden muß. Ähnlich der Biegebemessung, wo über der Stütze nicht für das Extremalmoment (→ Kap. 6.2) bemessen wird, darf die Querkraftbemessung auch für einen geringeren Wert als die Extremalquerkraft durchgeführt werden.

Die Querkräfte haben über den idealisierten Auflagern des statischen Systems ihre Extremalwerte und nehmen zur Feldmitte hin (bei i. allg. vorhandenen Streckenlasten) betragsmäßig ab. Für die Querkraftbemessung ist zunächst die maßgebende Querkraft zu

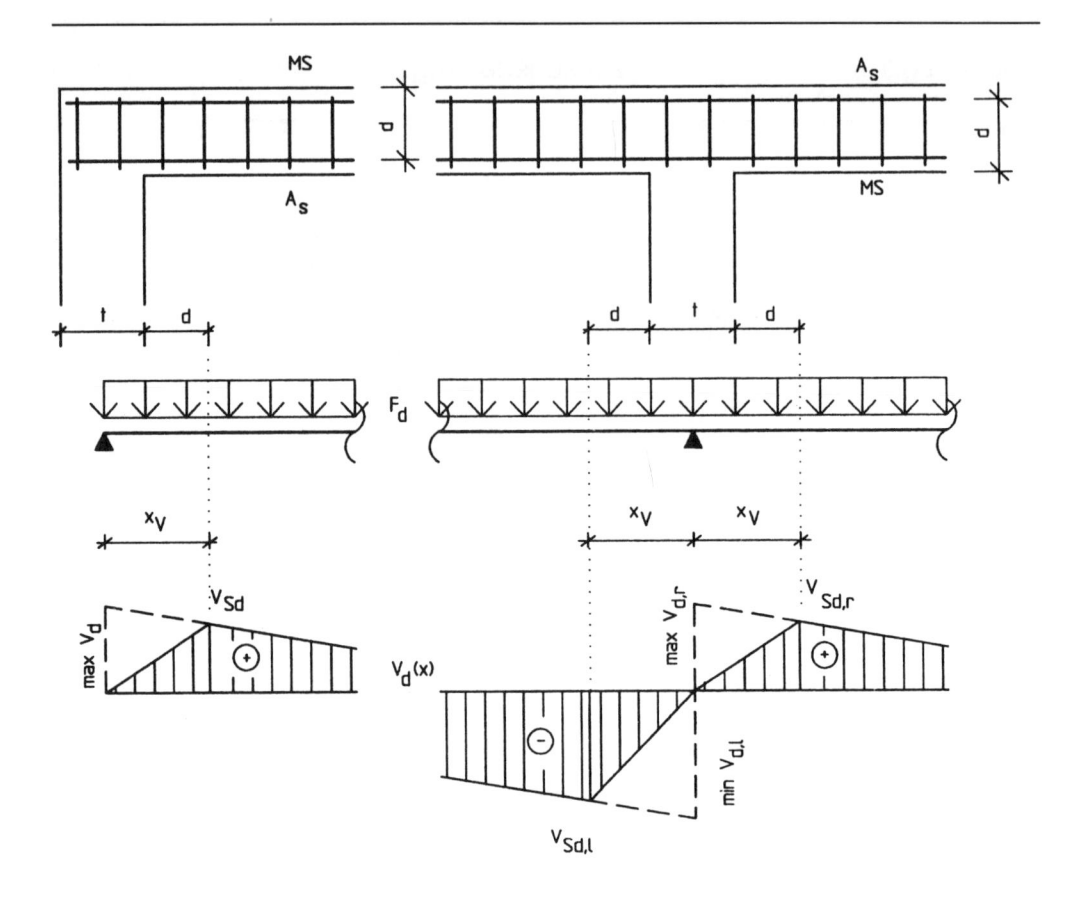

ABB 9.3: Maßgebende Querkraft bei unmittelbarer Lagerung

bestimmen. Diese ist von der Geometrie des Balkens und der Lagerungsart abhängig ([V1] § 4.3.2.2).

Unmittelbare Lagerung: [18]

Ein Balken gilt als unmittelbar gelagert, wenn er auf dem tragenden Bauteil aufliegt, so daß die Auflagerkraft über Druckspannungen in das zu berechnende Bauteil eingetragen wird. Das lastabtragende Bauteil kann eine Stütze, eine Wand oder ein hoher Unterzug sein (**ABB 9.2**). Die Lasteinleitung der Druckstrebenkräfte über Druckspannungen wirkt sich auf die Querkraftbeanspruchung günstig aus, da sich die Druckstreben fächerförmig ausbilden. Im Bereich aller Druckstreben, die das Auflager erreichen, ist (streng genommen) keine Bügelbewehrung erforderlich (→ Kap. 9.5.3).

---

[18] Hierfür ist auch der Ausdruck "direkte Lagerung" gebräuchlich.

Daher darf als maßgebende Querkraft diejenige im Abstand d vom Auflagerrand zugrunde gelegt werden (**ABB 9.3**), sofern das Bauteil im wesentlichen durch (Gleich-)streckenlasten beansprucht wird ([V1] § 4.3.2.2 (10)).

$$V_{Sd} = |\text{extr}\, V_d| - F_d \cdot x_V \tag{9.3}$$

- bei Endauflagern aus Mauerwerk, Beton, Stahl ohne Einspannung (dreiecksförmige Spannungsverteilung der Auflagerpressungen)

$$x_V = \frac{t}{3} + d \tag{9.4}$$

- bei Zwischenauflagern und Endauflagern mit Einspannung und Endauflagern aus Stahlbetonbalken ohne rechnerische Einspannung

$$x_V = \frac{t}{2} + d \tag{9.5}$$

Mittelbare Lagerung: [19])

Ein Bauteil gilt als mittelbar gelagert, wenn es seitlich in das lastabtragende Bauteil einbindet, so daß die günstig wirkenden Druckspannungen nicht vorhanden sind (**ABB 9.4**). Als maßgebende Querkraft ist deshalb diejenige am Auflagerrand zu verwenden (**ABB 9.5**):

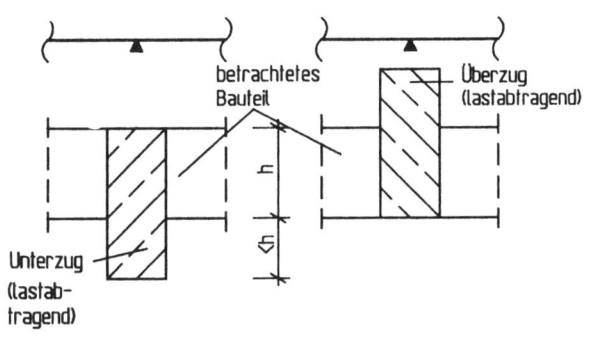

- bei Endauflagern aus Mauerwerk, Beton, Stahl ohne Einspannung (dreiecksförmige Spannungsverteilung der Auflagerpressungen)

ABB 9.4: Beispiele mittelbarer Lagerungen

$$x_V = \frac{t}{3} \tag{9.6}$$

- bei Zwischenauflagern und Endauflagern mit Einspannung und Endauflagern aus Stahlbetonbalken ohne rechnerische Einspannung

$$x_V = \frac{t}{2} \tag{9.7}$$

Bei mittelbarer Lagerung ist eine Einhängebewehrung erforderlich (→ Kap 9.8).

---

[19]) Hierfür ist auch der Ausdruck "indirekte Lagerung" gebräuchlich.

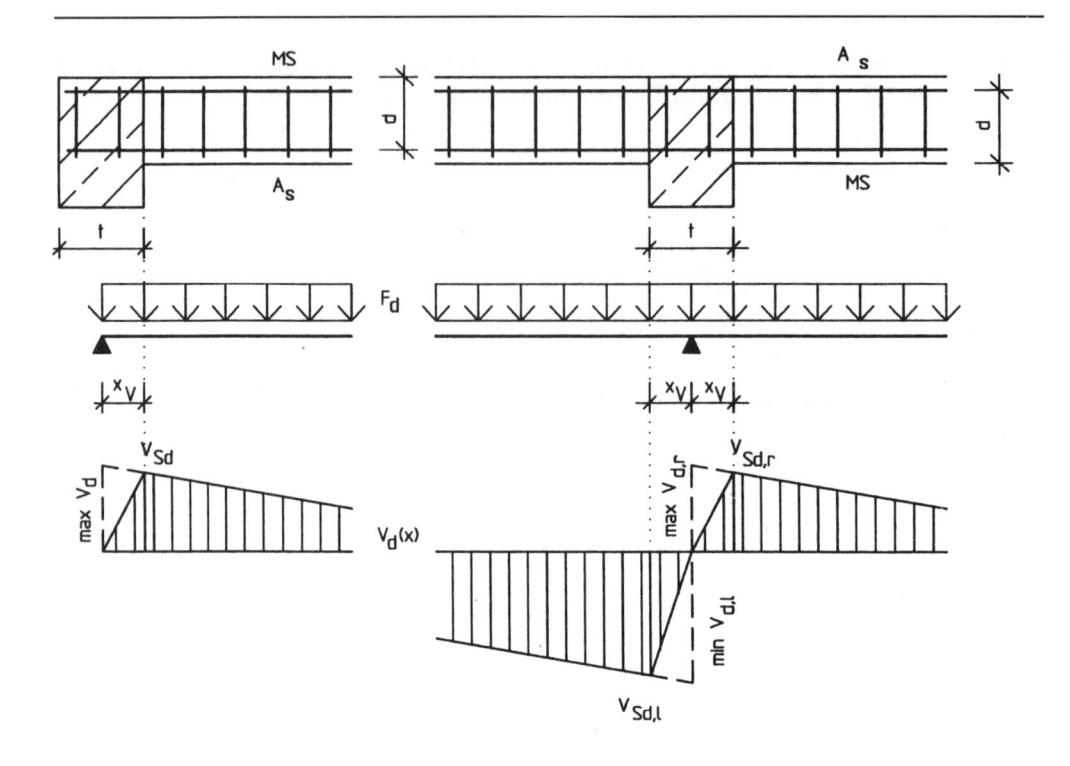

ABB 9.5: Maßgebende Querkraft bei mittelbarer Lagerung

9.2.2 Bauteile mit variabler Bauteildicke

Sofern Bauteile nicht eine konstante Bauteildicke besitzen, ist die Ober- und/oder die Unterseite geneigt. Wenn die veränderliche Bauteildicke nicht über die gesamte Balkenlängsachse verläuft, spricht man von Voute (**ABB 9.6**).

Aus den Randfasern des Querschnitts können keine Spannungen heraustreten. Die Betondruckspannungen müssen daher parallel zum gedrückten Rand verlaufen. Die Stahlspannungen haben die Richtung des Bewehrungsstabes. Wenn nun der Rand der Betondruckzone oder die Bewehrung nicht parallel zur Stabachse verläuft, entstehen Zusatzanteile zur rechnerischen Querkraft V_{0d} aus der geneigten inneren Druck- oder Zugkraft (**ABB 9.6**). Je nach Geometrie und Belastungsrichtung erhöht oder vermindert sich dadurch die aus der Schnittkraftermittlung bekannte Querkraft.

Bei ungünstiger Wirkung (also betragsmäßiger Erhöhung der Querkraft) müssen diese Auswirkungen von Querschnittsänderungen berücksichtigt werden, bei günstiger Wirkung dürfen sie berücksichtigt werden. Dies führt für die Bemessung zu einer schuberzeugenden Querkraft V_{Sd}.

9 Bemessung für Querkräfte

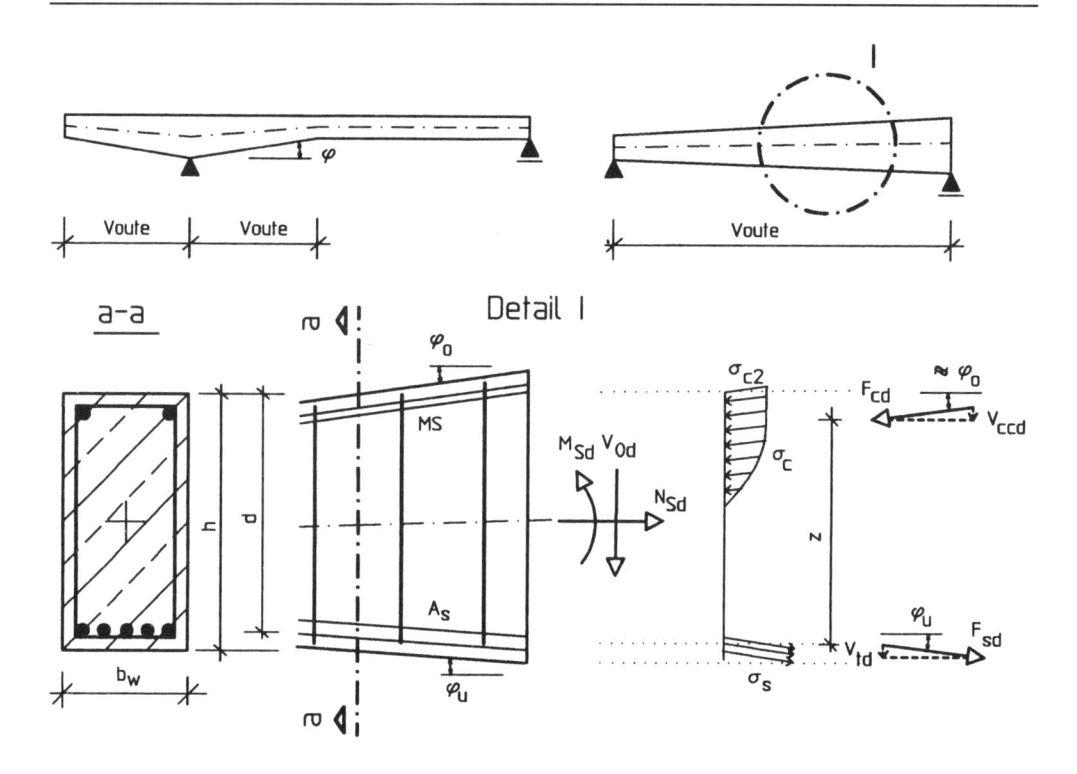

ABB 9.6: Bauteile mit veränderlicher Bauteildicke

$$V_{Sd} = V_{0d} - (V_{ccd} + V_{td}) \approx V_{0d} - \left[\frac{|M_{Sd,s}|}{d}(\tan \varphi_o + \tan \varphi_u) + N_{Sd} \cdot \tan \varphi_u\right] \quad (9.8)$$

Der Winkel φ ist positiv, wenn $|M_{Sd,s}|$ und d mit fortschreitendem x (= fortschreitender Balkenlängsachse) gleichzeitig zunehmen oder abnehmen (**ABB 9.7**). Bei einem Vorzeichenwechsel im Momentenverlauf ändert sich damit auch das Vorzeichen des Winkels. Aus den unterschiedlichen möglichen Kombinationen der Vorzeichen in Gl (9.8) ergibt sich, daß die schuberzeugende Querkraft V_{Sd} betragsmäßig kleiner oder größer als die Querkraft aus der Schnittkraftermittlung sein kann. Man bezeichnet daher eine Voute auch als (**ABB 9.7**)

- "gute" Voute bei $|V_{Sd}| < |V_{0d}|$ \hfill (9.9)
- "böse" Voute bei $|V_{Sd}| > |V_{0d}|$ \hfill (9.10)

Ferner ist aus Gl (9.8) ersichtlich, daß im Gegensatz zu Bauteilen konstanter Dicke nicht sofort die größte Querkraft des Querkraftverlaufs die maßgebende und zu untersuchende Stelle ergibt, da auch Moment, statische Höhe und Neigungswinkel die schuberzeugende Querkraft beeinflussen.

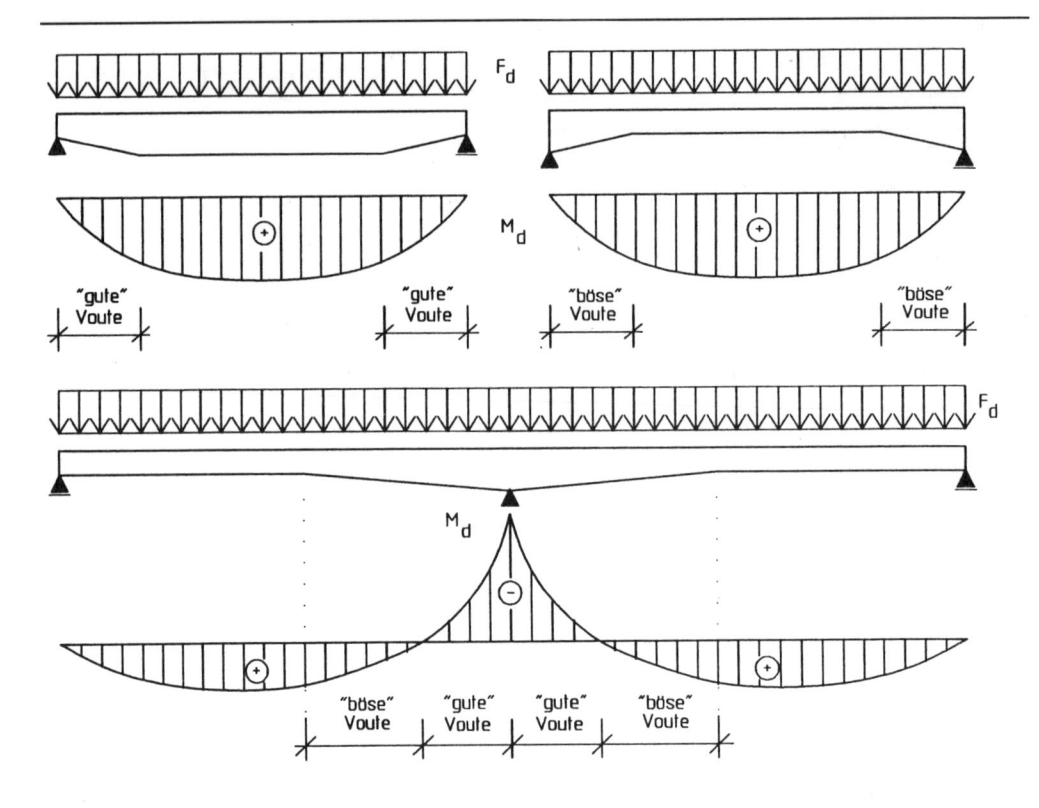

ABB 9.7: Abhängigkeit von Schnittkraftverlauf und Bauteildicke für die Beurteilung von Vouten

$\tan \varphi \leq 1/3$

$\tan \varphi > 1/3$

$\text{cal } \varphi = \varphi$

$\text{cal } \varphi = 1/3$

Tatsächliche Bauteilkante = rechnerische Bauteilkante

Rechnerische Bauteilkante wird unter der Neigung 1:3 gebildet, punktierter Bereich ist bei der Bemessung rechnerisch nicht vorhanden.

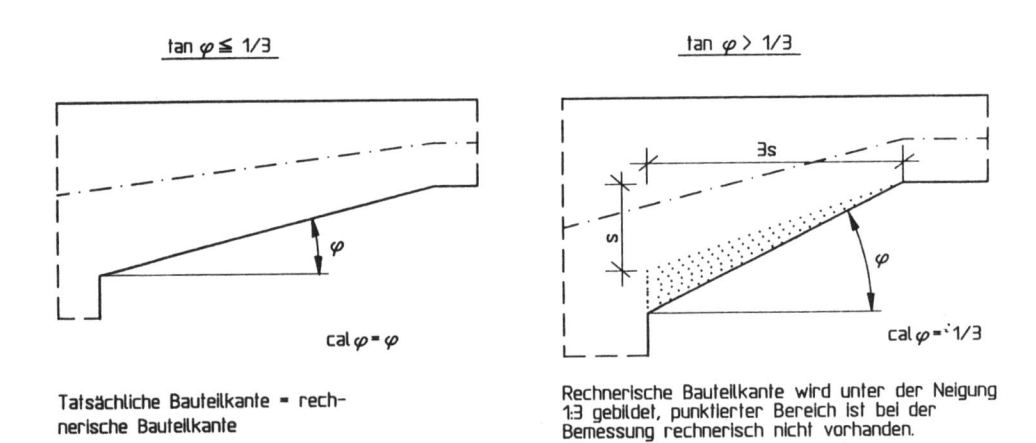

ABB 9.8: Berücksichtigung einer Voute bei der Biegebemessung und bei der Neigungsermittlung für die Betondruckspannungen

Die Zunahme der Bauteildicke sollte rechnerisch nur bis tan φ = 1/3 angesetzt werden, weil die Druckspannungstrajektorien dieses Verhältnis nicht wesentlich überschreiten können. Sofern die Voute stärker geneigt ist, ist der in **ABB 9.8** punktiert dargestellte Bereich sowohl bei der Biegebemessung als auch bei der Neigung von φ nicht zu berücksichtigen.

9.3 Bemessungsmodelle

9.3.1 Bauteile ohne Schubbewehrung

Bauteile ohne Schubbewehrung sind Platten. Bei Platten darf davon ausgegangen werden, daß die Betonzugfestigkeit rechtwinklig zur Plattenebene größer als Null ist. Bei Bauteilen ohne Schubbewehrung wird die Querkraft durch folgende Tragwirkungen aufgenommen:

- Rißverzahnung zwischen den geneigten Biegeschubrissen
- Verdübelungswirkung der Längsbewehrung.

Für die Bemessungspraxis wurden Ansätze gewählt, deren Beiwerte durch Versuche bestimmt wurden. Das Bauteil wirkt wie ein flacher Betondruckbogen mit einem Zugband (**ABB 9.9**).

9.3.2 Bauteile mit Schubbewehrung

Eine wirklichkeitsnahe Betrachtung des Querkrafttragverhaltens von Stahlbetonbauteilen ist so aufwendig, daß sie für eine praktische Bemessung nicht genutzt werden kann. Das idealisierende Modell der Fachwerkanalogie vereinfacht das Tragverhalten und ist für praktische Berechnungen ausreichend genau. Im folgenden werden die Grundgedanken dieses Fachwerkmodells erläutert.

Bei geringer Belastung wirkt ein Stahlbetonbauteil wie ein Druckbogen mit Zugband. Das Zugband wird hierbei durch die Biegezugbewehrung gebildet. Dieses Modell beschreibt die Tragwirkung im Zustand I. Wird die Last gesteigert, treten Risse auf, die die Tragwirkung des Druckbogens zerstören. Das Stahlbetonbauteil würde versagen, wenn keine Schubbewehrung vorhanden wäre. Wenn jedoch eine Schubbewehrung angeordnet ist, kann sich ein inneres Fachwerk ausbilden (**ABB 9.9**). Der Obergurt des Fachwerkes wird durch den Beton gebildet, der Untergurt durch die Biegezugbewehrung. Die Diagonalen des Fachwerks, die durch Druckspannungen beansprucht werden, können durch den Beton gebildet werden. Die Zugdiagonalen müssen durch eine anzuordnende Schubbewehrung hergestellt werden. Je nach Richtung der Bewehrungsstäbe bildet sich ein

- Strebenfachwerk bei schräg (45° oder steiler) aufgebogenen Stäben

- Pfostenfachwerk bei vertikalen Bügeln.

Bogen-Zugband-Modell

(Druckbogen, Zugband)

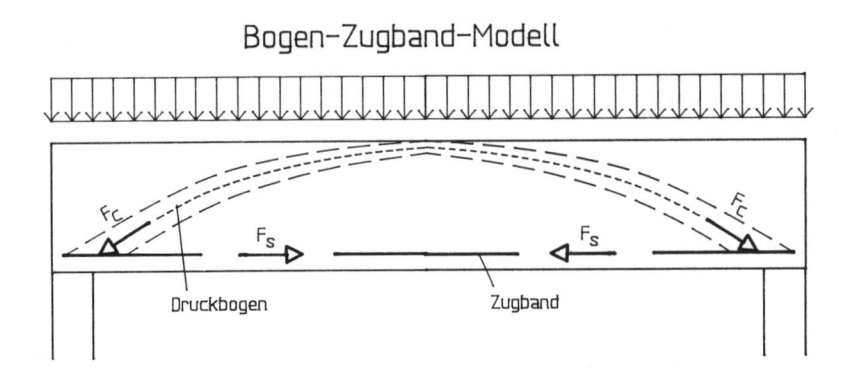

Fachwerkmodell bei Wahl von schräger Schubbewehrung

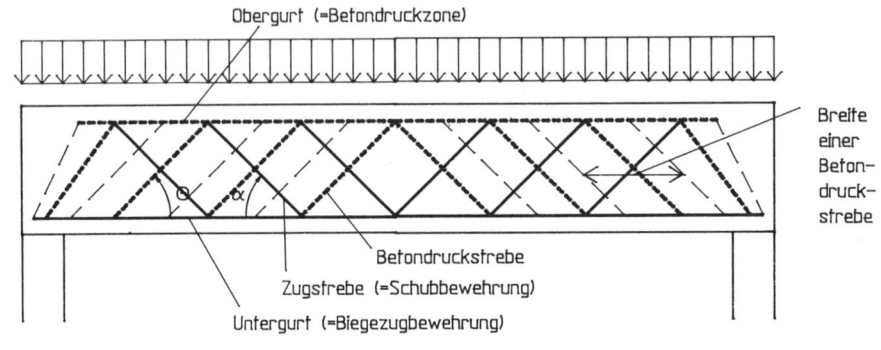

Obergurt (=Betondruckzone)
Breite einer Betondruckstrebe
Betondruckstrebe
Zugstrebe (=Schubbewehrung)
Untergurt (=Biegezugbewehrung)

Fachwerkmodell bei Wahl lotrechter Bügel

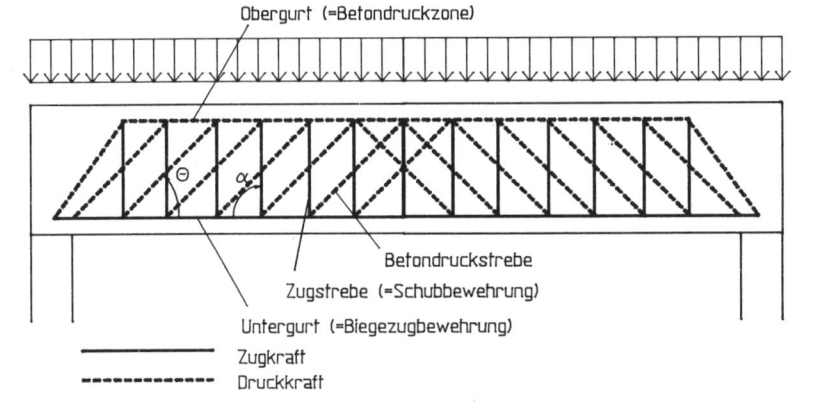

Obergurt (=Betondruckzone)
Betondruckstrebe
Zugstrebe (=Schubbewehrung)
Untergurt (=Biegezugbewehrung)

——— Zugkraft
- - - - Druckkraft

ABB 9.9: Fachwerkmodelle

Allgemeine geometrische Beziehungen für die Schubbewehrung sind:

$$A_{sw} = n \cdot A_{s,ds} \tag{9.11}$$

n Schnittigkeit des Bewehrungselementes
$A_{s,ds}$ Querschnitt eines Stabes

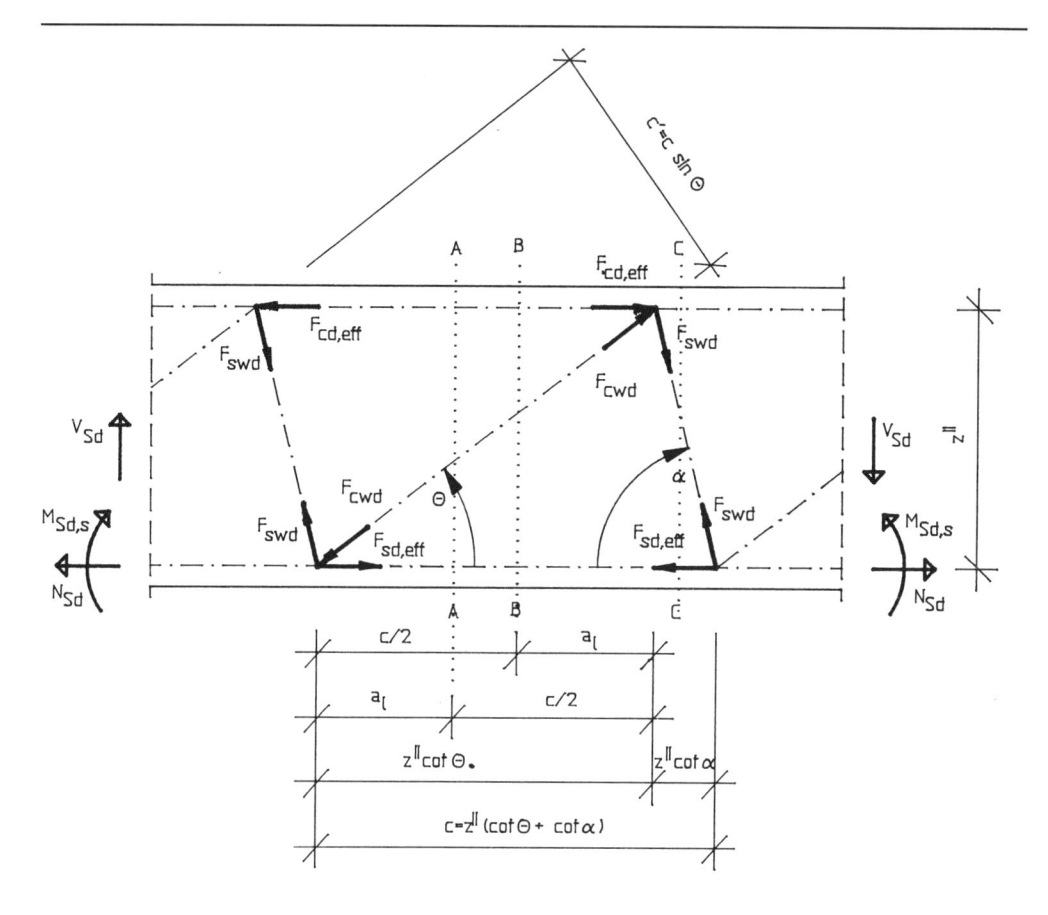

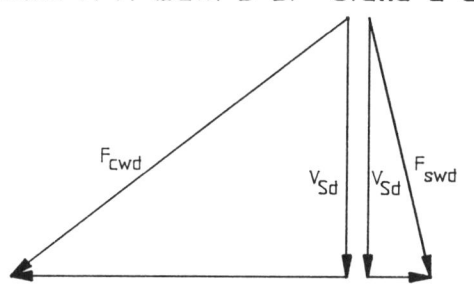

9 Bemessung für Querkräfte   161

ABB 9.10: Kräfte im Fachwerkmodell

$$a_{sw} = \frac{A_{sw}}{s_w} \tag{9.12}$$

$$f_{ywd} = f_{yd} = \frac{f_{yk}}{\gamma_s} \tag{9.13}$$

s_w Abstand der Stäbe der Schubbewehrung in Balkenlängsrichtung
f_{ywd} Bemessungswert der Streckgrenze der Schubbewehrung

Die Grundgleichungen für die Querkraftbemessung sollen an einem Fachwerkfeld des Fachwerkmodells zunächst in allgemeiner Form gewonnen werden. Hierbei wird vom allgemeinen Fall einer unter dem Winkel α geneigten Schubbewehrung ausgegangen (**ABB 9.10**). Für die Größe eines Fachwerkfeldes erhält man

$$c = z^{II} \cdot (\cot \Theta + \cot \alpha) \tag{9.14}$$

$$z^{II} \approx d - \frac{h_f}{2} \qquad \text{bei stark profilierten Plattenbalken} \tag{9.15}$$

$$z^{II} \approx 0,9 \cdot d \qquad \text{bei anderen Querschnitten} \tag{9.16}$$

$$c' = c \cdot \sin \Theta \tag{9.17}$$

z^{II} effektiver Hebelarm der inneren Kräfte im Zustand II
Θ Neigung der Druckstrebe
α Neigung der Schubbewehrung

Die Größe der Kraft in der Druckstrebe erhält man, indem man im Schnitt A-A oder B-B Gleichgewicht herstellt, die Kraft in der Schubbewehrung durch Gleichgewicht im Schnitt C-C. Verteilt man die diskreten Fachwerkkräfte auf eine Feldlänge, so erhält man die Bemessungsgleichungen:

Schubbewehrung:

$$F_{swd} = \frac{V_{Sd}}{\sin \alpha} \tag{9.18}$$

$$a_{sw} = \frac{A_{sw}}{s_w} = \frac{F_{swd}}{c \cdot f_{ywd}}$$

$$a_{sw} = \frac{V_{Sd}}{z^{II} \cdot f_{ywd}} \cdot \frac{1}{\sin \alpha (\cot \Theta + \cot \alpha)} \tag{9.19}$$

Druckstrebenbeanspruchung:

$$F_{cwd} = \frac{V_{Sd}}{\sin \Theta} \tag{9.20}$$

$$\left| \sigma_{c2}^{II} \right| = \frac{F_{cwd}}{c' \cdot b_w}$$

$$\left| \sigma_{c2}^{II} \right| = \frac{V_{Sd}}{b_w \cdot z^{II}} \cdot \frac{1}{\sin^2 \Theta (\cot \Theta + \cot \alpha)} \leq \nu \cdot f_{cd} \tag{9.21}$$

Der Wert ν ist ein Abminderungsfaktor, der die verminderte Druckfestigkeit des Betons infolge unregelmäßig verlaufender Risse zwischen den Druckstreben berücksichtigt.

9 *Bemessung für Querkräfte* 163

$$\nu = 0{,}7 - \frac{f_{ck}}{200} \geq 0{,}5 \qquad f_{ck} \text{ in N/mm}^2 \qquad (9.22)$$

Zur vollständigen Beschreibung des Fachwerkmodells gehören die Kräfte im Obergurt $F_{cd,eff}$ und im Untergurt $F_{sd,eff}$. Ihre Überprüfung erfolgte im Rahmen der Biegebemessung (→ Kap. 6). Diese Kräfte ändern sich nach dem Modell der Biegebemessung an jeder Stelle in Balkenlängsrichtung (proportional zum Momentenverlauf), nach der Fachwerkanalogie sind sie fachwerksfeldweise konstant. Dieser Widerspruch findet Eingang im Rahmen der Zugkraftdeckung durch Einführen des Versatzmaßes a_l (**ABB 9.9**).

$$a_l = z^{II} \cdot \cot\Theta - \frac{c}{2} = \frac{z^{II}}{2}(\cot\Theta - \cot\alpha) \qquad (9.23)$$

9.3.3 Höchstabstände der Schubbewehrung

Vom Standpunkt der Tragsicherheit läßt sich folgende konstruktive Regel für die Schubbewehrung formulieren: Bei zu großem Abstand der Schubbewehrung kann sich ein Schubriß über die gesamte Trägerhöhe ausbreiten, ohne daß er von einem Stab der Schubbewehrung gekreuzt wird (**ABB 9.11**). Dies würde zur sofortigen Zerstörung des Bauteils durch vorzeitigen Schubbruch führen. Daher muß jeder unter 45° geneigte Schnitt durch mindestens einen, besser zwei Stäbe der Schubbewehrung gekreuzt werden. Die Bügel und die aufgebogenen Stäbe sollen außerdem den schrägen Druckdiagonalen ein Widerlager bilden. Da bei zu großem Abstand in Querrichtung das Widerlager zu weich wird, ist nicht nur der Bügelabstand in Längsrichtung, sondern auch in Querrichtung begrenzt.

[V1] § 5.4.2.2 fordert daher, daß maximale Bügelabstände und Abstände der Schrägaufbiegungen nicht überschritten werden.

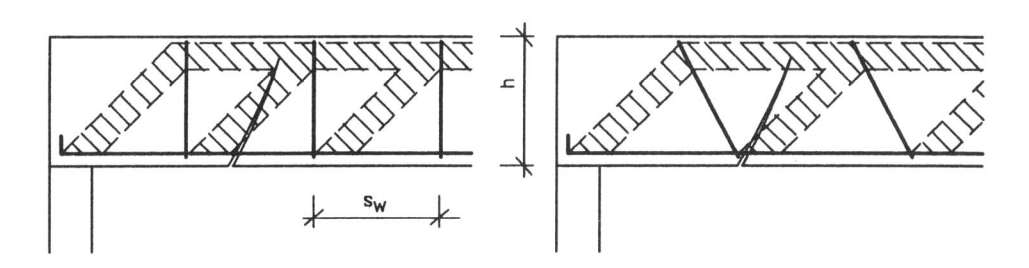

$$s_w \leq \max s_w \qquad (9.24)$$

ABB 9.11: Versagen des Fachwerkes infolge von Rissen bis in den Obergurt bei zu großem Abstand der Schubbewehrung

Zeile	Betrachtete Richtung	Höhe der Querkraftbeanspruchung	Höchstabstände der Bügelschenkel max s_w
1	In Richtung der Biegezugbewehrung	$V_{Sd} \leq 0{,}2 \cdot V_{Rd2}$	$0{,}8 \cdot d \leq 300$ mm
2		$0{,}2 \cdot V_{Rd2} < V_{Sd} \leq 0{,}67 \cdot V_{Rd2}$	$0{,}6 \cdot d \leq 300$ mm
3		$V_{Sd} > 0{,}67 \cdot V_{Rd2}$	$0{,}3 \cdot d \leq 200$ mm
4	Quer zur Biegezugbewehrung	$V_{Sd} \leq 0{,}2 \cdot V_{Rd2}$	$1{,}0 \cdot d \leq 800$ mm
5		$0{,}2 \cdot V_{Rd2} < V_{Sd} \leq 0{,}67 \cdot V_{Rd2}$	$0{,}6 \cdot d \leq 300$ mm
6		$V_{Sd} > 0{,}67 \cdot V_{Rd2}$	$0{,}3 \cdot d \leq 200$ mm

TAB 9.1: Obere Grenzwerte der zulässigen Abstände für Bügel und Bügelschenkel max s_w (nach [V1] § 5.4.2.2)

Der Höchstabstand von Schrägstäben in Richtung der Biegezugbewehrung sollte folgenden Wert nicht überschreiten:

$$\max s_w = 0{,}6 \cdot d \cdot (1 + \cot\alpha) \tag{9.25}$$

9.4 Bemessung von Bauteilen ohne Schubbewehrung

In Platten darf auf eine Schubbewehrung verzichtet werden, sofern die aufzunehmende Querkraft V_{Sd} die aufnehmbare Querkraft V_{Rd1} unterschreitet. Sofern die aufnehmbare Querkraft überschritten wird, ist auch bei Platten eine Schubbewehrung erforderlich.

Die Bemessung erfolgt für die beiden Bauteilwiderstände V_{Rd1} und V_{Rd2}, indem die maßgebende Querkraft diesen Bauteilwiderständen gegenübergestellt wird.

$$V_{Sd} \leq \begin{cases} V_{Rd1} \\ V_{Rd2} \end{cases} \tag{9.26}$$

Der Nachweis für die Druckstrebenbeanspruchung V_{Rd2} (Ermittlung → Kap. 9.5) dient der Beschränkung der Druckstrebenbeanspruchung. Er wird bei Bauteilen ohne Schubbewehrung nur maßgebend, wenn hohe Längsdruckspannungen σ_{cp} wirken. Bei normalen Durchlaufträgern des Hochbaus braucht daher dieser Nachweis nicht geführt zu werden.

$$V_{Rd1} = \left[\tau_{Rd} \cdot k \cdot (1{,}2 + 40\rho_1) + 0{,}15\sigma_{cp}\right] \cdot b_w \cdot d \tag{9.27}$$

Darin bedeuten:
    k Beiwert zur Berücksichtigung der Längsbewehrung
         - Biegezugbewehrung nicht gestaffelt:

$$k = 1{,}6 - d \geq 1{,}0 \qquad d \text{ in m} \tag{9.28}$$

         - Biegezugbewehrung gestaffelt, < 50 % bis über die Auflager geführt:

$$k = 1{,}0 \tag{9.29}$$

9 Bemessung für Querkräfte

τ_{Rd} zulässiger Grundwert der Schubspannung (TAB 9.2)

Betonfestig-keitsklasse	C 12	C 16	C 20	C 25	C 30	C 35	C 40	C 45	C 50
τ_{Rd} in N/mm² *)	0,18 (0,20)	0,22 (0,22)	0,26 (0,24)	0,30 (0,26)	0,34 (0,28)	0,37 (0,30)	0,41 (0,31)	0,44 (0,32)	0,48 (0,33)

TAB 9.2: Zulässige Grundwerte der Schubspannung τ_{Rd} mit $\gamma_c = 1,5$ für die einzelnen Betonfestigkeiten ([V1] Tabelle 4.8)

ρ_1 geometrischer Bewehrungsgrad der Längsbewehrung

$$\rho_1 = \frac{A_{s1}}{b_w \cdot d} \leq 0,02 \tag{9.30}$$

σ_{cp} Berücksichtigung des Einflusses der Längsspannungen (Druckspannungen positiv, Zugspannungen negativ einsetzen)

9.5 Bemessung von Bauteilen mit Schubbewehrung

9.5.1 Überblick

Die Bemessung erfolgt für die beiden Bauteilwiderstände V_{Rd2} und V_{Rd3}, indem die maßgebende Querkraft diesen Bauteilwiderständen gegenübergestellt wird.

$$V_{Sd} \leq \begin{cases} V_{Rd2} \\ V_{Rd3} \end{cases} \tag{9.31}$$

In Balken und in Platten, bei denen der Bauteilwiderstand V_{Rd1} überschritten wird, ist eine Schubbewehrung anzuordnen. Für die Schubbemessung sind zwei Verfahren möglich:

- Methode mit konstanter Neigung der Druckstreben $\Theta = 45°$ (Standardmethode)
- Methode mit wählbarer Druckstrebenneigung Θ. Diese Methode ist stets bei einer Überlagerung von Querkraft und Torsion anzuwenden.

Standardmethode:

Die Druckstrebenneigungen liegen fest. Es wird (scheinbar) von einem Fachwerkmodell mit unter 45° geneigten Druckstreben ausgegangen. Die flacheren Druckstreben werden durch einen Abzugswert berücksichtigt.

$$V_{Rd3} = V_{wd} + V_{cd} \tag{9.32}$$

$$V_{cd} \approx V_{Rd1} \tag{9.33}$$

---

*) Nach Redaktionsschluß wurden die zulässigen Werte in [V4] 2. Auflage; 04.93 herabgesetzt. Es sind zukünftig die in ( ) gesetzten Werte zu verwenden.

Methode mit wählbarer Druckstrebenneigung:

Die Druckstrebenneigungen dürfen innerhalb festgelegter Grenzwerte frei gewählt werden. Die Grenzwerte sind in der Anwendungsrichtlinie [V4] restriktiver als in ENV 1992 [V1] festgelegt.

Biegezugbewehrung	Anwendungs-richtlinie [V4]	ENV 1992 [V1]	
– gestaffelt	$\frac{4}{7} \leq \cot\Theta \leq \frac{7}{4}$	$0{,}5 \leq \cot\Theta \leq 2{,}0$	(9.34)
– konstant bis über die Auflager	$\frac{4}{7} \leq \cot\Theta \leq \frac{7}{4}$	$0{,}4 \leq \cot\Theta \leq 2{,}5$	(9.35)

Die Wahl eines flachen Neigungswinkels für die Druckstreben wird i. allg. anzustreben sein, da hierdurch die Schubbewehrung minimiert wird. Nur bei sehr hoher Querkraftbeanspruchung, sofern die Druckstrebe ausgenutzt ist, wird ein Winkel nahe 45° gewählt werden. Winkel $\Theta > 45°$ haben neben einem kleineren Versatzmaß (→ Kap. 11.1) i. d. R. keine Vorteile. Sie werden daher auch nicht verwandt.

9.5.2 Schubbewehrung aus schräg stehender Bewehrung

Die schräg stehende Bewehrung kann aus Bügeln oder Schrägaufbiegungen bestehen. Unter Schrägaufbiegungen versteht man Bewehrungsstäbe, die man ungefähr in Richtung der Hauptzugspannungen aufbiegt, nachdem sie als Biegezugbewehrung nicht mehr benötigt werden. Die schräg stehende Bewehrung wird i. allg. in einem Winkel von 45° zur Balkenlängsachse angeordnet, bei hohen Bauteilen unter 60°.

Standardmethode:

Der Bauteilwiderstand infolge Festigkeit der Betondruckstreben läßt sich durch Einsetzen von $\Theta = 45°$ und Umformen der Gl (9.21) gewinnen:

$$V_{Rd2} = \frac{1}{2} \cdot \nu \cdot f_{cd} \cdot b_w \cdot z^{II} \cdot (1 + \cot\alpha) \qquad (9.36)$$

Sofern das Bauteil neben Biegemoment und Querkraft durch Längsdruckkräfte beansprucht ist, wird ein Teil der aufnehmbaren Druckstrebenkraft für die Übertragung der Längsdruckkräfte benötigt. Die aufnehmbare Querkraft V_{Rd2} ist daher abzumindern.

$$|\sigma_{cp}| > 0{,}4 f_{cd}: \qquad \mathrm{red}\, V_{Rd2} = 1{,}67\, V_{Rd2} \cdot \left(1 - \frac{\sigma_{cp,\mathit{eff}}}{f_{cd}}\right) \leq V_{Rd2} \qquad (9.37)$$

σ_{cp} ist die mittlere Betonspannung, $\sigma_{cp,eff}$ die mittlere effektive Betondruckspannung infolge der Längskraft N_{Sd} (Druckkraft ist positiv).

$$\sigma_{cp} = \frac{N_{Sd}}{A_c} \tag{9.38}$$

$$\sigma_{cp,eff} = \frac{N_{Sd} - A_{sc}\frac{f_{yk}}{\gamma_s}}{A_c} \tag{9.39}$$

A_{sc} Querschnitt der Bewehrungsstäbe in der Druckzone

f_{yk} charakteristischer Wert der Streckgrenze des Betonstahls, wobei hier unabhängig von der Stahlgüte $f_{yk}/\gamma_s \leq 400\,\text{N/mm}^2$ sein soll, da die vorhandenen Stauchungen keine größeren Spannungen erlauben (HOOKEsches Gesetz).

Der Bauteilwiderstand der Schubbewehrung ergibt sich aus

$$V_{wd} = \frac{A_{sw} \cdot f_{ywd}}{s_w} \cdot z^{II} \cdot \sin\alpha(1+\cot\alpha) \tag{9.40}$$

Für die praktische Bemessung ist es jedoch sinnvoller, nach der gesuchten Fläche der Schubbewehrung aufzulösen. Unter Verwendung der Gln. (9.31) bis (9.33) erhält man

$$a_{sw} = \frac{V_{Sd} - V_{Rd1}}{z^{II} \cdot f_{ywd} \cdot \sin\alpha(1+\cot\alpha)} \tag{9.41}$$

Man sieht, daß diese Gleichung mit Gl (9.19) identisch ist, wenn man anschaulich V_{Rd1} als den Querkraftanteil ansieht, der vom Bauteilquerschnitt ohne jegliche Schubbewehrung übertragen werden kann.

Methode mit wählbarer Druckstrebenneigung:

Der Bauteilwiderstand infolge Festigkeit der Betondruckstreben läßt sich direkt durch Umformen der Gl (9.21) gewinnen:

$$V_{Rd2} = \nu \cdot f_{cd} \cdot b_w \cdot z^{II} \cdot \sin^2\Theta(\cot\Theta + \cot\alpha) \tag{9.42}$$

Der Bauteilwiderstand der Schubbewehrung ergibt sich aus

$$V_{Rd3} = \frac{A_{sw} \cdot f_{ywd}}{s_w} \cdot z^{II} \cdot \sin\alpha(\cot\Theta + \cot\alpha) \tag{9.43}$$

Für die praktische Bemessung ist es jedoch sinnvoller, nach der gesuchten Fläche der Schubbewehrung aufzulösen. Unter Verwendung der Gl (9.31) erhält man Gl (9.19).

9.5.3 Schubbewehrung aus senkrecht stehender Bewehrung

Eine Schubbewehrung in Form von senkrecht stehenden Bügeln ist der Standardfall, der im Hochbau überwiegend angewendet wird. Man erhält die Bestimmungsgleichungen aus denen des vorangegangenen Abschnittes, indem für $\alpha = 90°$ eingesetzt wird.

Standardmethode:

$$V_{Rd2} = \frac{1}{2} \cdot \nu \cdot f_{cd} \cdot b_w \cdot z^{II} \tag{9.44}$$

$$a_{sw} = \frac{V_{Sd} - V_{Rd1}}{z^{II} \cdot f_{ywd}} \tag{9.45}$$

Methode mit wählbarer Druckstrebenneigung:

$$V_{Rd2} = \nu \cdot f_{cd} \cdot b_w \cdot z^{II} \cdot \sin^2 \Theta \cdot \cot\Theta = \nu \cdot f_{cd} \cdot b_w \cdot z^{II} \cdot \sin\Theta \cdot \cos\Theta$$

$$V_{Rd2} = \frac{\nu \cdot f_{cd} \cdot b_w \cdot z^{II}}{\cot\Theta + \tan\Theta} \tag{9.46}$$

$$a_{sw} = \frac{V_{Sd}}{z^{II} \cdot f_{ywd}} \cdot \frac{1}{\cot\Theta} \tag{9.47}$$

Der vorhandene Bewehrungsquerschnitt der Schubbewehrung kann nach folgender (geometrischer) Gl. bestimmt werden:

$$\text{vorh}\, a_{sw} = n \cdot A_{s,ds} \frac{l_B}{s_w} \tag{9.48}$$

l_B Bezugslänge, auf die die Schubbewehrung verteilt wird (z. B. 1,0 m)

9.5.4 Mindestschubbewehrung

Bei einer Kombination der Schubbewehrung aus Bügeln und Schrägaufbiegungen sollen bei Balken mindestens 50% der erforderlichen Schubbewehrung aus Bügeln bestehen.

$$\min a_{s,st} = 0,5 \cdot a_{sw} \tag{9.49}$$

9 *Bemessung für Querkräfte*   169

	Festigkeitsklasse des Betonstahls		
Betonfestigkeits- klasse	BSt 220	BSt 420	BSt 500
C12/15 bis C20/25	0,0016	0,0009	0,0007
C25/30 bis C35/45	0,0024	0,0013	0,0011
C40/50 bis C50/60	0,0030	0,0016	0,0013

TAB 9.3: Mindestschubbewehrungsgrad min ρ_w ([V1] Tabelle 5.5)

Für Balken ist eine Mindestschubbewehrung vorgeschrieben ([V1] § 5.4.2.2). Sie wird über den Bewehrungsgrad der Schubbewehrung festgelegt.

$$\rho_w = \frac{a_{sw}}{b_w \cdot \sin\alpha} \geq \min\rho_w \tag{9.50}$$

Beispiel 9.1: Querkraftbemessung nach der Standardmethode und der Methode mit wählbarer Druckstrebenneigung (Fortsetzung von Beispiel 6.10, 6.11 und 8.1)

gegeben: - Plattenbalken als Durchlaufträger gemäß Skizze des Beispiels 6.9

gesucht: - Querkraftbemessung mit Bügeln; im Feld 1 nach der Standardmethode, im Feld 2 nach der Methode mit wählbarer Druckstrebenneigung [20])

Lösung:
Feld 1 Auflager A: | direkte Lagerung
extr $V_d = 232$ kN | vgl. Bsp. 6.10
$x_V = \frac{0,30}{3} + 0,677 = 0,777\,\text{m}$ | (9.4): $x_V = \frac{t}{3} + d$
$V_{Sd} = 232 - (1,35 \cdot 62,3 + 1,50 \cdot 12,4) \cdot 0,777 = 152$ kN | (9.3): $|V_{Sd}| = |\text{extr}\,V_d| - F_d \cdot x_V$
$\nu = 0,7 - \frac{20}{200} = 0,6 > 0,5$ | (9.22): $\nu = 0,7 - \frac{f_{ck}}{200} \geq 0,5$
$f_{cd} = \frac{20}{1,5} = 13,3\,\text{N/mm}^2$ | (2.9): $f_{cd} = \frac{f_{ck}}{\gamma_c}$
                                                                    | Biegebemessung lieferte einen rechnerischen Rechteckquerschnitt.
$z^{II} \approx 0,9 \cdot 0,677 = 0,609$ m | (9.16): $z^{II} \approx 0,9 \cdot d$
$V_{Rd2} = \frac{1}{2} \cdot 0,6 \cdot 13,3 \cdot 0,30 \cdot 0,609 \cdot 10^3 = 729$ kN | (9.44): $V_{Rd2} = \frac{1}{2} \cdot \nu \cdot f_{cd} \cdot b_w \cdot z^{II}$
$V_{Sd} = 152$ kN < 729 kN $= V_{Rd2}$ | (9.31): $V_{Sd} \leq \begin{cases} V_{Rd2} \\ V_{Rd3} \end{cases}$

---
[20]) Im allgemeinen wird man sich im Rahmen einer Bemessungsaufgabe für Standardmethode <u>oder</u> Methode mit wählbarer Druckstrebenneigung entscheiden. Im Rahmen dieses Beispiels sollen jedoch beide Verfahren gezeigt werden.

$\tau_{Rd} = 0{,}26 \text{ N/mm}^2$
$k = 1{,}6 - 0{,}677 = 0{,}923 < \underline{1{,}0}$
$\rho_1 = \dfrac{10{,}1}{30 \cdot 67{,}7} = 0{,}005 < 0{,}02$
$V_{Rd1} = [0{,}26 \cdot 1{,}0 \cdot (1{,}2 + 40 \cdot 0{,}005) + 0{,}15 \cdot 0] \cdot 0{,}30 \cdot 0{,}677 \cdot 10^3$
$\quad = 74 \text{ kN}$
$f_{ywd} = \dfrac{500}{1{,}15} = 435 \text{ N/mm}^2$
$a_{sw} = \dfrac{(152 - 74) \cdot 10^3}{0{,}609 \cdot 435} = 294 \text{ mm}^2/\text{m} = 2{,}94 \text{ cm}^2/\text{m}$
gew.: Bü Ø 10-30   2schnittig
vorh $a_{sw} = 2 \cdot 0{,}79 \dfrac{100}{30} = 5{,}27 \text{ cm}^2/\text{m}$

vorh $a_{sw} = 5{,}27 \text{ cm}^2/\text{m} > 2{,}94 \text{ cm}^2/\text{m} = a_{sw}$
$0{,}2 \cdot 729 = 146 \text{ kN} < 152 \text{ kN} < 488 \text{ kN} = 0{,}67 \cdot 729$

max $s_w = 0{,}6 \cdot 677 = 406 \text{ mm} > \underline{300 \text{ mm}}$
$s_w = 30 \text{ cm} = \max s_w$
Querrichtung ist eingehalten, da $b_w = 30$ cm
min $\rho_w = 0{,}0007$
$\rho_w = \dfrac{5{,}27 \cdot 10^{-2}}{30 \cdot \sin 90} = 0{,}0018 > 0{,}0007$

Feld 1 Auflager B:
extr $V_d = -450$ kN
$x_V = \dfrac{0{,}30}{2} + 0{,}675 = 0{,}825 \text{ m}$
$V_{Sd} = 450 - (1{,}35 \cdot 62{,}3 + 1{,}50 \cdot 12{,}4) \cdot 0{,}825 = 365 \text{ kN}$

$V_{Sd} = 365 \text{ kN} < 729 \text{ kN} = V_{Rd2}$
$a_{sw} = \dfrac{(365 - 74) \cdot 10^3}{0{,}609 \cdot 435} = 1100 \text{ mm}^2/\text{m} = 11{,}0 \text{ cm}^2/\text{m}$
gew.: Bü Ø 10-12,5   2schnittig
vorh $a_{sw} = 2 \cdot 0{,}79 \dfrac{100}{12{,}5} = 12{,}6 \text{ cm}^2/\text{m}$

vorh $a_{sw} = 12{,}6 \text{ cm}^2/\text{m} > 11{,}0 \text{ cm}^2/\text{m} = a_{sw}$
$0{,}2 \cdot 729 = 146 \text{ kN} < 365 \text{ kN} < 488 \text{ kN} = 0{,}67 \cdot 729$

max $s_w = 0{,}6 \cdot 675 = 405 \text{ mm} > \underline{300 \text{ mm}}$
$s_w = 12{,}5 \text{ cm} < 30 \text{ cm} = \max s_w$

TAB 9.2:
(9.28): $k = 1{,}6 - d \geq 1{,}0$
(9.30): $\rho_1 = \dfrac{A_{s1}}{b_w \cdot d} \leq 0{,}02$
(9.27):
$V_{Rd1} = [\tau_{Rd} \cdot k \cdot (1{,}2 + 40\rho_1) + 0{,}15 \sigma_{cp}] \cdot b_w \cdot d$

(9.13): $f_{ywd} = f_{yd} = \dfrac{f_{yk}}{\gamma_s}$
(9.45): $a_{sw} = \dfrac{V_{Sd} - V_{Rd1}}{z^{II} \cdot f_{ywd}}$

(9.48): vorh $a_{sw} = n \cdot A_{s,ds} \dfrac{l_B}{s_w}$
(6.11): vorh $A_s \geq A_s$
$0{,}2 \cdot V_{Rd2} < V_{Sd} \leq 0{,}67 \cdot V_{Rd2}$
TAB 9.1: Zeile 2
max $s_w = 0{,}6 \cdot d \leq 300$
(9.24): $s_w \leq \max s_w$
In Querrichtung gilt **TAB 9.1:** Zeile 5
TAB 9.3: C 20/25; BSt 500

(9.50): $\rho_w = \dfrac{a_{sw}}{b_w \cdot \sin \alpha} \geq \min \rho_w$
direkte Lagerung
vgl. Bsp. 6.10
(9.5): $x_V = \dfrac{t}{2} + d$
(9.3): $|V_{Sd}| = |\text{extr } V_d| - F_d \cdot x_V$
Die statische Höhe verändert sich gegenüber dem linken Balkenteil um nur 2 mm. Daher erübrigt sich eine Neuberechnung von z^{II}, V_{Rd1}, V_{Rd2}.
(9.31): $V_{Sd} \leq \begin{cases} V_{Rd2} \\ V_{Rd3} \end{cases}$
(9.45): $a_{sw} = \dfrac{V_{Sd} - V_{Rd1}}{z^{II} \cdot f_{ywd}}$

(9.48): vorh $a_{sw} = n \cdot A_{s,ds} \dfrac{l_B}{s_w}$
(6.11): vorh $A_s \geq A_s$
$0{,}2 \cdot V_{Rd2} < V_{Sd} \leq 0{,}67 \cdot V_{Rd2}$
TAB 9.1: Zeile 2
max $s_w = 0{,}6 \cdot d \leq 300$
(9.24): $s_w \leq \max s_w$

9 Bemessung für Querkräfte 171

$\rho_w = \dfrac{12{,}6 \cdot 10^{-2}}{30 \cdot \sin 90} = 0{,}0042 > 0{,}0007$ $\qquad$ (9.50): $\rho_w = \dfrac{a_{sw}}{b_w \cdot \sin\alpha} \geq \min\rho_w$

Der Nachweis könnte entfallen, da er schon für den Bereich Stütze A mit geringerer Bewehrung erbracht wurde.

Feld 2 Auflager B: direkte Lagerung
extr $V_d = 524$ kN vgl. Bsp. 6.10
$x_V = \dfrac{0{,}30}{2} + 0{,}675 = 0{,}825$ m $\qquad$ (9.5): $x_V = \dfrac{t}{2} + d$
$V_{Sd} = 524 - (1{,}35 \cdot 62{,}3 + 1{,}50 \cdot 12{,}4) \cdot 0{,}825 = 439$ kN $\qquad$ (9.3): $|V_{Sd}| = |\text{extr } V_d| - F_d \cdot x_V$
gew: $\Theta = 30°$ $\dfrac{4}{7} < 1{,}73 = \cot 30 \leq \dfrac{7}{4}$ $\qquad$ (9.35): $\dfrac{4}{7} \leq \cot\Theta \leq \dfrac{7}{4}$
$V_{Rd2} = \dfrac{0{,}6 \cdot 13{,}3 \cdot 0{,}30 \cdot 0{,}609}{\cot 30 + \tan 30} \cdot 10^3 = 631$ kN $\qquad$ (9.46): $V_{Rd2} = \dfrac{\nu \cdot f_{cd} \cdot b_w \cdot z^{II}}{\cot\Theta + \tan\Theta}$

$V_{Sd} = 439$ kN < 631 kN $= V_{Rd2}$ $\qquad$ (9.31): $V_{Sd} \leq \begin{cases} V_{Rd2} \\ V_{Rd3} \end{cases}$

$a_{sw} = \dfrac{439 \cdot 10^3}{0{,}609 \cdot 435} \cdot \dfrac{1}{\cot 30} = 957$ mm^2/m $= 9{,}57$ cm^2/m $\qquad$ (9.47): $a_{sw} = \dfrac{V_{Sd}}{z^{II} \cdot f_{ywd}} \cdot \dfrac{1}{\cot\Theta}$

gew: Bü Ø10-15 2schnittig
vorh $a_{sw} = 2 \cdot 0{,}79 \dfrac{100}{15} = 10{,}5$ cm^2/m $\qquad$ (9.48): vorh $a_{sw} = n \cdot A_{s,ds} \dfrac{l_B}{s_w}$

vorh $a_{sw} = 10{,}5$ cm^2/m $> 9{,}57$ cm^2/m $= a_{sw}$ $\qquad$ (6.11): vorh $A_s \geq A_s$
$V_{Sd} = 439$ kN > 423 kN $= 0{,}67 \cdot 63$ $\qquad$ $V_{Sd} > 0{,}67 \cdot V_{Rd2}$

TAB 9.1: Zeile 3
max $s_w = 0{,}3 \cdot 675 = 203$ mm > 200 mm $\qquad$ max $s_w = 0{,}3 \cdot d \leq 200$
$s_w = 15$ cm < 20 cm $= \max s_w$ $\qquad$ (9.24): $s_w \leq \max s_w$

Feld 2 Auflager C: direkte Lagerung
extr. $V_d = -350$ kN vgl. Bsp. 6.10
$x_V = \dfrac{0{,}30}{3} + 0{,}675 = 0{,}775$ m $\qquad$ (9.4): $x_V = \dfrac{t}{3} + d$
$V_{Sd} = 350 - (1{,}35 \cdot 62{,}3 + 1{,}50 \cdot 12{,}4) \cdot 0{,}775 = 270$ kN $\qquad$ (9.3): $|V_{Sd}| = |\text{extr } V_d| - F_d \cdot x_V$
gew: $\Theta = 30°$ $\dfrac{4}{7} < 1{,}73 = \cot 30 \leq \dfrac{7}{4}$ $\qquad$ (9.35): $\dfrac{4}{7} \leq \cot\Theta \leq \dfrac{7}{4}$

$V_{Sd} = 270$ kN < 631 kN $= V_{Rd2}$ $\qquad$ (9.31): $V_{Sd} \leq \begin{cases} V_{Rd2} \\ V_{Rd3} \end{cases}$

$a_{sw} = \dfrac{270 \cdot 10^3}{0{,}609 \cdot 435} \cdot \dfrac{1}{\cot 30} = 589$ mm^2/m $= 5{,}89$ cm^2/m $\qquad$ (9.47): $a_{sw} = \dfrac{V_{Sd}}{z^{II} \cdot f_{ywd}} \cdot \dfrac{1}{\cot\Theta}$

gew: Bü Ø 10-25 2schnittig
vorh $a_{sw} = 2 \cdot 0{,}79 \dfrac{100}{25} = 6{,}32$ cm^2/m $\qquad$ (9.48): vorh $a_{sw} = n \cdot A_{s,ds} \dfrac{l_B}{s_w}$

vorh $a_{sw} = 6{,}32$ cm^2/m $> 5{,}89$ cm^2/m $= a_{sw}$ $\qquad$ (6.11): vorh $A_s \geq A_s$
$0{,}2 \cdot 631 = 126$ kN < 270 kN < 423 kN $= 0{,}67 \cdot 631$ $\qquad$ $0{,}2 \cdot V_{Rd2} < V_{Sd} \leq 0{,}67 \cdot V_{Rd2}$

$\max s_w = 0{,}6 \cdot 675 = 405 \text{ mm} > \underline{300 \text{ mm}}$

$s_w = 25 \text{ cm} < 30 \text{ cm} = \max s_w$

| TAB 9.1: Zeile 2
| $\max s_w = 0{,}6 \cdot d \leq 300$
| (9.24): $s_w \leq \max s_w$
| Beispiel wird mit Bsp. 9.2 fortgesetzt.

9.5.5 Druck- und Zuggurte von Plattenbalken

Bei Plattenbalken wurde die Mitwirkung der Platte bei der Biegebemessung berücksichtigt. Dies bedeutet, daß bei veränderlichen Biegemomenten Anteile der Biegedruckkraft F_c (ABB 6.10) in die Platte übertragen werden müssen. Hierdurch entstehen auch in den Gurten profilierter Querschnitte (rechnerisch) Schubbeanspruchungen[21]). Als Modell für die Erfassung dieser Beanspruchungen kann wieder das Fachwerkmodell dienen, das gedanklich in der Plattenmittelfläche liegt (ABB 9.12). Der Nachweis wird im Anschnitt zwischen Platte und Steg geführt. Er erfolgt analog zur Bemessung im Steg durch Vergleich der einwirkenden Querkraft mit der Druckstrebentragfähigkeit v_{Rd2} [22]) und der Tragfähigkeit der Schubbewehrung v_{Rd3}.

$$v_{Sd} \leq \begin{cases} v_{Rd2} \\ v_{Rd3} \end{cases} \qquad (9.51)$$

$$v_{Sd} = \frac{F_{d,\max}}{a_v} \qquad (9.52)$$

$F_{d,\max}$ kennzeichnet hierbei den Höchstwert des Anteils der Biegedruckkraft im Gurt, a_v den Abstand zwischen Momentennullpunkt und Stelle des Maximalmomentes. Für die praktische Bemessung muß zwischen Druck- und Zuggurten unterschieden werden.

Mit $v_{red} = 0{,}4$ anstelle von v für Balkenstege erhält man aus Gl. (9.44) den Bauteilwiderstand der Druckstrebe

$$v_{Rd2} = \frac{1}{2} \cdot v \cdot f_{cd} \cdot h_f$$
$$v_{Rd2} = 0{,}2 \cdot f_{cd} \cdot h_f \qquad (9.53)$$

Für den Nachweis der Schubbewehrung erhält man

$$v_{Rd3} = v_{wd} + v_{cd} \qquad (9.54)$$

$$v_{wd} = \frac{A_{sf}}{s_f} \cdot f_{yd} \qquad (9.55)$$

---

[21]) In Wirklichkeit handelt es sich um Scheibenbeanspruchungen aus Spannungen in Längs- und Querrichtung.
[22]) Der hier klein gewählte Buchstabe v kennzeichnet, daß die Dimension - wie bei Flächentragwerken üblich - auf die Längeneinheit m bezogen ist (v in kN/m; m in kNm/m)

9 Bemessung für Querkräfte

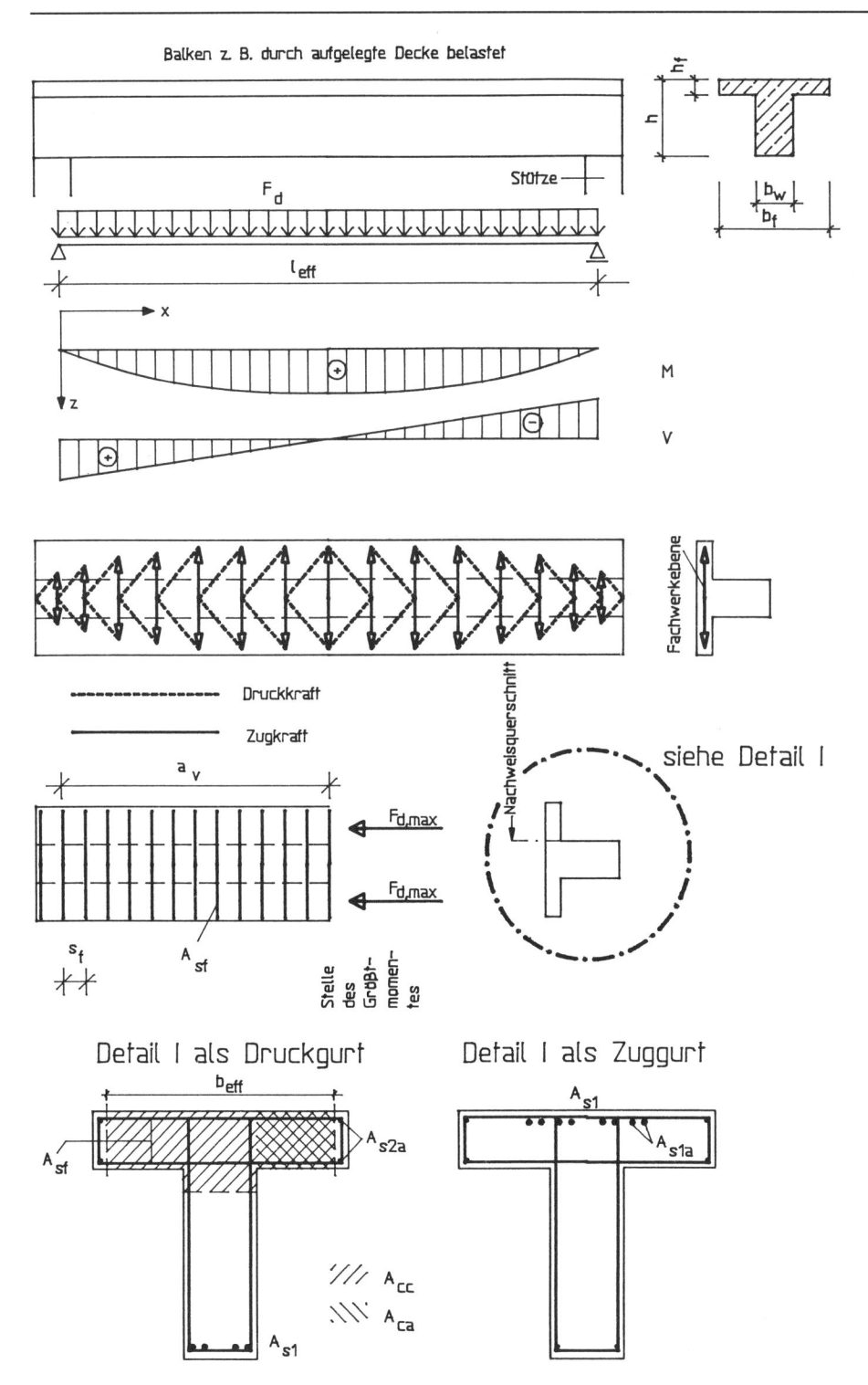

ABB 9.12: Fachwerkanalogie in der Platte eines Plattenbalkens

Druckgurte

Der Anteil der Biegedruckkraft im Gurt $F_{d,\max}$ kann aus der folgenden Beziehung ermittelt werden. Beachtet man ferner, daß in Plattenbalken eine Druckbewehrung nicht sinnvoll ist, und nimmt an, daß die Betonspannungen näherungsweise konstant sind, vereinfacht sich die Beziehung.

$$F_{d,\max} = F_{cda,\max} + F_{s2da,\max}$$

$$F_{d,\max} \approx \frac{A_{ca}}{A_{cc}} F_{cd,\max} \qquad (9.56)$$

A_{ca} Fläche eines Gurtteils (Fläche zwischen Anschnitt und Ende der mitwirkenden Breite)
A_{cc} Gesamte Fläche der Biegedruckzone
$F_{cd,\max}$ Gesamte Betondruckkraft in der Biegedruckzone

$$F_{cd,\max} = \frac{|\max M_{Sd,s}|}{z} - N_{Sd} \qquad (9.57)$$

$$v_{cd} = 2{,}5 \cdot \tau_{Rd} \cdot h_f \qquad (9.58)$$

Bei Platten, die in Querrichtung beansprucht werden, braucht nur die größere Bewehrung aus Querbiegung oder Schub im Gurt angeordnet zu werden.

Zuggurte

Beanspruchungen im Zuggurt treten nur auf, sofern ein Teil der Biegezugbewehrung aus dem Stegbereich ausgelagert wird. Nach [V1] § 5.4.2.1.2 darf die Bewehrung bis zu einem der halben Stegbreite äquivalenten Abstand ausgelagert werden (**ABB 9.13**). Der Anteil der auslagerbaren Biegezugbewehrung ist begrenzt auf:

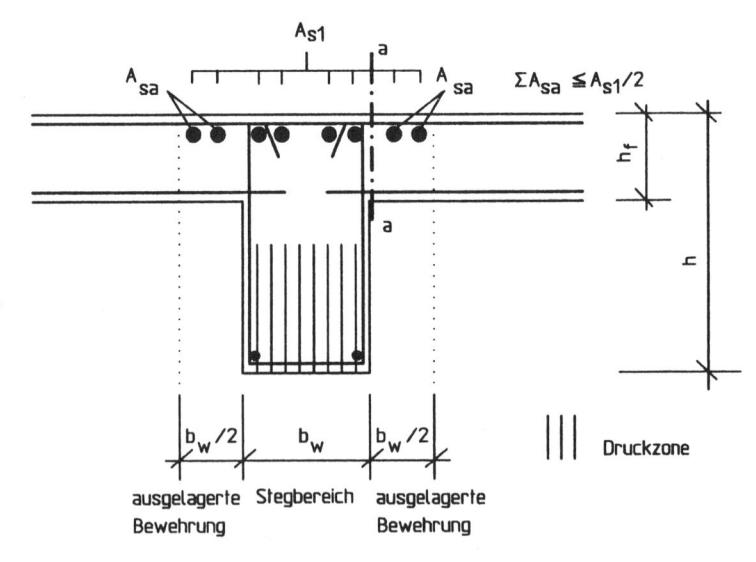

ABB 9.13: Auslagerbarer Anteil der Biegezugbewehrung

$$\Sigma A_{s1a} \leq \frac{A_{s1}}{2} \qquad (9.59)$$

Der Anteil der Biegezugkraft im Gurt $F_{d,\max}$ ergibt sich aus dem Anteil der ausgelagerten Biegezugbewehrung.

9 Bemessung für Querkräfte

$$F_{d,\max} \approx \frac{A_{s1a}}{A_{s1}} F_{s1d,\max} \tag{9.60}$$

A_{s1a} Fläche der in den Gurt ausgelagerten Biegezugbewehrung
$F_{cd,\max}$ Gesamte Betondruckkraft in der Biegedruckzone

$$F_{s1d,\max} = \frac{|\max M_{Sd,s}|}{z} + N_{Sd} \tag{9.61}$$

$$v_{cd} = 0 \tag{9.62}$$

Beispiel 9.2:   Querkraftbemessung in der Platte eines Plattenbalkens
                (Fortsetzung von Beispiel 9.1)

gegeben: - Ergebnisse des Beispiels 9.1 (und vorangegangener Beispiele)
            - Die Lage der Momentennullpunkte wird näherungsweise abgeschätzt für
             Feldmomente $l_0 = 0{,}85\, l_{\mathit{eff}}$, für Stützmomente $l_0 = 0{,}15\, (l_{\mathit{eff}1} + l_{\mathit{eff}2})$.

gesucht: - Nachweis der Gurte im Feld 2 und über der Stütze (der Nachweis im Feld 1 müßte
            bei einer vollständigen Bemessung ebenfalls geführt werden).

Lösung:
Feld 2:

$l_0 = 0{,}85 \cdot 8{,}51 = 7{,}23$ m	$l_0 = 0{,}85 \cdot l_{\mathit{eff}}$
$a_v \approx \dfrac{7{,}23}{2} = 3{,}62$ m	$a_v \approx \dfrac{l_0}{2}$
$\zeta = 0{,}976;\; d = 0{,}675$ m	vgl. Bsp. 6.10
$z = 0{,}976 \cdot 0{,}675 = 0{,}659$ m	(6.19): $z = \zeta \cdot d$

Druckgurt (oben):   Aufgrund des I-Querschnittes treten
                                               gleichzeitig Druck- und Zuggurt auf.

$F_{cd,\max} = \dfrac{\vert 597 \vert}{0{,}659} - 0 = 907$ kN	(9.57): $F_{cd,\max} = \dfrac{\vert \max M_{Sd,s} \vert}{z} - N_{Sd}$
$A_{cc} = 4{,}06 \cdot 0{,}045 = 0{,}183$ m²	hier: $A_{cc} = b_{\mathit{eff}} \cdot x$
$A_{ca} = \dfrac{4{,}06 - 0{,}30}{2} \cdot 0{,}045 = 0{,}0846$ m²	hier: $A_{ca} = \dfrac{b_{\mathit{eff}} - b_w}{2} \cdot x$
$F_{d,\max} \approx \dfrac{0{,}0846}{0{,}183} \cdot 907 = 419$ kN	(9.56): $F_{d,\max} \approx \dfrac{A_{ca}}{A_{cc}} F_{cd,\max}$
$v_{Sd} = \dfrac{419}{3{,}62} = 116$ kN/m	(9.52): $v_{Sd} = \dfrac{F_{d,\max}}{a_v}$
$v_{Rd2} = 0{,}2 \cdot 13{,}3 \cdot 0{,}22 = 0{,}585$ MN/m	(9.53): $v_{Rd2} = 0{,}2 \cdot f_{cd} \cdot h_f$
$v_{cd} = 2{,}5 \cdot 0{,}26 \cdot 0{,}22 = 0{,}143$ MN/m	(9.58): $v_{cd} = 2{,}5 \cdot \tau_{Rd} \cdot h_f$
gew: <u>Bü Ø 6-25 2schnittig</u>	Rechnerisch wäre keine zusätzliche Bewehrung erforderlich.
$v_{wd} = \dfrac{2 \cdot 0{,}3}{0{,}25} \cdot 435 \cdot 10^{-1} = 104$ kN/m	(9.55): $v_{wd} = \dfrac{A_{sf}}{s_f} \cdot f_{yd}$

$v_{Rd3} = 104 + 143 = 247 \text{ kN/m}$

$116 \text{ kN/m} < \begin{cases} 585 \text{ kN/m} \\ 247 \text{ kN/m} \end{cases}$

(9.54): $v_{Rd3} = v_{wd} + v_{cd}$

(9.51): $v_{Sd} \le \begin{cases} v_{Rd2} \\ v_{Rd3} \end{cases}$

Von der Biegezugbewehrung 9 Ø20 liegen 5 Ø20 im Steg und 2*2 Ø20 im Flansch

Zuggurt (unten):

$\Sigma A_{s1a} = 4 \cdot 3{,}14 = 12{,}6 \text{ cm}^2 < 14{,}1 \text{ cm}^2 = \dfrac{9 \cdot 3{,}14}{2}$

(9.59): $\Sigma A_{s1a} \le \dfrac{A_{s1}}{2}$

$F_{s1d,max} = \dfrac{|597|}{0{,}659} + 0 = 906 \text{ kN}$

(9.61): $F_{s1d,max} = \dfrac{|\max M_{Sd,s}|}{z} + N_{Sd}$

$A_{s1a} = 6{,}28 \text{ cm}^2$

TAB 6.2: 2 Ø20

$A_{s1} = 28{,}3 \text{ cm}^2$

TAB 6.2: 9 Ø20

$F_{d,max} \approx \dfrac{6{,}28}{28{,}3} \cdot 906 = 201 \text{ kN}$

(9.61): $F_{d,max} \approx \dfrac{A_{s1a}}{A_{s1}} F_{s1d,max}$

$v_{Sd} = \dfrac{201}{3{,}62} = 55{,}5 \text{ kN/m}$

(9.52): $v_{Sd} = \dfrac{F_{d,max}}{a_v}$

$v_{cd} = 0$

(9.62): $v_{cd} = 0$

gew: Bü Ø6-25   2schnittig

$v_{wd} = \dfrac{2 \cdot 0{,}3}{0{,}25} \cdot 435 \cdot 10^{-1} = 104 \text{ kN/m}$

(9.55): $v_{wd} = \dfrac{A_{sf}}{s_f} \cdot f_{yd}$

$v_{Rd3} = 104 + 0 = 104 \text{ kN/m}$

(9.54): $v_{Rd3} = v_{wd} + v_{cd}$

$55{,}7 \text{ kN/m} < \begin{cases} 585 \text{ kN/m} \\ 104 \text{ kN/m} \end{cases}$

(9.51): $v_{Sd} \le \begin{cases} v_{Rd2} \\ v_{Rd3} \end{cases}$

Stütze B:

$a_v \approx 0{,}15 \cdot 6{,}51 = 0{,}98 \text{ m}$

$a_v \approx 0{,}15 \cdot \min l_{eff}$

$\zeta = 0{,}805; d = 0{,}675 \text{ m}$

vgl. Bsp. 6.10

$z = 0{,}805 \cdot 0{,}675 = 0{,}543 \text{ m}$

(6.19): $z = \zeta \cdot d$

Aufgrund des I-Querschnittes treten gleichzeitig Druck- und Zuggurt auf.

Druckgurt (unten):

$F_{cd,max} = \dfrac{|756|}{0{,}543} - 0 = 1390 \text{ kN}$

(9.57): $F_{cd,max} = \dfrac{|\max M_{Sd,s}|}{z} - N_{Sd}$

$x = 0{,}446 \cdot 0{,}675 = 0{,}301 \text{ m}$

(6.18): $x = \xi \cdot d$

$A_{cc} = 0{,}47 \cdot 0{,}301 = 0{,}141 \text{ m}^2$

hier: $A_{cc} \approx b_i \cdot x$

$A_{ca} = \dfrac{0{,}50 - 0{,}30}{2} \cdot 0{,}15 = 0{,}015 \text{ m}^2$

hier: $A_{ca} = \dfrac{b_{eff} - b_w}{2} \cdot h_f$

$F_{d,max} \approx \dfrac{0{,}015}{0{,}141} \cdot 1390 = 148 \text{ kN}$

(9.56): $F_{d,max} \approx \dfrac{A_{ca}}{A_{cc}} F_{cd,max}$

$v_{Sd} = \dfrac{148}{0{,}98} = 151 \text{ kN/m}$

(9.52): $v_{Sd} = \dfrac{F_{d,max}}{a_v}$

$v_{Rd2} = 0{,}2 \cdot 13{,}3 \cdot 0{,}15 = 0{,}399 \text{ MN/m}$

(9.53): $v_{Rd2} = 0{,}2 \cdot f_{cd} \cdot h_f$

$v_{cd} = 2{,}5 \cdot 0{,}26 \cdot 0{,}15 = 0{,}098 \text{ MN/m}$

(9.58): $v_{cd} = 2{,}5 \cdot \tau_{Rd} \cdot h_f$

gew: Bü Ø6-25   2schnittig

$$v_{wd} = \frac{2 \cdot 0,3}{0,25} \cdot 435 \cdot 10^{-1} = 104 \text{ kN/m}$$

$$v_{Rd3} = 104 + 98 = 202 \text{ kN/m}$$

$$151 \text{ kN/m} < \begin{cases} 399 \text{ kN/m} \\ 202 \text{ kN/m} \end{cases}$$

(9.55): $v_{wd} = \dfrac{A_{sf}}{s_f} \cdot f_{yd}$

(9.54): $v_{Rd3} = v_{wd} + v_{cd}$

(9.51): $v_{Sd} \leq \begin{cases} v_{Rd2} \\ v_{Rd3} \end{cases}$

Zuggurt (oben):

Von der Biegezugbewehrung 5 Ø 25 + 5 Ø 20 liegen 3 Ø 25 +2 Ø 20 im Steg und 2·1 Ø 25 im Flansch.

$$\Sigma A_{s1a} = 2 \cdot 4,91 = 9,82 \text{ cm}^2 < 15,3 \text{ cm}^2 = \frac{30,7}{2}$$

$$F_{s1d,\max} = \frac{|756|}{0,543} + 0 = 1390 \text{ kN}$$

$$A_{s1a} = 4,91 \text{ cm}^2$$

$$A_{s1} = 30,7 \text{ cm}^2$$

$$F_{d,\max} \approx \frac{4,91}{30,7} \cdot 1390 = 223 \text{ kN}$$

$$v_{Sd} = \frac{223}{0,98} = 227 \text{ kN/m}$$

$$v_{cd} = 0$$

gew: <u>Bü Ø6-10   2schnittig</u>

$$v_{wd} = \frac{2 \cdot 0,3}{0,10} \cdot 435 \cdot 10^{-1} = 261 \text{ kN/m}$$

$$v_{Rd3} = 261 + 0 = 261 \text{ kN/m}$$

$$227 \text{ kN/m} < \begin{cases} 399 \text{ kN/m} \\ 261 \text{ kN/m} \end{cases}$$

(9.59): $\Sigma A_{s1a} \leq \dfrac{A_{s1}}{2}$

(9.61): $F_{s1d,\max} = \dfrac{|\max M_{Sd,s}|}{z} + N_{Sd}$

TAB 6.2: 1 Ø 25

TAB 6.2: 5 Ø 25 + 2 Ø 20

(9.61): $F_{d,\max} \approx \dfrac{A_{s1a}}{A_{s1}} F_{s1d,\max}$

(9.52): $v_{Sd} = \dfrac{F_{d,\max}}{a_v}$

(9.62): $v_{cd} = 0$

(9.55): $v_{wd} = \dfrac{A_{sf}}{s_f} \cdot f_{yd}$

(9.54): $v_{Rd3} = v_{wd} + v_{cd}$

(9.51): $v_{Sd} \leq \begin{cases} v_{Rd2} \\ v_{Rd3} \end{cases}$

9.5.6 Auflagernahe Einzellasten

Eine auflagernahe Einzellast liegt vor, sofern die Last in einem Abstand $x/d \leq 2,5$ von der Auflagervorderkante entfernt angreift, wobei x der Abstand zwischen Auflagervorderkante und Einzellast ist. Im Fall einer <u>direkten</u> Auflagerung kann sich bei auflagernahen Einzellasten ein Sprengewerk ausbilden. Die Last wird über eine Druckstrebe direkt in das Auflager abgetragen (**ABB 9.14**), so daß keine zusätzliche Schubbewehrung für die Einzellast er-

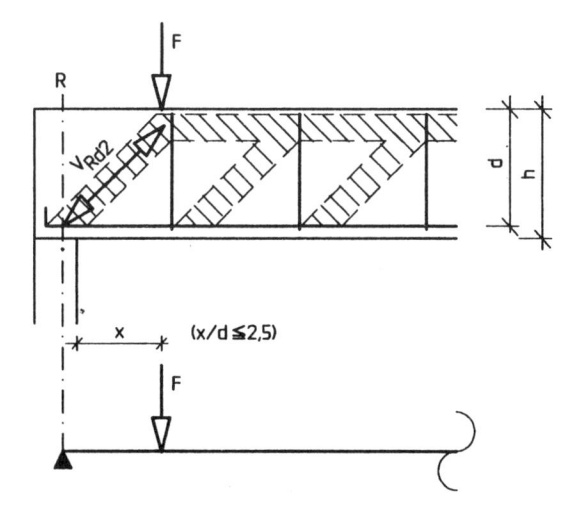

ABB 9.14: Einfluß einer auflagernahen Einzellast auf den inneren Kräfteverlauf

forderlich wird. Die Druckstrebenbeanspruchung ist jedoch voll vorhanden. Der Nachweis für auflagernahe Einzellasten erfolgt, indem auf der Bauteilwiderstandsseite V_{Rd3} erhöht wird. Die Nachweisform ist in [V1] § 4.3.2.2 für das Standardverfahren geregelt. Hiernach darf der Grundwert der Schubspannung (**TAB 9.2**) mit dem Beiwert β erhöht werden.

$$\operatorname{cal} \tau_{Rd} = \beta \cdot \tau_{Rd} \tag{9.63}$$

$$\beta = 2{,}5 \cdot \frac{d}{x} \quad \text{mit } 1{,}0 \leq \beta \leq 3{,}0 \text{ nach Anwendungsrichtlinie [V4]} \tag{9.64}$$

$$\quad \text{mit } 1{,}0 \leq \beta \leq 5{,}0 \text{ nach ENV 1992 [V1]}$$

Jenseits von Auflager und Einzellast ist die Bemessung für Querkräfte mit dem Faktor β = 1,0 zu führen. Sofern die sich hieraus ergebende Schubbewehrung größer als die zwischen Auflager und Einzellast ermittelte ist, muß die (dann größere) Schubbewehrung auch in diesem Bereich angeordnet werden [V4].

Beispiel 9.3: Querkraftbemessung bei auflagernahen Einzellasten

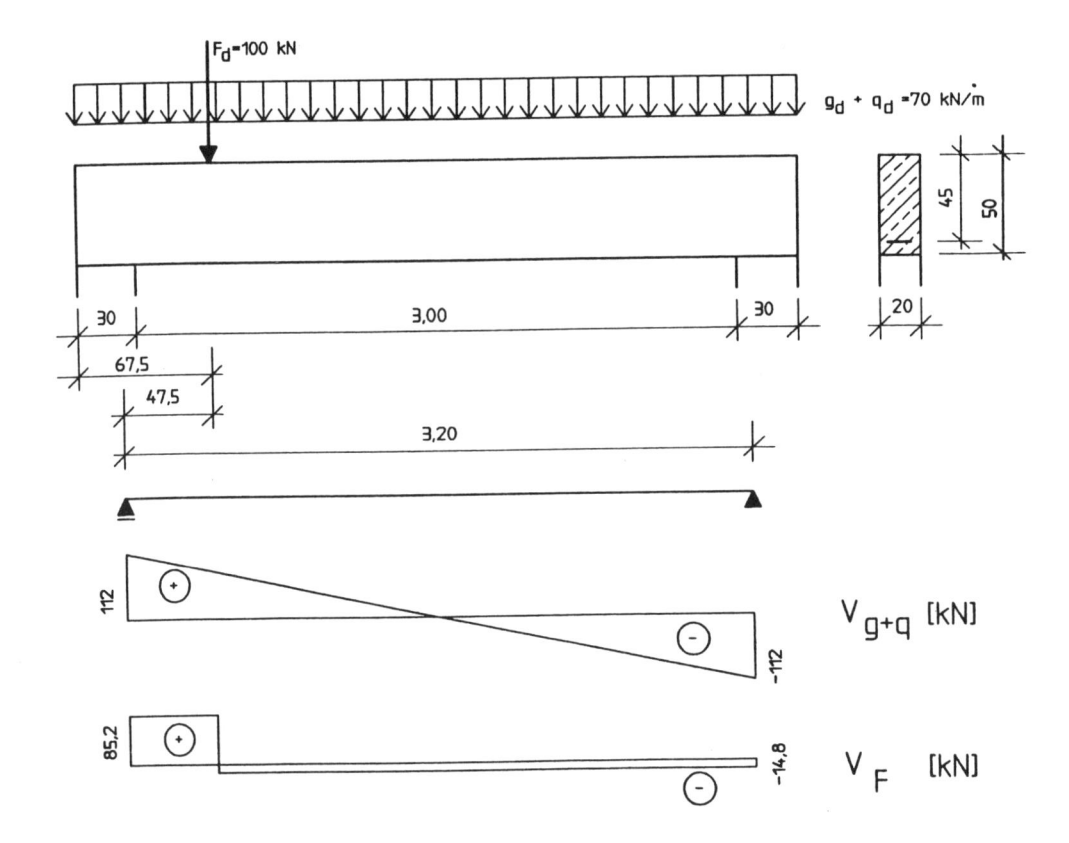

9 Bemessung für Querkräfte 179

gegeben: - Bauteil mit Lasten, Schnittgrößen und Abmessungen lt. Skizze
- Baustoffe C 20; BSt 500

gesucht: - Schubbewehrung aus Bügeln

Lösung:
Auflager B:

$x_V = \dfrac{0,30}{3} + 0,45 = 0,55$ m

(9.4): $x_V = \dfrac{t}{3} + d$

$V_{Sd} = (112 + 14,8) - 70 \cdot 0,55 = 88,3$ kN

(9.3): $|V_{Sd}| = |\text{extr } V_d| - F_d \cdot x_V$

$\nu = 0,7 - \dfrac{20}{200} = 0,6 > 0,5$

(9.22): $\nu = 0,7 - \dfrac{f_{ck}}{200} \geq 0,5$

$f_{cd} = \dfrac{20}{1,5} = 13,3$ N/mm^2

(2.9): $f_{cd} = \dfrac{f_{ck}}{\gamma_c}$

$z^{II} \approx 0,9 \cdot 0,45 = 0,405$ m

(9.16): $z^{II} \approx 0,9 \cdot d$

$V_{Rd2} = \dfrac{1}{2} \cdot 0,6 \cdot 13,3 \cdot 0,20 \cdot 0,405 \cdot 10^3 = 323$ kN

(9.44): $V_{Rd2} = \dfrac{1}{2} \cdot \nu \cdot f_{cd} \cdot b_w \cdot z^{II}$

$V_{Sd} = 88,3$ kN < 323 kN $= V_{Rd2}$

(9.31): $V_{Sd} \leq \begin{cases} V_{Rd2} \\ V_{Rd3} \end{cases}$

$\tau_{Rd} = 0,26$ N/mm^2

TAB 9.2:

$k = 1,6 - 0,45 = \underline{1,15} > 1,0$

(9.28): $k = 1,6 - d \geq 1,0$

Der günstige Einfluß der Biegezugbewehrung wird hier vernachlässigt.

(9.27):

$V_{Rd1} = [0,26 \cdot 1,15 \cdot (1,2 + 40 \cdot 0) + 0] \cdot 0,20 \cdot 0,45 \cdot 10^3$
$= 32,3$ kN

$V_{Rd1} = \left[\tau_{Rd} \cdot k \cdot (1,2 + 40\rho_1) + 0,15\sigma_{cp}\right] \cdot b_w \cdot d$

$a_{sw} = \dfrac{(88,3 - 32,3) \cdot 10^3}{0,405 \cdot 435} = 318$ mm^2/m $= 3,18$ cm^2/m

(9.45): $a_{sw} = \dfrac{V_{Sd} - V_{Rd1}}{z^{II} \cdot f_{ywd}}$

gew: Bü Ø8-25   2schnittig

vorh $a_{sw} = 2 \cdot 0,503 \dfrac{100}{25} = 4,02$ cm^2/m

(9.48): vorh $a_{sw} = n \cdot A_{s,ds} \dfrac{l_B}{s_w}$

vorh $a_{sw} = 4,02$ cm^2/m $> 3,18$ cm^2/m $= a_{sw}$

(6.11): vorh $A_s \geq A_s$

$0,2 \cdot 323 = 64,6$ kN $< 88,3$ kN < 216 kN $= 0,67 \cdot 323$

$0,2 \cdot V_{Rd2} < V_{Sd} \leq 0,67 \cdot V_{Rd2}$

TAB 9.1: Zeile 2

max $s_w = 0,6 \cdot 405 = 243$ mm < 300 mm

max $s_w = 0,6 \cdot d \leq 300$

$s_w = 25$ cm $\approx 24,3$ cm $= $ max s_w

(9.24): $s_w \leq $ max s_w

min $\rho_w = 0,0007$

TAB 9.3: C 20/25; BSt 500

$\rho_w = \dfrac{4,02 \cdot 10^{-2}}{20 \cdot \sin 90} = 0,0020 > 0,0007$

(9.50): $\rho_w = \dfrac{a_{sw}}{b_w \cdot \sin \alpha} \geq $ min ρ_w

Es wird untersucht, ob die Einzellast allein ungünstiger ist als die Einwirkungen auf der rechten Balkenseite.
Überprüfung, ob auflagernahe Einzellast

Auflager A (direkte Lagerung):

$\dfrac{x}{d} = \dfrac{37,5}{45} = 0,83 < 2,5$

$\beta = 2,5 \cdot \dfrac{45}{37,5} = 3,0$

$\text{cal}\,\tau_{Rd} = 3,0 \cdot 0,26 = 0,78 \text{ N/mm}^2$

$V_{Rd1} = [0,78 \cdot 1,15 \cdot 1,2 + 0] \cdot 0,20 \cdot 0,45 \cdot 10^3 = 96,9 \text{ kN}$

$a_{sw} = \dfrac{(85,3 - 96,9) \cdot 10^3}{0,405 \cdot 435} \begin{cases} < 0 \\ < 2,86 \text{ cm}^2/\text{m} \end{cases}$

Es ist rechnerisch keine Schubbewehrung infolge der Einzellast erforderlich, somit ist die Schubbewehrung des rechten Balkenteils auch für den linken maßgebend.

gew: Bü Ø8-25   2schnittig

(9.64): $\beta = 2,5 \cdot \dfrac{d}{x}$

(9.63): $\text{cal}\,\tau_{Rd} = \beta \cdot \tau_{Rd}$

(9.27):
$V_{Rd1} = \left[\tau_{Rd} \cdot k \cdot (1,2 + 40\rho_1) + 0,15\sigma_{cp}\right] \cdot b_w \cdot d$

(9.45): $a_{sw} = \dfrac{V_{Sd} - V_{Rd1}}{z^{II} \cdot f_{ywd}}$

9.6 Querkraftdeckung [23]

9.6.1 Allgemeines

Querkraftverläufe haben ihr für die Schubbemessung maßgebendes Maximum in der Nähe der Auflager. Wenn die Schubbewehrung für diese extreme Querkraft bemessen und in gleichbleibender Größe in das gesamte Bauteil eingelegt wird, so ist in den weniger beanspruchten Bereichen zuviel Bewehrung vorhanden.

Sofern die Bemessung für Querkräfte nicht nur an der Stelle der maßgebenden Querkraft (eines Querkraftbereiches gleichen Vorzeichens) durchgeführt wird, sondern zusätzlich in weiteren gewählten Schnitten entlang der Bauteillängsrichtung, erhält man einen Verlauf für die erforderliche Schubbewehrung. Sie kann somit in Bauteillängsrichtung gestaffelt werden, wodurch sich eine Minimierung des Stahlbedarfs ergibt. Diesen Vorgang nennt man Querkraftdeckung.

9.6.2 Schubbewehrung aus senkrecht stehender Bewehrung

Die Bemessung erfolgt in zwei Schritten:

1. Zunächst wird an der Stelle der maßgebenden Querkraft die maximal erforderliche Schubbewehrung bestimmt (→ Kap. 9.5.3).
2. Dann wird eine (beliebige) kleinere Schubbewehrung gewählt (die Bügel werden z. B. in größerem Abstand angeordnet). Die durch diese Schubbewehrung aufnehmbare Querkraft wird ermittelt. Die kleinere Schubbewehrung wird an allen Stellen $V_{Sd} \leq V_{Rd3}$ angeordnet.

---

[23] Es ist auch der Begriff Schubkraftdeckung üblich.

9 Bemessung für Querkräfte

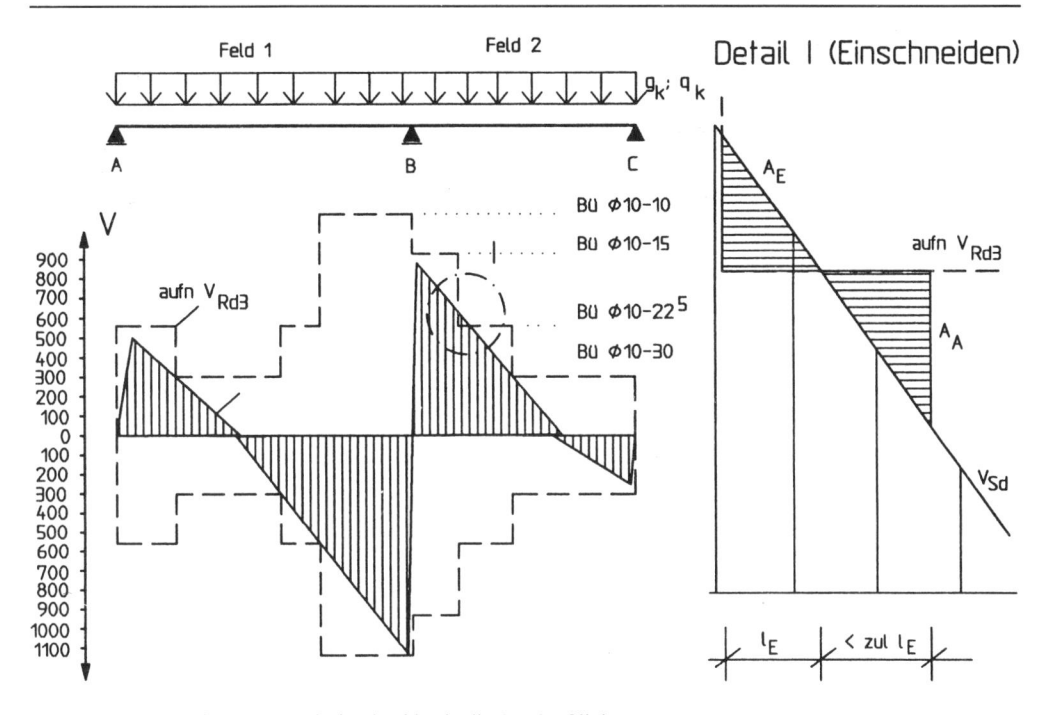

ABB 9.15: Querkraftdeckung und Einschneiden in die Querkraftlinie

Die aufnehmbare Querkraft kann je nach gewähltem Verfahren aus folgenden Gln. entnommen werden:

Standardmethode

Der Bauteilwiderstand der Schubbewehrung wird aus Gl (9.32) und (9.33) bestimmt, wobei V_{wd} durch Umformen von Gl (9.19) gewonnen werden kann.

$$V_{wd} = \frac{A_{sw}}{s} \cdot f_{ywd} \cdot z^{II} \tag{9.65}$$

Methode mit wählbarer Druckstrebenneigung

Der Bauteilwiderstand der Schubbewehrung wird ebenfalls bestimmt, indem Gl (9.19) umgeformt wird.

$$V_{Rd3} = \frac{A_{sw}}{s} \cdot f_{ywd} \cdot z^{II} \cdot \cot\Theta \tag{9.66}$$

Statisch unbestimmte Tragwerke haben die Möglichkeit, Schnittgrößen umzulagern. Dies gilt auch für die innerlich statisch unbestimmten Fachwerke des Bemessungsmodells für die Querkräfte. Daher darf an einer beliebigen Stelle (in begrenztem Umfang) zuwenig Bewehrung angeordnet werden, wenn dafür an anderer Stelle mehr Bewehrung als nach der Berechnung erforderlich vorhanden ist. Dieser Vorgang wird mit "Einschneiden" bezeichnet (**ABB 9.15**); er führt zu einer besonders wirtschaftlichen Bewehrung. Das Einschneiden ist möglich, sofern zwei Bedingungen erfüllt werden:

- Ein Querkraftgleichgewicht muß möglich sein, d. h., die zum Kraftausgleich zur Verfügung stehende Auftragsfläche A_A muß innerhalb der zulässigen Einschnittslänge mindestens so groß sein wie die Einschnittsfläche A_E.

$$A_A \geq A_E \tag{9.67}$$

- Die Einschnittslänge l_E ist begrenzt, damit sich ein Fachwerk nach der Fachwerkanalogie ausbilden kann.

$$\text{zul}\, l_E = 1,0 \cdot d \tag{9.68}$$

Beispiel 9.4: Querkraftdeckung unter Benutzung des Einschneidens
(Fortsetzung von Beispiel 6.14)

gegeben: - Balken im Hochbau lt. Beispiel 6.14

gesucht: - Schubbewehrung (hierzu sollen Bügel verwendet und die Möglichkeit des Einschneidens genutzt werden)
- graphische Darstellung der Querkraftlinie mit Querkraftdeckung.

Lösung:

$\tan\varphi_u = \dfrac{0,2}{1,0} = 0,2$

$\nu = 0,7 - \dfrac{20}{200} = 0,6 > 0,5$ | (9.22): $\nu = 0,7 - \dfrac{f_{ck}}{200} \geq 0,5$

$f_{cd} = \dfrac{20}{1,5} = 13,3 \text{ N/mm}^2$ | (2.9): $f_{cd} = \dfrac{f_{ck}}{\gamma_c}$

gew: $\Theta = 30°$ $\quad \dfrac{4}{7} < 1,73 = \cot 30 \leq \dfrac{7}{4}$ | (9.35): $\dfrac{4}{7} \leq \cot\Theta \leq \dfrac{7}{4}$

$x_V = \dfrac{0,40}{2} + 0,546 = 0,746\,\text{m} \approx 0,75\,\text{m}$ | (9.5): $x_V = \dfrac{t}{2} + d$

Diese Stelle entspricht Stelle 2. Eine alleinige Untersuchung der Stelle der maßgebenden Querkraft reicht aufgrund der Voute nicht aus. Zusätzlich wird der Beginn der Voute untersucht.

Stelle		2	3 links	3 rechts	
x	m	0,75	1,2	1,2	
h	m	0,49	0,40	0,40	
d	m	0,435	0,345	0,345	$d \approx h - 0,055$ [m]
z^{II}	m	0,39	0,31	0,31	(9.16): $z^{II} \approx 0,9 \cdot d$
$V_d = V_{0d}$	kN	226	156	156	vgl. Bsp. 6.14
M_d	kNm	164	78	78	vgl. Bsp. 6.14
$M_{Sd,s}$	kNm	164	78	78	(6.15): $M_{Sd,s} = |M_{Sd}| - N_{Sd} \cdot z_{s1}$
$\dfrac{|M_{Sd,s}|}{d}$	kN	377	226		

9 Bemessung für Querkräfte

Stelle		2	3 links	3 rechts	
V_{Sd}	kN	151	111		(9.8): mit $N_{Sd}=0$ und $\varphi_o=0$
					$V_{Sd} \approx V_{0d} - \dfrac{|M_{Sd,s}|}{d} \cdot \tan\varphi_u$
				156	$V_{Sd} = V_{0d}$
V_{Rd2}	kN	404	321	321	(9.46): $V_{Rd2} = \dfrac{\nu \cdot f_{cd} \cdot b_w \cdot z^{II}}{\cot\Theta + \tan\Theta}$
$V_{Sd} \leq V_{Rd2}$	kN	151 < 404	111 < 321	156 < 321	(9.31): $V_{Sd} \leq V_{Rd2}$
gew: <u>Bü Ø8-20</u>	2schnittig				
V_{Rd3}	kN	148	118	118	(9.66): $V_{Rd3} = \dfrac{A_{sw}}{s} \cdot f_{ywd} \cdot z^{II} \cdot \cot\Theta$

Im Bereich von Stelle 3 soll eingeschnitten werden.
zul $l_E = 1{,}0 \cdot 0{,}345 = 0{,}345\,\text{m} > 0{,}244\,\text{m} = $ vorh l_E
Dies ist anschaulich aus der Querkraftdeckungslinie erkennbar.

(9.68): zul $l_E = 1{,}0 \cdot d$
(9.67): $A_A \geq A_E$

$0,2 \cdot 321 = 64 \text{ kN} < 156 \text{ kN} < 215 \text{ kN} = 0,67 \cdot 321$

$\max s_w = 0,6 \cdot 345 = \underline{207 \text{ mm}} < 300 \text{ mm}$

$s_w = 20 \text{ cm} < 20,7 \text{ cm} = \max s_w$

vorh $a_{sw} = 2 \cdot 0,50 \dfrac{100}{20} = 5,0 \text{ cm}^2/\text{m}$

$\min \rho_w = 0,0007$

$\rho_w = \dfrac{5,0 \cdot 10^{-2}}{30 \cdot \sin 90} = 0,0017 > 0,0007$

---

maßgebend ist Stelle 3 rechts (s. o.)

$0,2 \cdot V_{Rd2} < V_{Sd} \leq 0,67 \cdot V_{Rd2}$

TAB 9.1: Zeile 2

$\max s_w = 0,6 \cdot d \leq 300$

(9.24): $s_w \leq \max s_w$

(9.48): vorh $a_{sw} = n \cdot A_{s,ds} \dfrac{l_B}{s_w}$

TAB 9.3: C 20/25; BSt 500

(9.50): $\rho_w = \dfrac{a_{sw}}{b_w \cdot \sin \alpha} \geq \min \rho_w$

9.6.3 Schubbewehrung aus senkrecht und schräg stehender Bewehrung

Die senkrechte Bewehrung besteht i. d. R. aus Bügeln. Die schräg stehende Bewehrung kann aus Bügeln oder Schrägaufbiegungen bestehen. Unter Schrägaufbiegungen versteht man Bewehrungsstäbe, die man ungefähr in Richtung der Hauptzugspannungen aufbiegt, nachdem sie als Biegezugbewehrung nicht mehr benötigt werden. Schrägaufbiegungen sind nur sinnvoll, wenn gleichzeitig eine Zugkraftdeckung durchgeführt wird (→ Kap. 11). Aufgrund des hohen Arbeitsaufwandes sowohl bei der Tragwerksplanung als auch beim Biegen und Verlegen der Bewehrung (viele Positionsnummern) sind Schrägaufbiegungen bei üblichen Ortbetonbauteilen nicht wirtschaftlich.

Die schräg stehende Bewehrung wird i. allg. in einem Winkel von 45° zur Balkenlängsachse angeordnet, bei hohen Bauteilen unter 60°. Häufig wird die Schubdeckung durch Bügel mit Schrägaufbiegungen sichergestellt (**ABB 9.16**). Der auf die Längeneinheit bezogene Stahlquerschnitt a_{sw} der Schubbewehrung setzt sich somit aus einem Anteil $a_{sw,st}$ der Bügel und einem Anteil $a_{sw,s}$ der Schrägstäbe zusammen. Hierbei wird ein Sockelbetrag der Querkraft durch Bügel abgedeckt. Den Sockelbetrag für die Bügel wählt man z. B. aus den zulässigen Höchstabständen für dieselben. Den Bauteilwiderstand der Bügel erhält man durch Umformen von Gl (9.19):

$$V_{Rd3,st} = a_{sw,st} \cdot z^{II} \cdot f_{ywd} \cdot \sin\alpha (\cot\Theta + \cot\alpha) \qquad (9.69)$$

Die diesen Sockelbetrag übersteigenden Spitzen werden danach mit Schrägaufbiegungen abgedeckt. Die entsprechenden Bemessungsformeln ergeben sich, indem die Querkraft über die Länge l integriert wird.

$$\overline{V}_{Sd,s} = \dfrac{1}{l} \int_{(l)} (V_{Sd} - V_{Rd3,st}) dx \qquad (9.70)$$

9   Bemessung für Querkräfte

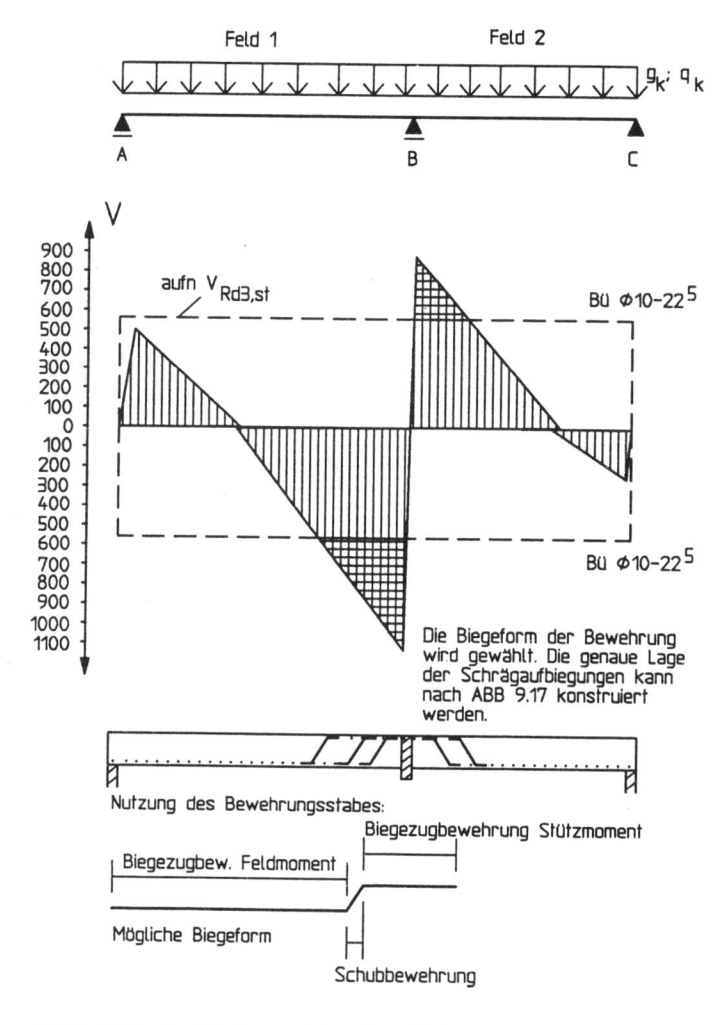

ABB 9.16: Querkraftdeckung mit Bügeln und Schrägaufbiegungen

Die erforderliche Schrägbewehrung läßt sich hieraus mit Gl (9.12) und (9.19) gewinnen.

$$A_{sw,s} = \frac{\int\limits_{(l)} (V_{Sd} - V_{Rd3,st}) dx}{z^{II} \cdot f_{ywd} \cdot \sin\alpha (\cot\Theta + \cot\alpha)} \qquad (9.71)$$

Bei Bauteilen mit variabler Bauteildicke ist auch der Hebelarm der inneren Kräfte z^{II} variabel und muß deshalb unter dem Integral geführt werden. In diesem Fall ist es daher sinnvoll, statt der Querkräfte die bezogenen Querkräfte [24] zu betrachten.

$$v_{Sd} = \frac{V_{Sd}}{z^{II}} \qquad (9.72)$$

---

[24] anderer Name "Schubfluß"

$$v_{Rd3,st} = \frac{V_{Rd3,st}}{z^{II}} \qquad (9.73)$$

$$\bar{v}_{Sd,s} = \frac{1}{l} \int_{(l)} (v_{Sd} - v_{Rd3,st}) dx \qquad (9.74)$$

$$A_{sw,s} = \frac{\int_{(l)} (v_{Sd} - v_{Rd3,st}) dx}{f_{ywd} \cdot \sin\alpha (\cot\Theta + \cot\alpha)} \qquad (9.75)$$

Die Schubbewehrung ist dem Verlauf des Schubflusses entsprechend zu verteilen. Dies gilt insbesondere bei Schrägaufbiegungen. Ein aufgebogener Stab liegt dann richtig, wenn er im Schwerpunkt der von ihm zu übertragenden Schubkraft liegt. Die ungefähre Beachtung dieser Angabe reicht in vielen Fällen zur Lagebestimmung aus. Eine genaue, maßstäbliche zeichnerische Konstruktionsmethode unter Berücksichtigung der genauen Schwerpunktslage zeigt **ABB 9.17**.

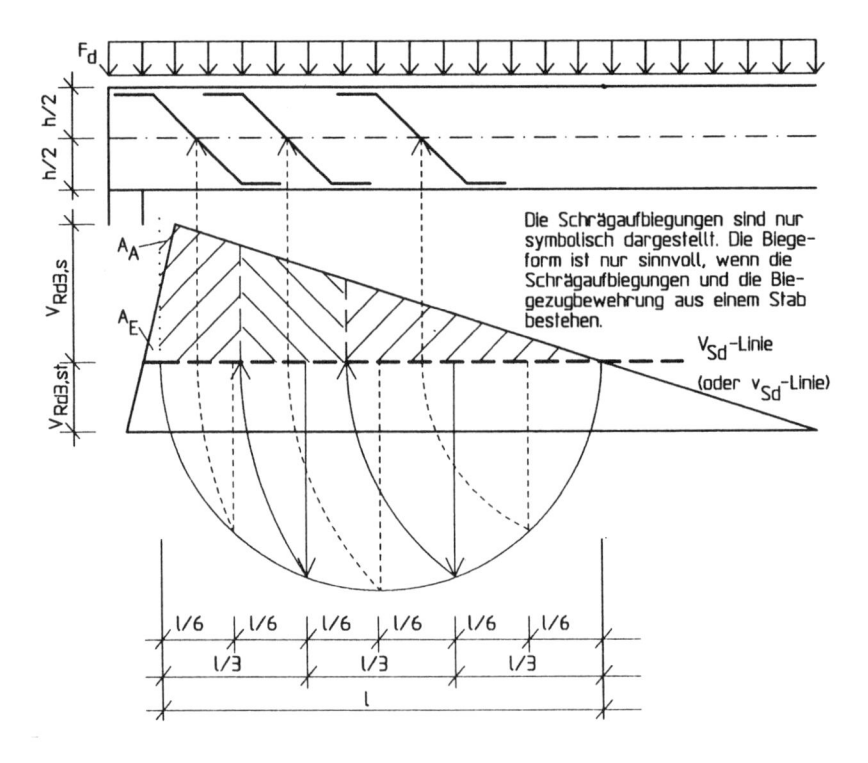

ABB 9.17: Zeichnerische Bestimmung der Lage von Schrägaufbiegungen (bei Anordnung von drei gleichen Stäben)

9 Bemessung für Querkräfte

Beispiel 9.5: Querkraftdeckung mit Bügeln und Schrägaufbiegungen
(Fortsetzung von Beispiel 6.13)

gegeben: - Ergebnisse der Beispiele 4.3 und 6.13

gesucht: - Querkraftdeckung mit Bügeln und Schrägaufbiegungen

Lösung:

Feld 1 Auflager B:
extr V_d = -586 kN

Stelle extremaler Querkraftbeanspruchung im Balken; sie wird maßgebend für die Bügelabstände vgl. Bsp. 4.3 (auch eine Rechnung mir 591 kN wäre in Ordnung)

$x_V = \dfrac{0{,}25}{2} = 0{,}125 \, \text{m}$ (9.7): $x_V = \dfrac{t}{2}$

$V_{Sd} = 586 - (1{,}35 \cdot 50 + 1{,}50 \cdot 40) \cdot 0{,}125 = 570 \, \text{kN}$ (9.3): $|V_{Sd}| = |\text{extr } V_d| - F_d \cdot x_V$

$\nu = 0{,}7 - \dfrac{35}{200} = 0{,}525 > 0{,}5$ (9.22): $\nu = 0{,}7 - \dfrac{f_{ck}}{200} \geq 0{,}5$

$f_{cd} = \dfrac{35}{1{,}5} = 23{,}3 \, \text{N/mm}^2$ (2.9): $f_{cd} = \dfrac{f_{ck}}{\gamma_c}$

$z^{II} \approx 0{,}9 \cdot 0{,}677 = 0{,}608 \, \text{m}$ (9.16): $z^{II} \approx 0{,}9 \cdot d$

gew.: $\Theta = 35°$ $\quad \dfrac{4}{7} < 1{,}43 = \cot 35 \leq \dfrac{7}{4}$ (9.35): $\dfrac{4}{7} \leq \cot\Theta \leq \dfrac{7}{4}$

$V_{Rd2} = \dfrac{0{,}525 \cdot 23{,}3 \cdot 0{,}30 \cdot 0{,}608}{\cot 35 + \tan 35} \cdot 10^3 = 1050 \, \text{kN}$ (9.46): $V_{Rd2} = \dfrac{\nu \cdot f_{cd} \cdot b_w \cdot z^{II}}{\cot\Theta + \tan\Theta}$

$V_{Sd} = 570 \, \text{kN} < 1050 \, \text{kN} = V_{Rd2}$ (9.31): $V_{Sd} \leq \begin{cases} V_{Rd2} \\ V_{Rd3} \end{cases}$

$0{,}2 \cdot 1050 = 210 \, \text{kN} < 570 \, \text{kN} < 703 \, \text{kN} = 0{,}67 \cdot 1050$ $0{,}2 \cdot V_{Rd2} < V_{Sd} \leq 0{,}67 \cdot V_{Rd2}$

$\max s_w = 0{,}6 \cdot 675 = 405 \, \text{mm} > \underline{300 \, \text{mm}}$ TAB 9.1: Zeile 2
$\max s_w = 0{,}6 \cdot d \leq 300$

Der Bügelquerschnitt wird so gewählt, daß die Bügel an den Endauflagern als alleinige Schubbewehrung ausreichen.

gew: <u>Bü Ø 10-20</u>   2schnittig

$s_w = 20 \, \text{cm} < 30 \, \text{cm} = \max s_w$ (9.24): $s_w \leq \max s_w$

vorh $a_{sw} = 2 \cdot 0{,}79 \dfrac{100}{20} = 7{,}9 \, \text{cm}^2/\text{m}$ (9.48): vorh $a_{sw} = n \cdot A_{s,ds} \dfrac{l_B}{s_w}$

$\min \rho_w = 0{,}0011$ TAB 9.3: C 35/45; BSt 500

$\rho_w = \dfrac{7{,}9 \cdot 10^{-2}}{30 \cdot \sin 90} = 0{,}0026 > 0{,}0011$ (9.50): $\rho_w = \dfrac{a_{sw}}{b_w \cdot \sin\alpha} \geq \min \rho_w$

(9.69):

$V_{Rd3,st} = 7{,}9 \cdot 0{,}608 \cdot 435 \cdot \sin 90 (\cot 35 + \cot 90) \cdot 10^{-1}$
$= 299 \, \text{kN}$

$V_{Rd3,st} = a_{sw,st} \cdot z^{II} \cdot f_{ywd} \cdot$
$\cdot \sin\alpha (\cot\Theta + \cot\alpha)$

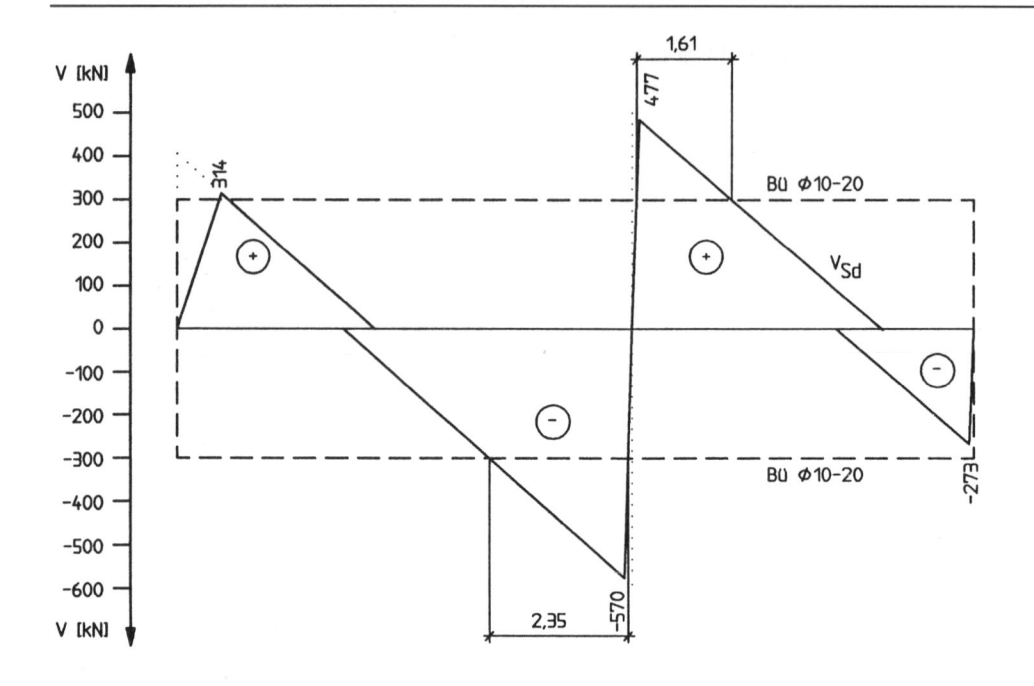

$$A_{sw,s} = \frac{0,5 \cdot (570 - 299) \cdot 2,35}{0,608 \cdot 435 \cdot \sin 45 (\cot 35 + \cot 45)} \cdot 10 = 7,0 \text{ cm}^2$$

gew.: 2 Ø 25
vorh $A_{sw,s} = 9,82 \text{ cm}^2 > 7,0 \text{ cm}^2 = A_{sw,s}$
max $s_w = 0,6 \cdot 0,677 \cdot (1 + \cot 45) = 0,812 \text{ m}$
Die Einhaltung dieser Bedingung ist anschaulich aus der Querkraftdeckungslinie ersichtlich, da $V_{Rd3,st} > 0,5 \cdot V_{Sd}$

Feld 2 Auflager B:
$z^{II} \approx 0,9 \cdot 0,695 = 0,625 \text{ m}$

$$A_{sw,s} = \frac{0,5 \cdot (477 - 299) \cdot 1,61}{0,624 \cdot 435 \cdot \sin 45 (\cot 35 + \cot 45)} \cdot 10 = 3,1 \text{ cm}^2$$

gew.: 1 Ø 25
vorh $A_{sw,s} = 4,91 \text{ cm}^2 > 3,1 \text{ cm}^2 = A_{sw,s}$

(9.71):
$$A_{sw,s} = \frac{\int_{(l)} (V_{Sd} - V_{Rd3,st}) dx}{z^{II} \cdot f_{ywd} \cdot \sin \alpha (\cot \Theta + \cot \alpha)}$$

(6.11): vorh $A_s \geq A_s$
(9.25): max $s_w = 0,6 \cdot d \cdot (1 + \cot \alpha)$
(9.49): min $a_{s,bü} = 0,5 \cdot a_{sw}$

(9.16): $z^{II} \approx 0,9 \cdot d$
(9.71):
$$A_{sw,s} = \frac{\int_{(l)} (V_{Sd} - V_{Rd3,st}) dx}{z^{II} \cdot f_{ywd} \cdot \sin \alpha (\cot \Theta + \cot \alpha)}$$

(6.11): vorh $A_s \geq A_s$
Beispiel wird mit Bsp. 9.6 fortgesetzt.

9 Bemessung für Querkräfte

ABB 9.18: Übliche Bügelformen und Verankerungselemente

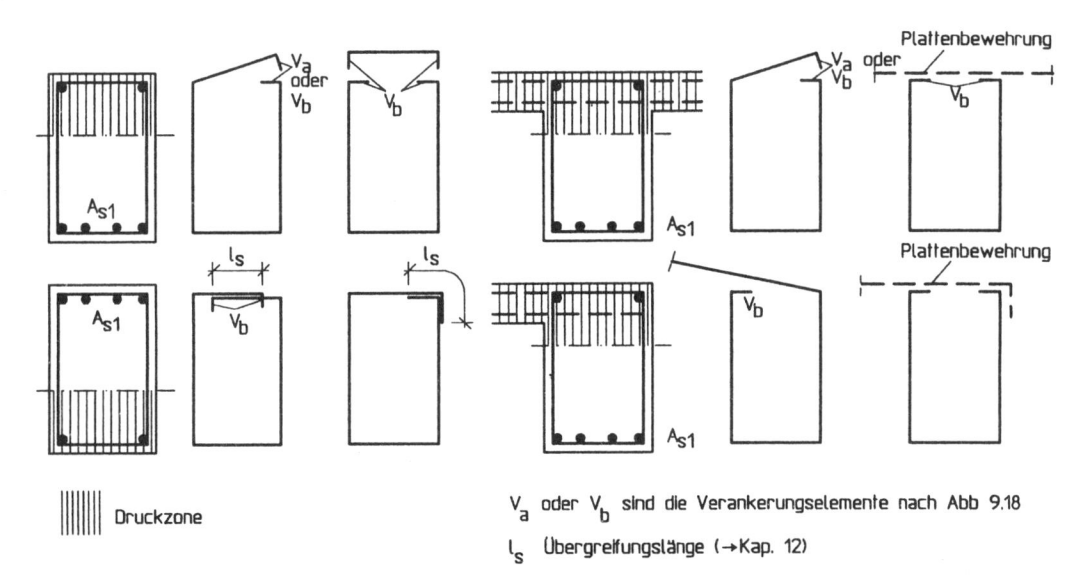

ABB 9.19: Übliche Bügelformen 2schnittiger Bügel bei Balken mit Rechteck- und Plattenbalkenquerschnitt

9.7 Bewehrungsformen

Bügel können in verschiedenen Biegeformen und mit unterschiedlichen Verankerungselementen (**ABB 9.18**) ausgeführt werden. Einige zweckmäßige Bügelformen für übliche Querschnitte sind in **ABB 9.19** dargestellt. In den meisten Fällen reichen zweischnittige Bügel aus. Bei breiten Balken (Überschreitung des zulässigen Abstands in Querrichtung) oder bei sehr hoher Querkraftbeanspruchung werden drei- und vierschnittige Bügel angeordnet (**ABB 9.18**).

Schubzulagen in Form von Betonstahlmatten (Schubleitern) sind nur bei sehr großen Stückzahlen wirtschaftlich. Aus diesem Grund ist die dreischnittige Schubbewehrung Sonderfällen vorbehalten.

Bei Schrägaufbiegungen wird die Biegeform des Stabes im Zuge der Zugkraftdeckung bestimmt. Ein Bewehrungsstab soll dabei nicht mehr als eine Auf- und eine Abbiegung aufweisen.

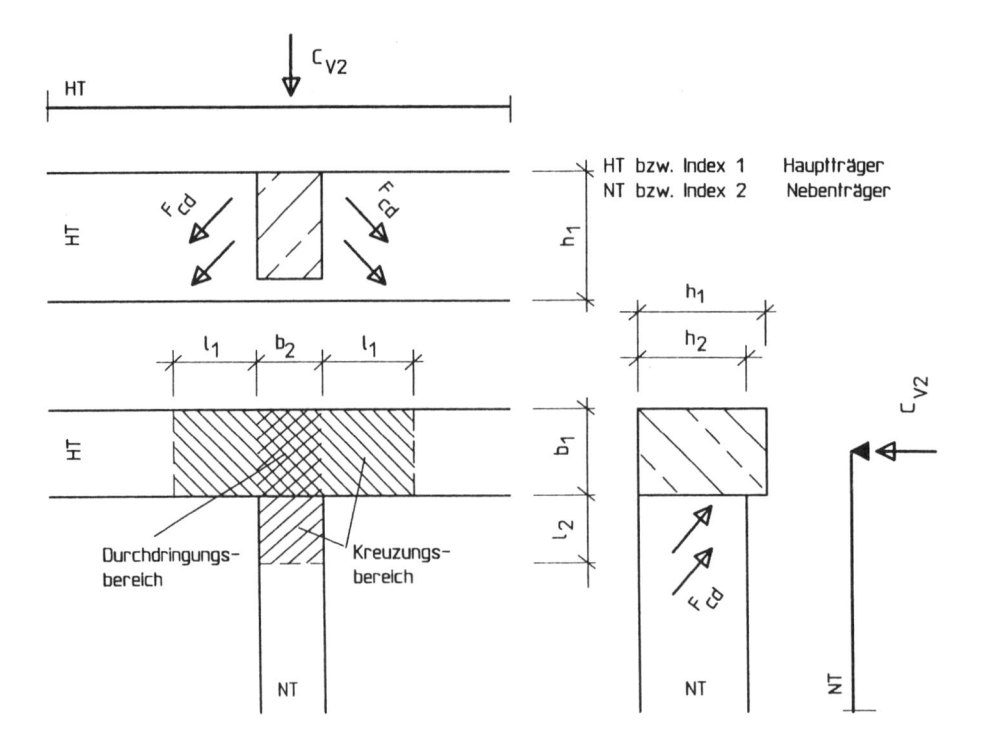

ABB 9.20: Lasteintrag des Nebenträgers in den Hauptträger bei mittelbarer Lagerung

9.8 Einhängebewehrung von Nebenträgern

Wenn eine mittelbare Stützung vorliegt, muß die Auflagerkraft des Nebenträgers, die in den Hauptträger eingeleitet wird, durch eine Einhängebewehrung gesichert werden (ABB 9.20). Die Einhängebewehrung kann aus Bügeln oder Schrägaufbiegungen bestehen. Sie ist im Haupt- und Nebenträger anzuordnen. Während die Einhängebewehrung des Nebenträgers im Kreuzungsbereich (des Nebenträgers) angeordnet wird, liegt diejenige des Hauptträgers im Durchdringungsbereich und im Kreuzungsbereich (des Hauptträgers). Die maximale Größe der Bereiche und der Einhängebewehrung läßt sich mit folgenden Gleichungen bestimmen:

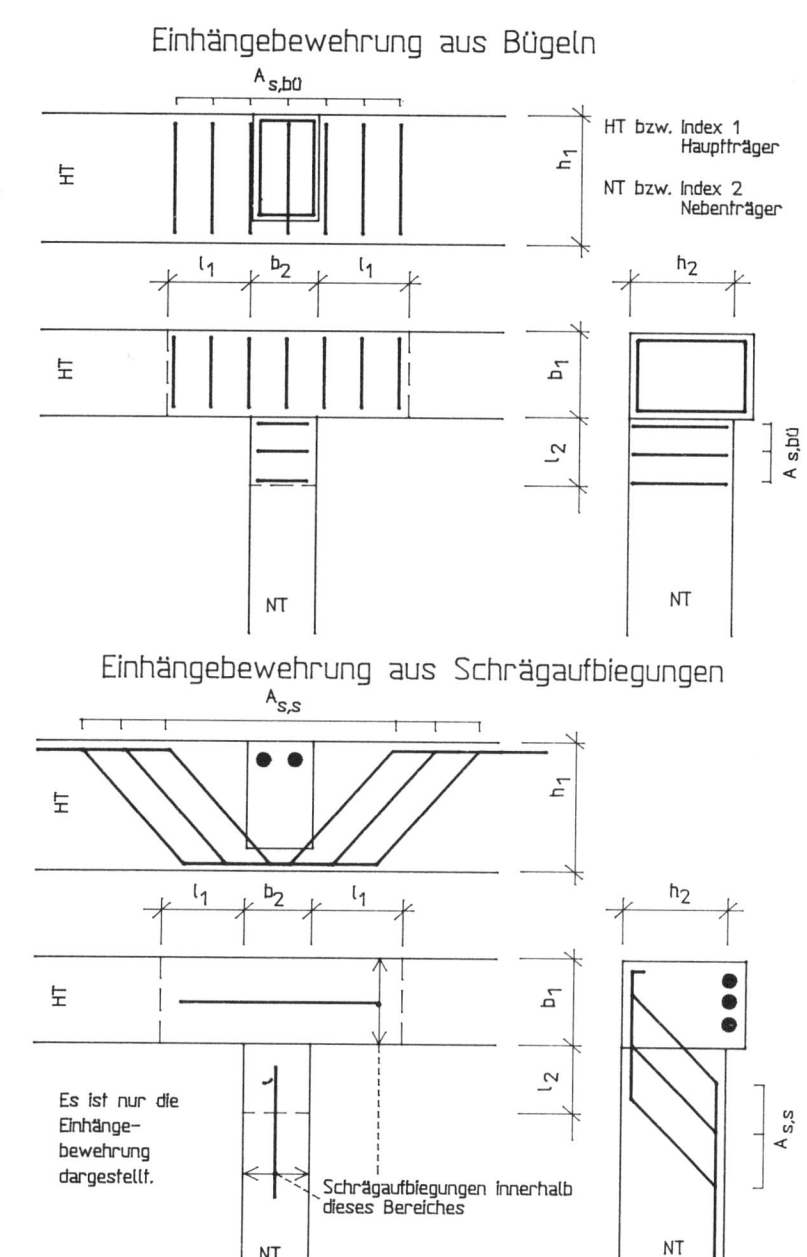

ABB 9.21: Einhängebewehrung

$$A_{s,st} = \frac{C_{V2}}{f_{yd}} \tag{9.76}$$

$$l_1 = \min\begin{cases} \frac{h_1}{3} \\ \frac{h_1 - b_2}{2} \end{cases} \tag{9.77}$$

$$l_2 = \min\begin{cases} \frac{h_2}{3} \\ \frac{h_2 - b_1}{2} \end{cases} \tag{9.78}$$

- Aufhängebewehrung aus Schrägaufbiegungen

$$A_{s,s} = \frac{C_{V2}}{\sqrt{2} \cdot f_{yd}} \tag{9.79}$$

Eine im Kreuzungsbereich vorhandene Schubbewehrung darf auf die Einhängebewehrung angerechnet werden, wenn der Nebenträger vollständig in den Hauptträger einbindet ($h_1 \geq h_2$).

Sofern an einem Bauteil Lasten unten angreifen (z. B.: bei einem Überzug), sind diese mittels einer Aufhängebewehrung hochzuhängen. Die Aufhängebewehrung ist für die volle hochzuhängende Last zu bemessen.

$$a_{s,bü} = \frac{F_d}{f_{yd}} \tag{9.80}$$

Beispiel 9.6: Einhängebewehrung eines Nebenträgers
(Fortsetzung von Beispiel 9.5)

gegeben: - Schnittgrößen von Beispiel 4.3 und Schubbewehrung von Beispiel 9.5

gesucht: - Einhängebewehrung für Auflager B

Lösung:
Auflager B links:

$C_{V2} = 586 \text{ kN}$ | vgl. Beispiel 4.3

$A_{s,st} = \frac{586}{435} \cdot 10 = 13,5 \text{ cm}^2$ | (9.76): $A_{s,st} = \frac{C_{V2}}{f_{yd}}$

gew: 9 Bü Ø 10 2schnittig

vorh $A_{sw} = 2 \cdot 9 \cdot 0,79 = 14,2 \text{ cm}^2$ | (9.11). $A_{sw} = n \cdot A_{s,ds}$

vorh $A_s = 14,2 \text{ cm}^2 > 13,5 \text{ cm}^2 = A_s$ | (6.11): vorh $A_s \geq A_s$

$l_2 = \min\begin{cases} \frac{0,75}{3} = 0,25 \text{ m} \\ \frac{0,75 - 0,25}{2} = 0,25 \text{ m} \end{cases}$ | (9.78): $l_2 = \min\begin{cases} \frac{h_2}{3} \\ \frac{h_2 - b_1}{2} \end{cases}$

9 Bemessung für Querkräfte

$\frac{0{,}25}{2} + 0{,}25 = 0{,}375 \text{ m} > 0{,}20 \text{ m}$

→ 2 Bügel der normalen Schubbewehrung können angerechnet werden.

gew.: <u>7 zusätzliche Bü Ø10   2schnittig</u>

Auflager B rechts:

$C_{V2} = 493$ kN

$A_{s,st} = \frac{493}{435} \cdot 10 = 11{,}3 \text{ cm}^2$

gew.: 7 Bü Ø10   2schnittig

vorh $A_{sw} = 2 \cdot 7 \cdot 0{,}79 = 11{,}1 \text{ cm}^2$

vorh $A_s = 11{,}1 \text{ cm}^2 \approx 11{,}3 \text{ cm}^2 = A_s$

gew.: <u>5 zusätzliche Bü Ø10   2schnittig</u>

Hauptträger:

$A_{s,st} = 13{,}5 + 11{,}3 = 24{,}8 \text{ cm}^2$

$l_1 = \min \begin{cases} \frac{0{,}90}{3} = 0{,}30 \text{ m} \\ \frac{0{,}90-0{,}30}{2} = 0{,}30 \text{ m} \end{cases}$

Als Schubbewehrung wurde gewählt Bü Ø 10-20 (vgl. Bsp. 9.5)

vgl. Beispiel 4.3

(9.76): $A_{s,st} = \frac{C_{V2}}{f_{yd}}$

(9.11). $A_{sw} = n \cdot A_{s,ds}$

(6.11): vorh $A_s \geq A_s$

(9.77): $l_1 = \min \begin{cases} \frac{h_1}{3} \\ \frac{h_1-b_2}{2} \end{cases}$

10 Bemessung für Torsionsmomente

10.1 Allgemeine Grundlagen

Bei Stahlbetontragwerken muß nur dann die Aufnahme von Torsionsmomenten nachgewiesen werden, wenn ohne Wirkung der Torsionsmomente kein Gleichgewicht möglich ist (Gleichgewichtstorsion). Wenn Torsionsmomente aus Verträglichkeitsbedingungen entstehen, werden sie im Hochbau konstruktiv ohne Nachweis durch eine geeignete Bewehrungsführung abgedeckt (**ABB 10.1**).

Sofern eine Bemessung für die Torsionsmomente erforderlich ist, wird diese im Stahlbetonbau getrennt von der Biegebemessung geführt. Bei gleichzeitigem Auftreten von Querkräften und Torsionsmomenten wird eine kombinierte Bemessung für diese beiden Schnittgrößen durchgeführt.

Eine unbeabsichtigte Einspannung von Decken im Hochbau in die Unterzüge wird i. allg. rechnerisch nicht berücksichtigt. Die Unterzüge werden als starre Linienkipplager angesetzt. Durch diese Annahme treten in den Unterzügen (rechnerisch) keine Torsionsmomente auf. Diese Vereinfachung ist berechtigt, da die Torsionssteifigkeit durch Rißbildung (Zustand II) sehr viel stärker abnimmt als die Biegesteifigkeit.

Die Bemessung für Torsionsmomente muß wie die Bemessung für Querkräfte folgende Aufgaben erfüllen:

- Es muß durch die Bemessung sichergestellt werden, daß die Hauptzugspannungen σ_1 durch eine zusätzliche Bewehrung aufgenommen werden können. Diese Bewehrung besteht aus Bügeln und Längsstäben (**ABB 10.5**).
- Die Hauptdruckspannungen σ_2 werden vom Beton übertragen und dürfen die Betondruckfestigkeit nicht überschreiten. Sie sind daher durch einen Vergleich mit zulässigen Spannungen oder nach Integration mit Bauteilwiderständen in ihrer Größe zu begrenzen.

Entsprechend dem allgemeinen Bemessungsformat werden die einwirkenden Torsionsmomente T_{Sd} den aufnehmbaren Torsionsmomenten T_{Rdi} (=Bauteilwiderständen) gegenübergestellt.

$$T_{Sd} \leq T_{Rdi} \tag{10.1}$$

- Index i = 1 für den Nachweis der Betondruckstreben
- Index i = 2 für den Nachweis der Torsionsbewehrung

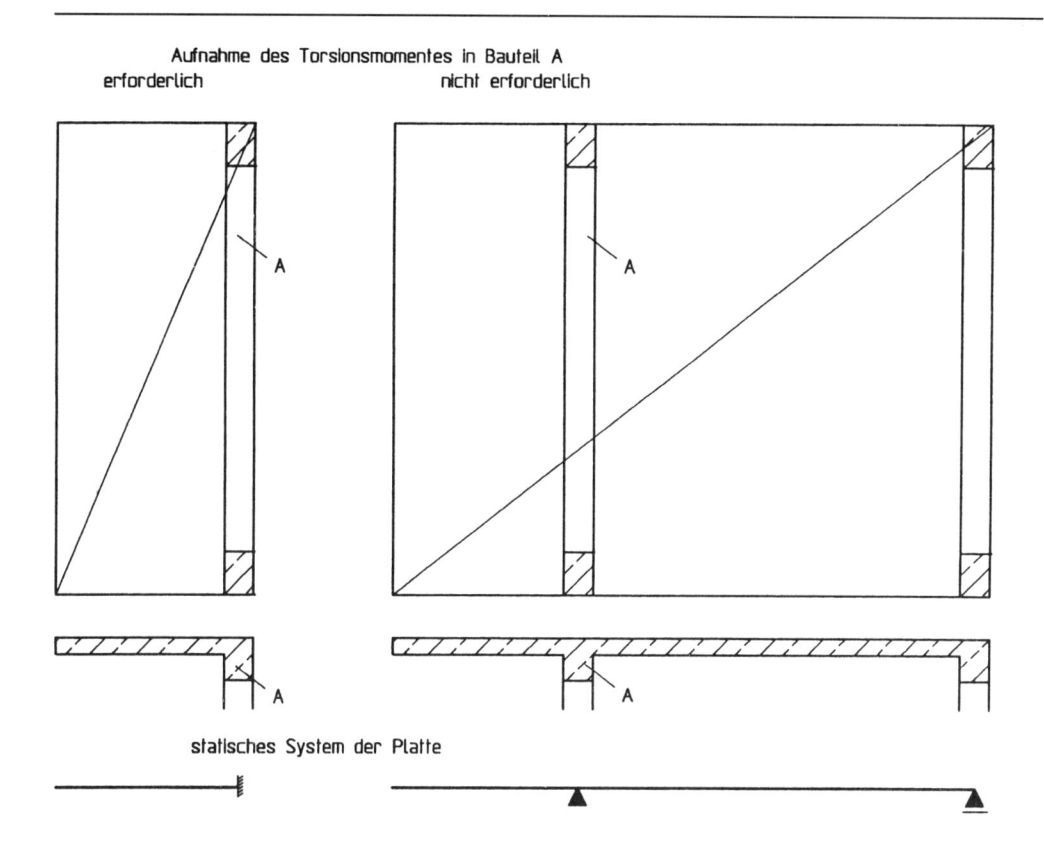

ABB 10.1: Erfordernis der Aufnahme von Torsionsmomenten

Im Stahlbetonbau wird unter dem Begriff "Torsion" i. d. R. ausschließlich die St. Venantsche Torsion verstanden, die zu umlaufenden Schubflüssen im Querschnitt führt. Dünnwandige Querschnitte (wie sie im Stahlbau auftreten) führen zusätzlich zur Wölbkrafttorsion.

10.2 Bauteilquerschnitte

10.2.1 Schubmittelpunkt

Das Torsionsmoment ergibt sich aus dem Kräftepaar der resultierenden äußeren Last und der Querkraft. Ein Querschnitt bleibt somit nur dann torsionsfrei, wenn die Wirkungslinie der äußeren Last durch den Schubmittelpunkt geht (und der Träger gerade ist). Bei vielen der im Stahlbetonbau gebräuchlichen Querschnitte fallen der Schubmittelpunkt und der Schwerpunkt zusammen (**ABB 10.2**).

10.2.2 Geschlossene Querschnitte

Geschlossene Profile sind für die Übertragung von Torsionsmomenten besser geeignet als offene, da die Schubkraft einen größeren Hebelarm z hat (**ABB 10.3**). Bei einem gleich großen Torsionsmoment treten deshalb bei einem offenen Querschnitt wesentlich höhere Beanspruchungen aus Torsion auf.

Die Bemessung erfolgt für das größte Moment. Das Torsionsmoment wird dabei auf den Gesamtquerschnitt angesetzt. Aufgrund des Bemessungsmodells ($\rightarrow$ Kap 10.3) erfolgt die Bemessung für einen (gedachten) Hohlquerschnitt. Hierbei müssen folgende geometrische Parameter bekannt sein:

- Wanddicke t_k des (gedachten) Hohlkastens. Bei Hohlquerschnitten entspricht sie der tatsächlichen Wanddicke, bei Vollquerschnitten darf sie nach [V1] § 4.3.3.1 unter Beachtung folgender Grenzwerte festgelegt werden:

$$2 \, \text{nom} \, c \leq t_k \leq \frac{A}{u} \tag{10.2}$$

A Gesamtfläche des Querschnitts einschließlich hohler Innenbereiche

u äußerer Umfang

Für Rechteckquerschnitte gilt:
$$A = b \cdot h \tag{10.3}$$
$$u = 2(b + h) \tag{10.4}$$

- die Kernquerschnittsfläche A_k, die von der Mittellinie des (gedachten) Hohlkastens umgeben wird.
$$b_k = b - t_k \tag{10.5}$$
$$d_k = h - t_k \tag{10.6}$$

Für Rechteckquerschnitte gilt:
$$A_k = b_k \cdot d_k \tag{10.7}$$

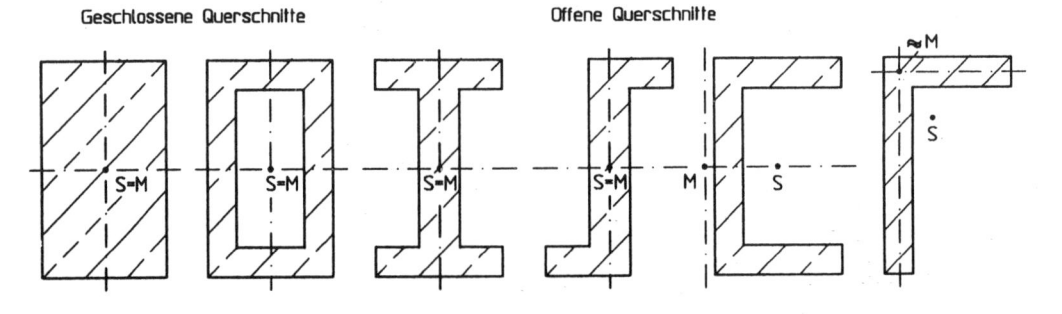

S   Schwerpunkt
M   Schubmittelpunkt

ABB 10.2: Lage des Schubmittelpunktes bei unterschiedlichen Querschnittsformen

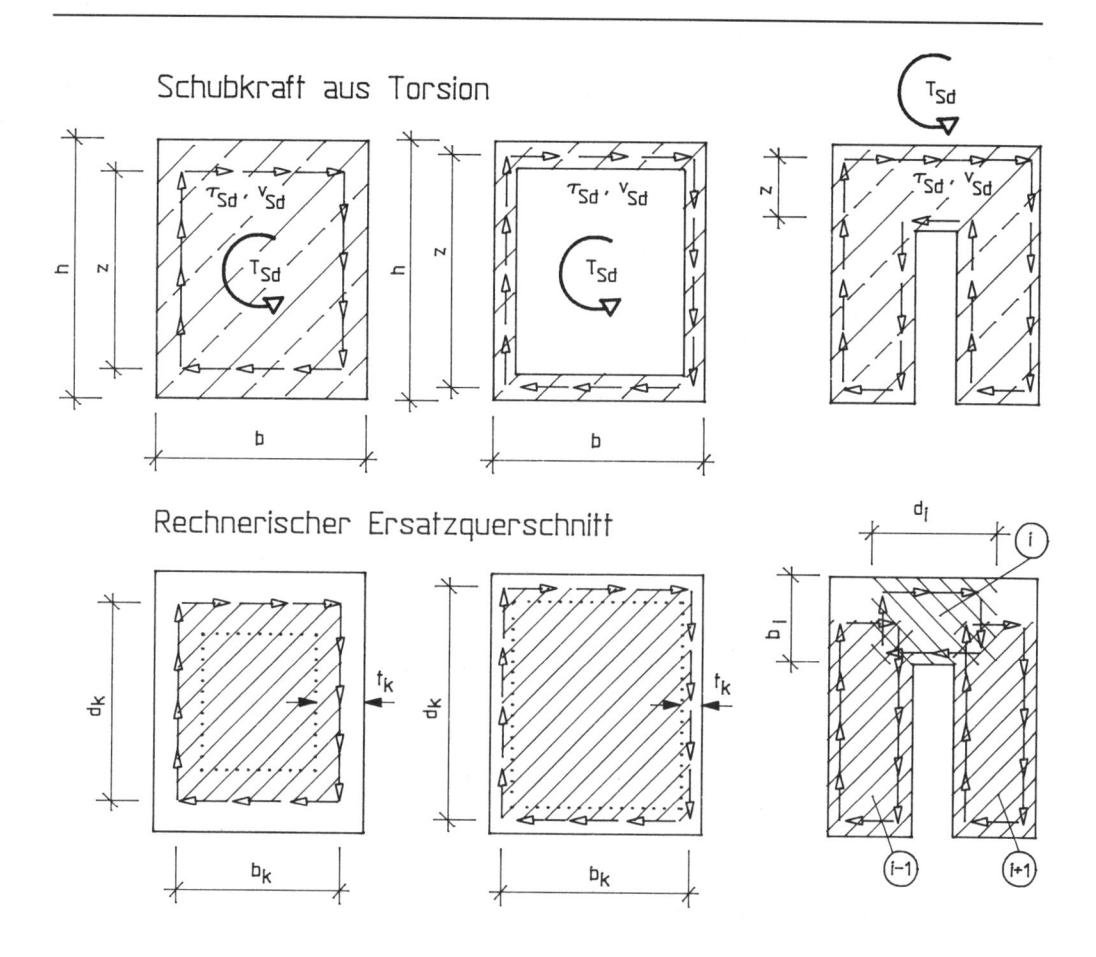

ABB 10.3: Schubkräfte bei geschlossenen und offenen Querschnitten

Für den Nachweis des Bauteilwiderstandes der Betondruckstreben wird die Festigkeit der Druckstreben benötigt. Diese ist hierbei wie bei der Bemessung für Querkräfte mit einem Beiwert ν abzumindern, um den Einfluß unregelmäßig verlaufender Risse zwischen den Druckstreben zu berücksichtigen. Während Hohlkastenquerschnitte auf Innen- und Außenseite der Wandung je einen Bügelschenkel aufweisen (→ **ABB 10.6**), haben Vollquerschnitte nur auf der jeweiligen Außenseite einen Bügelschenkel. Aus diesem Grund ist mit größeren Rissen zu rechnen, weshalb die Druckstrebenfestigkeit stärker abgemindert werden muß. Der Beiwert ν nach Gl (9.22) wird daher nochmals reduziert:

$$\nu' = 0,7 \cdot \nu = 0,7 \cdot \left(0,7 - \frac{f_{ck}}{200}\right) \geq 0,35 \qquad f_{ck} \text{ in N/mm}^2 \qquad (10.8)$$

10.2.3 Offene Querschnitte

Zur Bemessung wird der Querschnitt in mehrere Teilquerschnitte zerlegt, die ihrerseits Rechtecke sind. Es wird angenommen, daß sich in jedem Teilrechteck eine eigene Schubkraft ausbildet (**ABB 10.3**). Dabei verteilt sich das Gesamttorsionsmoment T_{Sd} auf die einzelnen Rechtecke im Verhältnis ihrer Torsionsflächenmomente $I_{T,i}$. Für jeden Teilquerschnitt wird das anteilige Torsionsmoment bestimmt.

$$I_{T,i} = \alpha \cdot b_i^3 \cdot d_i \qquad (10.9)$$

$$W_{T,i} = \beta \cdot b_i^2 \cdot d_i \qquad (10.10)$$

α, β Beiwerte nach **TAB 10.1**

$$T_{Sd,i} = T_{Sd} \cdot \frac{I_{T,i}}{\sum_i I_{T,i}} \qquad (10.11)$$

d_i/b_i	1,00	1,25	1,50	2,00	3,00	4,00	6,00	10,0	∞
α	0,140	0,171	0,196	0,229	0,263	0,281	0,299	0,313	0,333
β	0,208	0,221	0,231	0,246	0,267	0,282	0,299	0,313	0,333

TAB 10.1: Beiwerte für das Torsionswiderstands- und -flächenmoment

10.3 Bemessungsmodell

Wenn ein Stab aus homogenem isotropem Material durch ein Torsionsmoment beansprucht wird, entstehen die Hauptspannungen nur aus den Schubspannungen infolge Torsion τ_T. Die Hauptspannungen verlaufen in einem Winkel von ±45° zur Stabachse und sind betragsmäßig gleich groß. Der Maximalwert der Schubspannungen tritt an den Querschnittsrändern der schmaleren Hauptachse auf (**ABB 10.4**). Die Ecken und der Schubmittelpunkt M sind spannungsfrei.

Stahlbetontragwerke tragen jedoch (rechnerisch) erst im gerissenen Zustand. Das Bauteil ist dann nicht mehr isotrop. Im Zustand II läßt sich das Tragverhalten analog zur Querkraftbemessung durch ein Fachwerkmodell beschreiben.Bei Torsionsbeanspruchung handelt es sich jedoch um ein räumliches Fachwerk. Die Betondruckstreben laufen hierbei um den Querschnitt herum. Für die Zugstreben bietet sich (theoretisch) eine hierzu senkrecht verlaufende Wendelbewehrung an. Sie ist jedoch aus folgenden Gründen wenig praktikabel:

- Die Wendelbewehrung ist bei Rechteckquerschnitten sehr schwer herstellbar.
- Der Drehsinn der Wendel muß mit dem Drehsinn des Momentes übereinstimmen. Auf der Baustelle besteht jedoch die Gefahr eines verkehrten Einbaus, wodurch die Bewehrung wirkungslos wäre.

10 Bemessung für Torsionsmomente

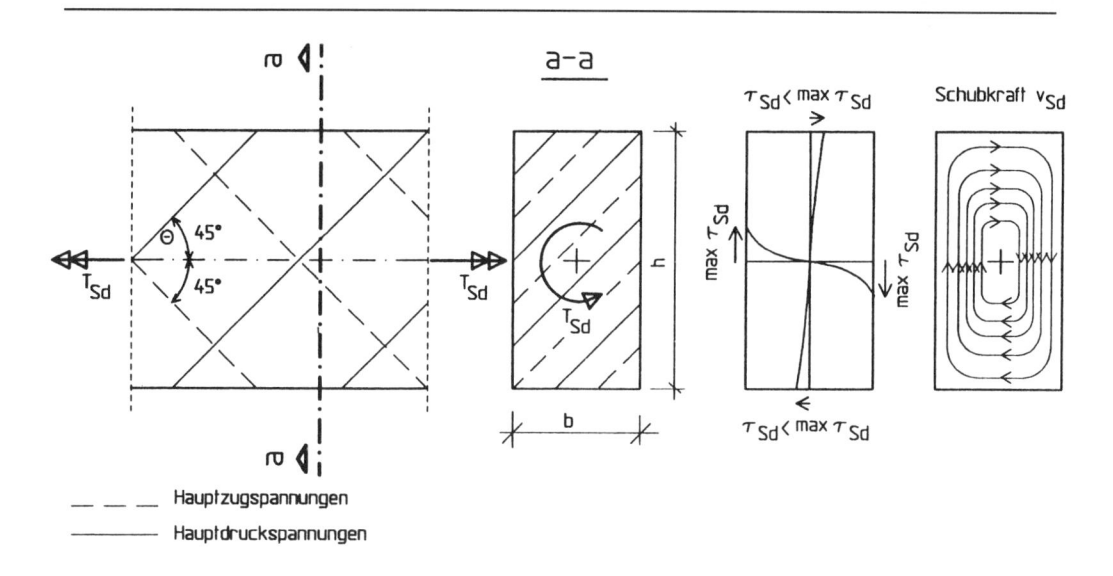

ABB 10.4: Hauptspannungen infolge Torsion

Daher zerlegt man die Zugkraft in Richtung der Hauptzugspannungen nochmals und verwendet ein orthogonales Netz aus Bügeln und Längsstäben (**ABB 10.5**). Das Vorzeichen der Torsionsmomente ist damit ohne Auswirkung.

$$T_{Sd} = \max|T_d| \tag{10.12}$$

Die Fachwerkmodelle für Querkraft und Torsionsmomente unterscheiden sich jedoch in folgenden Punkten:

- Das Fachwerk für Torsion ist ein räumliches, das Fachwerk für Querkräfte ein ebenes Fachwerk. Bei Torsionsbeanspruchung werden somit auch die horizontalen Bügelschenkel benötigt, und die Bügel müssen daher geschlossen sein.
- Beim Fachwerk für Querkraft sind die Zugkräfte in den Stäben parallel zur Querkraft auf beiden Seiten des Bauteils gleichgerichtet (2schnittiger Bügel), beim Fachwerk für Torsion sind die Zugkräfte auf beiden Seiten entgegengerichtet (vgl. **ABB 10.3**).
- Bei geschlossenen Vollquerschnitten trägt im wesentlichen die äußere Schale (**ABB 10.4**). Die Bemessung erfolgt daher wie für Hohlquerschnitte.
- Die Neigung der Druckstreben bei Querkraftbeanspruchung hängt von der Größe derselben ab. Die Neigung der Druckstreben bei Torsion ist nahezu belastungsunabhängig $\Theta = 45°$.

Die Bemessungsgleichungen werden in analoger Weise zu denen der Querkraftbemessung bestimmt (→ Kap 9.3). Der Schubfluß kann aus der 1. BREDTschen Formel ermittelt werden:

$$v_{Sd} = \frac{T_{Sd}}{2 \cdot A_k} \tag{10.13}$$

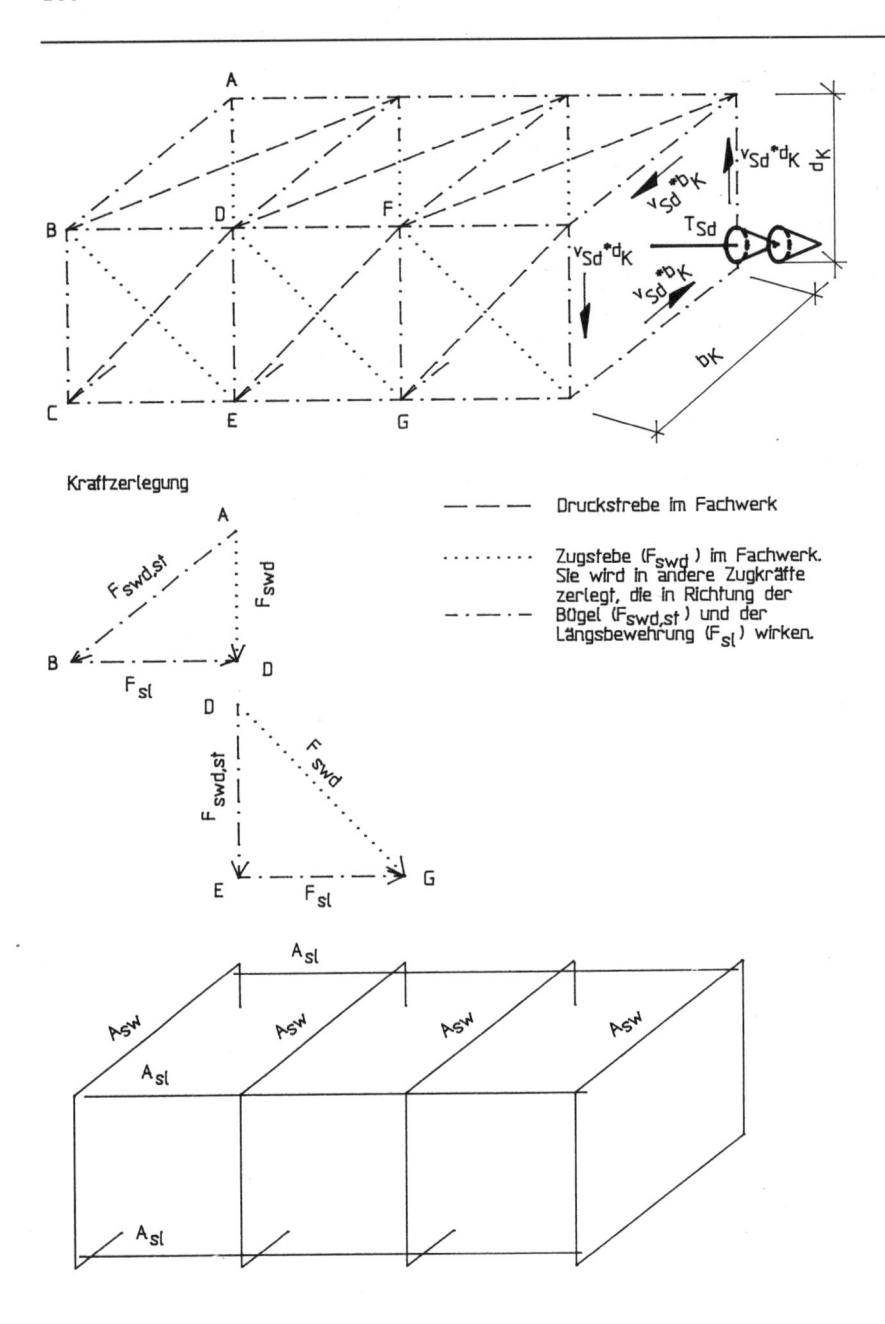

ABB 10.5: Räumliches Fachwerkmodell für Torsion und die Aufteilung der Zugkräfte auf die Bewehrung

Druckstrebenbeanspruchung:

$$F_{cwd} = \frac{v_{Sd}}{\sin\Theta \; \cos\Theta} \qquad (10.14)$$

10 Bemessung für Torsionsmomente

Breite Balken, **Schmale Balken**, **Kleine Balken** ($s_l \leq 35$ cm, $s_l \leq 35$ cm)

Hohlkästen, **Offene Querschnitte**

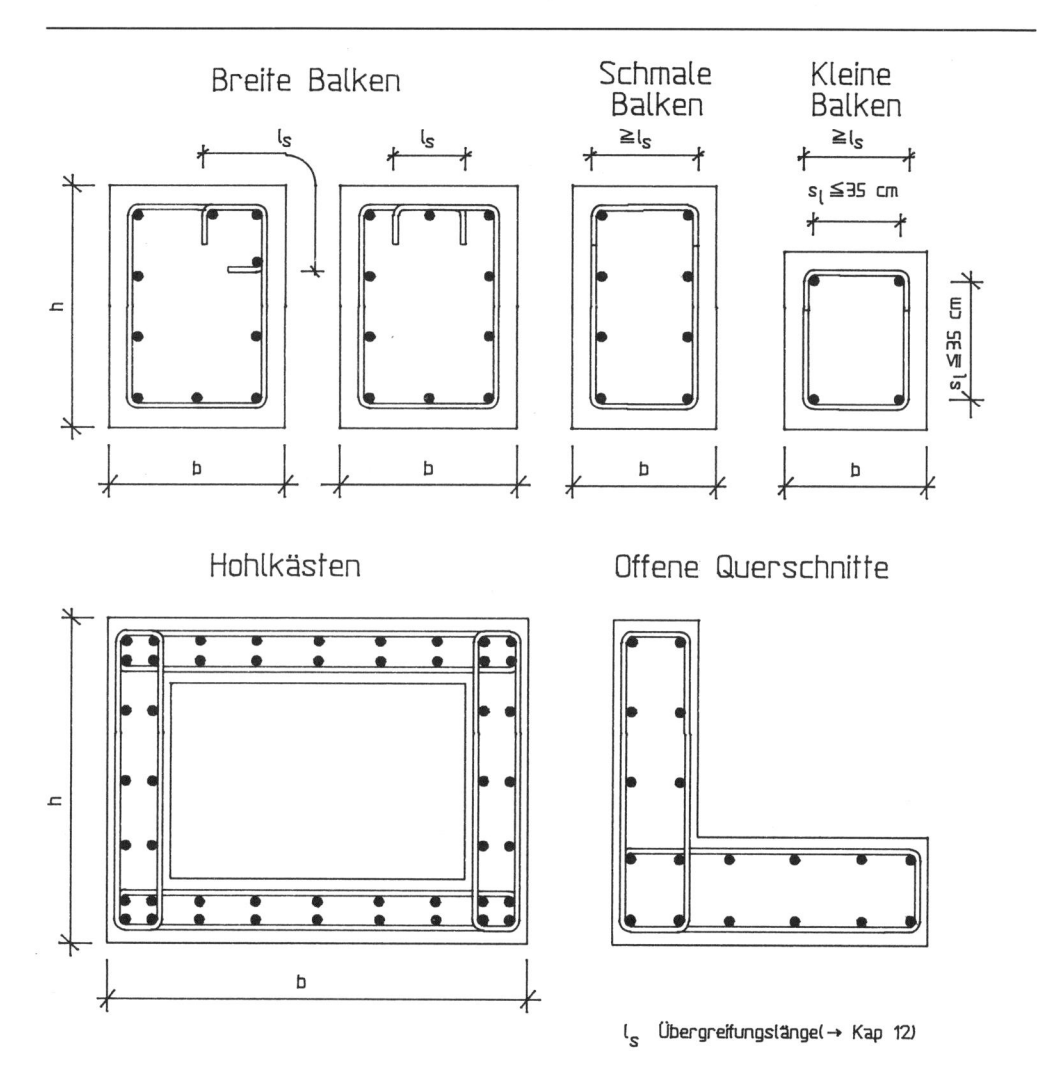

l_s Übergreifungslänge (→ Kap 12)

ABB 10.6: Ausbildung der Torsionsbewehrung

$$\left|\sigma_{c2}^{II}\right| = \frac{F_{cwd}}{t_k}$$

$$\left|\sigma_{c2}^{II}\right| = \frac{T_{Sd}}{2 \cdot A_k \cdot t_k \cdot \sin\Theta \cos\Theta} = \frac{T_{Sd}}{2 \cdot A_k \cdot t_k}(\tan\Theta + \cot\Theta) \leq \nu \cdot f_{cd} \tag{10.15}$$

Torsionsbügelbewehrung:

$$a_{sw} = \frac{A_{sw}}{s_w} = \frac{v_{Sd}}{f_{ywd}} \cdot \tan\Theta$$

$$a_{sw} = \frac{T_{Sd}}{2 \cdot A_k \cdot f_{ywd}} \cdot \tan\Theta \tag{10.16}$$

Torsionslängsbewehrung:

$$a_{sl} = \frac{T_{Sd}}{2 \cdot A_k \cdot f_{ywd}} \cdot \cot\Theta \qquad (10.17)$$

a_{sl} auf den Umfang bezogene Fläche der Torsionslängsbewehrung

10.4 Bewehrungsführung

Die Torsionsbewehrung besteht aus Bügeln und Längsstäben. Bei größeren Bauteilabmessungen (b bzw. $h > 40$ cm) werden die Längsstäbe nicht nur in den Ecken konzentriert, sondern gleichmäßig über den Querschnitt verteilt (**ABB 10.6**).

$$s_l \leq 0{,}35\,\text{m} \qquad (10.18)$$

Die Bügel sind bei Torsion geschlossen auszubilden (lediglich bei 4schnittigen Bügeln darf der innere Bügel offen sein). Die Bügelschenkel sind kraftschlüssig zu schließen. Die Bügelabstände dürfen zusätzlich zu den Bestimmungen bei Querkraft folgenden Wert nicht überschreiten ([V1] § 5.4.2.3):

$$s_w \leq \frac{u_K}{8} \qquad (10.19)$$

Die für Balken vorgeschriebene Mindestschubbewehrung (**TAB 9.3**) ist sowohl für die Torsionslängs- als auch für die -bügelbewehrung einzuhalten.

$$\rho_w = \frac{a_{sw}}{t_k} \geq \min\rho_w \qquad (10.20)$$

$$\rho_l = \frac{a_{sl}}{t_k} \geq \min\rho_w \qquad (10.21)$$

10.5 Bemessung von Bauteilen bei alleiniger Wirkung von Torsionsmomenten

Beim Nachweis der Torsionsbeanspruchung muß die Methode mit wählbarer Druckstrebenneigung gewählt werden. Die Neigung der Druckstrebe kann dabei innerhalb der nachstehend angegebenen Grenzen gewählt werden. Sie wird jedoch hierbei i. d. R. mit $\Theta = 45°$ gewählt werden, da bei dieser Neigung die erforderliche Torsionsbewehrung ihr Minimum aufweist.

ENV 1992 [V1]: $\quad 0{,}4 \leq \cot\Theta \leq 2{,}5 \qquad (10.22)$

Anwendungsrichtlinie [V4]: $\quad \frac{4}{7} \leq \cot\Theta \leq \frac{7}{4} \qquad (10.23)$

Den Bauteilwiderstand der Druckstrebe erhält man, indem Gl. (10.15) umgeformt wird.

$$T_{Rd1} = \frac{2 \cdot \nu \cdot f_{cd} \cdot t_k \cdot A_k}{\tan\Theta + \cot\Theta} \tag{10.24}$$

Die Torsionsbewehrung läßt sich direkt aus den Gln (10.16) und (10.17) ermitteln. Sofern die Torsionsbewehrung gewählt wurde und der Nachweis des Bauteilwiderstandes der Zugstreben zu führen ist, erhält man durch Umformung:

$$T_{Rd2} = \begin{cases} 2 \cdot A_k \cdot \cot\Theta \dfrac{A_{sw} \cdot f_{ywd}}{s_w} \\ \\ 2 \cdot A_k \cdot \tan\Theta \dfrac{A_{sl} \cdot f_{ywd}}{u_k} \end{cases} \tag{10.25}$$

10.6 Bemessung von Bauteilen bei kombinierter Wirkung von Querkräften und Torsionsmomenten

Die Bemessung bei einer kombinierten Beanspruchung erfolgt näherungsweise durch

- Bemessung der Druck- und Zugstreben für alleinige Querkraftbeanspruchung mit dem Verfahren für wählbare Druckstrebenneigung
- Bemessung der Druck- und Zugstreben für alleinige Torsionsbeanspruchung, wobei der Winkel der Druckstrebenneigung mit dem beim Querkraftnachweis angesetzten übereinstimmen muß
- Zusätzliche Interaktion für Momenten-, Querkraft- und Torsionsbeanspruchung. Die erforderliche Bewehrung wird aus der Addition der für getrennte Beanspruchung ermittelten Bewehrungsanteile erhalten.

$$A_{sl} = A_{sl,M} + A_{sl,T} \tag{10.26}$$
$$a_{sw} = a_{sw,V} + a_{sw,T} \tag{10.27}$$

Sofern die Gesamtbewehrung minimiert werden soll, muß eine Iteration mit verschiedenen Druckstrebenneigungen durchgeführt werden.
Für den Nachweis der Druckstrebe muß je nach Querschnitt eine der folgenden Interaktionsgleichungen erfüllt werden.

- Hohlkastenquerschnitte: $\quad \dfrac{T_{Sd}}{T_{Rd1}} + \dfrac{V_{Sd}}{V_{Rd2}} \leq 1{,}0 \tag{10.28}$

- Vollquerschnitte, offene Querschnitte: $\left(\dfrac{T_{Sd}}{T_{Rd1}}\right)^2 + \left(\dfrac{V_{Sd}}{V_{Rd2}}\right)^2 \leq 1{,}0 \quad (10.29)$

Für Vollquerschnitte und offene Querschnitte darf die günstigere geometrische Interpolation verwendet werden, da die Torsionsmomente nur die äußere Schale beanspruchen, während für die Querkräfte die gesamte Bauteilbreite zur Verfügung steht. Sofern der Bauteilwiderstand im äußeren Bereich infolge der Torsionsbeanspruchung ausgenutzt wird, kann das Bauteilinnere die Querkraft abtragen. Für Hohlkastenquerschnitte ist diese günstige Lastverteilung nicht möglich, da sich beide Beanspruchungen auf die dünnen Wandungsquerschnitte konzentrieren und eine Umlagerung nicht möglich ist. Hier ist daher die ungünstigere lineare Interpolationsgleichung zu verwenden.

Sofern ein näherungsweise rechteckiger Vollquerschnitt vorliegt und nur geringe Einwirkungen aus Querkräften und Torsionsmomenten vorliegen, ist keine Schub- und Torsionsbewehrung erforderlich. Es ist nur die Mindestbügelbewehrung gemäß **TAB 9.3** in den Bauteilquerschnitt einzulegen. Geringe Einwirkungen liegen vor, sofern die folgenden beiden Bedingungen eingehalten werden können:

$$T_{Sd} \leq \frac{b_w}{4,5} V_{Sd} \qquad b_w \text{ in m} \qquad (10.30)$$

$$V_{Sd} \cdot \left(1 + \frac{4,5 \cdot T_{Sd}}{b_w \cdot V_{Sd}}\right) \leq V_{Rd1} \qquad b_w \text{ in m} \qquad (10.31)$$

Beispiel 10.1: Bemessung für Querkräfte und Torsionsmomente

gegeben: - Kragarm mit Abmessungen und Einwirkungen lt. Skizze
- Bauteil befindet sich im Inneren eines Gebäudes.
- Baustoffe C 35/45; BSt 500

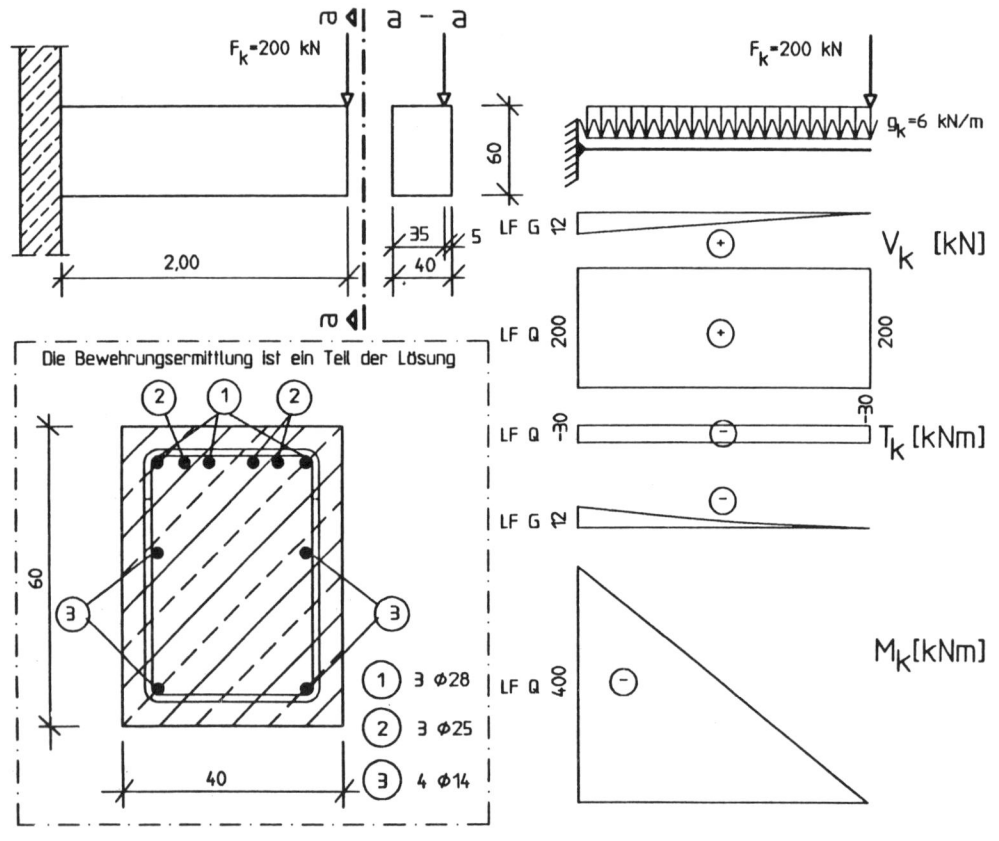

gesucht: - Bemessung des Bauteils

10 Bemessung für Torsionsmomente

Lösung:
Biegebemessung:

$\min M_{Sd} = 1{,}35 \cdot (-12) + 1{,}50 \cdot (-400) = -616 \text{ kNm}$

$M_{Sd,s} = |-616| - 0 = 616 \text{ kNm}$
$\min c_{\text{TAB 3.1}} = 15 \text{ mm}$
$\text{nom } c = 15 + 10 = 25 \text{ mm}$
$\text{est } d = 60 - 2{,}5 - 1{,}2 - \dfrac{2{,}8}{2} = 54{,}9 \text{ cm}$

$k_h = \dfrac{54{,}9}{\sqrt{\dfrac{616}{0{,}4}}} = 1{,}40$

$k_s = 2{,}74;\ \zeta = 0{,}84$

$A_s = \dfrac{616}{54{,}9} \cdot 2{,}74 + 0 = \underline{30{,}7 \text{ cm}^2}$

$\min A_{s1} = \max \begin{cases} \dfrac{0{,}6 \cdot 40 \cdot 54{,}9}{435} = 3{,}0 \text{ cm}^2 \\ 0{,}0015 \cdot 40 \cdot 54{,}9 = 3{,}3 \text{ cm}^2 \end{cases} < 30{,}7 \text{ cm}^2$

Rißbreitenbeschränkung:
nicht erforderlich, da Innenbauteil

Querkraftbemessung:
$\min T_d = 1{,}50 \cdot (-30) = -45 \text{ kNm}$

$\max V_d = 1{,}35 \cdot (12) + 1{,}50 \cdot (200) = 316 \text{ kN}$

$x_V = \dfrac{0}{2} + 0{,}549 = 0{,}549 \text{ m}$

$V_{Sd} = 316 - 1{,}35 \cdot 6 \cdot 0{,}549 = 312 \text{ kN}$

$T_{Sd} = \max|-45| = 45 \text{ kNm}$

$T_{Sd} = 45 \text{ kNm} > 27{,}7 \text{ kNm} = \dfrac{0{,}4}{4{,}5} \cdot 312$

Der Nachweis der Torsionsmomente ist zu führen.

$\nu = 0{,}7 - \dfrac{35}{200} = 0{,}525 > 0{,}5$

$f_{cd} = \dfrac{35}{1{,}5} = 23{,}3 \text{ N/mm}^2$

$z^{II} \approx 0{,}9 \cdot 0{,}549 = 0{,}494 \text{ m}$

gew.: $\Theta = 40°$ $\quad \dfrac{4}{7} < 1{,}19 = \cot 40 \leq \dfrac{7}{4}$

$V_{Rd2} = \dfrac{0{,}525 \cdot 23{,}3 \cdot 0{,}40 \cdot 0{,}494}{\cot 40 + \tan 40} \cdot 10^3 = 1190 \text{ kN}$

(4.11):
$S_d = \text{extr}\left[\sum_j \gamma_{G,j} G_{k,j} + 1{,}5 \cdot Q_{k,1}\right]$

(6.15): $M_{Sd,s} = |M_{Sd}| - N_{Sd} \cdot z_{s1}$
TAB 3.1 Umweltklasse 1
(3.1): $\text{nom } c = \min c + \Delta h$
(6.6): $d = h - \text{nom } c - d_{s,st} - e$

(6.17): $k_h = \dfrac{d}{\sqrt{\dfrac{M_{Sd,s}}{b}}}$

TAB 6.3: C 35

(6.20): $A_s = \dfrac{M_{Sd,s}}{d} k_s + 10 \dfrac{N_{Sd}}{f_{yd}}$

Es wird noch keine Bewehrung gewählt, da die Torsionslängsbewehrung zu addieren ist.

(6.34): $\min A_{s1} = \max \begin{cases} \dfrac{0{,}6 \cdot b_t \cdot d}{f_{yk}} \\ 0{,}0015 \cdot b_t \cdot d \end{cases}$

(4.11):
$S_d = \text{extr}\left[\sum_j \gamma_{G,j} G_{k,j} + 1{,}5 \cdot Q_{k,1}\right]$

(9.5): $x_V = \dfrac{t}{2} + d$

(9.3): $|V_{Sd}| = |\text{extr } V_d| - F_d \cdot x_V$

(10.12): $T_{Sd} = \max|T_d|$

(10.30): $T_{Sd} \leq \dfrac{b_w}{4{,}5} V_{Sd}$

(9.22): $\nu = 0{,}7 - \dfrac{f_{ck}}{200} \geq 0{,}5$

(2.9): $f_{cd} = \dfrac{f_{ck}}{\gamma_c}$

(9.16): $z^{II} \approx 0{,}9 \cdot d$

(10.23): $\dfrac{4}{7} \leq \cot \Theta \leq \dfrac{7}{4}$

(9.46): $V_{Rd2} = \dfrac{\nu \cdot f_{cd} \cdot b_w \cdot z^{II}}{\cot \Theta + \tan \Theta}$

$V_{Sd} = 312 \text{ kN} < 1190 \text{ kN} = V_{Rd2}$ | (9.31): $V_{Sd} \leq \begin{cases} V_{Rd2} \\ V_{Rd3} \end{cases}$

$a_{sw} = \dfrac{312 \cdot 10^3}{0,494 \cdot 435} \cdot \dfrac{1}{\cot 40} = 1220 \text{ mm}^2/\text{m} = 12,2 \text{ cm}^2/\text{m}$ | (9.47): $a_{sw} = \dfrac{V_{Sd}}{z^{II} \cdot f_{ywd}} \cdot \dfrac{1}{\cot \Theta}$

gew: Bü Ø 12-12^5 2schnittig

vorh $a_{sw} = 2 \cdot 1,13 \dfrac{100}{12^5} = 18,1 \text{ cm}^2/\text{m}$ | (9.48): vorh $a_{sw} = n \cdot A_{s,ds} \dfrac{l_B}{s_w}$

vorh $a_{sw} = 18,1 \text{ cm}^2/\text{m} > 12,2 \text{ cm}^2/\text{m} = a_{sw}$ | (6.11): vorh $A_s \geq A_s$

$0,2 \cdot 1190 = 238 \text{ kN} < 312 \text{ kN} < 797 \text{ kN} = 0,67 \cdot 1190$ | $0,2 \cdot V_{Rd2} < V_{Sd} \leq 0,67 \cdot V_{Rd2}$

TAB 9.1: Zeile 2

max $s_w = 0,6 \cdot 549 = 329 \text{ mm} > \underline{300 \text{ mm}}$ | max $s_w = 0,6 \cdot d \leq 300$

$s_w = 12^5 \text{ cm} < 30 \text{ cm} = \text{max } s_w$ 25) | (9.24): $s_w \leq \text{max } s_w$

min $\rho_w = 0,0011$ | TAB 9.3: C 35/45; BSt 500

$\rho_w = \dfrac{18,1 \cdot 10^{-2}}{40 \cdot \sin 90} = 0,0045 > 0,0011$ | (9.50): $\rho_w = \dfrac{a_{sw}}{b_w \cdot \sin \alpha} \geq \text{min} \rho_w$

Torsionsbemessung:

$A = 0,40 \cdot 0,60 = 0,24 \text{ m}^2$ | (10.3): $A = b \cdot h$

$u = 2(0,40 + 0,60) = 2,00 \text{ m}$ | (10.4): $u = 2(b + h)$

$2 \cdot 0,025 = 0,05 \text{ m} < 0,10 \text{ m} = t_k < 0,12 \text{ m} = \dfrac{0,24}{2}$ | (10.2): $2 \text{ nom } c \leq t_k \leq \dfrac{A}{u}$

$b_k = 0,40 - 0,10 = 0,30 \text{ m}$ | (10.5): $b_k = b - t_k$

$d_k = 0,60 - 0,10 = 0,50 \text{ m}$ | (10.6): $d_k = h - t_k$

$A_k = 0,30 \cdot 0,50 = 0,15 \text{ m}^2$ | (10.7): $A_k = b_k \cdot d_k$

$v' = 0,7 \cdot 0,525 = 0,368 > 0,35$ | (10.8): $v' = 0,7 \cdot v \geq 0,35$

$T_{Rd1} = \dfrac{2 \cdot 0,368 \cdot 23,3 \cdot 0,10 \cdot 0,15}{\tan 40 + \cot 40} \cdot 10^3 = 127 \text{ kNm}$ | (10.24): $T_{Rd1} = \dfrac{2 \cdot v \cdot f_{cd} \cdot t_k \cdot A_k}{\tan \Theta + \cot \Theta}$

$T_{Sd} = 45 \text{ kNm} < 127 \text{ kNm} < T_{Rdi}$ | (10.1): $T_{Sd} \leq T_{Rdi}$

$a_{sw} = \dfrac{45 \cdot 10}{2 \cdot 0,15 \cdot 435} \cdot \tan 40 = 2,9 \text{ cm}^2/\text{m}$ | (10.16): $a_{sw} = \dfrac{T_{Sd}}{2 \cdot A_k \cdot f_{ywd}} \cdot \tan \Theta$

$\rho_w = \dfrac{2,9 \cdot 10^{-2}}{10} = 0,0029 > 0,0011$ | (10.20): $\rho_w = \dfrac{a_{sw}}{t_k} \geq \text{min} \rho_w$

$a_{sl} = \dfrac{45 \cdot 10}{2 \cdot 0,15 \cdot 435} \cdot \cot 40 = 4,1 \text{ cm}^2/\text{m}$ | (10.17): $a_{sl} = \dfrac{T_{Sd}}{2 \cdot A_k \cdot f_{ywd}} \cdot \cot \Theta$

$\rho_l = \dfrac{4,1 \cdot 10^{-2}}{10} = 0,0041 > 0,0011$ | (10.21): $\rho_l = \dfrac{a_{sl}}{t_k} \geq \text{min} \rho_w$

Querkraft- und Torsionsbemessung:

$\left(\dfrac{45}{127}\right)^2 + \left(\dfrac{312}{1190}\right)^2 = 0,19 < 1,0$ | (10.29): $\left(\dfrac{T_{Sd}}{T_{Rd1}}\right)^2 + \left(\dfrac{V_{Sd}}{V_{Rd2}}\right)^2 \leq 1,0$

$a_{sw} = \dfrac{12,2}{2} + 2,9 = 9,0 \text{ cm}^2/\text{m}$ | (10.27): $a_{sw} = a_{sw,V} + a_{sw,T}$

---

25) Die geringfügige Überschreitung des Bügelschenkelabstandes in Querrichtung ist (nach Meinung des Verfassers) ohne Bedeutung.

10 Bemessung für Torsionsmomente

Bewehrungsanordnung Bügel:
gew: Bü Ø 12-12⁵ 2schnittig

$\text{vorh } a_{sw} = 1 \cdot 1{,}13 \dfrac{100}{12^5} = 9{,}04 \text{ cm}^2/\text{m}$

$\text{vorh } a_s = 9{,}04 \text{ cm}^2/\text{m} > 9{,}0 \text{ cm}^2/\text{m} = a_s$

$u_k = 2(0{,}30 + 0{,}50) = 1{,}60 \text{ m}$

$s_w = 0{,}125 \text{ m} < 0{,}20 \text{ m} = \dfrac{1{,}60}{8}$

Bewehrungsanordnung Längsbewehrung:

unten: $A_{sl} = 4{,}1 \cdot 0{,}30 = 1{,}23 \text{ cm}^2$

gew: $2 * \tfrac{1}{2} \varnothing 14$ mit vorh $A_s = 1{,}54 \text{ cm}^2$

Anordnung je 1 Stab in den Ecken

vorh $A_{sl} = 1{,}54 \text{ cm}^2 > 1{,}23 \text{ cm}^2 = A_{sl}$

seitlich: $A_{sl} = 4{,}1 \cdot 0{,}50 = 2{,}05 \text{ cm}^2$

gew: $1 + 2 * \tfrac{1}{2} \varnothing 14$ mit vorh $A_s = 3{,}08 \text{ cm}^2$

vorh $A_{sl} = 3{,}08 \text{ cm}^2 > 2{,}05 \text{ cm}^2 = A_{sl}$

$s_l = \tfrac{1}{2} \cdot \left(60 - 2 \cdot 2{,}5 - 2 \cdot 1{,}2 - \dfrac{1{,}4 + 2{,}8}{2}\right) = 25{,}3 \text{ cm}$

$s_l = 0{,}253 \text{ m} < 0{,}35 \text{ m}$

oben: $A_{sl,T} = 4{,}1 \cdot 0{,}30 = 1{,}23 \text{ cm}^2$

$A_{sl} = 30{,}7 + 1{,}23 + 2 \cdot \dfrac{2{,}05}{4} = 33{,}0 \text{ cm}^2$

gew: $3 \varnothing 28 + 3 \varnothing 25$ mit

vorh $A_s = 18{,}5 + 14{,}7 = 33{,}2 \text{ cm}^2$

vorh $A_{sl} = 33{,}2 \text{ cm}^2 > 33{,}0 \text{ cm}^2 = A_{sl}$

$e = \dfrac{3 \cdot 4{,}91 \cdot \tfrac{2{,}5}{2} + 3 \cdot 6{,}16 \cdot \tfrac{2{,}8}{2}}{33{,}2} = 1{,}3 \text{ cm}$

$d = 60 - 2{,}5 - 1{,}2 - 1{,}3 = 55{,}0 \text{ cm} \approx 54{,}9 \text{ cm} = \text{est } d$

Die infolge Querkräfte erforderliche Schubbewehrung wurde pro Seite umgerechnet.

(9.48): $\text{vorh } a_{sw} = n \cdot A_{s,ds} \dfrac{l_B}{s_w}$

(6.11): vorh $A_s \geq A_s$

hier: $u_k = 2(b_k + d_k)$

(10.19): $s_w \leq \dfrac{u_K}{8}$

$A_{sl} = a_{sl} \cdot b_k$

TAB 6.2 Der Eckstab wird jeweils zur Hälfte einer der beiden Seiten zugeordnet.

Abstand der Längsstäbe vgl. **ABB 10.6**

(6.11): vorh $A_s \geq A_s$

$A_{sl} = a_{sl} \cdot d_k$

TAB 6.2 Der Eckstab wird jeweils zur Hälfte einer der beiden Seiten zugeordnet. Der obere (halbe) Eckstab wird in die Biegezugbewehrung integriert.

(6.11): vorh $A_s \geq A_s$

(10.18): $s_l \leq 0{,}35 \text{ m}$

$A_{sl} = a_{sl} \cdot b_k$

(10.26): $A_{sl} = A_{sl,M} + A_{sl,T}$

TAB 6.2 Auf eine Rüttelgasse oben muß nicht geachtet werden, da das Fertigteil wie eine Stütze mit 4seitiger Schalung betoniert wird.

(6.11): vorh $A_s \geq A_s$

(6.7): $e = \dfrac{\sum\limits_i A_{si} \cdot e_i}{\sum\limits_i A_{si}}$

(6.6): $d = h - \text{nom } c - d_{s,st} - e$

11 Zugkraftdeckung

11.1 Grundlagen

Das Stahlbetonbauteil wurde für Biegemomente und Längskräfte an der Stelle der maximalen Beanspruchung bemessen. Hierfür wurde die Bewehrung bestimmt. Diese Maximalbeanspruchung tritt an nur einer Stelle auf (beim Einfeldträger unter Gleichlast in Feldmitte). An anderen Stellen ist daher eine geringere Biegezugbewehrung erforderlich. Die Bestimmung dieser geringeren Bewehrung bzw. die Staffelung der Biegezugbewehrung in Balkenlängsrichtung ist die Zugkraftdeckung.

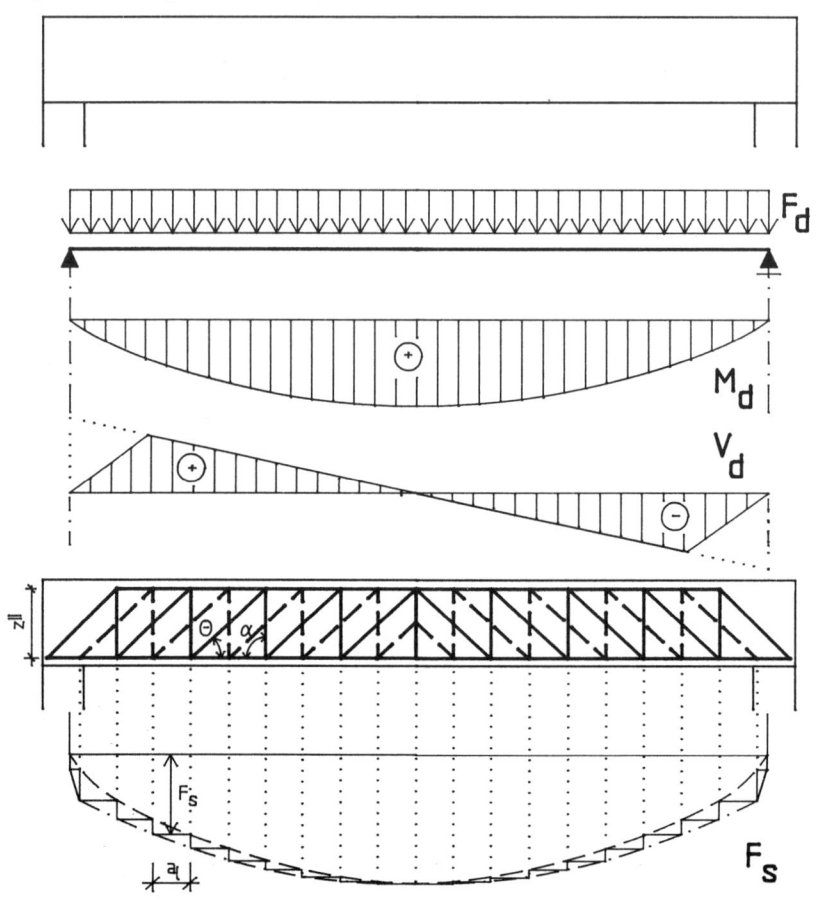

ABB 11.1: Zugkraftlinie des Fachwerkmodells

11 Zugkraftdeckung

Der Nachweis der Zugkraftdeckung ist kein obligatorischer Nachweis. Sofern die Bewehrung ungestaffelt von Auflager zu Auflager geführt wird, muß er nicht geführt werden. Eine Staffelung der Bewehrung bedeutet

- erhöhter Aufwand bei der Tragwerksplanung (bei der Rechnung und bei Erstellung des Bewehrungsplanes infolge vieler unterschiedlicher Bewehrungsstränge = unterschiedliche Positionsnummern)
- längere Verlegezeiten auf der Baustelle infolge der größeren Positionsanzahl
- geringerer Stahlverbrauch.

Aufgrund des hohen Lohnniveaus in Mitteleuropa ist lohn- und nicht materialsparendes Bauen wirtschaftlich, eine Zugkraftdeckung ist daher nur in Ausnahmefällen sinnvoll, z. B.:

- Fertigteilbau mit sehr großer Stückzahl des Bauteils
- Balken mit großer Stützweite (wobei diese häufig als vorgespannte Konstruktionen ausgebildet werden).

Grundlage der Querkraftbemessung ist ein (innerlich statisch unbestimmtes) Fachwerkmodell (**ABB 11.1**). Die von der Biegezugbewehrung aufzunehmende Kraft im gezogenen Gurt des Fachwerks läßt sich für die Stelle des Maximalmoments bestimmen. Der Hebelarm der inneren Kräfte ist aus der Biegebemessung bekannt. Nach der Balkentheorie nimmt nun die Zugkraft (aufgrund des sich stetig verringernden Momentes) entsprechend Gl (11.1) kontinuierlich ab. Bei Betrachtung des Fachwerkmodells bleibt die Zugkraft jedoch innerhalb eines Fachwerkfeldes konstant und verringert sich unstetig an den Übergängen zwischen den Fachwerkfeldern (**ABB 11.1**). Bei Ermittlung der Zugkraftlinie mit Hilfe von Gl (11.1) muß diese daher um das "Versatzmaß" so verschoben werden, daß die Fläche völliger wird. Diese veschobene Zugkraftlinie ist die zu deckende Zugkraftlinie. Das Versatzmaß a_l kann man durch Vergleich von Fachwerkmodell und Balken bestimmen und erhält dann:

$$F_s = \frac{M_{Sd,s}}{z} + N_{Sd} \qquad (11.1)$$

- bei Bemessung der Schubbewehrung nach der Standardmethode (→ Kap. 9.5.1)

$$a_l = \frac{z^{II}}{2} \cdot (1 - \cot\alpha) \geq 0 \qquad (11.2)$$

- bei Bemessung der Schubbewehrung nach der Methode mit wählbarer Druckstrebenneigung (→ Kap 9.5.1)

$$a_l = \frac{z^{II}}{2} \cdot (\cot\Theta - \cot\alpha) \geq 0 \qquad (11.3)$$

F_s Zugkraft
a_l Versatzmaß
Θ Neigung der Druckstrebe im Fachwerkmodell
α Neigung der Schubbewehrung

Der Hebelarm der inneren Kräfte z^{II} darf näherungsweise aus der Querkraftbemessung übernommen werden. Das Versatzmaß wird immer zu den Momentennullpunkten hin an die Zugkraftlinie angefügt. Die Fläche der zu deckenden Zugkraftlinie ist somit immer größer als diejenige der unverschobenen Zugkraftlinie. Sofern die Bewehrung bei Plattenbalken im Gurt außerhalb des Steges liegt, so ist a_l um den Abstand x des Stabes vom Steg zu erhöhen.

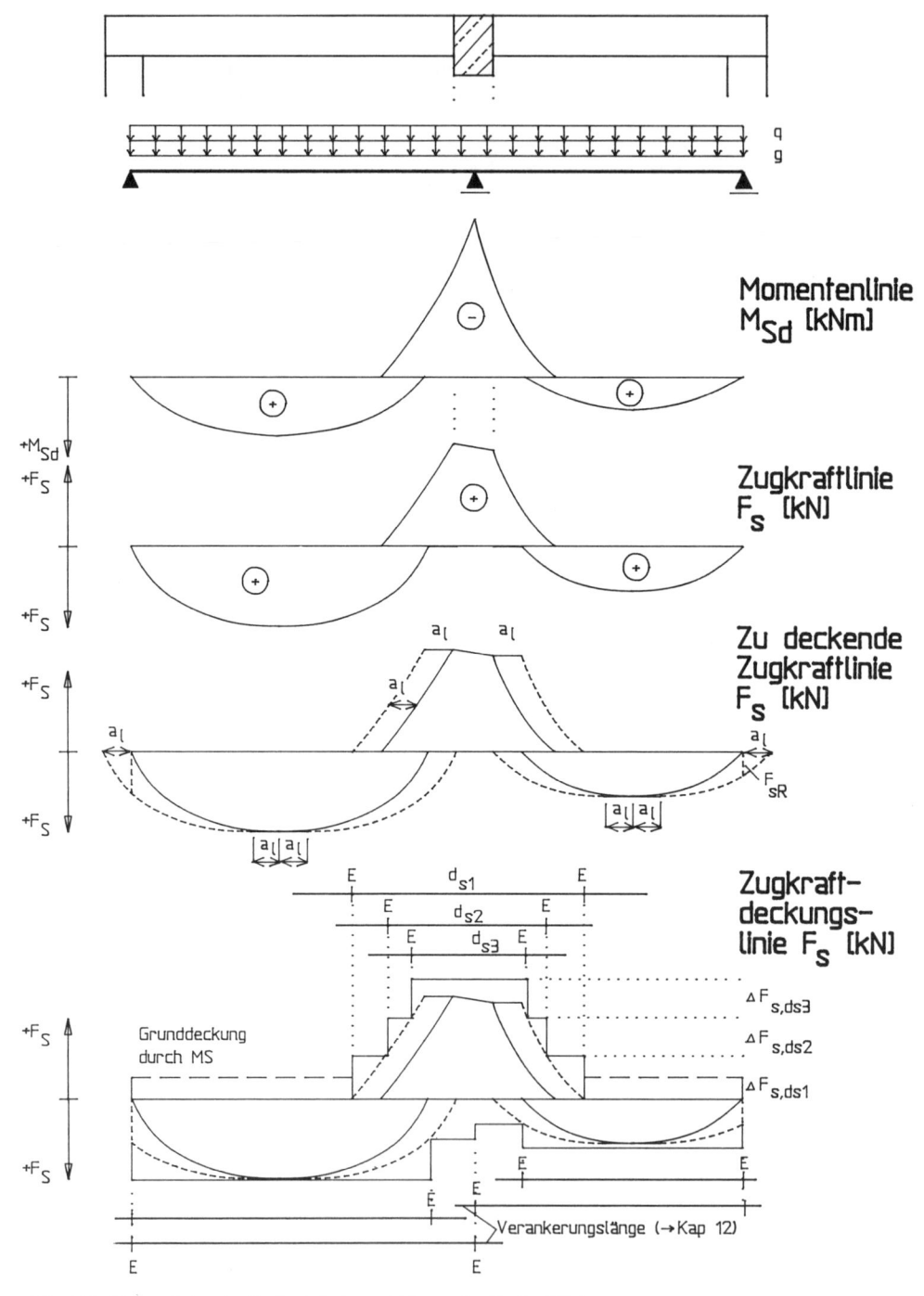

ABB 11.2: Konstruktion der Zugkraftdeckungslinie aus der Zugkraftlinie

11 Zugkraftdeckung

Zeichnet man um die zu deckende Zugkraftlinie die von der Bewehrung aufnehmbaren Zugkräfte, so entsteht die Zugkraftdeckungslinie. Sie darf an keiner Stelle in die zu deckende Zugkraftlinie einschneiden. Ein Bewehrungsstab darf also erst dann (rechnerisch) enden, wenn die Zugkraftdeckungslinie mindestens um das Maß der aufnehmbaren Stahlzugkraft dieses Stabes ΔF_s über der zu deckenden Zugkraftlinie liegt.

$$\Delta F_s = A_{s,ds} \cdot f_{yd} \tag{11.4}$$
$$\text{aufn} \, F_s = \text{vorh} \, A_s \cdot f_{yd} \tag{11.5}$$

Der Sprung in der Zugkraftdeckungslinie kennzeichnet das rechnerische Ende E des Bewehrungsstranges. Das tatsächliche Ende erhält man, indem die Stablänge um die Verankerungslänge $l_{b,net}$ ($\rightarrow$ Kap. 12.2) verlängert wird.

Die zu deckende Zugkraftlinie braucht nur bis zum theoretischen Bauteilende geführt zu werden. Die Biegezugbewehrung wird mit der dort noch vorhandenen wirksamen Zugkraft F_{sR} verankert (**ABB 11.2**).

$$F_{sR} = \frac{V_{Sd} \cdot a_l}{d} + N_{Sd} \tag{11.6}$$

Ein Mindestprozentsatz der Bewehrung ist bis über die Auflager zu führen ($\rightarrow$ Kap. 12.2.3).

11.2 Anwendungen

Beispiel 11.1: Zugkraftdeckung an einem gevouteten Träger
(Fortsetzung von Beispiel 9.4)

gegeben: - Balken im Hochbau mit Ergebnissen der Beispiele 6.14 und 9.4

gesucht: - Zugkraftdeckungslinie

Lösung:

Stelle		1	2	3	4	
x	m	0,20	0,75	1,2	1,7	
$\|M_{Sd,s}\|$	kNm	312	164	78	20	vgl. Bsp. 6.14
h	m	0,60	0,49	0,40	0,40	
d	m	0,545	0,435	0,345	0,345	$d \approx h - 0,055$ m
z^{II}	m	0,49	0,39	0,31	0,31	(9.16): $z^{II} \approx 0,9 \cdot d$
F_s	kN	637	421	252	65	(11.1): $F_s = \dfrac{M_{Sd,s}}{z} + N_{Sd}$
a_l	m	0,424	0,338	0,268	0,268	(11.3): $a_l = \dfrac{z^{II}}{2} \cdot (\cot\Theta - \cot\alpha) \geq 0$

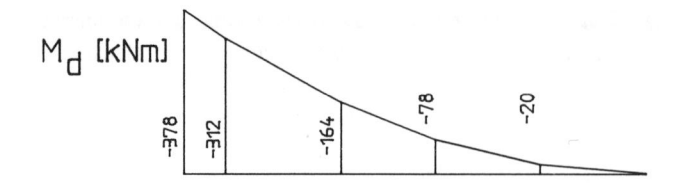

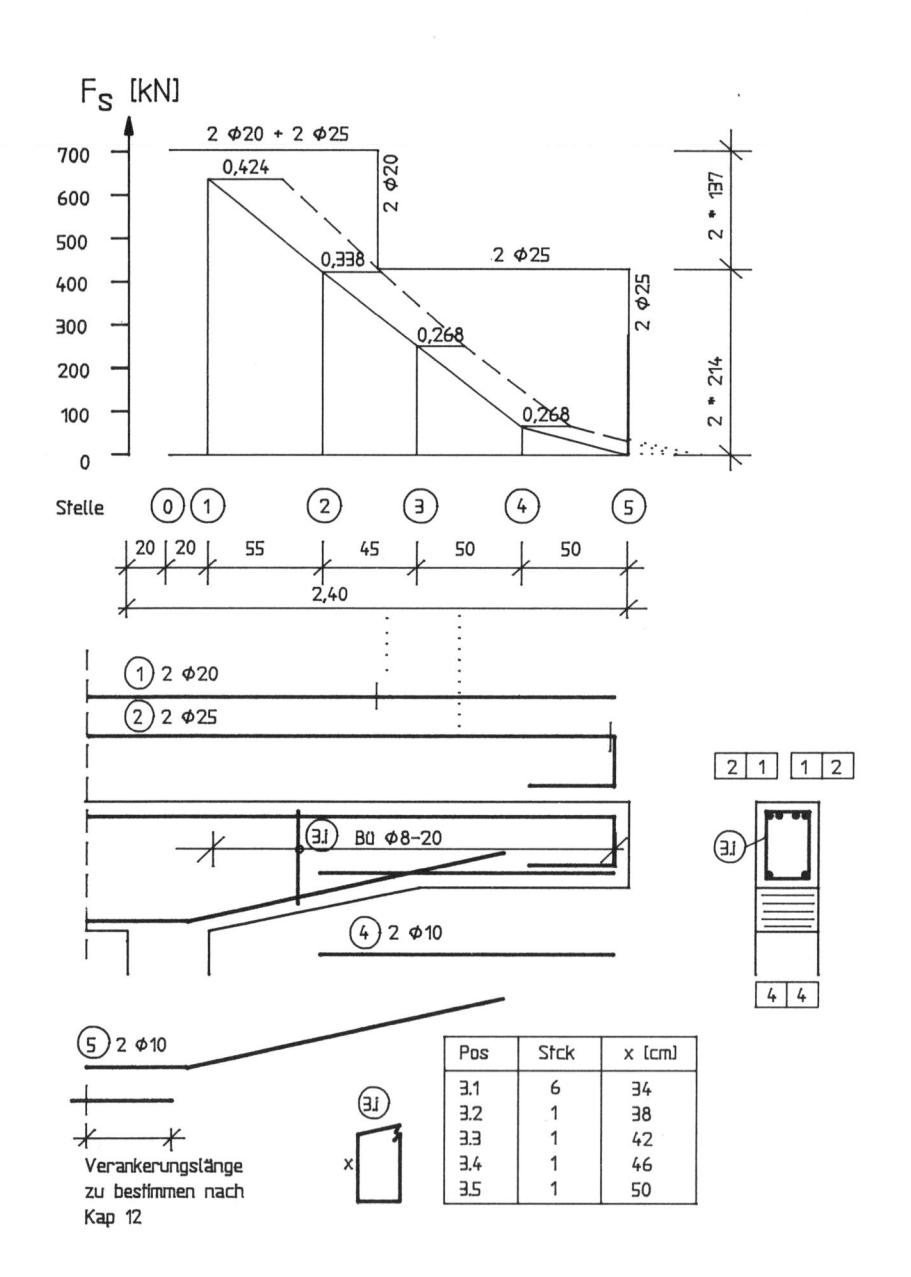

M_d [kNm]

-378, -312, -164, -78, -20

F_S [kN]

2 ⌀20 + 2 ⌀25
0,424
2 ⌀20
0,338
2 ⌀25
0,268
0,268
2 * 137
2 ⌀25
2 * 214

Stelle ⓪ ① ② ③ ④ ⑤

| 20 | 20 | 55 | 45 | 50 | 50 |

2,40

① 2 ⌀20
② 2 ⌀25
③.I BÜ ⌀8-20
④ 2 ⌀10
⑤ 2 ⌀10

Verankerungslänge
zu bestimmen nach
Kap 12

| 2 | 1 | 1 | 2 |

| 4 | 4 |

Pos	Stck	x [cm]
3.1	6	34
3.2	1	38
3.3	1	42
3.4	1	46
3.5	1	50

11 Zugkraftdeckung

am Auflager: 2 Ø 20 + 2 Ø 25 mit vorh $A_s = 16{,}1$ cm²   vgl. Bsp. 6.14

aufn $F_s = 16{,}1 \cdot 435 \cdot 10^{-1} = 700$ kN   (11.5): aufn $F_s = $ vorh $A_s \cdot f_{yd}$

Ø 20: $\Delta F_s = 3{,}14 \cdot 435 \cdot 10^{-1} = 137$ kN   (11.4): $\Delta F_s = A_{s,ds} \cdot f_{yd}$

Ø 25: $\Delta F_s = 4{,}91 \cdot 435 \cdot 10^{-1} = 214$ kN

Beispiel 11.2: Zugkraftdeckung bei einem Durchlaufträger
(Fortsetzung von Beispiel 9.6)

gegeben: - Ergebnisse der Beispiele 6.13 und 9.5

gesucht: - Zugkraftdeckungslinie

Lösung:

Tabelle für negative Momente (Stütze B):

Stelle x (gemessen von jeweils linker Stütze im Feld) m	5,73	6,0	7,0	7,585	0,125	1,0	2,0	3,0	3,43
$M_{Sd,s}$ kNm	0	-53	-349	-656	-668	-387	-180	-39	0
d m	0,675	0,675	0,675	0,675	0,675	0,675	0,675	0,675	0,675
(9.16): $z^{II} \approx 0{,}9 \cdot d$ m	0,608	0,608	0,608	0,608	0,608	0,608	0,608	0,608	0,608
(11.1): $F_s = \dfrac{M_{Sd,s}}{z} + N_{Sd}$ kN	0	87	574	1080	1100	637	296	64	0

Tabelle für positive Momente (Feld 1):

Stelle x (gemessen von jeweils linker Stütze im Feld) m	1,0	2,0	3,0	4,0	5,0	6,0	6,36
$M_{Sd,s}$ kNm	340	553	640	601	437	138	0
d m	0,675	0,675	0,675	0,675	0,675	0,675	0,675
(9.16): $z^{II} \approx 0{,}9 \cdot d$ m	0,608	0,608	0,608	0,608	0,608	0,608	0,608
(11.1): $F_s = \dfrac{M_{Sd,s}}{z} + N_{Sd}$ kN	559	910	1050	988	719	227	0

Tabelle für positive Momente (Feld 2):

Stelle x (gemessen von jeweils linker Stütze im Feld) m	1,41	2,0	3,0	4,0	5,0	5,75
$M_{Sd,s}$ kNm	0	141	279	290	170	0
d m	0,695	0,695	0,695	0,695	0,695	0,695
(9.16): $z^{II} \approx 0{,}9 \cdot d$ m]	0,626	0,626	0,626	0,626	0,626	0,626
(11.1): $F_s = \dfrac{M_{Sd,s}}{z} + N_{Sd}$ kN	0	225	446	463	272	0

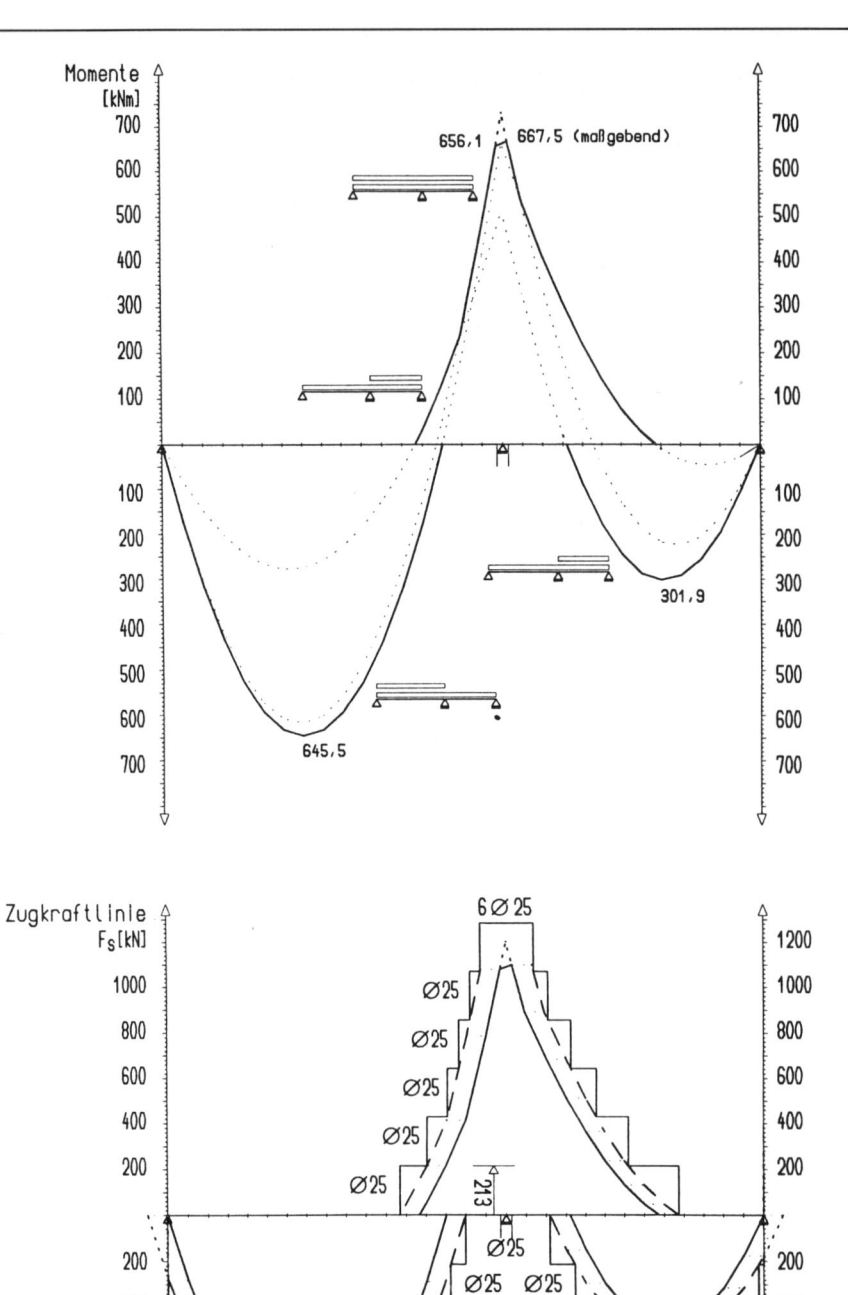

11 Zugkraftdeckung

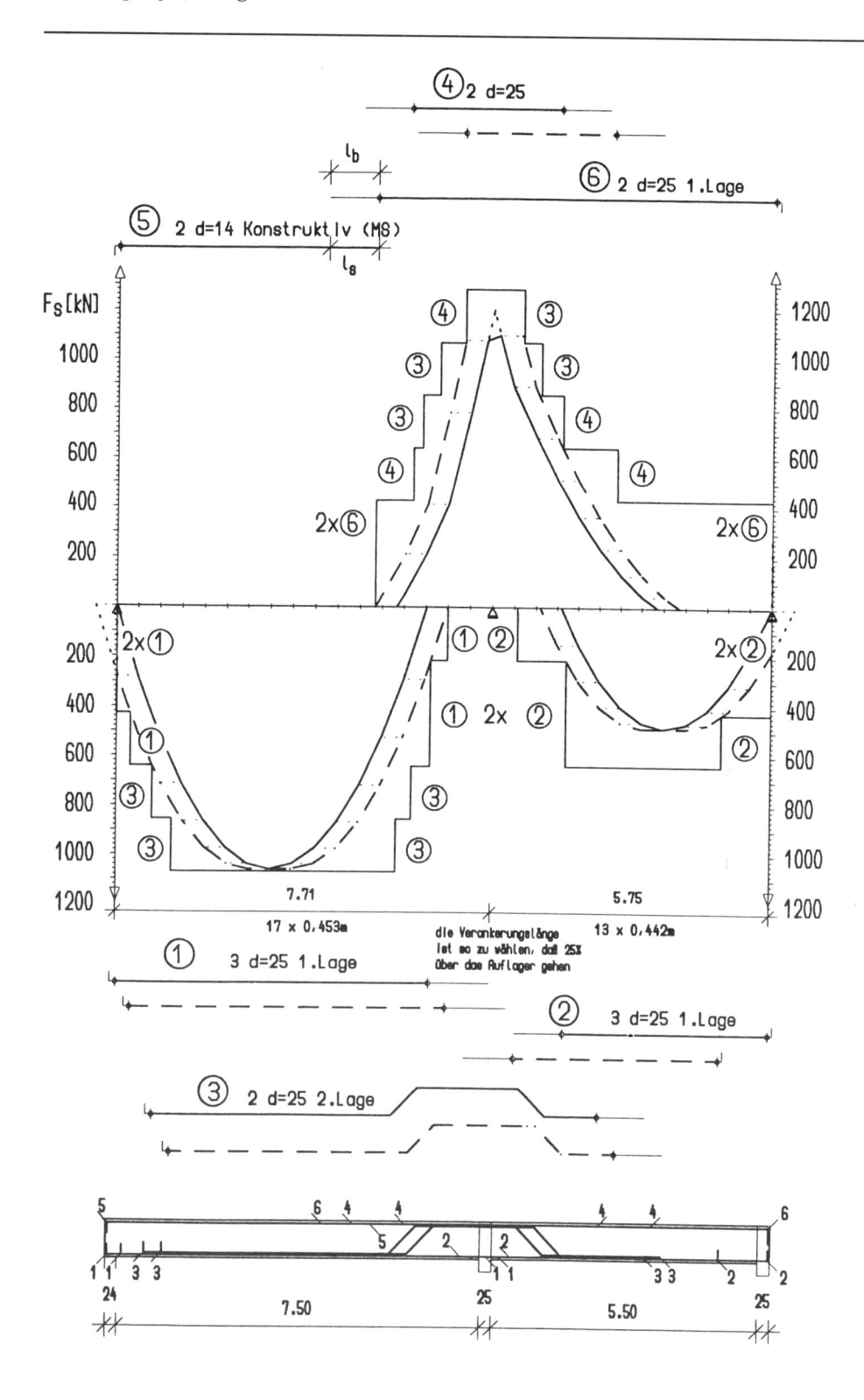

Stütze B: $a_l = \dfrac{0,608}{2} \cdot (\cot 35 - \cot 90) = 0,434$ m

Feld 1: $a_l = \dfrac{0,608}{2} \cdot (\cot 35 - \cot 90) = 0,434$ m

Feld 2: $a_l = \dfrac{0,626}{2} \cdot (\cot 35 - \cot 90) = 0,447$ m

Ø 25: $\Delta F_s = 4,91 \cdot 435 \cdot 10^{-1} = 213$ kN

Stütze A: $F_{sR} = \dfrac{314 \cdot 0,435}{0,677} + 0 = 202$ kN

Stütze C: $F_{sR} = \dfrac{273 \cdot 0,447}{0,695} + 0 = 176$ kN

(11.3): $a_l = \dfrac{z^{II}}{2} \cdot (\cot \Theta - \cot \alpha) \geq 0$

(11.4): $\Delta F_s = A_{s,ds} \cdot f_{yd}$

(11.6): $F_{sR} = \dfrac{V_{Sd} \cdot a_l}{d} + N_{Sd}$

12 Bewehren mit Betonstabstahl

12.1 Biegen von Betonstahl

12.1.1 Beanspruchungen infolge der Stabkrümmung

Die Bewehrungsführung bedingt oft gebogene Bewehrungsstäbe. An die Ausbildung der Stabkrümmungen werden Mindestanforderungen gestellt, um Schäden infolge zu hoher Beanspruchung zu vermeiden.

Beanspruchung des Betonstahls:

Der Bewehrungsstab wird in einer Biegemaschine um den Biegedorn mit dem Durchmesser d_{br} gebogen und dabei plastisch verformt, d. h., in Teilen des Stabes wird die Streckgrenze erreicht bzw. überschritten (**ABB 12.1**). Nach dem Biegen federt der Stab geringfügig zurück, da in ihm durch die Verformung ein Eigenspannungszustand erzeugt worden ist. Die aufnehmbare Kraft des Stabes wird durch die Krümmung nicht vermindert, da die gedrückte Stabhälfte zusätzlich Zugspannungen in Höhe der bereits vorhandenen Spannungen auf der gezogenen Seite übernehmen kann (bei äußeren Druckspannungen Tragverhalten entgegengesetzt).

Beanspruchung des Betons:

Aus der Umlenkung der Zugkraft im Betonstahl entstehen in der Krümmung des Stabes Spannungen zwischen Beton und Stahl (**ABB 12.2**). Diese Spannungen kann man nach der Kesselformel ([20], [22]) bestimmen.

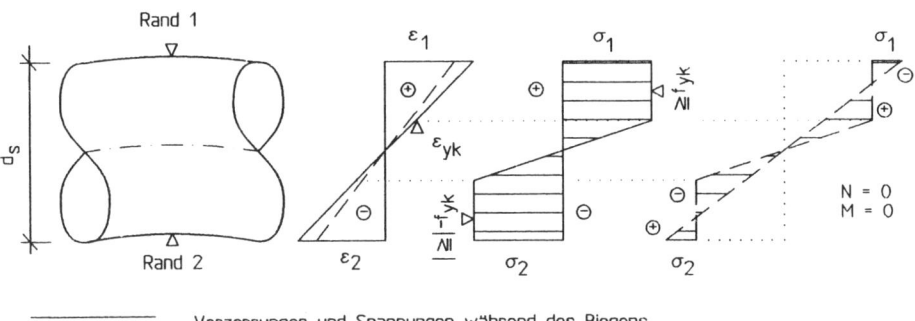

——— Verzerrungen und Spannungen während des Biegens
- - - - Verzerrungen und Spannungen nach dem Biegen

ABB 12.1: Verzerrungs- und Spannungsverlauf in einem Betonstahl infolge einer Stabkrümmung

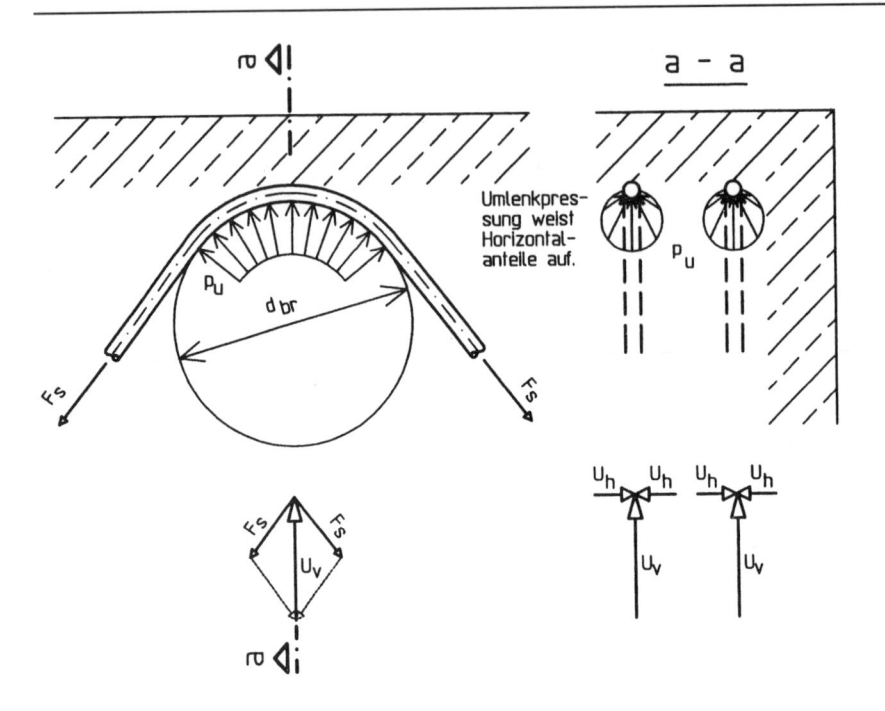

ABB 12.2: Spannungen an Stabkrümmungen zwischen Beton und Betonstahl

$$p_u \approx \frac{F_s}{\frac{1}{2} d_{br} \cdot d_s} = \frac{\pi \cdot d_s \cdot f_{yk}}{2 \cdot d_{br}} \tag{12.1}$$

$$d_{br} \geq \frac{\pi \cdot d_s \cdot f_{yk}}{2 \cdot f_{ck}} \tag{12.2}$$

Aus Gl (12.1) ist ersichtlich, daß die Umlenkpressungen mit abnehmendem Biegerollendurchmesser zunehmen. Der Biegerollendurchmesser darf daher einen Mindestwert nicht überschreiten, wenn die Druckfestigkeit des Betons nicht überschritten werden soll. Da sich die Pressungen senkrecht zur Staboberfläche ausbilden, entstehen auch Spannungen senkrecht zur Krümmungsebene (**ABB 12.2**). Bei Stäben, die nahe an der Oberfläche eines Bauteiles liegen, ist daher der Biegerollendurchmesser auf größere Werte zu begrenzen, damit die äußere Betonschale nicht abplatzt. Aus Gl (12.1) ist weiterhin ersichtlich, daß die Umlenkpressung mit zunehmendem Stabdurchmesser und zunehmender Stahlgüte (also zunehmender Zugkraft im Stab) zunimmt.

12.1.2 Mindestwerte des Biegerollendurchmessers

Aufgrund der geschilderten Beanspruchungen sind in [V1] §5.2.1.2 Mindestwerte des Biegerollendurchmessers vorgeschrieben (**TAB 12.1**). Sie hängen zusätzlich von der Biegeform ab (**ABB 12.3**). Bei geschweißten Bewehrungsstäben gelten zusätzliche Bedingungen (**TAB 12.3**).

12 Bewehren mit Betonstabstahl

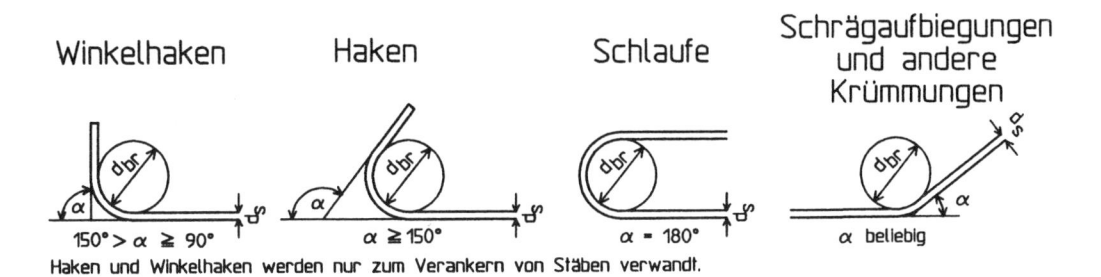

Winkelhaken — $150° > \alpha \geq 90°$
Haken — $\alpha \geq 150°$
Schlaufe — $\alpha = 180°$
Schrägaufbiegungen und andere Krümmungen — α beliebig

Haken und Winkelhaken werden nur zum Verankern von Stäben verwandt.

ABB 12.3: Benennung unterschiedlicher Biegeformen

	Haken, Winkelhaken, Schlaufen		Schrägstäbe und andere gekrümmte Stäbe		
	Stabdurchmesser		Mindestwerte der Betondeckung senkrecht zur Krümmungsebene		
	$d_s < 20$ mm	$d_s \geq 20$ mm	> 100 mm und $> 7\,d_s$	> 50 mm und $> 3\,d_s$	≤ 50 mm und $\leq 3\,d_s$
glatte Stäbe BSt 220	$2{,}5\,d_s$	$5\,d_s$	$10\,d_s$	$10\,d_s$	$15\,d_s$
Rippenstäbe BSt 400, BSt 500	$4\,d_s$	$7\,d_s$	$10\,d_s$	$15\,d_s$	$20\,d_s$

TAB 12.1: Mindestwerte des Biegerollendurchmessers ([V1] Tabelle 5.1)

Schweißstelle durch Stabkrümmung

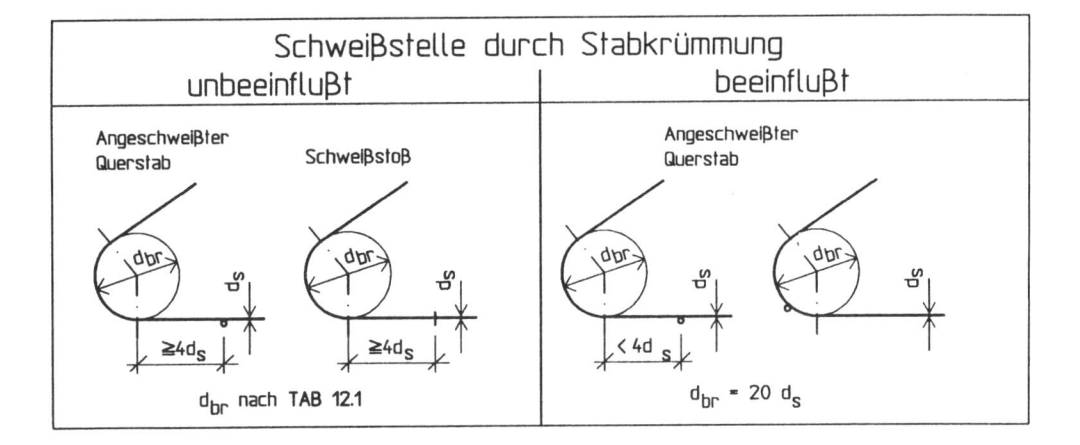

unbeeinflußt	beeinflußt
Angeschweißter Querstab / Schweißstoß; $\geq 4\,d_s$; d_{br} nach TAB 12.1	Angeschweißter Querstab; $< 4\,d_s$; $d_{br} = 20\,d_s$

TAB 12.2: Biegungen an geschweißten Bewehrungen ([V1] Tabelle 5.2)

Bewehrungsführung schlecht

Bewehrungsführung gut

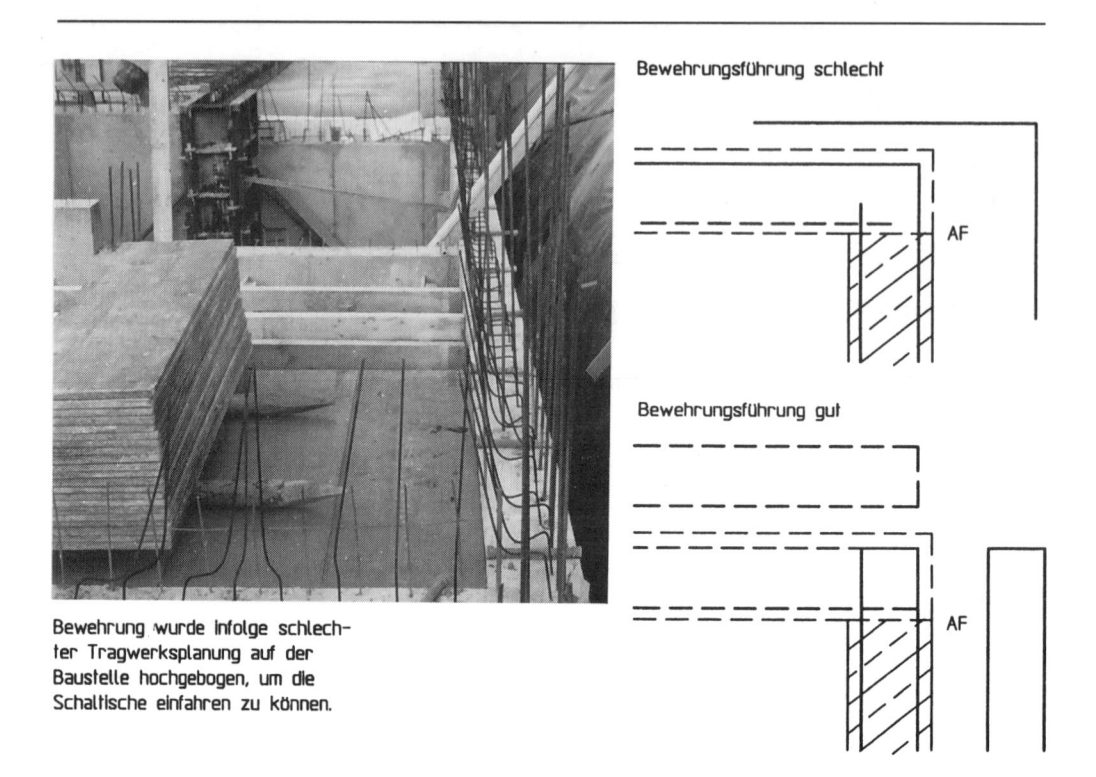

Bewehrung wurde infolge schlechter Tragwerksplanung auf der Baustelle hochgebogen, um die Schaltische einfahren zu können.

ABB 12.4: Beispiel der Folge einer schlechten Bewehrungsführung und Vorschlag für eine bessere Gestaltung

12.1.3 Zurückbiegen von Bewehrungsstäben

Infolge des Arbeitsablaufs auf Baustellen ist es manchmal erforderlich, Bewehrungsstäbe nach dem Einbau zu biegen. Die wesentlichen Gründe hierfür sind

- die Arbeitsfuge kreuzende Bewehrungsstäbe
- dem Bauablauf nicht angepaßte Bewehrungsführung.

In den meisten Fällen ließe sich die durch das Zurückbiegen verursachte Zusatzbeanspruchung des Bewehrungsstabes durch eine andere Bewehrungsführung oder -ausbildung vermeiden (ABB 12.4, ABB 12.5).

Wenn sich ein Zurückbiegen nicht vermeiden läßt (oder wenn Verwahrkästen (ABB 12.6), z. B. HALFEN-Bewehrungsanschluß HBT, angeordnet werden), können Stäbe bis zu Durchmessern $d_s \leq 14$ mm zunächst abgebogen verlegt werden. Nach dem Betonieren und Ausschalen werden sie dann kalt zurückgebogen. Hierbei ist entsprechend TAB 12.3 zu verfahren, und es sind folgende Bedingungen einzuhalten ([V4], [V5] §18.3.3, [V19]):

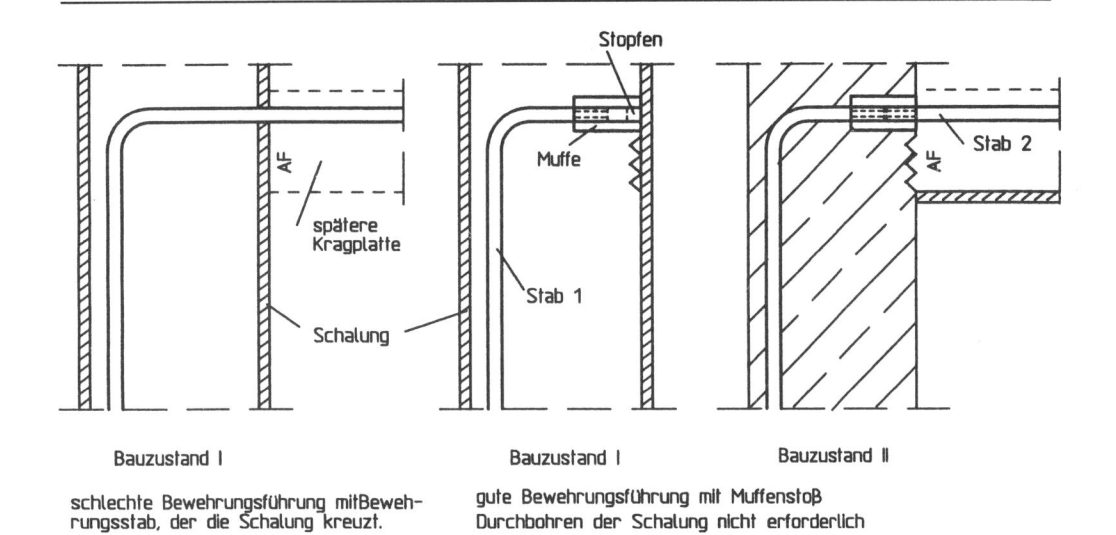

ABB 12.5: Vermeidung von Schalungsdurchdringungen mit Hilfe von Muffenstößen

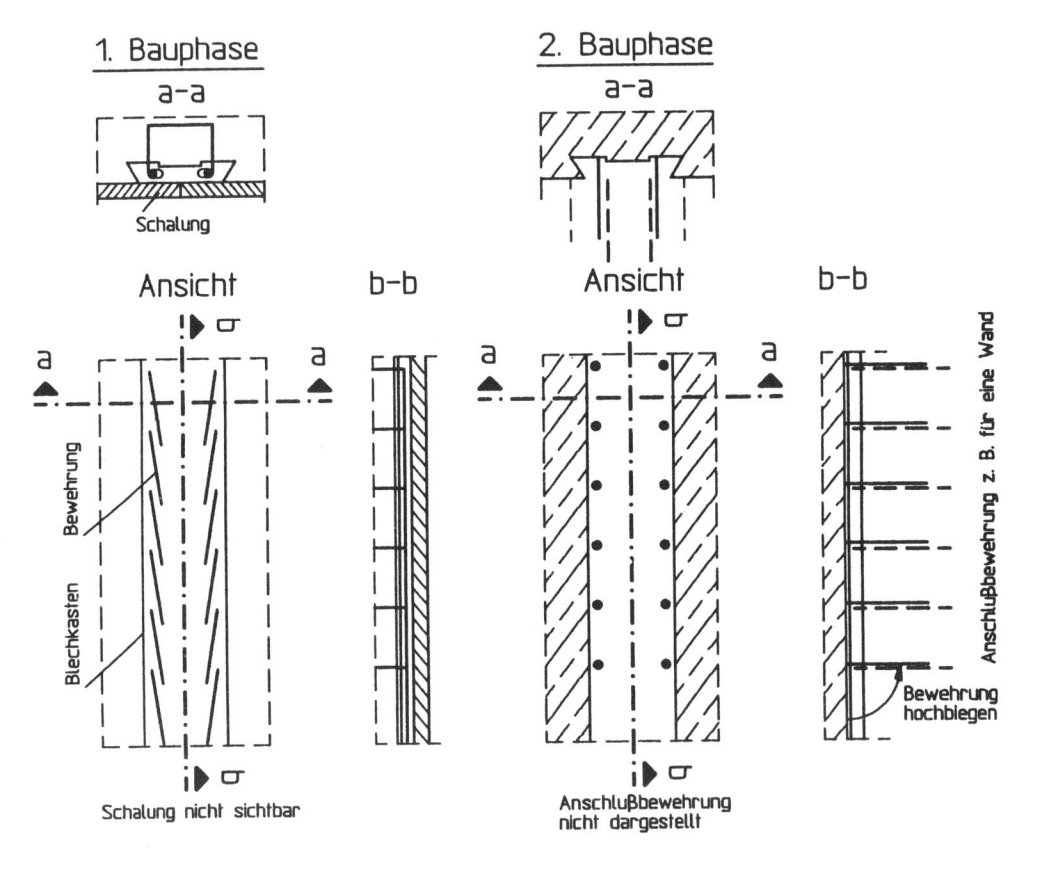

ABB 12.6: Einbau von Verwahrkästen

Verankerung über Verbundspannungen

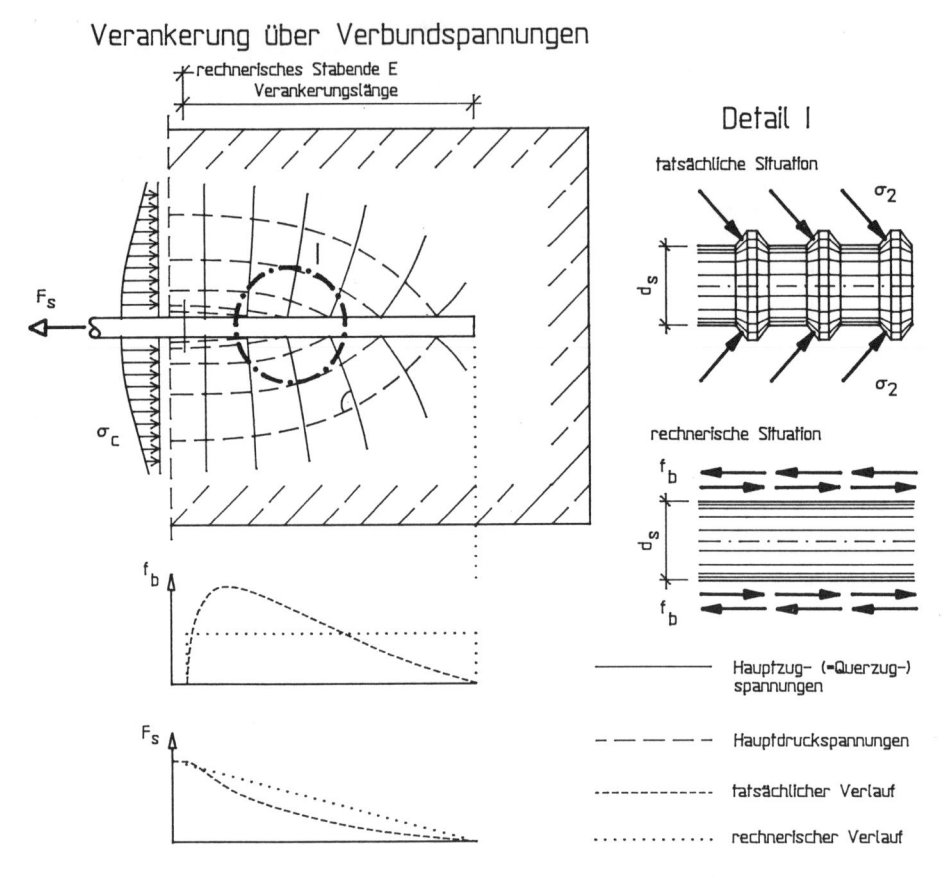

Detail I

tatsächliche Situation

rechnerische Situation

―――――― Hauptzug- (=Querzug-) spannungen

― ― ― ― ― Hauptdruckspannungen

- - - - - - - tatsächlicher Verlauf

⋯⋯⋯⋯⋯ rechnerischer Verlauf

Verankerung über Ankerkörper

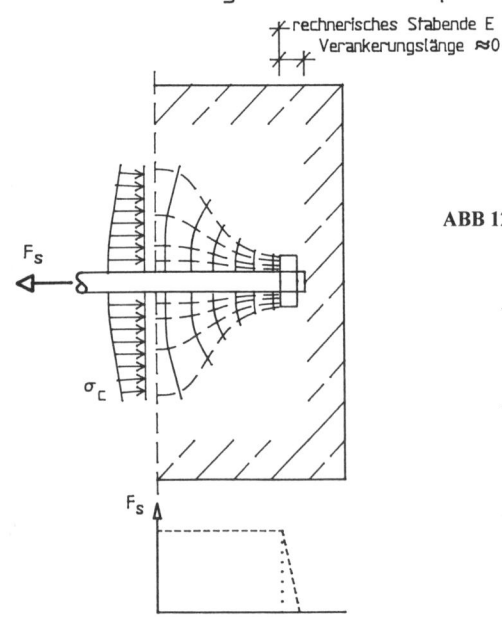

ABB 12.7: Spannungen im Verankerungsbereich eines Bewehrungsstabes

– Der Biegerollendurchmesser beim Hinbiegen muß die 1,5fachen Werte der **TAB 12.1** betragen.
– Rückbiegen ist nur bei vorwiegend ruhender Beanspruchung zulässig. Die Bewehrung darf zu nicht mehr als 80% ausgenutzt werden.
– Es ist nur ein Hin- <u>oder</u> Rückbiegen ohne Biegedorn zulässig, ein mehrfaches Hin- und Zurückbiegen ist nicht gestattet.

- Dicke Stäbe $d_s \geq 16$ mm dürfen nur durch Warmbiegen (Erwärmung des Stabes auf etwa 900 °C) zurückgebogen werden. Anschließend dürfen sie nur noch wie ein BSt 220 ausgenutzt werden.

12.2 Verankerung von Betonstählen

12.2.1 Grundmaß der Verankerungslänge

Wenn ein Bewehrungsstab (z. B. aufgrund der Zugkraftdeckungslinie) nicht mehr erforderlich ist, muß die Stabkraft in den Beton eingeleitet werden, bevor der Stab enden darf (ABB 12.7). In der Regel

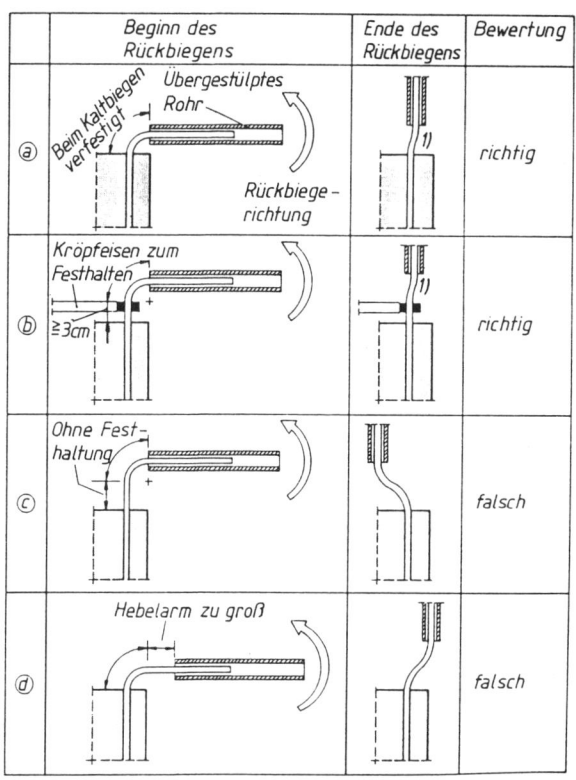

TAB 12.3: Kaltrückbiegen mit einem Rohr (entnommen [V10])

erfolgt die Einleitung der Stabkräfte über die Verankerungslänge; eine Verankerung mittels Ankerplatte ist auf Ausnahmen beschränkt. Die Länge, die zur Einleitung der Stabkraft in den Beton erforderlich ist, wird mit Verankerungslänge bezeichnet. Von den zwischen Beton und Betonstahl bestehenden Verbundwirkungen wird zur Berechnung der Verankerungslänge der Scherverbund herangezogen (→ Kap 7.2.4). Die erforderliche Verankerungslänge wird über die Verbundspannungen f_{bd} berechnet, die (rechnerisch) um die Zylindermantelfläche des Betonstahls wirken. Die Grenze der aufnehmbaren Verbundspannungen wird dabei so festgelegt, daß zwischen dem Bewehrungsstab und dem ihn umgebenden Beton eine Längsrißbildung oder ein Abplatzen des Betons ausgeschlossen wird. Die Größe der aufnehmbaren Verbundspannung hängt neben der Betonfestigkeitsklasse maßgeblich von der Lage des Stabes beim Betonieren ab. Die Lage des Stahls ist wichtig, da der Beton nach dem Verdichten sackt. Bei parallel zur Betonierrichtung verlaufenden oberflächennahen Stäben kann sich der Beton dabei von der Bewehrung lösen, und es entsteht eine (zunächst) wassergefüllte Linse (ABB 12.8). Hierdurch können sich die Verbundspannungen nicht mehr über die volle Mantelfläche ausbilden. In [V1] § 5.2.2.1 werden daher zwei Verbundbereiche unterschieden (ABB 12.8):

- Verbundbereich I   = guter Verbundbereich
- Verbundbereich II = mäßiger [26]) Verbundbereich

---

[26]) oftmals auch mit "schlechter" Verbundbereich bezeichnet

guter Verbundbereich
(=Verbundbereich I)

FALL 1:
Bauteildicke ist
h ≤ 25 cm

FALL 2:
Stab liegt in der unteren
Querschnittshälfte

mäßiger Verbundbereich
(=Verbundbereich II)

Wasserlinse

FALL 3:
Stab liegt ≥ 30 cm
unter der Oberkante
des Betons

FALL 4:
Stab ist im Verankerungs-
bereich mit
α ≥ 45° geneigt

Stab im Verbundbereich I

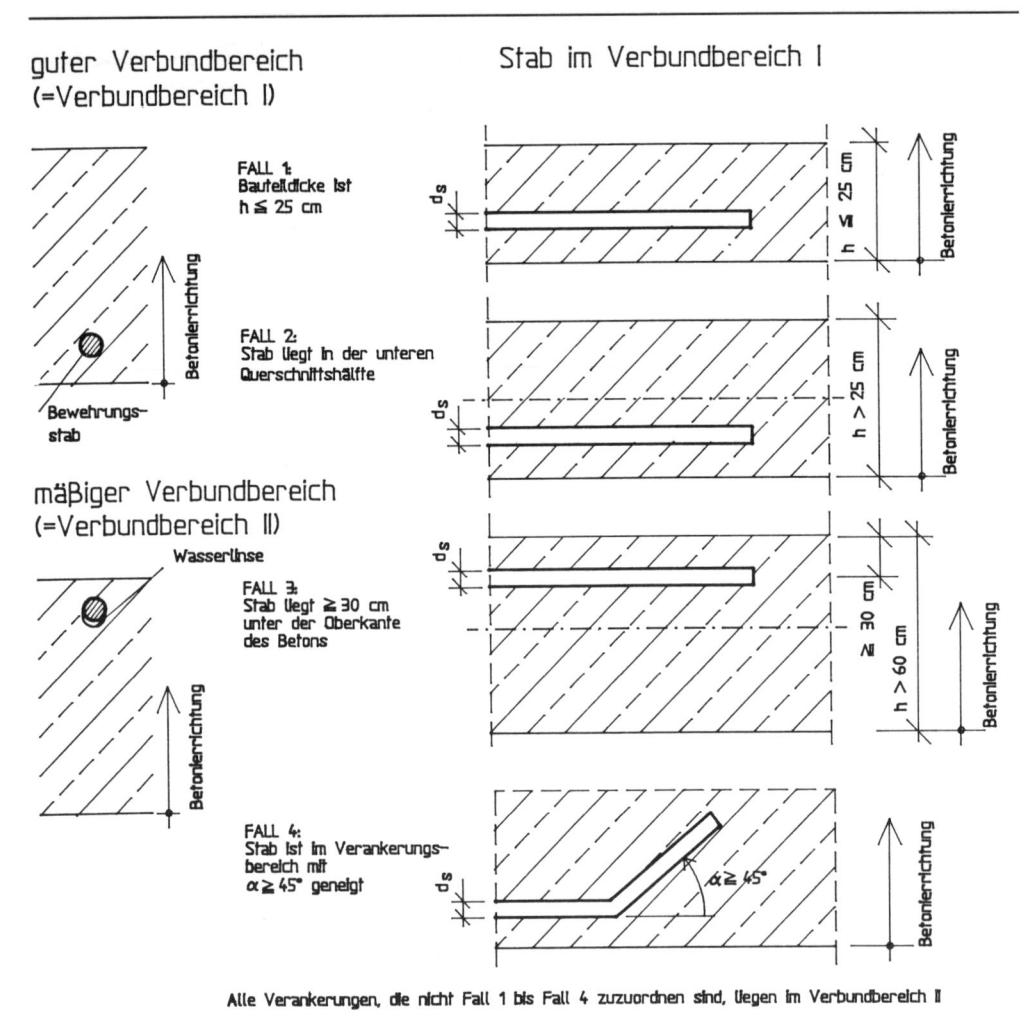

Alle Verankerungen, die nicht Fall 1 bis Fall 4 zuzuordnen sind, liegen im Verbundbereich II

ABB 12.8: Erläuterung und Einteilung der Verbundbereiche

Betonfestig-keitsklasse	Zulässige Grundwerte der Verbundspannung f_{bd} für Betonfestigkeitsklasse								
	C 12/15	C 16/20	C 20/25	C 25/30	C 30/37	C 35/45	C 40/50	C 45/55	C 50/60
glatte Stäbe	0,9	1,0	1,1	1,2	1,3	1,4	1,5	1,6	1,7
Rippenstäbe $d_s \leq 32$ mm und Betonstahl-matten	1,6	2,0	2,3	2,7	3,0	3,4	3,7	4,0	4,3

TAB 12.4: Grundwerte der Verbundspannung f_{bd} in N/mm² im Verbundbereich I (Werte beinhalten $\gamma_c = 1,5$)

12 Bewehren mit Betonstabstahl

Die Einteilung in einen der Verbundbereiche erfolgt gemäß **ABB 12.8**. Sofern Fall 1, 2, 3 oder 4 zutrifft, liegt das zu verankernde Stabende im Verbundbereich I, andernfalls im Verbundbereich II.

Die Größe des Bemessungswertes der Verbundspannung f_{bd} (**TAB 12.4**) ergibt sich für

- glatte Stäbe
$$f_{bd} = \frac{0{,}36\sqrt{f_{ck}}}{\gamma_c} \tag{12.3}$$

- gerippte Stäbe
$$f_{bd} = \frac{2{,}25 f_{ctk,0.05}}{\gamma_c} \tag{12.4}$$

Bei Stabdurchmessern $d_s > 32$ mm ergeben sich die Verbundbeiwerte zu

$$f'_{bd} = \frac{132 - d_s}{100} \cdot f_{bd} \tag{12.5}$$

Der Nachweis der Verbundspannungen erfolgt auch im Verbundbereich II mit der vollen Stahloberfläche. Die Bemessungswerte der Verbundspannungen wurden jedoch gegenüber Verbundbereich I auf 70 % reduziert.

$$f_{bd,\mathrm{II}} = 0{,}7 f_{bd} \tag{12.6}$$

Der Nachweis der Verbundspannungen wird indirekt über den Nachweis geführt, daß die vorhandene Verankerungslänge nicht kleiner als die sich bei Ansatz der zulässigen Grundwerte der Verbundspannung ergebende Verankerungslänge ist. Das Grundmaß der Verankerungslänge l_b (entspricht der Verankerungslänge eines geraden Stabes) kann man aus der Bedingung bestimmen, daß die in einem Bewehrungsstab zulässige Kraft der über die Stahloberfläche übertragbaren Kraft gleich sein muß. Anschließend wird Gl (12.7) nach dem Grundmaß der Verankerungslänge aufgelöst. Die Gl (12.8) läßt sich für alle Betongüten und Stabdurchmesser auswerten.

$$F_s = A_s \cdot f_{yd} = \pi \cdot d_s \cdot l_b \cdot f_{bd} \tag{12.7}$$

$$l_b = \frac{d_s}{4} \cdot \frac{f_{yd}}{f_{bd}} \tag{12.8}$$

Bei Doppelstäben geschweißter Betonstahlmatten wird anstatt des Stabdurchmessers der Vergleichsdurchmesser d_{sn} angesetzt.

$$d_{sn} = \sqrt{2} \cdot d_s \tag{12.9}$$

Falls ein Druck quer zur möglichen Spaltebene wirkt, dürfen die Bemessungswerte der Verbundspannung erhöht werden mit

$$f_1 = \frac{1}{1 - 0{,}04 p} \leq 1{,}4 \tag{12.10}$$

p mittlerer Querdruck im Verankerungsbereich in N/mm²

$$\mathrm{red}\, l_b = \frac{l_b}{f_1} \tag{12.11}$$

Verbund-bereich	Nenndurch-messer	Grundmaß der Verankerungslänge l_b in cm							
		C 12	C 16	C 20	C 25	C 30	C 35	C 40	C 45	C 50
I	6	40,8	32,6	28,4	24,2	21,7	19,2	17,6	16,3	15,2
	8	54,3	43,5	37,8	32,2	29,0	25,6	23,5	21,7	20,2
	10	67,9	54,3	47,3	40,3	36,2	32,0	29,4	27,2	25,3
	12	81,5	65,2	56,7	48,3	43,5	38,4	35,3	32,6	30,3
	14	95,1	76,1	66,2	56,4	50,7	44,8	41,1	38,0	35,4
	16	108,7	87,0	75,6	64,4	58,0	51,2	47,0	43,5	40,4
	20	135,9	108,7	94,5	80,5	72,5	63,9	58,8	54,3	50,6
	25	169,8	135,9	118,1	100,6	90,6	79,9	73,4	67,9	63,2
	28	190,2	152,2	132,3	112,7	101,4	89,5	82,3	76,1	70,8
	32	217,4	173,9	151,2	128,8	115,9	102,3	94,0	87,0	80,9
II	6	58,2	46,6	40,5	34,5	31,1	27,4	25,2	23,3	21,7
	8	77,6	62,1	54,0	46,0	41,4	36,5	33,6	31,1	28,9
	10	97,0	77,6	67,5	57,5	51,8	45,7	42,0	38,8	36,1
	12	116,5	93,2	81,0	69,0	62,1	54,8	50,4	46,6	43,3
	14	135,9	108,7	94,5	80,5	72,5	63,9	58,8	54,3	50,6
	16	155,3	124,2	108,0	92,0	82,8	73,1	67,1	62,1	57,8
	20	194,1	155,3	135,0	115,0	103,5	91,3	83,9	77,6	72,2
	25	242,6	194,1	168,8	143,8	129,4	114,2	104,9	97,0	90,3
	28	271,7	217,4	189,0	161,0	144,9	127,9	117,5	108,7	101,1
	32	310,6	248,4	216,0	184,0	165,6	146,1	134,3	124,2	115,6

TAB 12.5: Grundmaße der Verankerungslänge

Damit reduziert sich das Grundmaß der Verankerungslänge. Das Grundmaß der Verankerungslänge darf nicht (nach dieser Gl.) bei Endauflagern reduziert werden.

12.2.2 Allgemeine Bestimmungen der Verankerungslänge

Das Grundmaß der Verankerungslänge wurde für einen gerade endenden Stab bestimmt. Es bestehen jedoch auch andere Möglichkeiten der Verankerung, wie Haken, Winkelhaken oder Schlaufen (**ABB 12.9**). Diese Biegeformen benötigen eine kürzere Verankerungslänge. Daher darf das Grundmaß der Verankerungslänge auf die erforderliche Verankerungslänge nach folgender Gleichung vermindert werden:

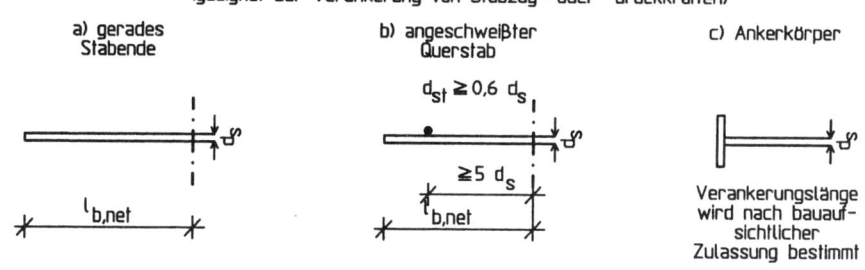

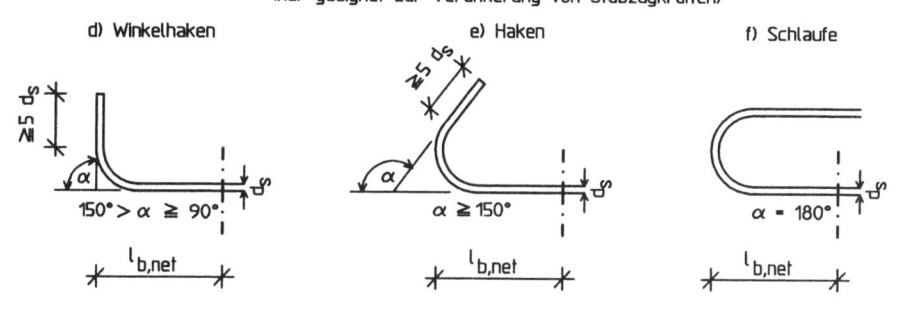

12 Bewehren mit Betonstabstahl

ABB 12.9: Verankerungsmöglichkeiten

- Verankerung von Zugstäben:

$$l_{b,net} = \max \begin{cases} \alpha_a \cdot \alpha_A \cdot l_b \\ 0,3 l_b \\ l_{b,min} \end{cases} \quad (12.12)$$

$$l_{b,min} \geq \begin{cases} 10 d_s \\ 100 \, mm \end{cases} \quad (12.13)$$

- Verankerung von Druckstäben:

$$l_{b,net} = \max \begin{cases} \alpha_a \cdot \alpha_A \cdot l_b \\ 0,6 l_b \\ l_{b,min} \end{cases} \quad (12.14)$$

Der Beiwert α_a berücksichtigt hierbei die Biegeform. Bei Druckstäben führen Haken zu einer Biegebeanspruchung des Stabes, eine Verkürzung der Verankerungslängen durch Haken darf daher bei Druckstäben nicht berücksichtigt werden ($\alpha_a = 1,0$). Der Beiwert α_A berücksichtigt, daß der Bewehrungsstab spannungsmäßig nicht vollständig ausgenutzt ist, wenn die vorhandene Bewehrung die erforderliche übersteigt.

$\alpha_a = 1,0$ bei geraden Stäben (12.15)

$\alpha_a = 0,7$ bei Zugstäben und Haken, Winkelhaken oder Schlaufen, sofern die Betondeckung senkrecht zur Krümmungsebene mindestens $3 d_s$ beträgt. (12.16)

$\alpha_a = 0{,}7$ für Betonstahlmatten aus gerippten Stäben, wenn mindestens ein (12.17) Querstab im Verankerungsbereich vorhanden ist, sowie bei Rippenstäben $d_s > 32$ mm.

$$\alpha_A = \frac{A_s}{\text{vorh}\, A_s} \tag{12.18}$$

Die Verankerungslänge bei einer Bewehrung, die entsprechend der Zugkraftdeckungslinie gestaffelt ist, zählt vom rechnerischen Endpunkt ab. Hierbei wird die Verankerungslänge für die vom Stab aufnehmbare Zugkraft verankert ($\alpha_A = 1{,}0$), um mögliche Ungenauigkeiten in der meistens nur näherungsweise konstruierten Zugkraftdeckungslinie zu berücksichtigen. In diesem Fall beträgt die Verankerungslänge mindestens

$$l = \max \begin{cases} l_{b,net} \\ d \end{cases} \tag{12.19}$$

Im Verankerungsbereich treten - besonders bei Haken und Winkelhaken - Querzugspannungen auf (**ABB 12.7**), die zu Betonabplatzungen führen können. Daher muß die seitliche Betondeckung bei Bauteilen beachtet und eine Querbewehrung im Verankerungsbereich angeordnet werden. In Balken sollte eine Querbewehrung angeordnet werden bei Verankerungen von

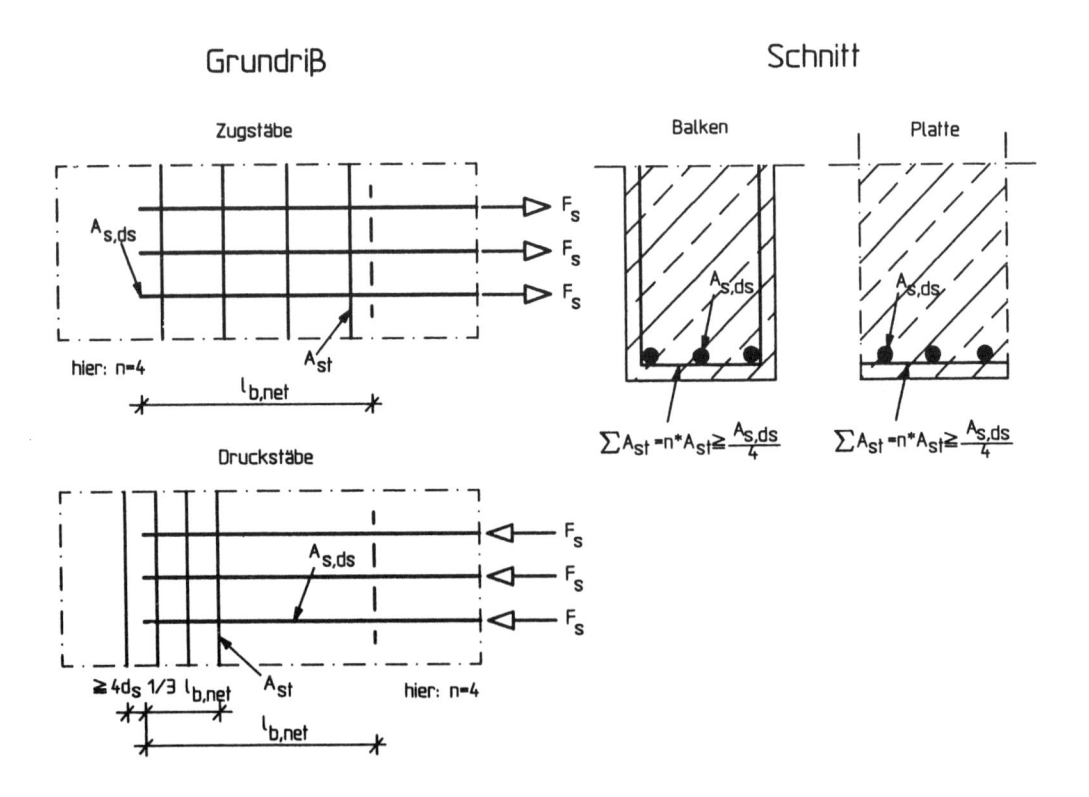

ABB 12.10: Querbewehrung im Verankerungsbereich von Stäben

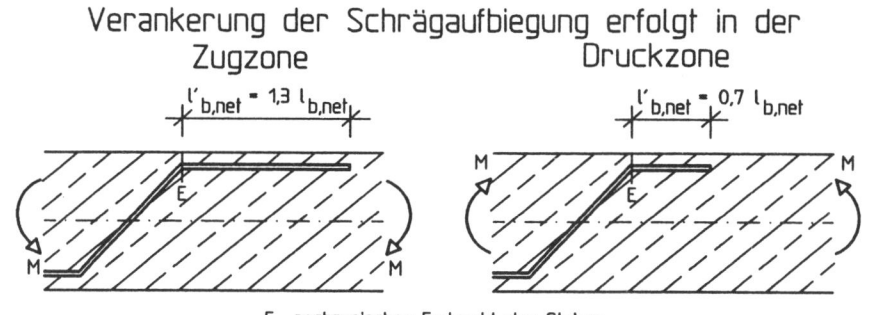

Verankerung der Schrägaufbiegung erfolgt in der
Zugzone   **Druckzone**

$l'_{b,net} = 1{,}3\, l_{b,net}$ $l'_{b,net} = 0{,}7\, l_{b,net}$

E rechnerischer Endpunkt des Stabes

ABB 12.11: Verankerungslänge bei Schrägaufbiegungen

- Zugstäben ohne Querdruck aus Auflagerkräften (wie z. B. bei indirekter Lagerung)
- Druckstäben.

Der Mindestquerschnitt der Querbewehrung A_{st} muß 25 % der Fläche <u>eines</u> verankerten Stabes betragen (**ABB 12.10**).

$$\sum A_{st} = n \cdot A_{st} \geq 0{,}25 \cdot A_{s,ds} \qquad (12.20)$$

        n Anzahl der Querstäbe innerhalb der Verankerungslänge

        A_{st} Querschnittsfläche eines Stabes der Querbewehrung

Die Querbewehrung soll auf der zur Oberfläche hin zeigenden Seite angeordnet werden. Bei Platten mit dünnen zu verankernden Stäben von Betonstahlmatten ist auch die Innenseite möglich. Bei Druckstäben sollte die Querbewehrung die Stäbe umfassen und am Ende der Verankerungslänge konzentriert angeordnet werden, die Querbewehrung soll bis mindestens $4\, d_s$ jenseits des Stabendes angeordnet werden (**ABB 12.10**).

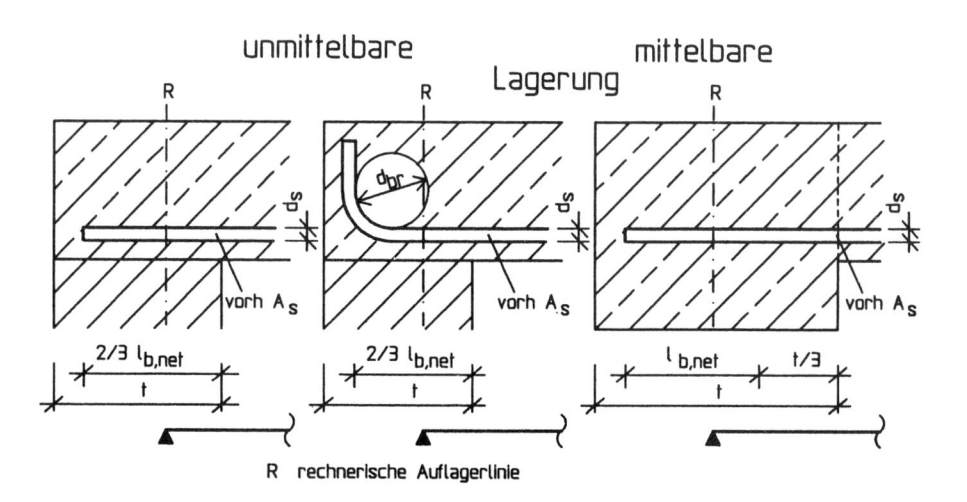

unmittelbare   **mittelbare**
Lagerung

R rechnerische Auflagerlinie

ABB 12.12: Verankerung bei Endauflagern

12.2.3 Sonderregelungen für einzelne Bauteile

Balken:

Sofern Stäbe in Form von Schrägauf- oder abbiegungen zur Schubdeckung herangezogen werden, so sind sie mit der Verankerungslänge $l'_{b,net}$ auszuführen (**ABB 12.11**).

- in der Druckzone $\quad l'_{b,net} = 0,7 \cdot l_{b,net}$ \hfill (12.21)
- in der Zugzone $\quad l'_{b,net} = 1,3 \cdot l_{b,net}$ \hfill (12.22)

Mindestens 25 % der maximalen Feldbewehrung ist über die Auflager zu führen.

$$\text{vorh}\, A_{sR} \geq 0,25 \cdot A_{s,\text{Feld}} \tag{12.23}$$

Am Endauflager wirkt entsprechend der Zugkraftdeckungslinie noch eine Zugkraft, die sich nach Gl (11.6) ermitteln läßt. Diese Zugkraft ist am Auflager zu verankern (**ABB 12.12**). Die günstige Wirkung der Auflagerpressungen bei unmittelbarer Lagerung ermöglicht hierbei eine kürzere Verankerungslänge als im Feld.

$$l'_{b,net} = \frac{2}{3} \cdot l_{b,net} \quad \text{(nur bei unmittelbarer Endauflagerung)} \tag{12.24}$$

Auf eine ausreichende Querbewehrung im Bereich von Endauflagern ist zu achten (**ABB 12.13**). Sofern Haken oder Winkelhaken als Verankerungselement benutzt werden, soll der Krümmungsbeginn hinter der rechnerischen Auflagerlinie R liegen. Konstruktiv ist es besser (besonders bei dicken Durchmessern), die Haken horizontal anzuordnen oder zwei Stäbe in Form einer Schlaufe zu führen (**ABB 12.13**). Hiermit wird ein Abplatzen der Auflagerecke vermieden.

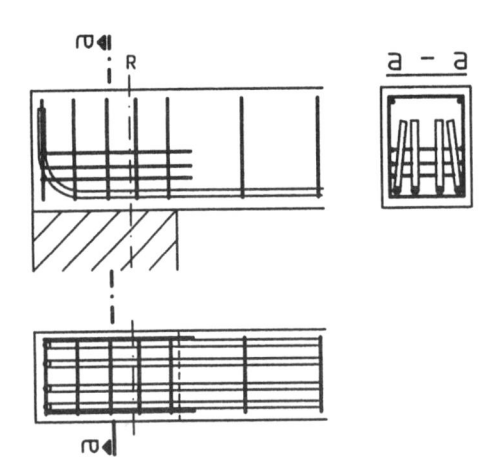

Endverankerung mit Winkelhaken möglich bei Krümmungsbeginn hinter dem rechnerischen Auflager

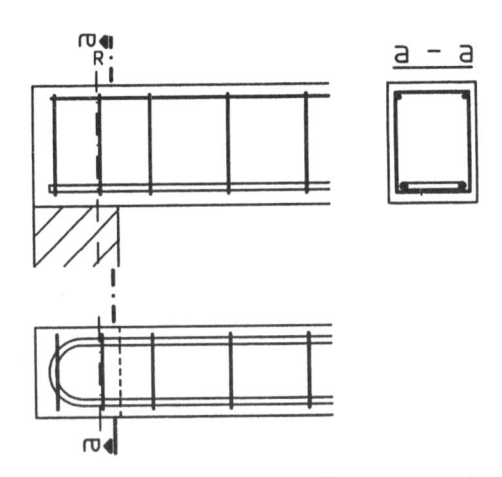

Endverankerung mit Schlaufe möglich bei nur zwei untenliegenden Stäben

ABB 12.13: Bewehrungsführung an Endauflagern

12 Bewehren mit Betonstabstahl

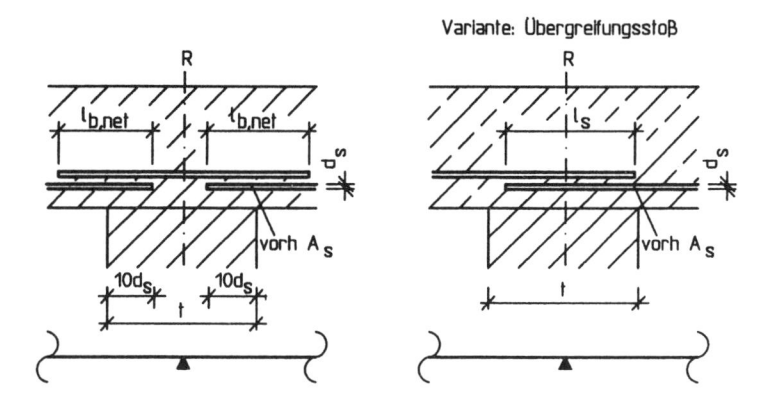

ABB 12.14: Bewehrungsführung an Zwischenauflagern

Ist dies nicht möglich, sollten zusätzliche horizontale Steckbügel vorgesehen werden.

Zur Aufnahme einer rechnerisch nicht berücksichtigten Einspannung (Annahme frei drehbarer Lagerung im statischen System) ist eine geeignete Bewehrung anzuordnen. In monolithisch hergestellten Baukörpern ist der Querschnitt an der rechnerisch nicht berücksichtigten Einspannstelle für ein Viertel des größten Feldmomentes zu bemessen (→ Kap. 4.3.5).

Bei Zwischenauflagern ist die Bewehrung so auszubilden, daß auch Beanspruchungen aus positiven Momenten infolge rechnerisch nicht erfaßter Lastfälle (wie z. B. Brand, Explosion oder Stützensenkung bei Durchlaufträgern) aufgenommen werden können. Gemäß [V1] § 5.4.2.1.5 ist mindestens ein Viertel der größten Feldbewehrung hinter die Auflagervorderkante zu führen. Die Bewehrung ist mindestens $10\,d_s$ über die Auflagervorderkante zu führen oder kraftschlüssig zu stoßen (**ABB 12.14**). Alternativ kann die Bewehrung ungestoßen über das nächste Feld geführt werden.

Auf der Baustelle betonierte Vollplatten:

Bei Platten sollte mindestens die Hälfte der erforderlichen Feldbewehrung über das Auflager geführt und dort verankert werden.

$$\text{vorh}\,A_{sR} = 0{,}5 \cdot A_{s,\text{Feld}} \tag{12.25}$$

An Endauflagern sollen zur Erfassung der rechnerisch nicht berücksichtigten Einspannung oben mindestens 25 % der unten liegenden maximalen Feldbewehrung angeordnet werden. Die Bewehrung soll sich gemessen vom Auflageranschnitt $0{,}2\,l_{eff}$ erstrecken.

Beispiel 12.1: Ermittlung von Verankerungslängen
(Fortsetzung von Beispiel 11.2)

gegeben: - Zugkraftdeckungslinie des Beispiels 11.2

gesucht: - Verankerungslängen von Pos. 1 bis Pos. 4 in Beispiel 11.2

Lösung:
Pos. 1 linkes Ende:

$l_{b,\min} \geq \begin{cases} 10 \cdot 25 = 250 \text{ mm} \\ 100 \text{ mm} \end{cases}$ | Ø 25; Winkelhaken über direktem Auflager
(12.13): $l_{b,\min} \geq \begin{cases} 10 d_s \\ 100 \text{ mm} \end{cases}$

guter Verbundbereich (Verbundbereich I) | ABB 12.8: Stab liegt unten
$l_b = 0,799$ m | TAB 2.5: C 35 Ø 25; Verbundbereich I
$\alpha_A = \dfrac{202}{2 \cdot 214} = 0,47$ | (12.18): $\alpha_A = \dfrac{A_s}{\text{vorh } A_s}$ hier: $\approx \dfrac{F_{sR}}{\Delta F_s}$
$\alpha_a = 1,0$ |

 | (12.15): $\alpha_a = 1,0$ Da seitliche Betondeckung $< 3\, d_s$ ist, kann Gl (12.16) nicht angewendet werden.

$l_{b,net} = \max \begin{cases} 0,47 \cdot 1,0 \cdot 0,799 = 0,376 \text{ m} \\ 0,3 \cdot 0,799 = 0,240 \text{ m} \\ 0,250 \text{ m} \end{cases}$ | (12.12): $l_{b,net} = \max \begin{cases} \alpha_a \cdot \alpha_A \cdot l_b \\ 0,3 l_b \\ l_{b,\min} \end{cases}$

$l'_{b,net} = \dfrac{2}{3} \cdot 376 = \underline{\underline{0,25 \text{ m}}}$ | (12.24): $l'_{b,net} = \dfrac{2}{3} \cdot l_{b,net}$

Anmerkung: Die erforderliche Verankerungslänge steht über dem Auflager nicht zur Verfügung. Abhilfe: den Winkelhaken waagerecht anordnen. Dann sind Querpressungen vorhanden, und der Abminderungsfaktor $\alpha_a = 0,7$ darf trotz Oberflächennähe angesetzt werden.

vorh $A_{sR} = 2 \cdot 4,91 = 9,82$ cm$^2 > 6,7$ cm$^2 = 0,25 \cdot 26,8$ | (12.23): vorh $A_{sR} \geq 0,25 \cdot A_{s,\text{Feld}}$

Pos. 1 rechtes Ende: | Ø25; gerade Verankerung
guter Verbundbereich (Verbundbereich I) | ABB 12.8: Stab liegt unten
$l_b = 0,799$ m | TAB 2.5: C 35 Ø 25; Verbundbereich I
$\alpha_A = 1,0$ | Staffelung nach Zugkraftdeckungslinie
$\alpha_a = 1,0$ |

 | (12.15): $\alpha_a = 1,0$

$l_{b,net} = \max \begin{cases} 1,0 \cdot 1,0 \cdot 0,799 = 0,799 \text{ m} \\ 0,3 \cdot 0,799 = 0,240 \text{ m} \\ 0,250 \text{ m} \end{cases}$ | (12.12): $l_{b,net} = \max \begin{cases} \alpha_a \cdot \alpha_A \cdot l_b \\ 0,3 l_b \\ l_{b,\min} \end{cases}$

$l = \max \begin{cases} 0,799 \text{ m} \\ 0,677 \text{ m} \end{cases}$ | (12.19): $l = \max \begin{cases} l_{b,net} \\ d \end{cases}$

Pos. 2 linkes Ende: | Ø 25; gerade Verankerung
$l_{b,net} = 0,799$ m | wie Pos. 1 rechtes Ende
Gemäß ABB 12.14 soll ein Übergreifungsstoß zwischen Pos. 1 und Pos. 2 ausgebildet werden. | vgl. Beispiel 12.2

Pos. 2 rechtes Ende:

$$l_{b,\min} \geq \begin{cases} 10 \cdot 25 = \underline{250 \text{ mm}} \\ 100 \text{ mm} \end{cases}$$

guter Verbundbereich (Verbundbereich I)
$l_b = 0{,}799 \text{ m}$
$\alpha_A = \dfrac{176}{2 \cdot 214} = 0{,}41$
$\alpha_a = 1{,}0$

$$l_{b,net} = \max \begin{cases} 0{,}41 \cdot 1{,}0 \cdot 0{,}799 = \underline{0{,}329 \text{ m}} \\ 0{,}3 \cdot 0{,}799 = 0{,}240 \text{ m} \\ 0{,}250 \text{ m} \end{cases}$$

Anmerkung: Die erforderliche Verankerungslänge steht über dem Auflager nicht zur Verfügung. Abhilfe: Wahl eines kleineren Stabdurchmessers oder Erhöhung des Stahlquerschnitts.

vorh $A_{sR} = 2 \cdot 4{,}91 = 9{,}82 \text{ cm}^2 > 3{,}0 \text{ cm}^2 = 0{,}25 \cdot 12{,}0$

Pos. 3 linkes Ende:
$l_{b,net} = 0{,}799 \text{ m}$

Pos. 3 rechtes Ende:

$l_{b,net} = 0{,}799 \text{ m}$
$l'_{b,net} = 1{,}3 \cdot 0{,}799 = 1{,}04 \text{ m}$

Pos. 4 linkes und rechtes Ende:

$$l_{b,\min} \geq \begin{cases} 10 \cdot 25 = \underline{250 \text{ mm}} \\ 100 \text{ mm} \end{cases}$$

mäßiger Verbundbereich (Verbundbereich II)
$l_b = 1{,}142 \text{ m}$
$\alpha_A = 1{,}0$
$\alpha_a = 1{,}0$

$$l_{b,net} = \max \begin{cases} 1{,}0 \cdot 1{,}0 \cdot 1{,}142 = \underline{1{,}142 \text{ m}} \\ 0{,}3 \cdot 1{,}142 = 0{,}343 \text{ m} \\ 0{,}250 \text{ m} \end{cases}$$

$$l = \max \begin{cases} \underline{1{,}142 \text{ m}} \\ 0{,}675 \text{ m} \end{cases}$$

Die Querbewehrung ist durch die Bügelbewehrung vorhanden.

Ø 25; Winkelhaken über indirektem Auflager

(12.13): $l_{b,\min} \geq \begin{cases} 10 d_s \\ 100 \text{ mm} \end{cases}$

ABB 12.8: Stab liegt unten
TAB 2.5: C 35 Ø 25; Verbundbereich I

(12.18): $\alpha_A = \dfrac{A_s}{\text{vorh } A_s}$ hier: $\approx \dfrac{F_{sR}}{\Delta F_s}$

(12.15): $\alpha_a = 1{,}0$ Da seitliche Betondeckung $< 3 d_s$ ist, kann Gl (12.16) nicht angewendet werden.

(12.12): $l_{b,net} = \max \begin{cases} \alpha_a \cdot \alpha_A \cdot l_b \\ 0{,}3 l_b \\ l_{b,\min} \end{cases}$

(12.23): vorh $A_{sR} \geq 0{,}25 \cdot A_{s,\text{Feld}}$

Ø 25; gerade Verankerung
wie Pos. 1 rechtes Ende

Ø 25; gerade Verankerung nach Schrägabbiegungen
wie Pos. 1 rechtes Ende

ABB 12.11: Zugzone: $l'_{b,net} = 1{,}3 l_{b,net}$

Ø 25; gerade Verankerung

(12.13): $l_{b,\min} \geq \begin{cases} 10 d_s \\ 100 \text{ mm} \end{cases}$

ABB 12.8: Stab liegt oben
TAB 2.5: C 35 Ø 25; Verbundbereich II
Staffelung nach Zugkraftdeckungslinie

(12.15): $\alpha_a = 1{,}0$

(12.12): $l_{b,net} = \max \begin{cases} \alpha_a \cdot \alpha_A \cdot l_b \\ 0{,}3 l_b \\ l_{b,\min} \end{cases}$

(12.19): $l = \max \begin{cases} l_{b,net} \\ d \end{cases}$

(12.20): $\sum A_{st} = n \cdot A_{st} \geq 0{,}25 \cdot A_{s,ds}$

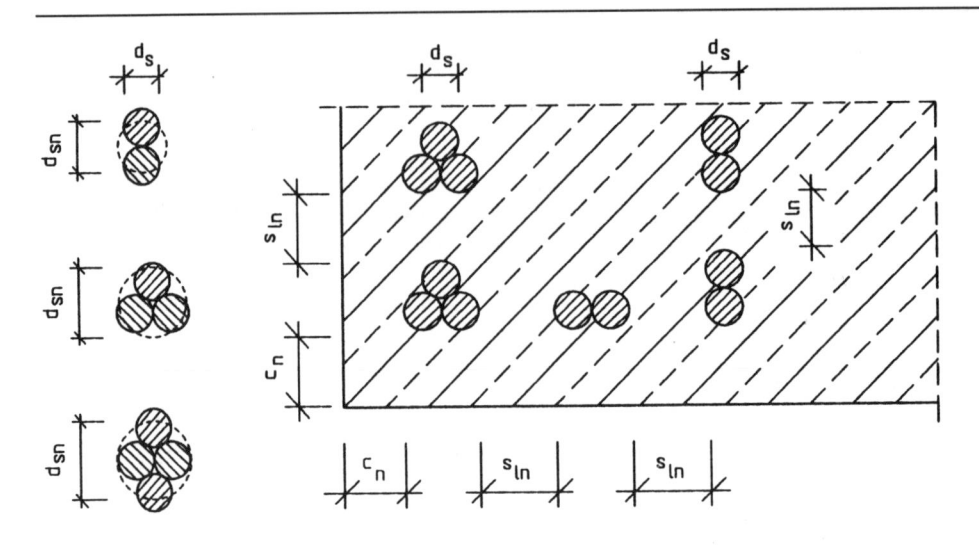

ABB 12.15: Stabbündel

12.2.4 Verankerung von Stabbündeln

Stabbündel bestehen aus zwei oder drei Stäben, die sich berühren (**ABB 12.15**). Sie sind bei der Montage und beim Betonieren durch geeignete Maßnahmen zusammenzuhalten. Stabbündel sind bei sehr dichter Bewehrung vorteilhaft, um Platz für Rüttelgassen zu schaffen.

Die Vorschriften über die Anordnung und Verankerung von Einzelstäben gelten auch für Stabbündel mit einigen Ergänzungen. Anstelle des Einzelstabdurchmessers d_s ist der Vergleichsdurchmesser d_{sn} einzusetzen, der einem flächengleichen Kreisquerschnitt entspricht. Er ergibt sich bei Stäben gleichen Durchmessers zu:

$$d_{sn} = \sqrt{n_b} \cdot d_s \leq 55 \text{ mm} \tag{12.26}$$

n_b Stäbe gleichen Durchmessers
 $n_b \leq 4$ lotrechte, auf Druck beanspruchte Stäbe, Stäbe im Übergreifungsstoß
 $n_b \leq 3$ alle anderen Fälle

Für die Betondeckung gilt Gl (3.5) mit d_{sn}, für den Stababstand gilt Gl (6.12) analog:

$$s_{ln} \geq 20 \geq d_{sn} \quad \text{in mm} \tag{12.27}$$

Es sind nur gerade Stabverankerungen bei Stabbündeln zulässig. Für Bündel mit 2, 3 oder 4 Stäben sollte der Längsversatz der Verankerungen das 1,2fache, 1,3fache, 1,4fache der Verankerungslänge der jeweiligen Einzelstäbe sein (**ABB 12.16**).

12 Bewehren mit Betonstabstahl   235

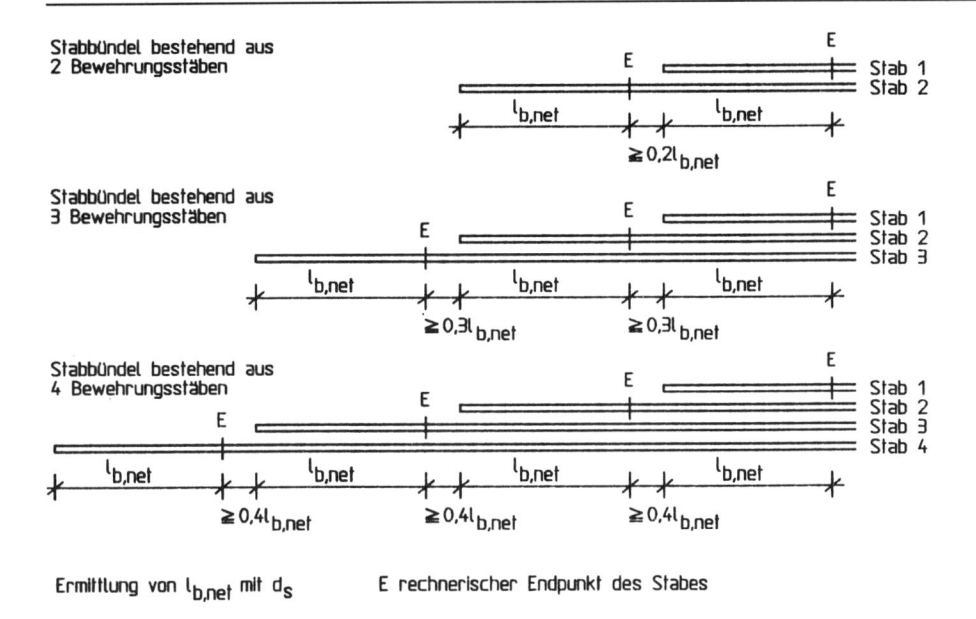

ABB 12.16: Verankerung von Stabbündeln

12.2.5 Zusätzliche Regeln für Stabdurchmesser $d_s > 32$ mm

Derartige Stäbe dürfen nur in Bauteilen mit einer Mindestdicke

$$\min h = 15 d_s \tag{12.28}$$

verwendet werden. Der lichte Abstand zwischen den Stäben in jeder Richtung muß mindestens

$$\min s_l = \max \begin{cases} d_s \\ d_g + 5 \end{cases} \quad \text{in mm} \tag{12.29}$$

d_g \quad Nennwert des Größtkorndurchmessers

sein. Die Stäbe dürfen nur als gerade Stäbe (wobei dies aufgrund der großen Verankerungslängen nicht praktikabel ist) oder mit Ankerkörpern verankert werden. Es ist eine Hautbewehrung nach [V1] § 5.4.2.4 anzuordnen.

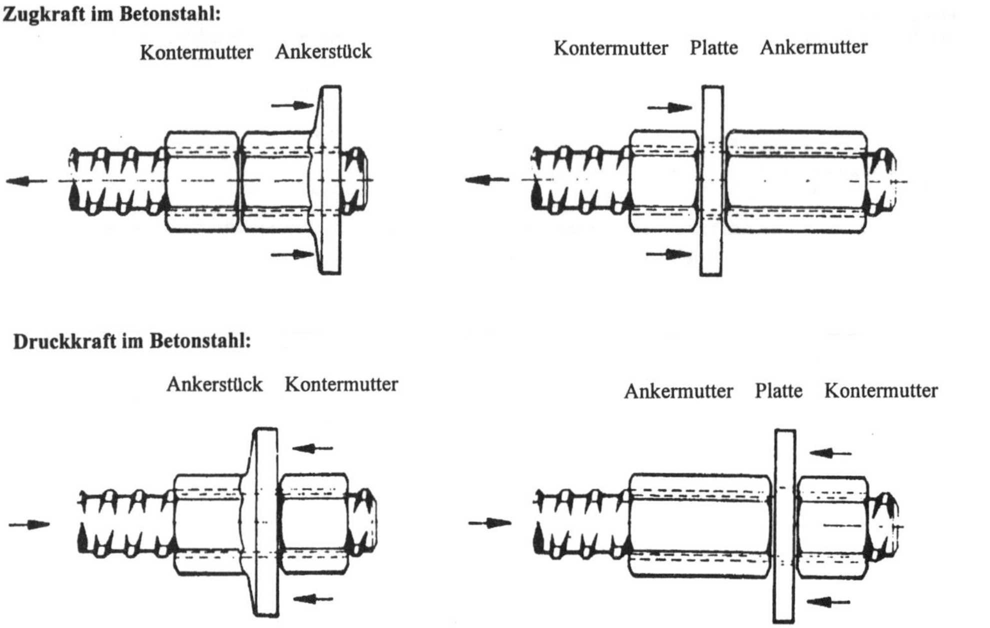

Zugkraft im Betonstahl:

Kontermutter   Ankerstück   Kontermutter   Platte   Ankermutter

Druckkraft im Betonstahl:

Ankerstück   Kontermutter   Ankermutter   Platte   Kontermutter

ABB 12.17: Ankerkörper des GEWI-Verfahrens [U2]

12.2.6 Ankerkörper

Die Verankerung von Stäben mit Ankerkörpern ist in den bauaufsichtlichen Zulassungen der Verfahren geregelt. Das Prinzip der Kraftübertragung vom Stab auf den Ankerkörper ist dem bei Muffenstößen (→ Kap. 12.3.2) ähnlich. Die Übertragung der Kraft aus dem Ankerkörper in den Beton ist aus **ABB 12.17** ersichtlich.

12.3 Stöße von Betonstahl

12.3.1 Erfordernis von Stößen

Im Stahlbetonbau werden Stöße für folgende Aufgaben eingesetzt:

- Verlängerung der Bewehrung; diese kann erforderlich sein, weil der Stabstrang länger als die Regellieferlänge von 14 m ist. Stabdurchmesser $d_s \leq 14$ mm werden auch von Coils im Biegebetrieb verarbeitet. Die Lieferlänge wird dann durch die Transportmöglichkeiten begrenzt.

12 Bewehren mit Betonstabstahl

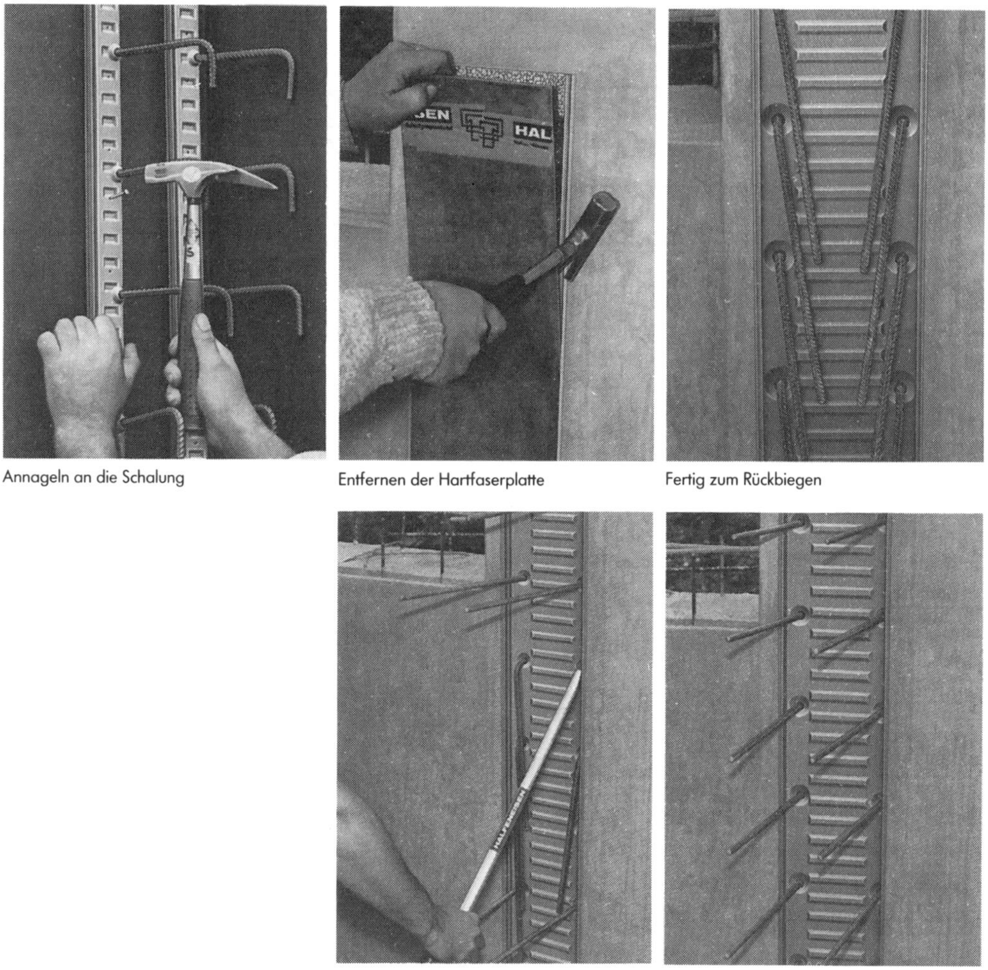

Annageln an die Schalung — Entfernen der Hartfaserplatte — Fertig zum Rückbiegen

Herausbiegen mit Rückbiegerohr — Fertig! Stahlgehäuse bleibt im Beton

ABB 12.18:
Einbau von Verwahrkästen
(entnommen [U3])

- Kreuzung einer Arbeitsfuge
- begrenzte Stablängen aufgrund der Einbausituation in die Schalung
- Anordnung von vorgefertigten Stößen, z. B. Verwahrkästen (**ABB 12.6**, **ABB 12.18**).

Es werden direkte und indirekte Stöße unterschieden. Bei einem indirekten Stoß wird die Stabkraft über den Beton in den anderen Stab eingeleitet, während bei einem direkten Stoß die Stabkraft durch ein Verbindungsmittel zwischen zwei Stäben übertragen wird, so daß der Beton keine Tragwirkung übernimmt. Aufgrund des Preises wird i. d. R. der indirekte Stoß gewählt, der direkte Stoß wird nur verwendet, wenn der indirekte Stoß aufgrund der Bauteilgeometrie oder des Bauablaufs nicht möglich ist (**ABB 12.5**). Ein Stoß soll nach Möglichkeit an einer Stelle geringer Beanspruchung (Stelle mit betragsmäßig kleinem Biegemoment) durchgeführt werden.

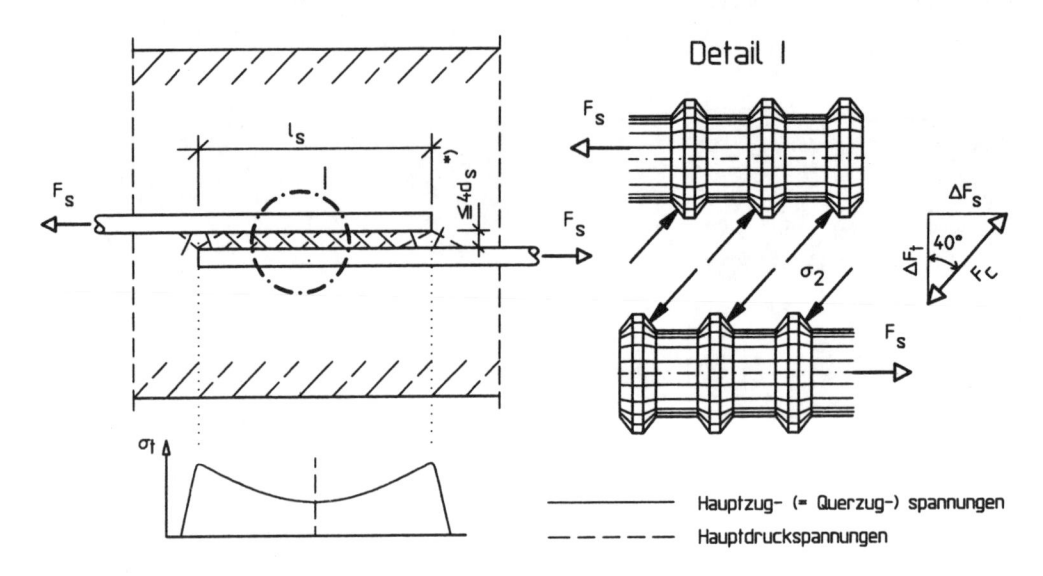

**) Andernfalls muß die Übergreifungslänge um den Betrag erhöht werden, um den der lichte Abstand $4d_s$ übersteigt.

ABB 12.19: Tragwirkung eines Übergreifungsstoßes

12.3.2 Indirekte Zugstöße

Ein Übergreifungsstoß ist nur tragfähig, sofern folgende Anforderungen erfüllt werden:

- Der Beton übernimmt über Druckstreben die Kraftübertragung (s. u.).
- Die zu stoßenden Stäbe liegen nebeneinander.
- Zwischen Beton und Betonstahl ist (über die Rippen) die Übertragung von Verbundspannungen möglich.

Beim Übergreifungsstoß wird die Zugkraft F_s über schräge Betondruckstreben, die sich zwischen den Rippen ausbilden, übertragen (**ABB 12.19**). Diese schrägen Druckkräfte erzeugen in Querrichtung Zugspannungen σ_t, was anhand eines Fachwerkmodells leicht ersichtlich ist. Um diese Querzugspannungen aufnehmen zu können, ist bei Übergreifungsstößen immer eine Querbewehrung erforderlich.

Sofern mehrere Stäbe gestoßen werden, sollten die Übergreifungsstöße möglichst versetzt werden, damit sich die Querzugspannungen nicht überlagern (**ABB 12.20**). Übergreifungsstöße gelten als längsversetzt, wenn der Längsabstand der Stoßmitten mindestens $1,3\ l_s$ beträgt ([V1] Bild 5.4). Sofern dieser Längsversatz nicht möglich ist, sollten die Stöße um $0,3\ l_s$ bis $0,5\ l_s$ versetzt werden. Ein Versatz um $1,0\ l_s$ ist ungünstig, da sich hierbei die Querzugspannungen besonders ungünstig addieren (**ABB 12.20**). Die zu stoßenden Stäbe sollen in Querrichtung möglichst nahe beieinanderliegen. Der lichte Abstand von Stäben, die nicht gestoßen werden, muß in der Querrichtung Gl (6.12) genügen. Übergreifungsstöße werden üblicherweise mit geraden Stabenden ausgebildet. Es sind jedoch auch Haken, Winkelhaken oder Schlaufen möglich (**ABB 12.21**).

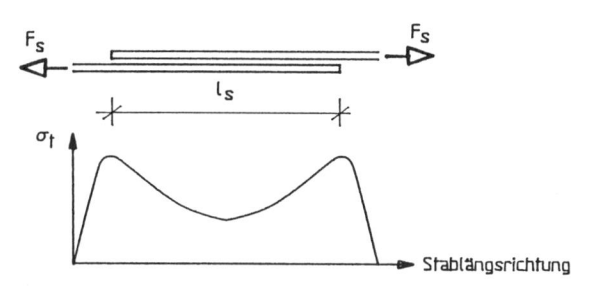

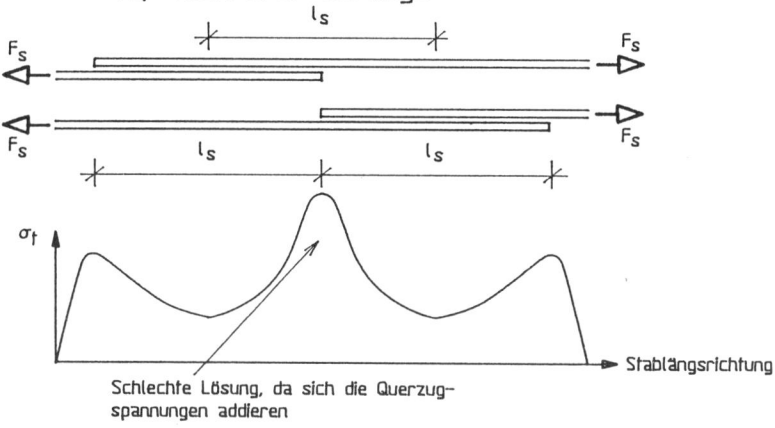

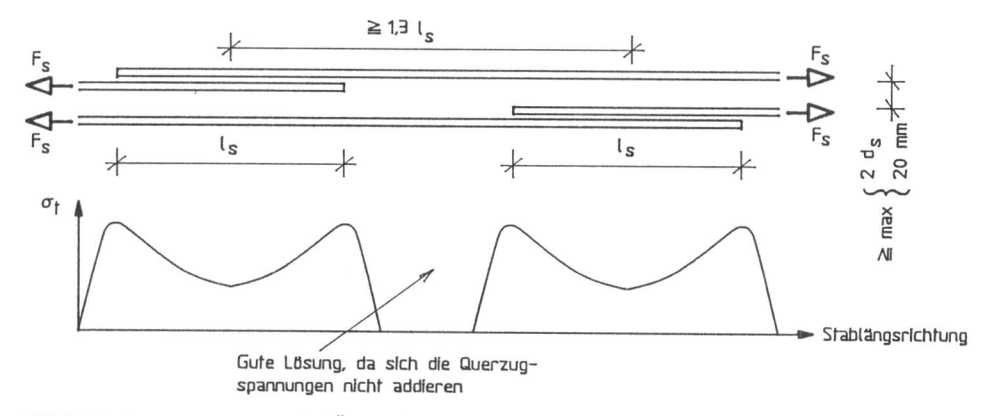

ABB 12.20: Querzugspannungen bei Übergreifungsstößen

Eine Überbeanspruchung des Betons im Stoßbereich muß vermieden werden. Bei einlagiger Bewehrung dürfen zwar alle Stäbe in einem Querschnitt gestoßen werden; konstruktiv besser ist es jedoch, den Stoß nicht an einer Stelle auszuführen. Verteilen sich die zu stoßenden Stäbe jedoch auf mehrere Bewehrungslagen, so sollten in einem Querschnitt nur 50 % der gesamten Bewehrung gestoßen werden.

Im Gegensatz zur Verankerung von Stäben bilden sich die Betondruckstreben auf nur einer Seite des Stabes aus, nämlich derjenigen, die auf den zu stoßenden Stab zeigt. Die Übergreifungslänge l_s muß daher größer als die Verankerungslänge l_b sein. Über bekannte Verbundgesetze ist die Übergreifungslänge aus der Verankerungslänge berechenbar. Zusätzlich muß eine Mindestverankerungslänge $l_{s,\min}$ eingehalten werden.

$$l_s = \alpha_1 \cdot l_{b,net} \geq l_{s,\min} \tag{12.30}$$

$$l_{s,\min} = 0,3 \cdot \alpha_a \cdot \alpha_1 \cdot l_b \geq \max \begin{cases} 15 d_s \\ 200 \text{ mm} \end{cases} \tag{12.31}$$

Der Beiwert α_1 bezeichnet die Wirksamkeit von Bewehrungsstößen und wird aus folgenden Fällen bestimmt:

- $\alpha_1 = 1,0$ (12.32)

   - bei Druckstäben
   - bei Zugstäben, sofern weniger als 30 % der Stäbe im betrachteten Querschnitt gestoßen werden <u>und</u> die Bedingungen a und b in **ABB 12.22** eingehalten werden.

- $\alpha_1 = 1,4$ (12.33)

   - bei Zugstäben, sofern mehr als 30 % der Stäbe im betrachteten Querschnitt gestoßen werden und die Bedingungen a und b in **ABB 12.22** eingehalten werden
   - bei Zugstäben, sofern weniger als 30 % der Stäbe im betrachteten Querschnitt gestoßen werden, aber eine der Bedingungen a oder b in **ABB 12.22** nicht eingehalten wird.

- $\alpha_1 = 2,0$ (12.34)

   - bei Zugstäben, sofern mehr als 30 % der Stäbe im betrachteten Querschnitt gestoßen werden **und** die Bedingungen a oder b in **ABB 12.22** nicht eingehalten werden.

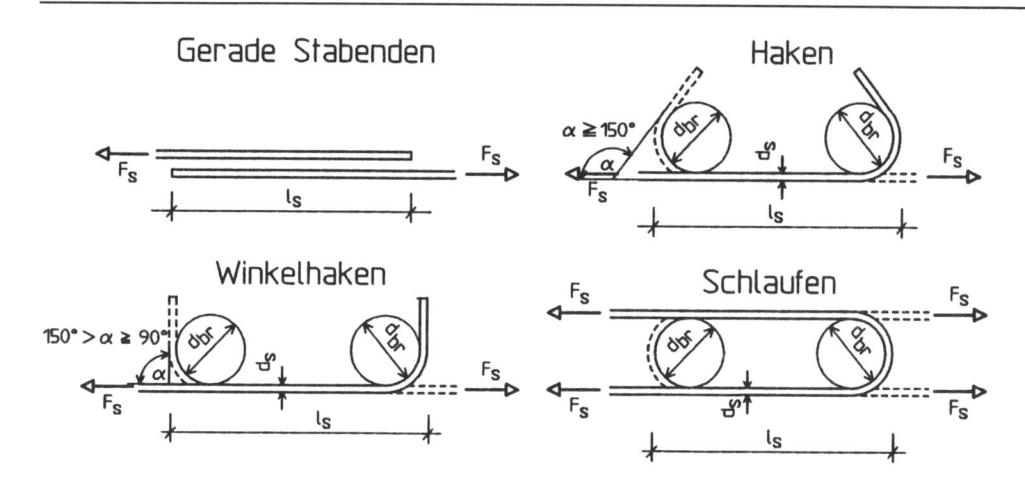

ABB 12.21: Beispiele für die Ausbildung von Übergreifungsstößen

Für die Bestimmung des im Stoßbereich erforderlichen Stabquerschnittes sind die Schnittkräfte am stärker beanspruchten Stoßende zugrunde zu legen. Bei mehrlagiger Bewehrung ist als statische Nutzhöhe bei der Bestimmung des Stahlquerschnitts die Höhe der inneren Lage anzusetzen, wenn die Stahleinlagen zu mehr als 80 % ausgenutzt sind. Hiermit soll eine Überbeanspruchung an den Stoßenden vermieden werden.

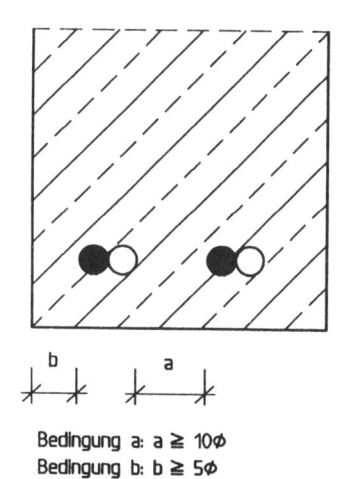

12.3.3 Indirekte Druckstöße

Bedingung a: $a \geq 10\phi$
Bedingung b: $b \geq 5\phi$

Indirekte Druckstöße treten bei der Bewehrung von Stützen auf (**ABB 12.23**). Ein Teil der Druckkraft im Stab wird dabei über Spitzendruck an den Stabenden übertragen. Die Über-

ABB 12.22: Bedingungen für die Ermittlung von α_1

greifungslänge l_s darf deshalb geringer als bei Zugstößen sein ($\alpha_1 = 1{,}0$ in allen Fällen). Die Sprengwirkung des Spitzendruckes bedingt eine enge Querbewehrung, die auch noch über die Stabenden hinaus eingelegt werden muß (**ABB 12.25**).

Haken, Winkelhaken und Schlaufen sollen als Verankerungselemente nicht verwendet werden, da sie

- den Stab zusätzlich auf Biegung (infolge des exzentrischen Spitzendruckes) beanspruchen
- die Gefahr von Betonabplatzungen bei außenliegenden Stäben erhöhen.

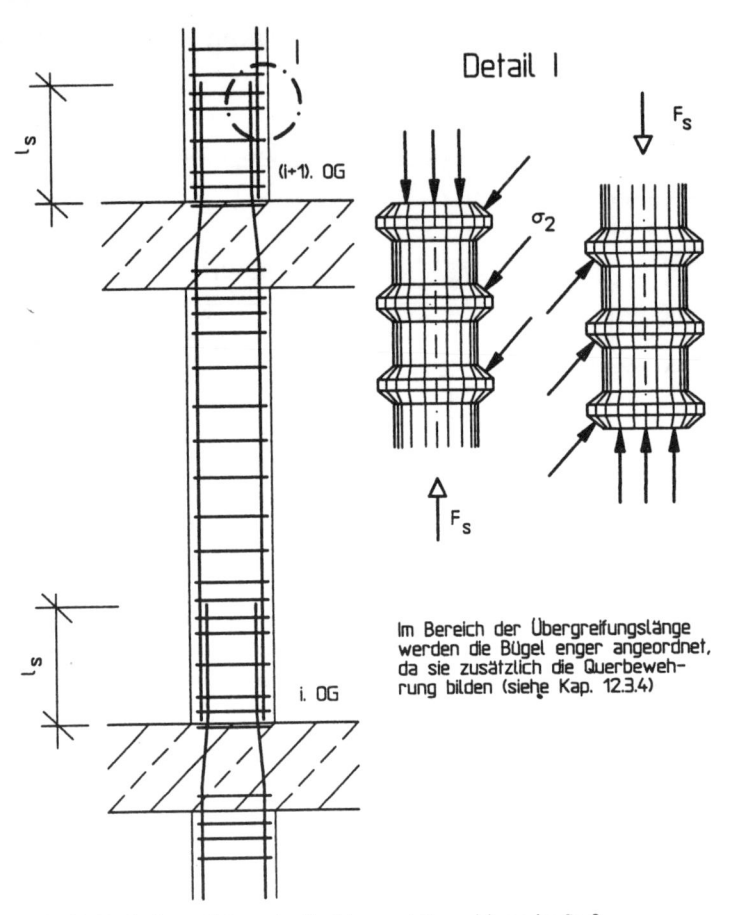

ABB 12.23: Stoß von Stützen im Hochbau und Tragwirkung im Stoß

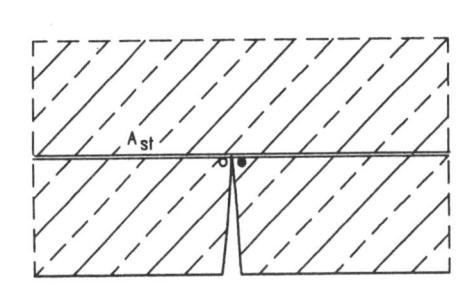

Im Bereich der Übergreifungslänge werden die Bügel enger angeordnet, da sie zusätzlich die Querbewehrung bilden (siehe Kap. 12.3.4)

○ ● Übergreifungsstoß

Querbewehrung A_{st} innen:
Riß geht zwischen die zu stoßende Längsbewehrung. Die Querbewehrung ist fast wirkungslos.

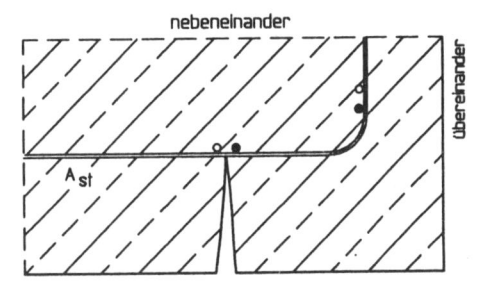

Querbewehrung A_{st} außen:
Querbewehrung kreuzt den Riß und beschränkt die Rißbreite und -tiefe. Die Querbewehrung ist wirkungsvoll.

ABB 12.24: Lage der Querbewehrung

12.3.4 Querbewehrung bei indirekten Stößen

Die Querbewehrung soll die im Stoßbereich auftretenden Sprengkräfte aufnehmen und die Breite evtl. auftretender Längsrisse gering halten. Daher ist im Übergreifungsbereich immer eine Querbewehrung erforderlich. Diese Forderung ist bei Balken leicht erfüllbar, da sie stets eine Bügelbewehrung haben. Eine außenliegende Bewehrung ist wirkungsvoller (**ABB 12.24**), daher muß die Querbewehrung bei Längsstabdurchmessern $d_s \geq 16$ mm zwischen der Oberfläche und den zu stoßenden Stäben liegen. Die Querbewehrung wird längs des Übergreifungsstoßes so verteilt, daß sie im Bereich der maximalen Querzugspannungen liegt (**ABB 12.25**). Eine vorhandene Querbewehrung darf angerechnet werden (**ABB 12.26**).

Den erforderlichen Querschnitt A_{st} der Querbewehrung erhält man je nach dem Anteil gestoßener Stäbe

- gestoßener Anteil < 20 % oder Stabdurchmesser d_s < 16 mm:
    Querbewehrung konstruktiv

- gestoßener Anteil ≥ 20 % und a > 10 d_s:

    Querbewehrung $\quad \sum A_{st} \geq A_{s,ds}$ \hfill (12.35)

- gestoßener Anteil ≥ 20 % und a ≤ 10 d_s:

    Querbewehrung $\quad \sum A_{st} \geq A_{s,ds}$ \quad Form: Bügel \hfill (12.36)

Ein Stoß übereinanderliegender Stäbe ist aufgrund des Betoniervorganges ungünstiger als einer nebeneinanderliegender Stäbe. Er ist daher nach Möglichkeit zu vermeiden. Sofern dies nicht möglich ist, sollten die Verankerungslängen nicht zu knapp gewählt werden.

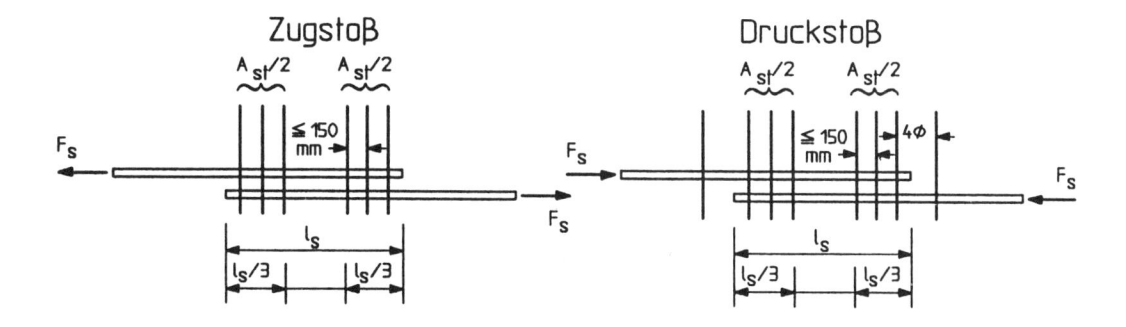

ABB 12.25: Anordnung der Querbewehrung bei Übergreifungsstößen

ABB 12.26: Beispiel für die Anordnung zusätzlicher Querbewehrung bei Übergreifungsstößen

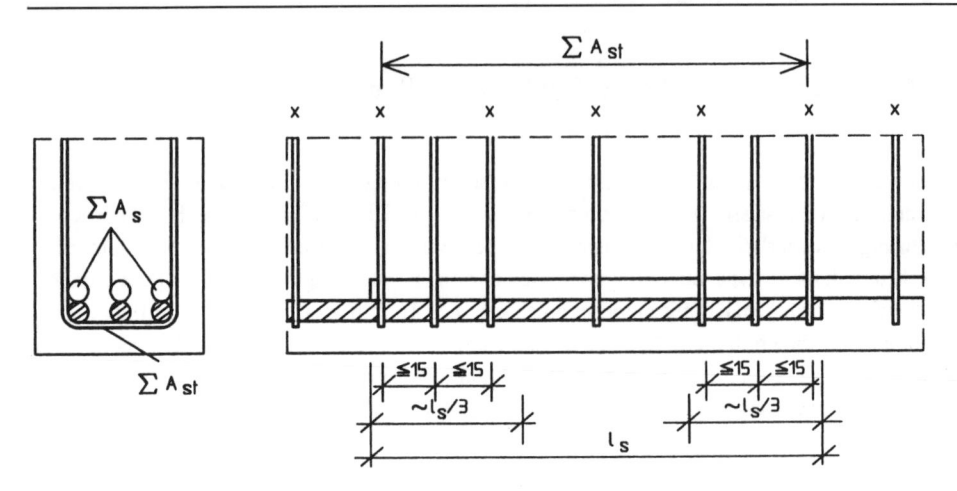

x Bügel ist aus der Bemessung für Querkräfte bereits vorhanden. Er darf auf die erforderliche Querbewehrung angerechnet werden.

Beispiel 12.2: Ermittlung von Übergreifungslängen
(Fortsetzung von Beispiel 12.1)

gegeben: - Ergebnisse der Zugkraftdeckung von Beispiel 11.2
- Verankerungslängen von Beispiel 12.1

gesucht: - Übergreifungslänge für Stoß von Pos. 1 und Pos. 2

Lösung:

$\alpha_1 = 2,0$ | (12.34): $\alpha_1 = 2,0$, da 100 % gestoßen werden

$\alpha_a = 1,0$ | (12.15): $\alpha_a = 1,0$
$l_b = 0,799$ m | **TAB 12.5**: C 35 Ø 25; Verbundbereich I
$l_{b,net} = 0,799$ m | vgl Bsp. 12.1
 | (12.31):

$l_{s,min} = 0,3 \cdot 1,0 \cdot 2,0 \cdot 0,799 = 0,479\,m > \max \begin{cases} 15 \cdot 25 = 375\,mm \\ 200\,mm \end{cases}$ | $l_{s,min} = 0,3 \cdot \alpha_a \cdot \alpha_1 \cdot l_b \geq \max \begin{cases} 15 d_s \\ 200\,mm \end{cases}$

$l_s = 2,0 \cdot 0,799 = 1,60\,m > 0,479\,m = l_{s,min}$ | (12.30): $l_s = \alpha_1 \cdot l_{b,net} \geq l_{s,min}$
Bü Ø10-20 2schnittig | vgl. Bsp. 9.5
Im Bereich des Stoßes liegen mindestens 3 Bügel. | Querbewehrung konstruktiv, da im Stoßbereich keine Biegezugbewehrung erforderlich ist.

12 Bewehren mit Betonstabstahl

Beispiel 12.3: Ermittlung von Übergreifungslängen
(Fortsetzung von Beispiel 6.8)

gegeben: - Ergebnisse des Beispiels 6.8
 - Rechteckquerschnitt ist eine senkrechte Hängestange mit 20 m Länge

gesucht: - Bewehrungsführung

Lösung:
Die Bewehrung muß gestoßen werden, da die Hängestange l = 20 m > 14 m ist und somit eine normale Stablänge nicht ausreicht. Gestoßen wird in den gegenüberliegenden Ecken je ein Stab, wobei die Stöße um $1{,}3\,l_s$ versetzt werden, so daß maximal 50 % der Bewehrung gestoßen werden.

Bügelbewehrung:

$0{,}8 \cdot d = 0{,}8 \cdot 675$ mm > $\underline{300\text{ mm}}$ | **TAB 9.1:** $V_{Sd} \leq 0{,}2 \cdot V_{Rd2}$

gew: Bü Ø 8-30

Stoß der Eckstäbe:

	bewehrt mit insgesamt 2 Ø 14 bzw. 3 Ø 14
guter Verbundbereich (Verbundbereich I)	**ABB 12.8:** Stäbe stehen senkrecht
$l_b = 0{,}507$ m	**TAB 12.5:** C 30 Ø 14; Verbundbereich I
$\alpha_1 = 2{,}0$	(12.34): $\alpha_1 = 2{,}0$, da die Bedingung b in **ABB 12.22** nicht eingehalten wird.
Bezüglich α_A ist die Seite mit 2 Ø 14 ungünstiger.	Es wird nur die ungünstigere Seite betrachtet, da beide Seiten mit denselben Bewehrungspositionen ausgeführt werden sollen.
$\alpha_A = \dfrac{4{,}18}{4{,}62} = 0{,}90$	(12.18): $\alpha_A = \dfrac{A_s}{\text{vorh }A_s}$
$\alpha_a = 1{,}0$	(12.15): $\alpha_a = 1{,}0$
$l_{b,net} = \max\begin{cases}1{,}0 \cdot 0{,}90 \cdot 0{,}507 = \underline{0{,}456\text{ m}}\\0{,}3 \cdot 0{,}507 = 0{,}152\text{ m}\\0{,}250\text{ m}\end{cases}$	(12.12): $l_{b,net} = \max\begin{cases}\alpha_a \cdot \alpha_A \cdot l_b\\0{,}3\, l_b\\l_{b,min}\end{cases}$
	(12.31):
$l_{s,min} = 0{,}3 \cdot 0{,}9 \cdot 2{,}0 \cdot 0{,}507 = 0{,}274$ m $> \max\begin{cases}15 \cdot 14 = 210\text{ mm}\\200\text{ mm}\end{cases}$	$l_{s,min} = 0{,}3 \cdot \alpha_a \cdot \alpha_1 \cdot l_b \geq \max\begin{cases}15\,d_s\\200\text{ mm}\end{cases}$
$l_s = 2{,}0 \cdot 0{,}456 = \underline{\underline{0{,}912\text{ m}}} > 0{,}274\text{ m} = l_{s,min}$	(12.30): $l_s = \alpha_1 \cdot l_{b,net} \geq l_{s,min}$
gew.: $l_s = 0{,}95$ m	
$1{,}3 \cdot l_s = 1{,}3 \cdot 0{,}921 = 1{,}19$ m	Stöße werden um das Mindestmaß versetzt.
Querbewehrung im Stoßbereich:	
gew.: Bü Ø 8-15	**ABB 12.25:**
$10\,d_s = 10 \cdot 14 = 140$ mm ≪ vorhandener Abstand	Abstand der Stöße in Querrichtung
$\dfrac{l_s}{3} = \dfrac{0{,}95}{3} = 0{,}317$ m	**ABB 12.25:** Auf $l_s/3$ muß $A_{st}/2$ vorhanden sein.
$\dfrac{A_{st}}{2} = 3 \cdot 0{,}50 = 1{,}50$ cm²	Auf einer Länge 0,317 m befinden sich mindestens 3 Bügel.

$\sum A_{st} = 2 \cdot 1{,}50 = 3{,}00 \text{ cm}^2 > 1{,}54 \text{ cm}^2 = A_{s,ds}$

Mittelstab auf der stärker gedehnten Seite:
$l_b = 0{,}507$ m
$\alpha_1 = 1{,}0$

$\alpha_A = \dfrac{4{,}18}{4{,}62} = 0{,}90$

$\alpha_a = 1{,}0$

$l_{b,net} = \max \begin{cases} 1{,}0 \cdot 0{,}90 \cdot 0{,}507 = \underline{0{,}456 \text{ m}} \\ 0{,}3 \cdot 0{,}507 = 0{,}152 \text{ m} \\ 0{,}250 \text{ m} \end{cases}$

$l_{s,min} = 0{,}3 \cdot 0{,}9 \cdot 1{,}0 \cdot 0{,}507$

$= 0{,}137 \text{ m} < \max \begin{cases} 15 \cdot 14 = \underline{210 \text{ mm}} \\ 200 \text{ mm} \end{cases}$

$l_s = 1{,}0 \cdot 0{,}456 = \underline{0{,}456 \text{ m}} > 0{,}210 \text{ m} = l_{s,min}$
gew.: $l_s = 0{,}50$ m
Querbewehrung im Stoßbereich:
Querbewehrung konstruktiv
gew.: Bü Ø 8-15

(12.35): $\sum A_{st} \geq A_{s,ds}$
bewehrt mit 3 Ø 14, davon wird 1 Ø 14 gestoßen
TAB 12.5: C 30 Ø 14; Verbundbereich I
(12.32): $\alpha_1 = 1{,}0$, da die Bedingungen a und b in **ABB 12.22** nicht eingehalten werden und 30 % gestoßen werden.

(12.18): $\alpha_A = \dfrac{A_s}{\text{vorh } A_s}$

(12.15): $\alpha_a = 1{,}0$

(12.12): $l_{b,net} = \max \begin{cases} \alpha_a \cdot \alpha_A \cdot l_b \\ 0{,}3 l_b \\ l_{b,min} \end{cases}$

(12.31):

$l_{s,min} = 0{,}3 \cdot \alpha_a \cdot \alpha_1 \cdot l_b \geq \max \begin{cases} 15 d_s \\ 200 \text{ mm} \end{cases}$

(12.30): $l_s = \alpha_1 \cdot l_{b,net} \geq l_{s,min}$

gestoßener Anteil < 20 %
ABB 12.25:

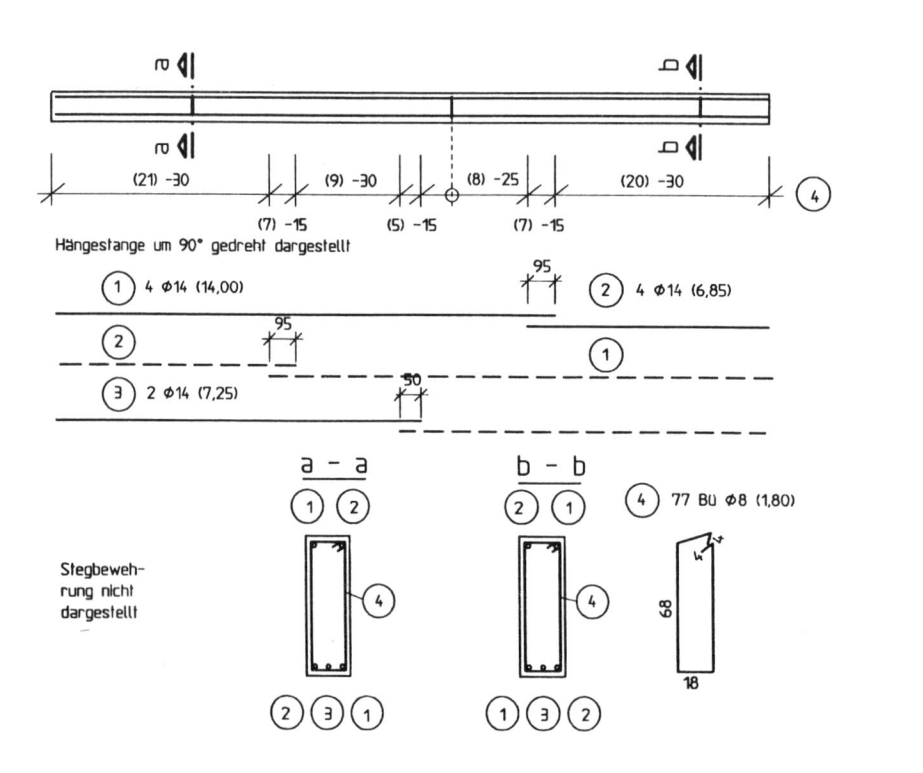

---

(21) -30   (9) -30   (8) -25   (20) -30   (4)
(7) -15   (5) -15   (7) -15
Hängestange um 90° gedreht dargestellt

(1) 4 Ø14 (14,00)   (2) 4 Ø14 (6,85)
95   95
(2)   (1)
(3) 2 Ø14 (7,25)   50

a - a   b - b
(1) (2)   (2) (1)   (4) 77 Bü Ø8 (1,80)

Stegbeweh-
rung nicht
dargestellt
              (4)   (4)   68

                                    18
(2)(3)(1)   (1)(3)(2)

12.4 Direkte Zug- und Druckstöße

12.4.1 Erfordernis, Stoßarten und Auswahlkriterien

Bei besonderen Randbedingungen sind Übergreifungsstöße nicht möglich, oder es sprechen Gründe des Bauablaufs für einen direkten Stoß:

- bei hohem Bewehrungsgrad. Hier führte ein Übergreifungsstoß zu einem unzulässig großen Bewehrungsgrad bzw. ein Einbringen und Verdichten des Frischbetons wäre nicht mehr möglich.
- an abgeschalten Arbeitsfugen, die von Bewehrung gekreuzt werden. Hier müßte die Schalung durchbohrt werden. Das Ein- und Ausschalen ist erschwert, die Schalung kann nur einmal verwendet werden.
- bei der Erfordernis, alle Stäbe an einer Stelle stoßen zu müssen ohne die Möglichkeit, eine ausreichende Querbewehrung einlegen zu können
- bei Vermeidung großer Stoßlängen.

Die direkten Stöße lassen sich einteilen in

- Schweißverbindungen (→ Kap. 12.4.2)
- mechanische Verbindungen (**ABB 12.27**, **TAB 12.6**). Allen Systemen gemeinsam ist die Erfordernis einer allgemeinen bauaufsichlichen Zulassung des Deutschen Instituts für Bautechnik (DIBt), sofern sie in Deutschland eingesetzt werden sollen (→ Kap. 12.4.3).
  - Gewindemuffenstoß mit gewindeförmig ausgebildeten Rippen auf dem Betonsonderstahl (GEWI-Verfahren → Kap. 12.4.3)
  - Gewindemuffenstoß mit auf "normalem" Betonstabstahl aufgeschnittenem Gewinde (LENTON-Schraubanschluß → Kap. 12.4.3)
  - Gewindemuffenstoß mit auf Betonstabstahl aufgerolltem Gewinde (WD-Stoß → Kap. 12.4.3)
  - Preßmuffenstoß (auf den Betonstabstahl aufgequetschte Muffe, z. B.: FliMu → Kap. 12.4.3)
  - Klemmmuffe (DEHA → Kap. 12.4.3)
  - vorgefertigte Standardbewehrungsanschlüsse (→ Kap. 12.4.3).

Die Auswahl des geeigneten Verbindungsmittels aus der Vielzahl der angebotenen Systeme richtet sich nach folgenden Punkten:

- Kosten
  - Materialkosten der Verbindung (=Lieferpreis für die Zubehörteile)
  - Zeitaufwand für die Montage
  - evtl. Erfordernis zusätzlicher Montagegeräte auf der Baustelle (Schweißgerät, Presse)
  - evtl. erforderliche Zusatzbewehrung

- Herstellbarkeit
    - erforderlicher Platzbedarf für den Zusammenbau
    - Möglichkeit der Vorfertigung außerhalb des Einbauortes
    - Einschränkungen in der Montage (z. B.: Stäbe lassen sich nicht drehen; Stäbe unterschiedlichen Durchmessers sollen verbunden werden; Stabkrümmungen beeinflussen den Stoß)

- Systemeinflüsse
    - bei dynamischen Einwirkungen bestehen Unterschiede in der zulässigen Schwell-/Wechselspannun
    - erforderliche Qualifikation des Personals
    - Personal ist Arbeit mit einem bestimmten System gewohnt
    - Gefahr von Beschädigungen vor dem Einbau
    - Flexibilität des Systems bei Fehlern (sind Änderungen auf der Baustelle möglich oder müssen neue Teile angeliefert werden?)

Nachträgliches Einziehen einer Platte zwischen vorab hergestellten Wänden

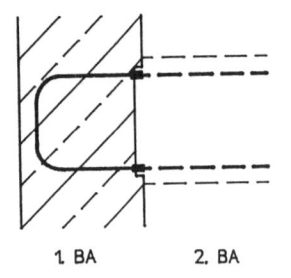

1. BA 2. BA

Aufnageln einer Bohle zur Lagesicherung der Stäbe und zur Verbesserung der Querkraftübertragung.

Schließen einer Aussparung, durch welche nach dem Montagevorgang eine Bewehrung verläuft

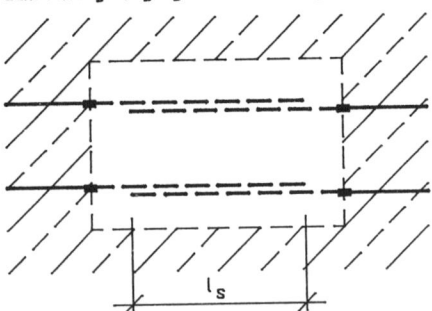

l_s

Sofern l_s nicht vorhanden ist, können beide Stäbe auch mit einer Positionsmuffe direkt gestoßen werden. Maßgenauer Einbau der Stäbe ist erforderlich.

Biegefester Anschluß eines Stahlträgers an eine Wand.

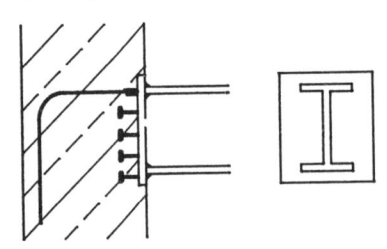

Muffe wird an Stahlplatte angeschweißt. Stahlplatte wird in die Schalung gelegt.

Direkter Stoß von Stäben bei sehr hohem Bewehrungsgrad

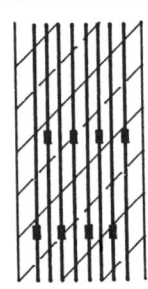

ABB 12.27: Anwendungsbeispiele für Gewindemuffenstöße

Verfahren	Prinzip der Verbindung	Einsatzbereich	Herstellung/ Geräte	Vor- und Nachteile
GEWI	Betonsonderstahl mit zu Gewinde ausgeformten Rippen	$16\,\text{mm} \leq d_s \leq 32\,\text{mm}$ und Reduziermuffen	keine Sondergeräte auf der Baustelle	unempfindliches Gewinde; hohe dynamische Belastung möglich; schnelle Montage; Betonsonderstahl teuer
LENTON	kegelstumpfförmig im Biegebetrieb aufgeschnittenes Gewinde auf Betonstabstahl gemäß DIN 488 [V11]	$12\,\text{mm} \leq d_s \leq 28\,\text{mm}$ und Reduzier-, sowie Positionsmuffen (Rechts-/Linksgewinde)	keine Sondergeräte auf der Baustelle	keine Kontermuttern erforderlich; leichtes Einschrauben infolge kegelstumpfförmigen Gewindes; sehr kurze Muffe; Muffe muß großen Abstand von Stabkrümmungen haben
WD	Betonstabstahl mit werkseitig aufgerolltem zylindrischem Gewinde	$10\,\text{mm} \leq d_s \leq 28\,\text{mm}$ und Positionsmuffen (Rechts-/Linksgewinde)	keine Sondergeräte auf der Baustelle	zylindrisches Gewinde faßt schlecht; bei dynamischer Beanspruchung nicht anwendbar; Änderungen auf Baustelle nicht möglich
Preßmuffenstoß	aufgeschobene Muffe wird durch Kaltreduzieren auf Betonstabstahl (nach [V11]) gequetscht	$16\,\text{mm} \leq d_s \leq 28\,\text{mm}$ und Reduziermuffen	Spezialpresse auf Baustelle erforderlich	bei großer Stückzahl schnelles und preiswertes Verfahren; großer Platzbedarf (infolge Presse) an der Einbaustelle
DEHA	Stäbe werden in Muffe mittels Scherbolzen festgeklemmt	$10\,\text{mm} \leq d_s \leq 50\,\text{mm}$ und Reduziermuffen	keine Sondergeräte auf der Baustelle	keine Bearbeitung der Stäbe; unempfindlich gegen Beschädigungen; einfache optische Kontrolle
Standardbewehrungsanschluß	Seriengefertigte Muffen- und Anschlußstäbe mit festgelegter (durchmesserabhängiger) Standardlänge	$12\,\text{mm} \leq d_s \leq 28\,\text{mm}$	keine Sondergeräte auf der Baustelle	diverse Anbieter; preiswerte Standardserienteile; Anwendungseinschränkung durch nochmalige Übergreifungsstöße auf beiden Seiten

TAB 12.6: Eigenschaften mechanischer Verbindungen

GEWI-Stoß
GEWI-Stahl   Kontermutter Muffe Kontermutter   GEWI-Stahl
individueller Länge   individueller Länge

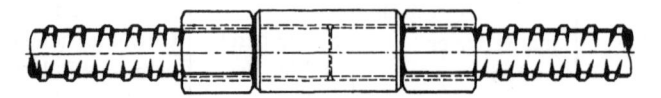

LENTON-Schraubanschluß
Betonstabstahl BSt 500 S   Muffe (Typ A3)   Betonstabstahl BSt 500 S
individueller Länge   individueller Länge

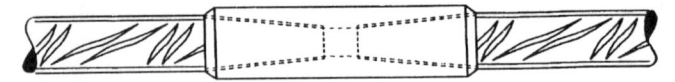

WD-Schraubanschluß
Muffenstab   Anschlußstab
individueller Länge   individueller Länge

PFEIFER-Bewehrungsanschluß
Muffenstab mit   Anschlußstab mit
festgelegter Länge   festgelegter Länge

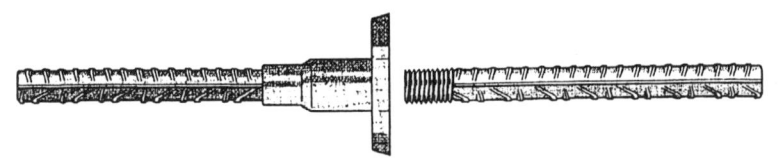

ABB 12.28: Auswahl einiger Muffenstöße

- Konstruktive Gesichtspunkte
    - Zusatzbeanspruchungen auf den Beton und hieraus erforderliche Zusatzbewehrung
    - erforderliche Mindeststababstände (ermittelt aus den Mindestmuffenabständen)
    - mögliche Erhöhung der Betondeckung infolge der Muffe
    - mögliche Durchmesserauswahl für Betonstabstahl (Systeme verfügen nicht über Muffen für alle Stabdurchmesser).

12.4.2 Schweißverbindungen

Die in Deutschland verwendeten Betonstähle sind zwar seit etlichen Jahren schweißgeeignet [V11], trotzdem konnte sich das Schweißen auf der Baustelle bisher kaum durchsetzen. Dies liegt sicherlich an der fachfremden Tätigkeit (des Schweißens) für den die Bewehrung Verlegenden. Bei dem zeitlichen Anfall der Arbeiten können ausgebildete Schweißer nicht ausgelastet werden, das mangelhaft qualifizierte Verlegepersonal kann und darf nicht schweißen. Einen Überblick über die möglichen Schweißverfahren gibt [23].

12.4.3 Mechanische Verbindungen

Bei den direkten Stößen handelt es sich um schlupffreie Verbindungen. Die Anwendungen sind vielfältig möglich und allein der Kreativität des Konstrukteurs belassen. Einige Anwendungsbeispiele zeigt **ABB 12.27**. Den vielen Vorteile stehen nur wenige Nachteile gegenüber:

- höhere Gesamtkosten (Lohn, Material) für den Stoß als bei einem indirekten Stoß
- nachträgliche Änderung der Stablänge auf der Baustelle bei einigen Systemen nur schwer möglich
- aufgrund des größeren Muffendurchmessers ist evtl. Stabanordnung mit verminderter statischer Höhe erforderlich, um die Betondeckung im Bereich der Muffe einhalten zu können.

Die für die Berechnung zu beachtenden Besonderheiten sind der jeweils geltenden bauaufsichtlichen Zulassung zu entnehmen.

GEWI-Schraubanschluß:

Ausgehend vom DYWIDAG-Gewindestahl, einem Spannstahl mit aufgewalztem Rechtsgewinde, wurde ein Betonrippenstahl mit aufgewalztem Linksgewinde (Unterscheidung!) entwickelt [U2]. Die Form der Rippen auf dem GEWI-Stahl wurde unter Berücksichtigung walztechnischer Gesichtspunkte, der Selbsthemmung des Gewindes und des Verbundverhaltens entwickelt. Um bei dem aufgewalzten Grobgewinde eine schlupffreie Verbindung herzustellen, muß die Muffe beidseitig mit Kontermuttern gekontert werden (**ABB 12.28**). Neben der Muffe sind auch Endverankerungen mit Ankerstücken möglich (**ABB 12.17**).

LENTON-Schraubanschluß:

Die Besonderheit des LENTON-Schraubanschlusses [U4] ist das kegelförmige Gewinde, welches auf beide mittels der Muffe zu verbindende Stabenden geschnitten ist (**ABB 12.28**). Das kegelförmige Gewinde bietet gegenüber den anderen Systemen einige Vorteile:

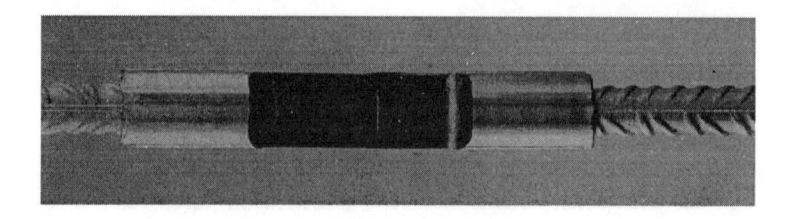

ABB 12.29: Preßmuffenstoß (hier: Fließmuffenstoß [U6])

- Es gibt kein langwieriges Zentrieren mit langen Stäben (wie bei den zylindrisch aufgeschnittenen Gewinden), bis die ersten Gewindegänge fassen.
- Es bedarf nur ca. 5 Umdrehungen, um eine Verbindung herzustellen, da sich der Stab tief in die Muffe stecken läßt.
- Durch das kegelförmige Gewinde können Kontermuttern entfallen, bei Anzug mit dem Drehmomentschlüssel verspannen sich die Gewinde; es ist kein Schlupf vorhanden.
- Durch den günstigen Kraftfluß ist eine sehr kurze Muffe möglich (da der Querschnitt jeder Muffe größer als der eines Stabes ist, werden die Verzerrungen des Bauteils durch die Muffe beeinflußt).

WD 90-Schraubanschluß:

Es handelt sich um einen werkmäßig hergestellten Stab mit aufgerolltem Gewinde [U5]. Die Muffe wird werkseitig montiert (**ABB 12.28**). Die Stäbe werden nach Angabe des Auftraggebers im Werk gefertigt. Unterschiedliche Ausführungen, auch Muffen für gebogene Anschlußstäbe und mit Rechts-Links-Gewinde sind lieferbar.

Preßmuffenstoß:

Betonstabstähle werden zunächst wie jede andere Bewehrung in der Schalung verlegt. Anschließend wird die über die Stabenden geschobene und mit einer Klemmschraube lagegesicherte Muffe mittels einer Presse durch Kaltreduzieren auf die Betonstäbe gepreßt (**ABB 12.29**). Die Stabrippen werden dabei in das weichere Muffenmaterial formschlüssig eingedrückt ([U6], [U7]).

DEHA-Bewehrungsanschluß MBT:

Der Stoß erfolgt mit nicht besonders vorbereiteten Stäben mittels einer Klemmuffe [U8]. In der Muffe befinden sich zwei Zahnleisten aus gehärtetem Stahl. Auf diese werden die Stabstähle mit Hilfe von Scherbolzen gedrückt. Die Scherbolzen scheren bei ordnungsgemäßer Montage ab, so daß der Anschluß über eine einfache Sichtkontrolle überprüft werden kann.

Vorgefertigte Standard-Bewehrungsanschlüsse:

Bei diesen Muffenstößen handelt es sich um Stäbe, die in einer festen Stablänge vorfabriziert werden ([U4], [U9]). Ihr Einsatzgebiet sind vornehmlich Stöße an Arbeitsfugen. Für den

Anschluß werden ein Muffenstab und ein Anschlußstab benötigt (**ABB 12.28**). Aufgrund der kurzen Länge der Stäbe sind i. d. R. weitere Übergreifungsstöße erforderlich.

Neben diesen aufgeführten Systemen mit überregionaler Bedeutung werden weitere Bewehrungsanschlüsse angeboten. Für den Einsatz sind (wie auch bei den explizit aufgeführten Verbindungen) die Bestimmungen der jeweiligen Zulassung zu beachten.

13 Begrenzung der Spannungen unter Gebrauchsbedingungen

13.1 Grundlagen

Bei zu hohen Spannungen im Beton bzw. im Stahl besteht die Gefahr, daß die Dauerhaftigkeit nachteilig beeinflußt wird. Daher müssen geeignete Maßnahmen getroffen werden, um zu große Spannungen zu verhindern. Dies ist auf zwei Arten möglich:

- durch die Einhaltung bestimmter in [V1] gegebener Empfehlungen bei der Nachweisführung. Dann kann ein gesonderter Nachweis zur Begrenzung der Spannungen entfallen (→ Kap. 13.2).
- durch zusätzliche Spannungsnachweise (→ Kap. 13.3).

Der Regelfall ist bei nicht vorgespannten Bauteilen des Hochbaus die erstgenannte Methode, da bei dieser nicht gesondert Schnittgrößen für den Gebrauchszustand ermittelt werden müssen und sich somit der Arbeitsaufwand des Tragwerkplaners vermindert.

13.2 Entfall des Nachweises

Der Nachweis zur Begrenzung der Spannungen unter Gebrauchsbedingungen ist erfüllt, wenn die nachfolgenden Bedingungen eingehalten werden [27].

- Die Bemessung für den Grenzzustand der Tragfähigkeit erfolgt nach [V1] § 4.3.
- Die Festlegungen für eine Mindestbewehrung zur Beschränkung der Rißbreite nach [V1] § 4.4.2.2 werden eingehalten (→ Kap. 7.3.2).
- Die bauliche Durchbildung für einzelne Bauteile erfolgt nach [V1] § 5 (→ Kap. 6.3.7; Kap. 9.3.3; Kap. 9.5.5; Kap. 10.4; Kap. 11.1; Kap. 12.2.2 usw.).
- Die Schnittgrößen werden im Grenzzustand der Tragfähigkeit um nicht mehr als 30 % umgelagert (→ Kap. 4.3.3).

---

[27]) In den Beispielen dieses Buches wurden die aus der nachfolgenden Aufzählung jeweils maßgebenden Bestimmungen berücksichtigt, so daß in ihnen der explizite Nachweis zur Begrenzung der Spannungen entfallen kann.

13.3 Nachweis der Spannungen

13.3.1 Spannungsbegrenzungen im Beton

Für einzelne Lastzusammenstellungen sind jeweils Spannungsbegrenzungen im Beton einzuhalten. Es sind dies im einzelnen:

- Längsrisse können auftreten, wenn die Spannung unter seltenen Lastkombinationen [Gl (4.24)] einen kritischen Wert überschreitet. Werden keine anderen Maßnahmen getroffen, wie z. B. eine Erhöhung der Betondeckung in der Druckzone oder eine Umschnürung der Druckzone durch Querbewehrung, ist die Betonspannung σ_c zu begrenzen auf

$$\sigma_c \leq 0,6 f_{ck} \qquad (13.1)$$

- Verformungen infolge von Kriechen können sehr groß werden, sofern große Betonspannungen unter quasi-ständigen Lastkombinationen [Gl (4.26)] wirken. Wenn das Kriechen die Funktion des Bauteils wesentlich beeinflußt, sollte die Betonspannung begrenzt werden auf

$$\sigma_c \leq 0,45 f_{ck} \qquad (13.2)$$

Für biegebeanspruchte Stahlbetonbauteile sollte dieser Nachweis geführt werden, falls l_{eff}/d mehr als 85 % der nach [V1] § 4.4.3.2 (→ Kap. 8.2) ermittelten Werte überschreitet.

13.3.2 Spannungsbegrenzungen im Betonstahl

Für einzelne Lastzusammenstellungen sind jeweils Spannungsbegrenzungen im Betonstahl einzuhalten. Es sind dies im einzelnen:

- Stahlspannungen, die unter Gebrauchsbedingungen zu nichtelastischen Verformungen des Stahls führen können, sind zu vermeiden. Diese Anforderung wird unter der Voraussetzung erfüllt, daß unter der seltenen Lastkombination [Gl (4.24)] einer der folgenden Bedingungen eingehalten wird:

  bei ausschließlicher Zwangbeanspruchung $\quad \sigma_s \leq 1,0 f_{yk} \qquad (13.3)$
  ansonsten $\qquad\qquad\qquad\qquad\qquad\qquad \sigma_s \leq 0,8 f_{yk} \qquad (13.4)$

Genauere Angaben zur Durchführung des Nachweises zur Begrenzung der Spannungen unter Gebrauchsbedingungen können [16] entnommen werden.

14 Druckglieder ohne Knickgefahr

14.1 Einteilung der Druckglieder

Mit den in Kap 6 beschriebenen Verfahren können Querschnitte für Schnittgrößen bemessen werden, die zu Verzerrungen der Bereiche 2, 3 und 4 (→ Kap. 6.3.1) führen. Es handelt sich hierbei um biegebeanspruchte Stabtragwerke. Wenn die Längskräfte gegenüber den Biegemomenten jedoch überwiegen, tritt bei

- Längszugkräften auch am weniger stark gedehnten Rand eine Dehnung auf, der Beton ist rechnerisch vollständig gerissen und befindet sich im Bereich 1 (→ Kap. 6.3.8);
- Längsdruckkräften am gedehnten Rand nur eine sehr geringe Dehnung auf, der Querschnitt befindet sich im Bereich 4;
- großen Längsdruckkräften auch am stärker gedehnten Rand eine Stauchung auf, der Querschnitt ist vollständig überdrückt und befindet sich im Bereich 5. Es handelt sich um ein Druckglied.

Die Bereiche 1 (bei Längszugkräften) oder 5 (bei Längsdruckkräften) treten auf, wenn für die Ausmitte e_0 gilt:

$$e_0 = \frac{|M_{Sd}|}{|N_{Sd}|} \leq z_{s1} \tag{14.1}$$

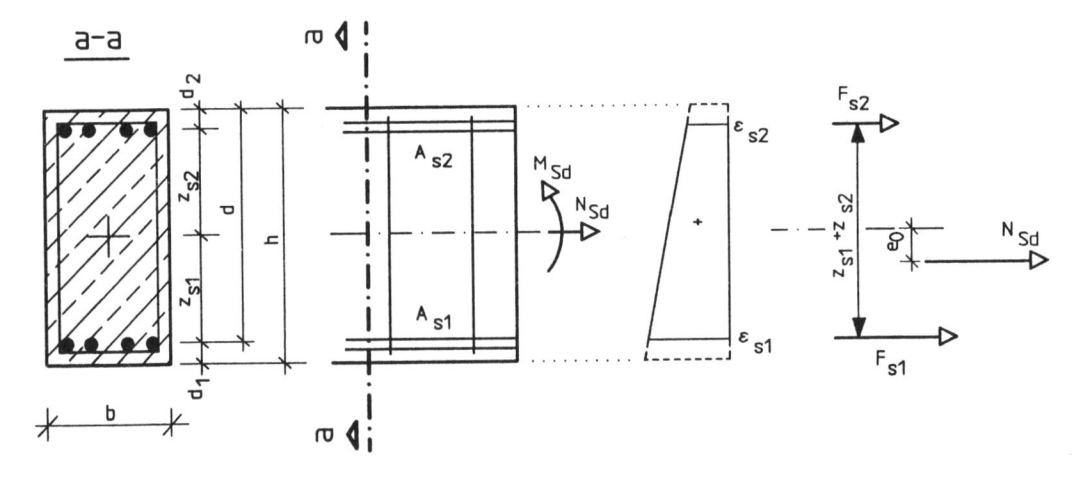

ABB 14.1: Zugkraft mit kleiner Ausmitte e_0

14 Druckglieder ohne Knickgefahr

Zu den gedrungenen Druckgliedern zählen Stützen und Wände, bei denen aufgrund ihrer geringen Schlankheit der Grenzzustand der Tragfähigkeit durch die Verformungen unbeeinflußt ist. Die maßgebenden Regelungen für Druckglieder sind in [V1] § 5.4.1 aufgeführt. Man unterscheidet:

- stabförmige Druckglieder (Stützen, Säulen usw.) bei
$$b \leq 4h \tag{14.2}$$
- Wände, sofern
$$b > 4h \tag{14.3}$$

Eine andere Art der Unterscheidung ist die Art der Bügelbewehrung:

- bügelbewehrte Druckglieder (→ Kap. 14.3.1)
- umschnürte Druckglieder (→ Kap. 14.3.2).

Bei bügelbewehrten Druckgliedern dienen die Bügel nur dazu, um die Längsstäbe gegen Ausknicken zu halten. Bei umschnürten Druckgliedern sollen die Bügel (bzw. Wendeln) die Querdehnung des Betons behindern und so einen dreiaxialen Spannungszustand ermöglichen. Hieraus ergibt sich eine Traglaststeigerung für Längskräfte.

14.2 Vorschriften zur konstruktiven Gestaltung

14.2.1 Mindestabmessungen

Die Mindestdicke stabförmiger Druckglieder soll ordnungsgemäßes Einbringen des Betons und eine einwandfreie Verdichtung ermöglichen. Die Mindestwerte der ENV 1992 ([V1] § 5.4.1.1) (→ Kap. 4.1) liegen an der allerunterste Grenze. Im Hinblick auf eine gute Bauausführung (damit das Schüttrohr bei Fallhöhen über 2 m in den Bewehrungskorb eingeführt werden kann) sollten die Mindestabmessungen um 5 cm erhöht werden, sofern es sich um ein Außenbauteil handelt.

14.2.2 Längsbewehrung

Für die Längsbewehrung ist eine Mindest- und eine Maximalbewehrung vorgeschrieben ([V1] § 5.4.1.2). Als Mindestbewehrung ist vorgeschrieben:

$$\min A_s = \max \begin{cases} 0{,}15 \dfrac{N_{Sd}}{f_{yd}} \\ 0{,}003\, A_c \end{cases} \tag{14.4}$$

Sie soll Momente aus ungewollter Einspannung aufnehmen, die in der statischen Berechnung nicht erfaßt werden (**ABB 4.1**). Die Maximalbewehrung soll auch im Bereich von Stößen nicht größer sein als

$$\text{vorh}\, A_s = \text{vorh}\, A_{s1} + \text{vorh}\, A_{s2} \leq 0{,}08\, A_c \tag{14.5}$$

Die Maximalbewehrung darf auch im Bereich von Stößen nicht überschritten werden. Durch die Bedingung, daß der maximale Bewehrungsquerschnitt auch im Bereich der Stöße eingehalten werden muß, ist die realisierbare Bewehrung (außerhalb der Stöße) begrenzt auf:

- $\rho \leq 0{,}04 = 4{,}0\%$ bei einem 100 %-Stoß
- $\rho \leq 0{,}053 = 5{,}3\%$ bei einem 50 %-Stoß
- $\rho \leq 0{,}08 = 8{,}0\%$ bei einem direkten Stoß ($\rightarrow$ Kap. 12.4)

Druckglieder sollen i. allg. symmetrisch bewehrt werden; dies hat verschiedene Gründe:

- Häufig ist eine unsymmetrische Bewehrung nicht wirtschaftlicher als eine symmetrische, da die Momente einer Stütze am Kopf und Fuß wechselndes Vorzeichen besitzen und meistens die gleiche Größenordnung beibehalten
- Die Möglichkeit eines um 180° gedrehten, verkehrten Einbaus (bei umsymmetrischer Bewehrung möglich) muß ausgeschlossen werden.

Bei Stützen mit kreisförmigem Querschnitt sind mindestens 6 Längsstäbe gleichmäßig um den Umfang zu verteilen; bei Stützen mit Rechteckquerschnitt reicht ein Längsstab in jeder Ecke. Der Mindestdurchmesser für die Längsbewehrung beträgt min d_{sl} = 12 mm. Als konstruktive Regel ist für die Längsstäbe ein Höchstabstand von ca. 0,40 m einzuhalten. Dies führt bei sehr großen Stützenabmessungen dazu, daß Längsstäbe in den Ecken und zusätzlich im Bereich der freien Seite angeordnet werden.

Die Längsstäbe von Stützen werden i. d. R. direkt über der Geschoßdecke mit einem 100 %-Übergreifungsstoß ($\rightarrow$ Kap. 12.3.3) gestoßen (**ABB 12.23**). Der Stoß über der Geschoßdecke ist vom Bauablauf her sinnvoll, da nach dem Betonieren der Decke eine neue Arbeitsplattform entstanden ist. Wenn die Längsstäbe über den Geschoßdecken gestoßen werden, sind die endenden Stäbe so abzukröpfen, daß in der stärker knickgefährdeten Richtung keine Nutzhöhe verlorengeht (**ABB 14.2**). Zur Aufnahme der Umlenkkräfte ordnet man an den Knickstellen Zusatzbügel an.

14.2.3 Bügelbewehrung

Beton verformt sich unter Lasteinwirkung mit der Zeit. Hierdurch erfolgt eine Druckkraftumlagerung vom Beton auf den Stahl, wodurch die Knickgefahr der Stahleinlagen in Längsrichtung gesteigert wird. Ein Ausknicken der Längsbewehrung bedeutet die Zerstörung (= Versagen) des Druckgliedes. Daher ist der Knicksicherung der Längsbewehrung durch Bügel besondere Aufmerksamkeit zu schenken. Die Längsbewehrung soll hierzu in den Bügelecken konzentriert werden. Stützenbügel gehen im Bereich der Unterzüge und Fundamente durch (**ABB 12.23**). Der Höchstabstand von Bügeln s_w beträgt:

14 Druckglieder ohne Knickgefahr

$$\max s_w = \min \begin{cases} 12 d_{sl} \\ \min(b,h) \\ 300 \text{ mm} \end{cases} \tag{14.6}$$

$$\text{red} \max s_w = 0,6 \max s_w \tag{14.7}$$

An Lasteinleitungsstellen (unter Unterzügen und Decken) und an Stößen sind die Bügelabstände zur Aufnahme der Querzugkräfte zu verringern auf red max s_w:

- in Bereichen unmittelbar über und unter Balken oder Platten über eine Höhe gleich der größeren Abmessung des Stützenquerschnitts
- bei Übergreifungsstößen von Längsstabdurchmessern $d_{sl} > 14$ mm.

Es sind nur geschlossene Bügel zulässig. Die Schlösser sind zu versetzen. Der Mindestbügeldurchmesser beträgt:

$$\min d_{sw} = \begin{cases} 6 \text{ mm bei } d_{sl} \leq 20 \text{ mm} \\ 0,25 d_{sl} \text{ bei } d_{sl} \geq 25 \text{ mm} \\ 5 \text{ mm bei Betonstahlmatten} \end{cases} \tag{14.8}$$

Mit Bügeln können in jeder Ecke bis zu 5 Längsstäbe gegen Knicken gesichert werden.

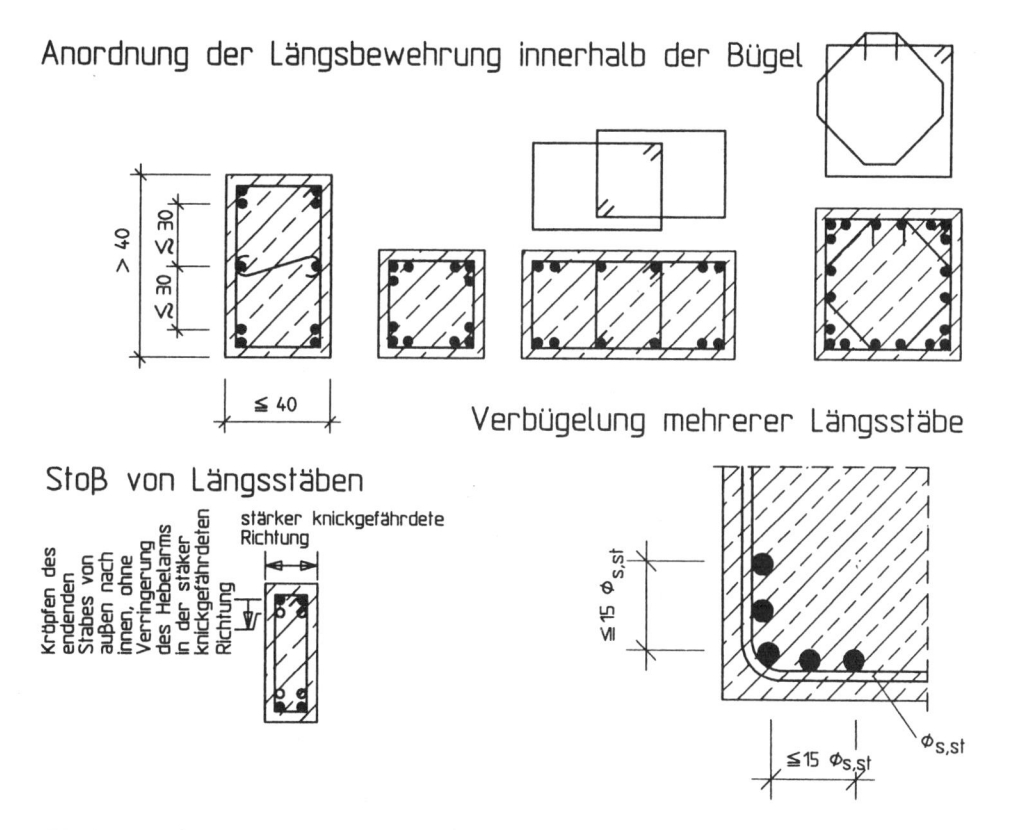

ABB 14.2: Anordnung von Längsstäben innerhalb der Bügel

Der größte Achsabstand max s_E der äußersten Stäbe vom Eckstab soll den folgenden Wert nicht überschreiten. Längsstäbe in größerem Abstand sowie mehr als 5 Eckstäbe sind durch weitere Bügel (Zwischenbügel) zu sichern.

$$\max s_E = 15 d_{sw} \tag{14.9}$$

14.3 Bemessung unter zentrischer Einwirkung

14.3.1 Bügelbewehrte Druckglieder

Bei einem zentrisch belasteten Druckglied bildet der Verzerrungsverlauf im rechnerischen Bruchzustand eine der beiden Grenzlinien des Bereichs 5 (→ Kap. 6.3.1). Die zulässige Stauchung ist über die Bauteildicke konstant mit

$$\varepsilon_{c1} = \varepsilon_{c2} = \varepsilon_{s1} = \varepsilon_{s2} = -0,2\% \tag{14.10}$$

Diese Werte sind betragsmäßig geringer als die bei Biegebeanspruchung zulässigen Betonstauchungen, da die Bruchstauchung des Betons bei zentrischer Belastung geringer als bei exzentrischer ist. Versuche haben gezeigt, daß die Tragfähigkeit von Beton und Betonstahl im Bruchzustand gleichzeitig erschöpft sind. Durch das Kriechen des Betons findet nämlich im Laufe der Zeit eine Lastumlagerung vom Beton auf den Stahl statt, wodurch der Stahl stärker als rechnerisch angenommen belastet wird. Bei zentrisch belasteten Druckgliedern kann Betonstahl BSt 500 nicht voll ausgenutzt werden.

$$\sigma_{su} = E_s \cdot \varepsilon_s = 200000 \cdot \left(-2 \cdot 10^{-3}\right) = -400 \text{ N/mm}^2 \tag{14.11}$$

Der Bauteilwiderstand N_{Rd} eines zentrisch belasteten Druckgliedes ergibt sich aus der Summe von Tragkraft des Betons und des Betonstahls:

$$N_{Rd} = (\alpha \cdot f_{cd}) A_c + \frac{\sigma_{su}}{\gamma_s} A_s \tag{14.12}$$

Innerhalb eines Bauwerks werden aus architektonischen und schalungstechnischen Gründen (möglichst häufiger Einsatz einer Schalung durch vielfaches Umsetzen) gleiche Stützenabmessungen angestrebt. Daher stellt sich meistens nicht die Frage nach der aufnehmbaren Druckkraft (= Bauteilwiderstand). Statt dessen ist die erforderliche Bewehrung bei einer vorgegebenen Belastung und gewählten Abmessungen gesucht.

$$A_s = \frac{N_{Sd}}{\sigma_{su}/\gamma_s} - \frac{\alpha \cdot f_{cd}}{|\sigma_{su}/\gamma_s|} A_c \tag{14.13}$$

Die Stützenabmessungen werden so gewählt, daß im obersten Geschoß (mit der geringsten Längskraft in den Stützen) die Mindestbewehrung für die Stützen maßgebend wird, in den darunterliegenden Geschossen steigt die erforderliche Bewehrung durch die wachsenden Längskräfte.

14 Druckglieder ohne Knickgefahr

Beispiel 14.1: Bemessung einer zentrisch beanspruchten Stütze ohne Knickgefahr

gegeben:
- Stütze im Freien
- Rechteckquerschnitt $b/h = 25/75$ cm
- Schnittgrößen $N_{Sd} = -3000$ kN
- Baustoffe C 30; BSt 500

gesucht:
- erforderliche Längs- und Bügelbewehrung

Lösung:

$f_{cd} = \dfrac{30}{1,5} = 20,0$ N/mm² $\qquad$ (2.9): $f_{cd} = \dfrac{f_{ck}}{\gamma_c}$

$\sigma_{su} = 200000 \cdot (-2 \cdot 10^{-3}) = -400$ N/mm² $\qquad$ (14.11): $\sigma_{su} = E_s \cdot \varepsilon_s$

$A_s = \dfrac{-3,0 \cdot 10^6}{-400/1,15} - \dfrac{0,85 \cdot 20}{|-400/1,15|} 250 \cdot 750 = -538$ mm² < 0 $\qquad$ (14.13): $A_s = \dfrac{N_{Sd}}{\sigma_{su}/\gamma_s} - \dfrac{\alpha \cdot f_{cd}}{|\sigma_{su}/\gamma_s|} A_c$

Das negative Vorzeichen bedeutet, daß in statischer Hinsicht keine Bewehrung erforderlich ist; der Beton allein kann die Last aufnehmen.

$\min A_s = \max \begin{cases} 0,15 \dfrac{3 \cdot 10^6}{400/1,15} = 1290 \text{ mm}^2 \\ 0,003 \cdot 250 \cdot 750 = 563 \text{ mm}^2 \end{cases}$ $\qquad$ (14.4): $\min A_s = \max \begin{cases} 0,15 \dfrac{N_{Sd}}{f_{yd}} \\ 0,003 A_c \end{cases}$

$A_s = \min A_s = 12,9$ cm²

gew.: 6 Ø 16 mit vorh $A_s = 12,1$ cm² $\qquad$ **TAB 6.2:**

vorh $A_s = 12,1$ cm² $\approx 12,9$ cm² $= A_s$ $\qquad$ (6.11): vorh $A_s \geq A_s$

(14.8):

$\min d_{sw} = 6$ mm bei $d_{sl} = 16$ mm $\qquad$ $\min d_{sw} = \begin{cases} 6 \text{ mm bei } d_{sl} \leq 20 \text{ mm} \\ 0,25 d_{sl} \text{ bei } d_{sl} \geq 25 \text{ mm} \\ 5 \text{ mm bei Betonstahlmatten} \end{cases}$

$\max s_w = \min \begin{cases} 12 \cdot 16 = 192 \text{ mm} \\ 250 \text{ mm} \\ 300 \text{ mm} \end{cases}$ $\qquad$ (14.6): $\max s_w = \min \begin{cases} 12 d_{sl} \\ \min(b,h) \\ 300 \text{ mm} \end{cases}$

gew.: Bü Ø 6-19

14.3.2 Umschnürte Druckglieder

Eine bügelbewehrte Stütze wird infolge von Druckkräften in Längsrichtung gestaucht und in Querrichtung gedehnt. Wenn die Querdehnungen behindert werden, entstehen in Querrichtung ebenfalls Druckspannungen. Der Beton ist dreiaxial durch Druckspannungen beansprucht; er kann in diesem dreiaxialen Spannungszustand erheblich größere Bruchspannungen aufnehmen, wodurch für die umschnürte Stütze gegenüber der bügelbewehrten Stütze eine Traglaststeigerung auftritt.

Die Umschnürung wird durch eine schraubenförmige Wendel erzeugt, deren Ganghöhe s_w so klein ist, daß sich zwischen den Wendelgängen ein Betondruckgewölbe ausbilden kann (ABB 14.3). Durch die stetige Krümmung der Wendel entstehen in Querrichtung Umlenkkräfte, die zusammen mit den Druckgewölben die Umschnürung bewirken. Eine Bemessung umschnürter Druckglieder ist in ENV 1992-1 [V1] nicht geregelt.

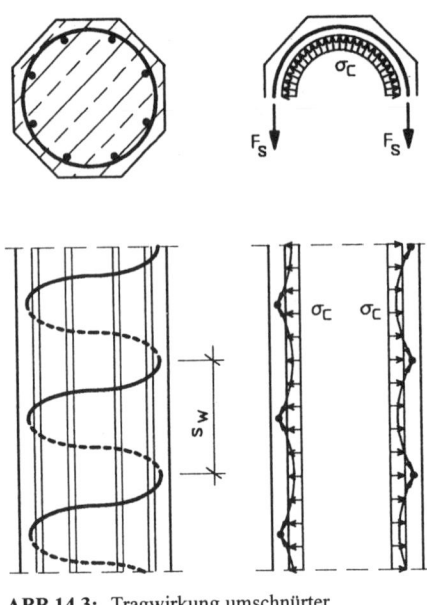

ABB 14.3: Tragwirkung umschnürter Druckglieder

14.4 Bemessung von Druckgliedern unter einachsiger Biegung

Für die Bereiche 4 und 5 (ABB 6.2) wurde bisher noch kein Bemessungsverfahren vorgeschlagen. Diese Bereiche treten vornehmlich bei Druckgliedern auf. In [33] sind Interaktionsdiagramme angegeben, mit deren Hilfe eine Bemessung in den Bereichen 4 und 5 möglich ist. Die Interaktionsdiagramme erlauben zwar auch eine Bemessung in den Bereichen 1 bis 3, sie sind jedoch in diesen Bereichen aufgrund der symmetrischen Bewehrungsanordnung unwirtschaftlich. Ein Interaktionsdiagramm (ABB 14.4) gilt jeweils für

- alle Betonfestigkeitsklassen
- eine Betonstahlgüte (z. B.: BSt 500)
- einen konstanten bezogenen Randabstand der Längsbewehrung (z. B.: $d_1/h = 0{,}10$).

$$d_1 = d_2 = \mathrm{nom}\, c + d_{s,st} + e \tag{14.14}$$

14 Druckglieder ohne Knickgefahr

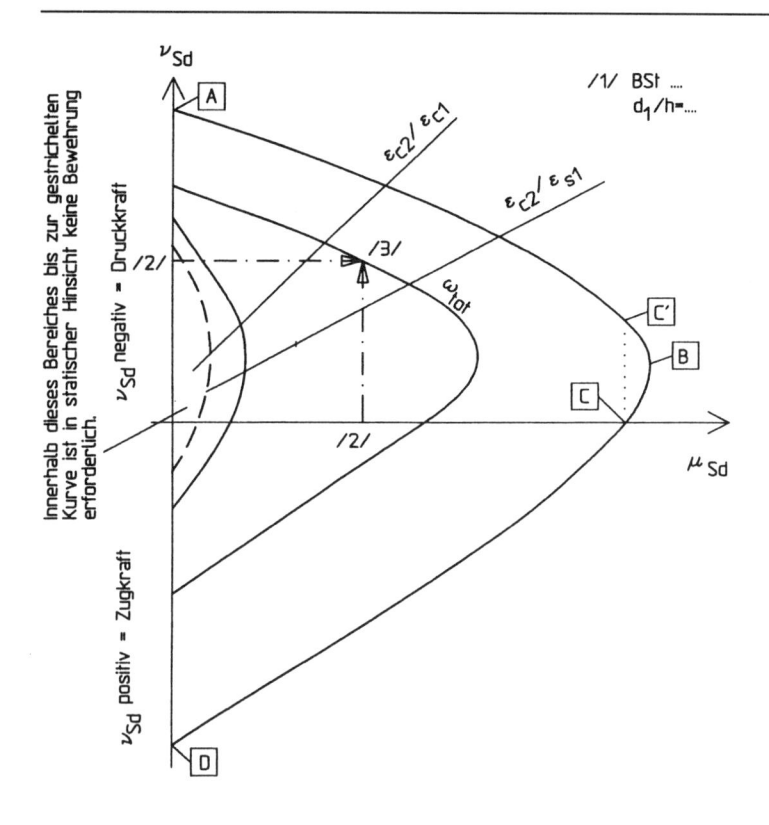

ABB 14.4: Aufbau eines Interaktionsdiagramms für einachsige Biegung und Vorgehensweise bei der Bemessung

Die Interaktionsdiagramme wurden für symmetrische Bewehrung rechts und links (bzw. oben und unten, je nach Bauteillage) aufgestellt. Da die Diagramme unabhängig von der Betonfestigkeitsklasse sind, wurden die Schnittgrößen normiert, und es ist nicht der geometrische Bewehrungsgrad ρ, sondern der mechanische Bewehrungsgrad ω vertafelt.

$$\nu_{Sd} = \frac{N_{Sd}}{b \cdot h \cdot f_{cd}} \tag{14.15}$$

$$\mu_{Sd} = \frac{|M_{Sd}|}{b \cdot h^2 \cdot f_{cd}} \tag{14.16}$$

$$\rho_{tot} = \frac{A_{s,tot}}{b \cdot h} \tag{14.17}$$

$$\omega_{tot} = \frac{A_{s,tot}}{b \cdot h} \cdot \frac{f_{yd}}{f_{cd}} \tag{14.18}$$

$$A_{s1} = A_{s2} = \frac{\omega_{tot}}{2} \cdot \frac{b \cdot h}{f_{yd} / f_{cd}} \tag{14.19}$$

Die Punkte A bis D im Interaktionsdiagramm stellen wichtige Sonderfälle dar (**ABB 14.4**). Punkt A kennzeichnet den Bauteilwiderstand für zentrischen Druck (bei maximaler Bewehrung),

Punkt D denjenigen für zentrischen Zug. Punkt C kennzeichnet den Bauteilwiderstand für reine Biegung. Bemerkenswert ist die Zunahme der aufnehmbaren Momente zwischen den Punkten B und C trotz (bzw. wegen) des Hinzukommens einer Längsdruckkraft. Die Druckkraft überdrückt einen Teil des Querschnitts und aktiviert ihn für die Aufnahme von Biegemomenten. Daher wachsen die aufnehmbaren Biegemomente bei Längskräften zwischen den Punkten C und C' an. In diesem Bereich wirken somit Längskräfte günstig[28]). Die Interaktionsdiagramme werden folgendermaßen benutzt (**ABB 14.4**):

- gegeben: - Schnittgrößen M_{Sd}, N_{Sd}
  - Betonfestigkeitsklasse und Betonstahlgüte (im Rahmen eines Bauvorhabens)
- gewählt: Abmessungen b, h
- geschätzt: Randabstand der Bewehrung
- gesucht: - Längsbewehrung $A_{s1} = A_{s2}$
  - Verhältnis der Randverzerrungen $\varepsilon_{c2}/\varepsilon_{c1}$ bzw. $\varepsilon_{c2}/\varepsilon_{s1}$
- Durchführung:
  /1/ Wahl des richtigen Diagramms nach den Parametern "BSt..." und "$d_1/h = ...$"
  /2/ Bestimmung der bezogenen Schnittgrößen ν_{Sd} und μ_{Sd} nach Gln (14.15) und (14.16) und Eintragen der Werte in das Nomogramm
  /3/ Im Schnittpunkt der durch die bezogenen Schnittgrößen gehenden Geraden Ablesen der Tafelwerte für den mechanischen Bewehrungsgrad ω_{tot} und die Randverzerrungen $\varepsilon_{c2}/\varepsilon_{c1}$ bzw. $\varepsilon_{c2}/\varepsilon_{s1}$
  /4/ Ermittlung der Bewehrung nach Gl (14.19)

Beispiel 14.2: Bemessung einer Stütze unter einachsiger Biegung ohne Knickgefahr

gegeben: - Stütze im Freien
- Rechteckquerschnitt $b/h = 25/75$ cm
- Schnittgrößen $M_G = 250$ kNm; $N_G = -800$ kN
  $M_Q = 150$ kNm; $N_Q = -600$ kN
- Baustoffe C 30; BSt 500

gesucht: - erforderliche Längsbewehrung
- Verhältnis der Randverzerrungen

Lösung:
Vor der Bemessung steht nicht zweifelsfrei fest, ob die Längskraft hier günstig oder ungünstig wirkt. Daher werden 2 Lastfälle unterschieden.

$f_{cd} = \dfrac{30}{1,5} = 20,0 \text{ N/mm}^2$ | $(2.9): f_{cd} = \dfrac{f_{ck}}{\gamma_c}$

$f_{yd} = \dfrac{500}{1,15} = 435 \text{ N/mm}^2$ | $(2.12): f_{yd} = \dfrac{f_{yk}}{\gamma_s}$

$d_1 = d_2 = 35 + 8 + 30 = 73$ mm | $(14.14): d_1 = d_2 = \text{nom} c + d_{s,st} + e$

---

[28]) In diesem Fall ist bei der Bestimmung der Bemessungsschnittgrößen der Teilsicherheitsbeiwert für günstige Einwirkung zu wählen. Sofern nicht vor der Bemessung zweifelsfrei erkennbar ist, ob die Längskraft günstig oder ungünstig wirkt, sind beide Fälle zu bemessen.

14 Druckglieder ohne Knickgefahr

$\dfrac{d_1}{h} = \dfrac{0{,}073}{0{,}75} = 0{,}097 \approx 0{,}10$

Lastfall 1:
$\gamma_G = 1{,}35; \gamma_Q = 1{,}50$
$N_{Sd} = 1{,}35 \cdot (-800) + 1{,}50 \cdot (-600) = -1980 \text{ kN}$

$M_{Sd} = 1{,}35 \cdot 250 + 1{,}50 \cdot 150 = 563 \text{ kNm}$

$\nu_{Sd} = \dfrac{-1{,}98}{0{,}25 \cdot 0{,}75 \cdot 20} = -0{,}528$

$\mu_{Sd} = \dfrac{|0{,}563|}{0{,}25 \cdot 0{,}75^2 \cdot 20} = 0{,}200$

$\omega_{tot} = 0{,}30; \varepsilon_{c2}/\varepsilon_{s1} = \underline{-3{,}5/1{,}0}$

Lastfall 2:
$\gamma_G = 1{,}35$ bzw. $\gamma_G = 1{,}00; \gamma_Q = 1{,}50$
$N_{Sd} = 1{,}0 \cdot (-800) = -800 \text{ kN}$

$M_{Sd} = 1{,}35 \cdot 250 + 1{,}50 \cdot 150 = 563 \text{ kNm}$

$\nu_{Sd} = \dfrac{-0{,}800}{0{,}25 \cdot 0{,}75 \cdot 20} = -0{,}213$

$\mu_{Sd} = \dfrac{|0{,}563|}{0{,}25 \cdot 0{,}75^2 \cdot 20} = 0{,}200$

$\omega_{tot} = 0{,}29 < 0{,}30;$ Lastfall 1 maßgebend

$A_{s1} = A_{s2} = \dfrac{0{,}30}{2} \cdot \dfrac{25 \cdot 75}{435/20} = 12{,}9 \text{ cm}^2$

gew: $2\,\varnothing\,25 + 2\,\varnothing\,20$ mit vorh $A_s = 9{,}82 + 6{,}28 = 16{,}1 \text{ cm}^2$
  1. Lage $2\,\varnothing\,25$; 2. Lage $2\,\varnothing\,20$
vorh A_{s1} = vorh $A_{s2} = 16{,}1 \text{ cm}^2 > 12{,}9 \text{ cm}^2 = A_{s1} = A_{s2}$

$e = \dfrac{2 \cdot 4{,}91 \cdot \frac{2{,}5}{2} + 2 \cdot 3{,}14 \cdot \left(2 \cdot 2{,}5 + \frac{2{,}0}{2}\right)}{2 \cdot 4{,}91 + 2 \cdot 3{,}14} = 3{,}1 \text{ cm} \approx 3{,}0 \text{ cm}$

$\min A_s = \max \begin{cases} 0{,}15 \dfrac{1{,}98 \cdot 10^6}{435} = \underline{683 \text{ mm}^2} \\ 0{,}003 \cdot 250 \cdot 750 = 563 \text{ mm}^2 \end{cases}$

vorh $A_s = 2 \cdot 16{,}1 + 2 \cdot 1{,}13 = 34{,}4 \text{ cm}^2 > 6{,}83 \text{ cm}^2 = A_s$

$\min d_{sw} = 0{,}25 \cdot 25 = 6{,}3 \text{ mm}$ bei $d_{sl} = 25 \text{ mm}$

Wahl des richtigen Diagramms
aufgrund der vorliegenden Parameter.
Aufgrund der Vorgaben hier:
[2] S. 5.227 oder [33] S. 64 oder
[24] S. 8-99
Längskräfte wirken ungünstig.
TAB 4.2:
(4.11):

$S_d = extr\left[\sum_j \gamma_{G,j} G_{k,j} + 1{,}5 \cdot Q_{k,1}\right]$

(14.15): $\nu_{Sd} = \dfrac{N_{Sd}}{b \cdot h \cdot f_{cd}}$

(14.16): $\mu_{Sd} = \dfrac{|M_{Sd}|}{b \cdot h^2 \cdot f_{cd}}$

Ablesung aus Nomogramm (s. o.)
Längskräfte wirken günstig.
TAB 4.2:
(4.11):

$S_d = extr\left[\sum_j \gamma_{G,j} G_{k,j} + 1{,}5 \cdot Q_{k,1}\right]$

(14.15): $\nu_{Sd} = \dfrac{N_{Sd}}{b \cdot h \cdot f_{cd}}$

(14.16): $\mu_{Sd} = \dfrac{|M_{Sd}|}{b \cdot h^2 \cdot f_{cd}}$

Ablesung aus Nomogramm (s. o.)

(14.19): $A_{s1} = A_{s2} = \dfrac{\omega_{tot}}{2} \cdot \dfrac{b \cdot h}{f_{yd}/f_{cd}}$

TAB 6.2
(6.11): vorh $A_s \geq A_s$

(6.7): $e = \dfrac{\sum_i A_{si} \cdot e_i}{\sum_i A_{si}}$

(14.4): $\min A_s = \max \begin{cases} 0{,}15 \dfrac{N_{Sd}}{f_{yd}} \\ 0{,}003 A_c \end{cases}$

(6.11): vorh $A_s \geq A_s$
(14.8):

$\min d_{sw} = \begin{cases} 6 \text{ mm bei } d_{sl} \leq 20 \text{ mm} \\ 0{,}25\, d_{sl} \text{ bei } d_{sl} \geq 25 \text{ mm} \\ 5 \text{ mm bei Betonstahlmatten} \end{cases}$

$$\max s_w = \min \begin{cases} 12 \cdot 20 = 240 \text{ mm} \\ 250 \text{ mm} \\ 300 \text{ mm} \end{cases}$$

gew.: Bü Ø 8-24

$$\max s_E = 15 \cdot 8 = 120 \text{ mm} > 48 \text{ mm} = 1{,}5 \cdot 25 + \frac{20}{2}$$

(14.6): $\max s_w = \min \begin{cases} 12 d_{sl} \\ \min(b, h) \\ 300 \text{ mm} \end{cases}$

(14.9): $\max s_E = 15 d_{sw}$

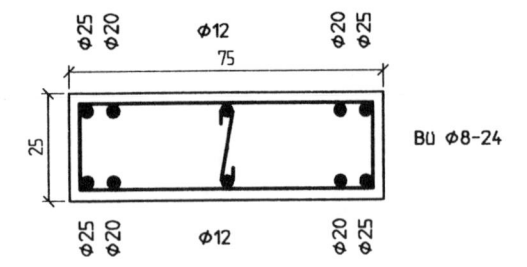

14.5 Bemessung von Druckgliedern unter zweiachsiger Biegung

Für zweiachsige Biegung[29]) wird die Bemessung dadurch schwieriger, daß die Lage der Nullinie nicht bekannt ist. Sie hängt ab von

- dem Verhältnis der Biegemomente M_{Sdy}/M_{Sdz}
- der Größe der Längskraft N_{Sd}
- dem Verhältnis b/h.

Für Rechteckquerschnitte lassen sich jedoch vertafelte Lösungen finden. Da die Bewehrung bei zweiachsiger Biegung unterschiedliche Dehnungen in den einzelnen Strängen aufweist, ist die Verteilung der Dehnung ein zusätzlicher Parameter. Die geschickte Wahl der Bewehrungsverteilung bestimmt die Größe der erforderlichen Gesamtbewehrung.

In [33] wurden auch Bemessungsnomogramme für zweiachsige Biegung angegeben. Sie gelten für

- alle Betonfestigkeitsklassen
- das auf der Tabelle dargestellte Bewehrungsbild
- eine Betonstahlgüte (z. B.: BSt 500)
- einen konstanten bezogenen Randabstand der Längsbewehrung gültig für beide Richtungen (z. B.: $d_1/h = b_1/b = 0{,}10$).

---

[29]) anderer gebräuchlicher Ausdruck: schiefe Biegung

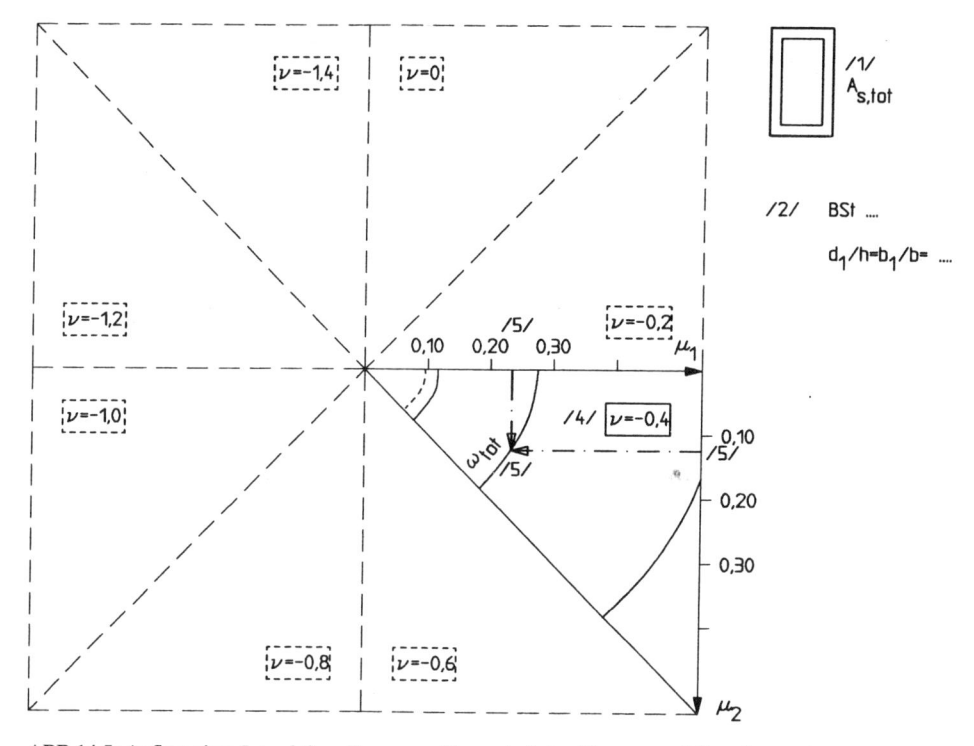

ABB 14.5: Aufbau eines Interaktionsdiagramms für zweiachsige Biegung und Vorgehensweise bei der Bemessung

Die Nomogramme werden für 8 Längskraftstufen in einem Bild dargestellt. Die verschiedenen Längskraftstufen lassen sich in jeweils einem Oktanden darstellen, da die Rechtecke doppelt symmetrisch sind. Für die Bemessung wird wie folgt vorgegangen:

/1/ Wahl der zweckmäßigsten Bewehrungsanordnung aufgrund der Schnittgrößen und Abmessungen
/2/ Wahl des richtigen Diagramms nach den Parametern "BSt..." und "$d_1/h = ...$"
/3/ Bestimmung der bezogenen Schnittgrößen v_{Sd} nach Gl (14.15) und μ_{Sd} nach Gln (14.20) und (14.21)

$$\mu_{Sdy} = \frac{|M_{Sdy}|}{b \cdot h^2 \cdot f_{cd}} \qquad (14.20)$$

$$\mu_{Sdz} = \frac{|M_{Sdz}|}{b^2 \cdot h \cdot f_{cd}} \qquad (14.21)$$

/4/ Wahl des Oktanden und Eintragen der Werte in das Nomogramm

wenn $\mu_{Sdy} > \mu_{Sdz}$: $\mu_1 = \mu_{Sdy}$; $\mu_2 = \mu_{Sdz}$ (14.22)

wenn $\mu_{Sdy} < \mu_{Sdz}$: $\mu_1 = \mu_{Sdz}$; $\mu_2 = \mu_{Sdy}$ (14.23)

/5/ Im Schnittpunkt der durch die bezogenen Schnittgrößen gehenden Geraden Ablesen der Tafelwerte für den mechanischen Bewehrungsgrad ω_{tot}

/6/ Ermittlung der Bewehrung nach Gl (14.24)

$$A_{s,\text{tot}} = \omega_{\text{tot}} \cdot \frac{b \cdot h}{f_{yd} / f_{cd}} \tag{14.24}$$

/7/ Verteilung der Bewehrung entsprechend der Bewehrungswahl

15 Stabilität von Stahlbetonbauteilen

15.1 Einfluß der Verformungen

15.1.1 Berücksichtigung von Tragwerksverformungen

Bauteile, die nur bzw. im wesentlichen auf Biegung beansprucht werden (z. B. Balken), werden am unverformten System betrachtet (Theorie I. Ordnung) [35]. Diese Betrachtungsweise ist jedoch dann nicht mehr zulässig, wenn die Verformungen einen wesentlichen Einfluß auf die Schnittgrößen haben. Dies ist der Fall, wenn die Schnittgrößen durch die Verformungen um mehr als 10 % erhöht werden. Die Verformungen sind dann bei der Schnittgrößenermittlung zu berücksichtigen (Theorie II. Ordnung) (**ABB 15.1**). Dies ist i. d. R. bei Druckgliedern der Fall.

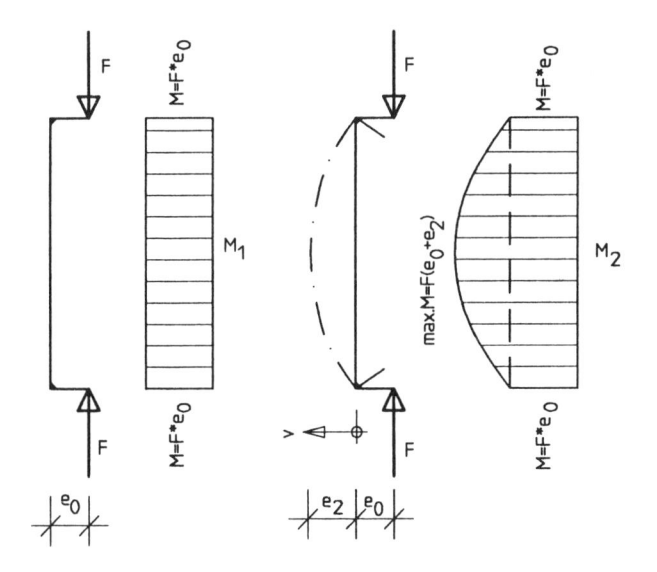

ABB 15.1: Ermittlung von Schnittgrößen am verformten oder unverformten System

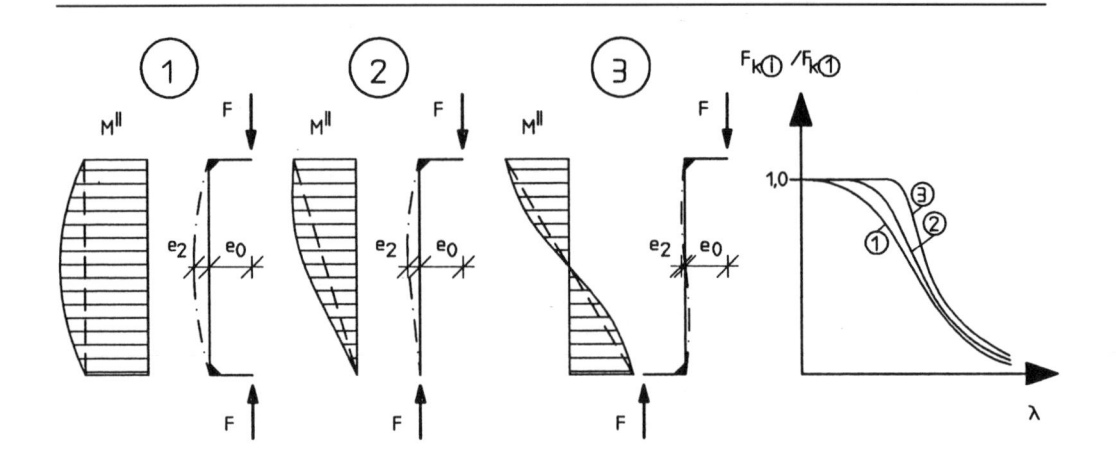

ABB 15.2: Einfluß der Stabendausmitte auf die kritische Last

15.1.2 Einflußgrößen auf die Verformung

Einfluß der Momentenverteilung

Stabausmitten können am oberen und unteren Stabende gleichgroß oder unterschiedlich sein (z. B.: Stabausmitte an einem Stabende null, oder: Stabausmitten an den Enden weisen entgegengesetzte Richtungen auf). Die Stabausmitte hat einen wesentlichen Einfluß auf die kritische Last F_k, wobei eine gleichgerichtete Stabendausmitte den ungünstigsten Fall darstellt, d. h., die kleinste kritische Last ergibt (**ABB 15.2**). Für die Bemessung wird daher dieser Fall unterstellt.

Einfluß des Verbundbaustoffes Stahlbeton

Bei ideal elastischen Werkstoffen liegt in allen Belastungsstufen eine konstante Biegesteifigkeit vor. Beim Stahlbeton vermindert sich dagegen die Biegesteifigkeit mit wachsender Belastung (**ABB 7.7**). Durch Rißbildung und Fließen der Bewehrung wird der Stahlbetonquerschnitt immer weicher. Beim Verbundbaustoff Stahlbeton treten daher gegenüber ideal elastischem Material folgende Besonderheiten auf:

- nichtlineare Spannungsdehnungslinien für Beton und Betonstahl ($\rightarrow$ Kap. 2)
- unterschiedliches Verhalten des Betons auf Zug und auf Druck
- sprunghafte Änderung der Steifigkeit beim Auftreten der ersten Risse
- Fließen der Bewehrung beim Überschreiten der Streckgrenze auf der Zug- bzw. Druckseite
- Spannungsumlagerungen durch Kriechen und Schwinden.

15 Stabilität von Stahlbetonbauteilen

Eine wirklichkeitsnahe Bestimmung der Traglast von knickgefährdeten Stahlbetondruckgliedern erfordert daher einen sehr hohen Rechenaufwand. Umfangreiche experimentelle Untersuchungen wurden durchgeführt, um zu einfachen Bemessungsgleichungen zu gelangen.

Einfluß der Herstellung

Im Stahlbeton ist eine planmäßig genaue Herstellung nicht zu erreichen (Schiefstellung und Verformung der Schalung, Bewehrungskörbe nicht in exakter Lage). Deshalb muß bei allen Druckgliedern aus Stahlbeton zusätzlich zur planmäßigen Ausmitte e_0 eine "ungewollte" Ausmitte e_a berücksichtigt werden.

$$e_a = v_1 \cdot \frac{l_0}{2} \tag{15.1}$$

v_1 Ersatzschiefstellung der Stütze nach Gl (4.29)
l_0 Ersatzlänge

Die Verformung infolge der ungewollten Ausmitte ist affin zur Verformung aus der planmäßigen Ausmitte. Neben Herstellungsungenauigkeiten deckt die ungewollte Ausmitte folgende Einflüsse ab:

- rechnerisch nicht erfaßte Biegemomente an den Innenstützen von Rahmenkonstruktionen (**ABB 4.1**)
- Kriechen bei gedrungenen Stützen.

① Stabilitätsproblem mit Gleichgewichtsverzweigung
② Spannungsproblem
③ Stabilitätsproblem ohne Gleichgewichtsverzweigung

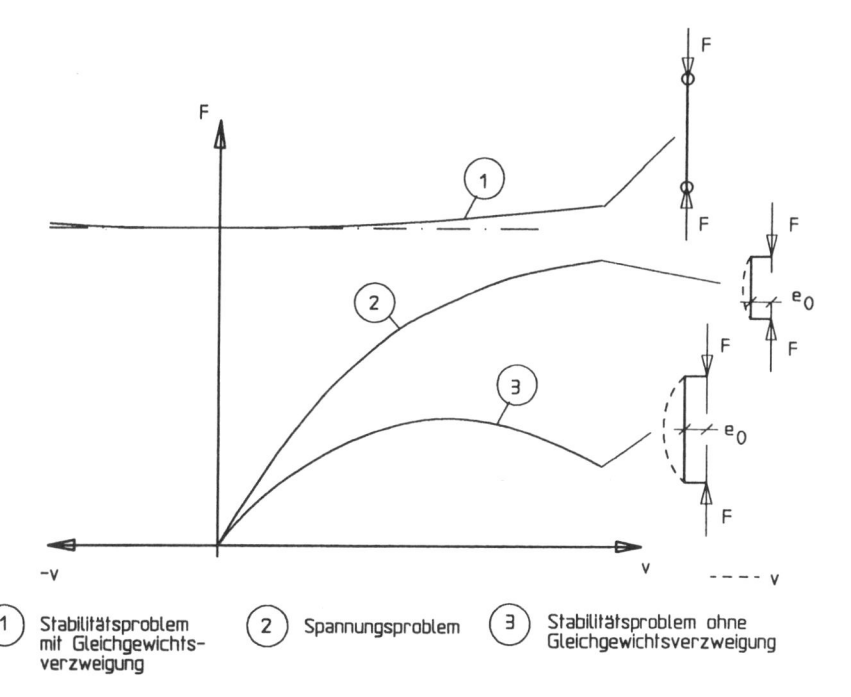

ABB 15.3: Last-Verformungs-Kurven

15.1.3 Ersatzlänge

Ein zentrisch belasteter Stab bleibt für kleine Lasten gerade. Erteilt man dem Stab unter dieser Last eine kleine Auslenkung, versucht er, in seine alte Gleichgewichtslage zurückzukehren. Er befindet sich also in einer stabilen Gleichgewichtslage. Steigert man die Last F, dann knickt er unter einer bestimmten "kritischen" Last F_k in eine neue Gleichgewichtslage aus, wobei eine Verformung in alle Richtungen möglich ist. Die Last-Verformungs-Kurve verzweigt sich, deshalb spricht man von einem Verzweigungsproblem oder Stabilitätsproblem. Steigert man nach dem Ausknicken die Last weiter, dann wachsen die Verformungen sehr schnell an, und es kommt zum Versagen des Druckgliedes (ABB 15.3). Wenn der Stab ausmittig belastet wird, ist immer ein Biegemoment vorhanden. Damit ergeben sich auch vom Belastungsbeginn an Verformungen v. Die Belastung kann so lange gesteigert werden, bis die Randspannung auf der stärker gedrückten Seite an einer Stelle die Materialfestigkeit erreicht. Es liegt also ein Spannungsproblem vor. Besteht das Druckglied aus einem Material mit nichtlinearem Spannungs-Dehnungs-Verhalten, kann auch der Fall eintreten, daß das innere Moment mit zunehmenden Dehnungen immer langsamer zunimmt als das äußere Moment, da die Spannungen am Rand nicht mehr zunehmen (ABB 2.4, ABB 2.6). Der Bauteilwiderstand ist erschöpft, wenn die Linie 3 (ABB 15.3) ihr Maximum erreicht. In diesem Punkt liegt ein indifferentes Gleichgewicht vor. Bei geringfügiger weiterer Vergrößerung der Last nimmt das äußere Moment schneller zu als das innere, wodurch kein Gleichgewicht mehr möglich ist. Ein Gleichgewichtszustand ist nur noch dann möglich, wenn gleichzeitig die Last F reduziert wird. Die Linie 3 kennzeichnet somit das Stabilitätsproblem ohne Gleichgewichtsverzweigung.

Die Ersatzlänge[30] [35] wird als Vielfaches (β-faches) der Stablänge dargestellt. Allgemein gilt als Ersatzlänge l_0 der Abstand der Wendepunkte der Biegelinie im ausgeknickten Zustand (ABB 15.4). Vor jeder Bemessung ist zu entscheiden, ob das betrachtete System horizontal verschieblich oder unverschieblich ist ($\rightarrow$ Kap. 15.2). Die Ersatzlänge ist bei horizontal verschieblichen Systemen wesentlich größer als bei unverschieblichen. Während die Ersatzlänge bei horizontal unverschieblichen Systemen maximal gleich der Stablänge sein kann, sind bei horizontal verschieblichen Systemen auch größere Ersatzlängen möglich.

$$l_0 = \beta \cdot l_{col} \tag{15.2}$$

Wenn die Ersatzlänge bekannt ist, kann die Schlankheit λ bestimmt werden. Die Schlankheit hat einen entscheidenden Einfluß auf das Stabilitätsverhalten.

$$\lambda = \frac{l_0}{i} \tag{15.3}$$

$$i = \sqrt{\frac{I}{A}} \tag{15.4}$$

bei Rechteckquerschnitt: $\quad i = 0,289\,h \tag{15.5}$

$\quad\quad\quad\quad\quad\quad\quad\quad\quad\quad\quad i \quad$ Trägheitsradius

---

[30] andere übliche Bezeichnung: Knicklänge

15 Stabilität von Stahlbetonbauteilen

Einzelstäbe | **Rahmen**

horizontal verschieblich

Beiwert $\beta = 2{,}0$ | $\beta > 2{,}0$
Eulerfall 1

horizontal unverschieblich

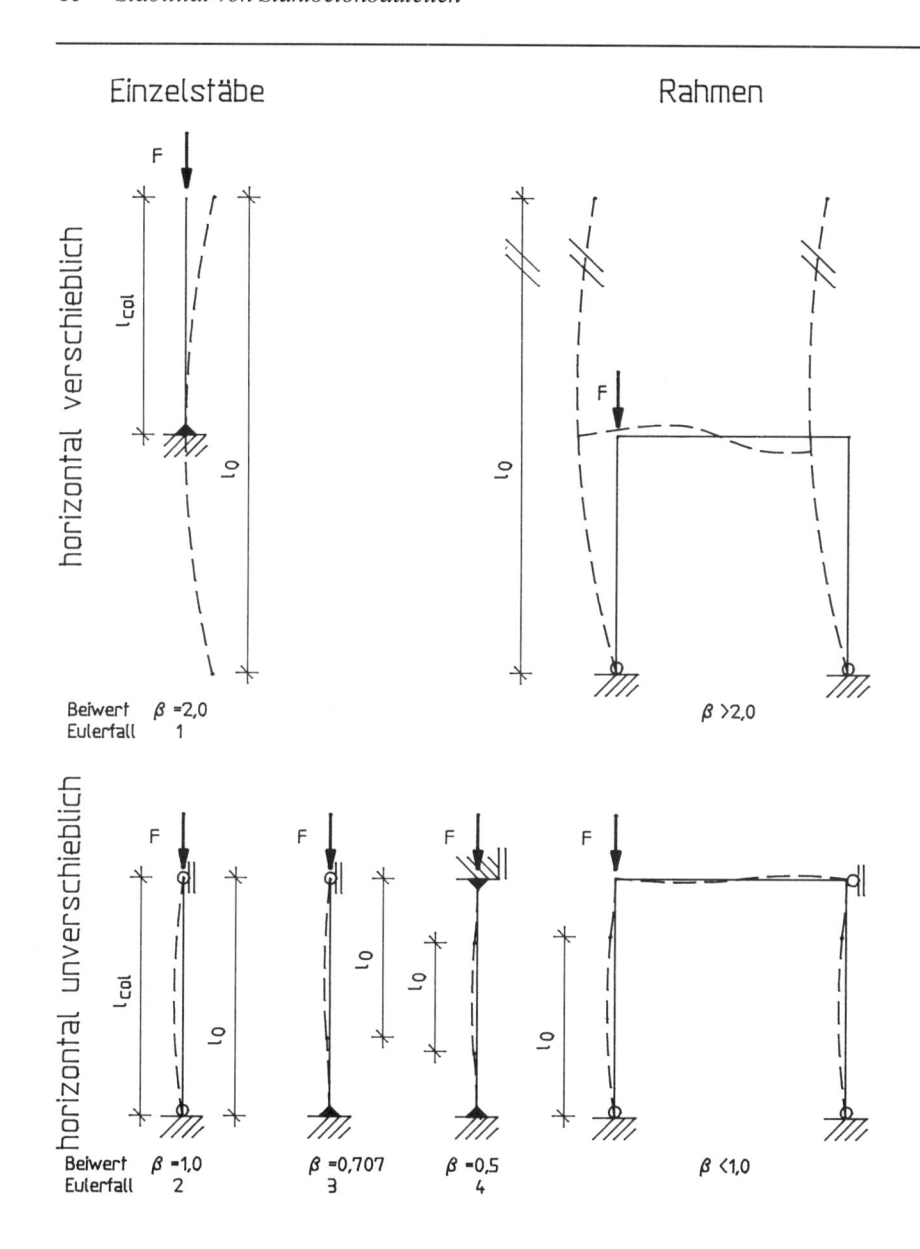

Beiwert $\beta = 1{,}0$ | $\beta = 0{,}707$ | $\beta = 0{,}5$ | $\beta < 1{,}0$
Eulerfall 2 | 3 | 4

ABB 15.4: Ersatzlängen und kritische Lasten

15.2 Unterscheidungen im statischen System

15.2.1 Horizontal verschiebliche und unverschiebliche Tragwerke

Vor jeder Stabilitätsuntersuchung ist zu entscheiden, ob es sich um ein horizontal verschiebliches oder ein unverschiebliches System handelt. Zur Entscheidungshilfe, ob ein Bauteil (oder Bauwerk) horizontal verschieblich oder unverschieblich ist, gibt es folgende Kriterien:

Bauwerke mit aussteifenden Bauteilen

Aussteifende Bauteile sind Wandscheiben und Treppenhauskerne aus Mauerwerk oder (Stahl-) Beton. Sie sollen annähernd symmetrisch angeordnet sein und mindestens 90 % aller planmäßigen Horizontallasten aufnehmen können (vereinfachend weist man diesen Bauteilen 100 % zu). Ein aussteifendes Bauteil soll ausreichend steif sein und nur sehr kleine Horizontalverschiebungen zulassen. Ausgesteifte Bauwerke können als horizontal unverschieblich eingestuft werden, sofern das nachstehende Kriterium ([V1] §A3.2) erfüllt ist. Sofern sich die Gl. nicht einhalten läßt, ist das Bauwerk horizontal verschieblich.

$$\alpha = h_{tot} \cdot \sqrt{\frac{F_v}{E_{cm} \cdot I_c}} \leq \begin{cases} 0,2 + 0,1m & \text{für } m \leq 3 \\ 0,6 & \text{für } m \geq 4 \end{cases} \qquad (15.6)$$

h_{tot} Gesamthöhe des Tragwerks (**ABB 4.8**)
m Anzahl der Geschosse
F_v Summe der Vertikallasten im Gebäude im Gebrauchszustand ($\gamma_F = 1$)
$E_{cm}I_c$ Nennbiegesteifigkeit

$$E_{cm}I_c = \sum_{i=1}^{k} E_{cm,i} I_{c,i} \qquad (15.7)$$

k Anzahl der aussteifenden Bauteile

Das Flächenmoment $I_{c,i}$ kann unter Ansatz des vollen Betonquerschnitts jedes einzelnen lotrecht aussteifenden Bauteils i ermittelt werden, sofern die Betonzugspannung unter der maßgebenden Lastkombination im Gebrauchszustand nicht den Wert $f_{ctk;0.05}$ überschreitet. Ändert sich die Nennbiegesteifigkeit über die Gesamthöhe des Tragwerks um mehr als ±10 %, so darf der Nachweis mit einer mittleren Nennbiegesteifigkeit $(E_{cm}I_c)_m$ geführt werden. Die mittlere Nennbiegesteifigkeit wird aus der Bedingung ermittelt, daß sie die gleiche maximale Horizontalverschiebung ergibt wie der genaue Steifigkeitsverlauf.

Beispiel 15.1:   Untersuchung bezüglich der horizontalen Unverschieblichkeit eines statischen Systems

gegeben: - skizzierter Rahmen mit den angegebenen charakteristischen Einwirkungen
               - Halle ist in Längsrichtung und an Giebelseiten ausgesteift
               - C 20; BSt 500

15 Stabilität von Stahlbetonbauteilen

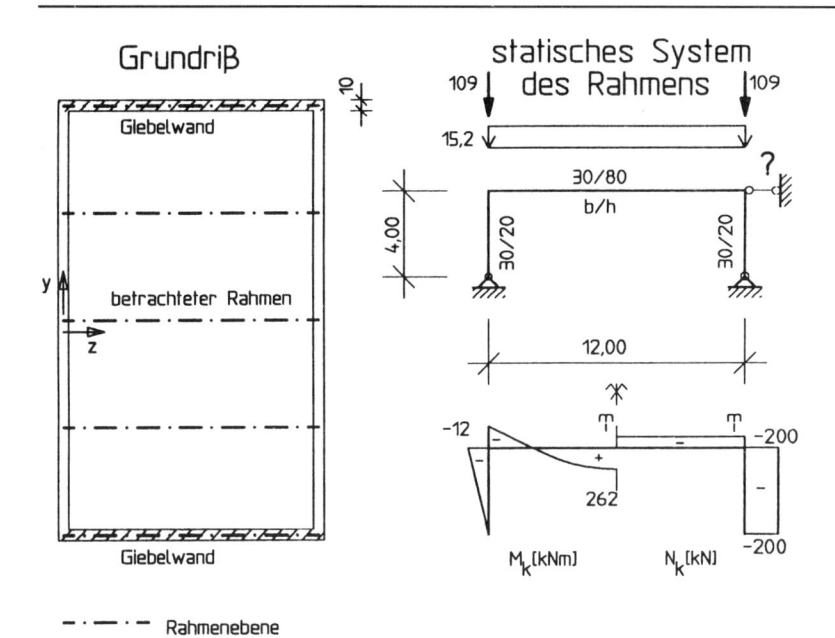

gesucht: – Sind die mittleren Rahmen in der Zeichenebene horizontal verschieblich oder unverschieblich?

Lösung:
Als Aussteifung in der Zeichenebene werden die beiden Giebelwände herangezogen. Die Übertragung der Horizontalkräfte aus den mittleren Rahmen auf die Giebelwände erfolgt durch einen in der Riegelebene liegenden Verband. Im folgenden wird überprüft, ob die beiden Giebelwände als Aussteifung ausreichen.

$$I_{col} = \frac{0{,}30 \cdot 0{,}20^3}{12} = 0{,}2 \cdot 10^{-3} \, m^4 \qquad \bigg| \quad I = \frac{b \cdot h^3}{12}$$

$$I_b = \frac{0{,}30 \cdot 0{,}80^3}{12} = 12{,}8 \cdot 10^{-3} \, m^4$$

$$k = \frac{12{,}8}{0{,}2} \cdot \frac{4{,}0}{12{,}0} = 21{,}33 \qquad \bigg| \quad k = \frac{I_b}{I_{col}} \cdot \frac{l_{col}}{l_{eff}}$$

Die Schnittgrößenermittlung erfolgt auch im Hinblick auf die weitere Bearbeitung in Beispiel 15.3. Bestimmung der Schnittgrößen erfolgt hier mit [2] S. 4.30 Nr. 1 (Zweigelenkrahmen mit Gleichstreckenlast auf Riegel).

Schnittgrößenermittlung:

$$C_{hk} = \frac{15{,}2 \cdot 12{,}0^2}{4 \cdot 4 \cdot (2 \cdot 21{,}33 + 3)} = 3{,}0 \, kN \qquad \bigg| \quad C_{hk} = \frac{f_k \cdot l_{eff}^2}{4 l_{col} \cdot (2k + 3)}$$

$$C_{vk} = 109 + \frac{15{,}2 \cdot 12{,}0}{2} = 200 \, kN \qquad \bigg| \quad C_{vk} = F_k + \frac{f_k \cdot l_{eff}}{2}$$

$$\max M_{col} = -3{,}0 \cdot 4 = -12{,}0 \, kNm \qquad \bigg| \quad \max M_{col} = -C_{hk} \cdot l_{col}$$

Horizontale Aussteifung:

$F_v = 5 \cdot 2 \cdot 200 = 2000$ kN

$I_c = 2 \cdot \dfrac{0{,}1 \cdot 12{,}0^3}{12} = 28{,}8$ m^4

$E_{cm} = 29000$ N/mm^2

$\alpha = 4{,}0 \cdot \sqrt{\dfrac{2{,}0}{29000 \cdot 28{,}8}} = 0{,}0062 < 0{,}3 = 0{,}2 + 0{,}1 \cdot 1$

Der Rahmen ist horizontal unverschieblich.

graphische Darstellung siehe Aufgabenstellung

$I = \dfrac{b \cdot h^3}{12}$

TAB 2.10: C 20/25

(15.6): mit $m = 1$

$\alpha = h_{tot} \cdot \sqrt{\dfrac{F_v}{E_{cm} \cdot I_c}} \leq 0{,}2 + 0{,}1 m$

Beispiel wird fortgesetzt mit Beispiel 15.3.

Bauwerke ohne aussteifende Bauteile

Derartige Bauteile gelten als unverschieblich, wenn die Schnittgrößen nach Theorie II. Ordnung höchstens 10 % größer als diejenigen nach Theorie I. Ordnung sind. Zur Abschätzung dieses Sachverhalts dient folgendes Kriterium ([V1] § A3,2): Alle Druckglieder, die mindestens 70 % der mittleren Längskraft $N_{Sd,m}$ aufweisen, sind zu untersuchen und dürfen die Grenzschlankheit λ_{lim} nicht überschreiten.

$$N_{Sd,m} = \gamma_F \cdot \dfrac{F_v}{n} \tag{15.8}$$

n Anzahl der lotrechten Druckglieder

zu untersuchende Stütze bei $N_{Sd} > 0{,}7 N_{Sd,m}$

$$\lambda \leq \lambda_{lim} \tag{15.9}$$

$$\lambda_{lim} = \max \begin{cases} \dfrac{15}{\sqrt{\nu_u}} \\ 25 \end{cases} \tag{15.10}$$

$$\nu_u = \dfrac{N_{Sd}}{f_{cd} \cdot A_c} \tag{15.11}$$

Der Teilsicherheitsbeiwert γ_F darf für vielgeschossige Bauwerke gegenüber den Angaben in **TAB 4.2** um 10 % verringert werden. Hierdurch wird berücksichtigt, daß nicht alle Geschosse gleichzeitig voll belastet sind. Sofern von der Verringerung kein Gebrauch gemacht wird, liegt man auf der sicheren Seite.

15.2.2 Schlanke und gedrungene Druckglieder

Einzeldruckglieder gelten als schlank, sofern die Gln (15.9) und (15.10) nicht erfüllt werden. Nur für schlanke Druckglieder ist ein Stabilitätsnachweis zu führen, bei gedrungenen Druckgliedern reicht die Regelbemessung ($\to$ Kap. 14).

15.2.3 Einzeldruckglieder und Rahmentragwerke

Unverschiebliche Rahmen

Die genaueste Beurteilung des Stabilitätsverhaltens eines Stahlbetonrahmens erlaubt die Untersuchung des elastischen Verhaltens am Gesamtsystem. Dieser Nachweis ist jedoch sehr aufwendig. Für unverschiebliche Rahmen kann man daher näherungsweise die einzelnen Druckglieder isoliert betrachten, wobei die Wirkung der anschließenden Bauteile bei der Ermittlung der Ersatzlänge berücksichtigt wird. Das Druckglied innerhalb des Rahmens wird auf einen beidseits gelenkig gelagerten Stab zurückgeführt, der dieselbe Knicklänge hat wie der Rahmenstab.

Die Länge des Ersatzstabes wird beim "Modellstützenverfahren" mit Hilfe von Nomogrammen [33] ermittelt. Aus diesen Nomogrammen läßt sich aufgrund des Einspanngrades des betrachteten Stabes in die anschließenden Bauteile der Beiwert β ermitteln, mit dem die Ersatzlänge bestimmbar ist. Der Einspanngrad am oberen Stabende A und am unteren Stabende B wird folgendermaßen ermittelt:

$$\left.\begin{matrix}k_A\\k_B\end{matrix}\right\} = \frac{\sum_i \frac{E_{cm} \cdot I_{col}}{l_{col}}}{\sum_j \frac{E_{cm} \cdot \alpha \cdot I_b}{l_{eff}}} \qquad (15.12)$$

Berechnung von k_A im Kopfpunkt des Druckgliedes:

$$k_A = \frac{I_{col1}/l_{col1} + I_{col2}/l_{col2}}{I_{b1}/l_{eff1} + 0{,}5 \, I_{b2}/l_{eff2}}$$

Nomogramm für horizontal unverschiebliche Rahmen (Die Anwendung im Nomogramm für horizontal verschiebliche Rahmen erfolgt analog.)

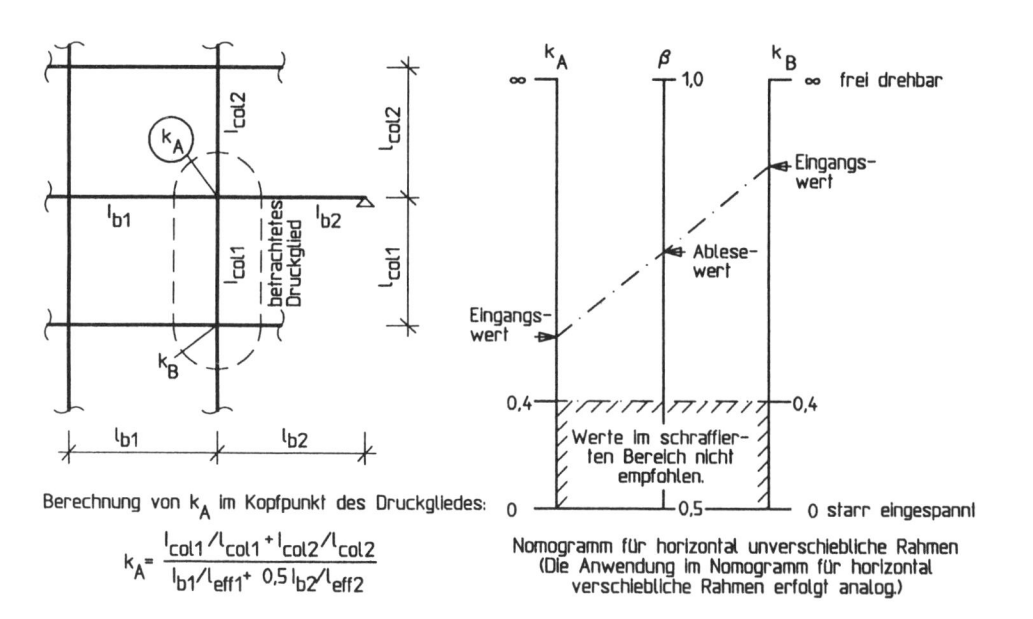

ABB 15.5: Bezeichnungen für die Ermittlung der Einspannverhältnisse und Nomogramm für die Errechnung der Ersatzlänge

Die Summe im Zähler ist über alle am betrachteten Knoten angeschlossenen Stützen, im Nenner über alle angeschlossenen Riegel zu führen. Wenn Stützen und Riegel denselben Elastizitätsmodul besitzen, braucht der Elastizitätsmodul in Gl (15.12) nicht beachtet zu werden. Da in (Stahlbeton-) Rahmen eine starre Einspannung wegen der Rißbildung kaum zu erreichen ist, sollten Verhältniszahlen $k < 0{,}4$ nicht verwendet werden. Der Beiwert α berücksichtigt die Einspannung am abliegenden Ende eines Balkens.

$\alpha = 1{,}0$ Das abliegende Ende ist elastisch oder starr eingespannt. (15.13)

$\alpha = 0{,}5$ Das abliegende Ende ist frei drehbar gelagert. (15.14)

$\alpha = 0$ für einen Kragbalken (15.15)

Die Ersatzlänge wird vom gesamten statischen System beeinflußt, dem das Druckglied angehört. Das Modellstützenverfahren berücksichtigt jedoch nur das elastische Verhalten der Knoten A und B. Außerdem bleibt der Einfluß der direkt am Stab angreifenden Lasten unberücksichtigt. Aus diesen Gründen kann das Modellstützenverfahren nur Näherungswerte liefern.

Verschiebliche Rahmen

Das Modellstützenverfahren darf für regelmäßige Rahmen (Träger und Stützen mit annähernd gleicher Steifigkeit in allen Geschossen) angewendet werden, sofern die mittlere Schlankheit λ_m folgende Bedingung erfüllt:

$$\lambda_m = \max \begin{cases} 50 \\ \dfrac{20}{\sqrt{\nu_u}} \end{cases} \qquad (15.16)$$

Sofern die Bedingung nicht erfüllt werden kann, ist der Gesamtrahmen zu betrachten.

15.3 Durchführung des Stabilitätsnachweises bei einachsiger Knickgefahr

15.3.1 Kriterien für den Entfall des Nachweises

Der Knicksicherheitsnachweis kann entfallen, sofern es sich um ein gedrungenes Bauteil handelt (→ Kap. 15.2.2) oder wenn bei <u>unverschieblichen</u> Tragwerken die kritische Schlankheit nicht überschritten wird und keine Querlasten zwischen den Stützenenden angreifen.

$$\lambda_{\text{crit}} = 25 \cdot \left(2 - \frac{e_{01}}{e_{02}}\right) \qquad (15.17)$$

$e_{01} \leq e_{02}$ (15.18)

e_{01}, e_{02} Ausmitte der Längskraft an den Stabenden bei Berechnung nach Theorie I. Ordnung, berechnet nach Gl (14.1) bzw. (15.19)

15 Stabilität von Stahlbetonbauteilen

$$e_0 = \frac{|M_{Sd}|}{|N_{Sd}|} \qquad (15.19)$$

Für den Fall, daß der Knicksicherheitsnachweis entfallen kann, sind die Stabenden der Druckglieder sowie die anschließenden Bauteile für min M_{Sd} (oder M_{Sd}) und N_{Sd} zu bemessen.

$$\min M_{Sd} = N_{Sd} \cdot \frac{h}{20} \qquad (15.20)$$

Beispiel 15.2: Bemessung einer Rahmenstütze (nicht knickgefährdet)

gegeben: - skizzierter Rahmen [31]) mit den angegebenen charakteristischen Einwirkungen
- Senkrecht zur Zeichenebene befinden sich Wände zwischen den Stützen, so daß in dieser Richtung keine Knickgefährdung vorliegt.
- Baustoffe C 20; BSt 500

gesucht: - Rahmen horizontal verschieblich oder unverschieblich
- Überprüfung, ob der Knicksicherheitsnachweis für Innenstützen entfallen kann
- Bemessungsschnittgrößen für die Innenstütze

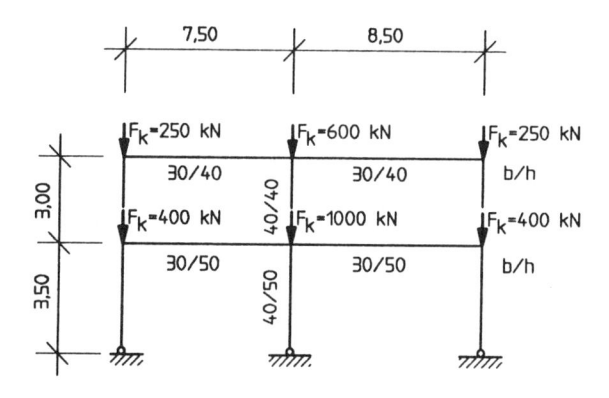

Lösung:
Riegel 1. OG: $b/h = 30/40$ cm

$$I_b = \frac{0{,}3 \cdot 0{,}4^3}{12} = 1{,}60 \cdot 10^{-3} \text{ m}^4 \qquad \left| I = \frac{b \cdot h^3}{12} \right.$$

Riegel EG: $b/h = 30/50$ cm

$$I_b = \frac{0{,}3 \cdot 0{,}5^3}{12} = 3{,}13 \cdot 10^{-3} \text{ m}^4 \qquad \left| I = \frac{b \cdot h^3}{12} \right.$$

---

[31]) Derartig unterschiedliche Bauteilabmessungen sind nicht rationell herzustellen; sie wurden im Rahmen des Beispiels wegen der Deutlichkeit in der Zahlenrechnung gewählt.

Stütze 1. OG: $b/h = 40/40$ cm

$$I_{col} = \frac{0,4 \cdot 0,4^3}{12} = 2,13 \cdot 10^{-3} \text{ m}^4 \qquad\qquad I = \frac{b \cdot h^3}{12}$$

Stütze EG: $b/h = 40/50$ cm]

$$I_{col} = \frac{0,4 \cdot 0,5^3}{12} = 4,17 \cdot 10^{-3} \text{ m}^4 \qquad\qquad I = \frac{b \cdot h^3}{12}$$

Bauteil ist in der Zeichenebene nicht ausgesteift. Daher wird zunächst untersucht, ob der Rahmen horizontal verschieblich ist oder nicht.

1. Obergeschoß:

$F_v = 2 \cdot 250 + 600 = 1100$ kN $\qquad\qquad F_v = \sum_i N_i$

Die Lastanteile aus G und Q sind nicht bekannt, daher

$\gamma_F = \gamma_Q = 1,5$

TAB 4.2: näherungsweise größter Teilsicherheitsbeiwert

$N_{Sd,m} = 1,5 \cdot \dfrac{1100}{3} = 550$ kN $\qquad\qquad$ (15.8): $N_{Sd,m} = \gamma_F \cdot \dfrac{F_v}{n}$

$0,7 N_{Sd,m} = 0,7 \cdot 550 = 385$ kN $\begin{cases} < 900 \text{ kN} = 1,5 \cdot 600 \\ > 375 \text{ kN} = 1,5 \cdot 250 \end{cases}$

bei $N_{Sd} > 0,7 N_{Sd,m}$ ist Stütze zu untersuchen

Nur die Innenstütze ist im 1. OG zu untersuchen.

$N_{Sd} = 1,5 \cdot 600 = 900$ kN

$\alpha = 1,0$ $\qquad\qquad$ (15.13): $\alpha = 1,0$

$$k_A = \frac{\dfrac{2,13 \cdot 10^{-3}}{3,0}}{\dfrac{1,0 \cdot 1,60 \cdot 10^{-3}}{7,5} + \dfrac{1,0 \cdot 1,60 \cdot 10^{-3}}{8,5}} = 1,77 \qquad (15.12): \left.\begin{array}{c} k_A \\ k_B \end{array}\right\} = \frac{\sum\limits_i \dfrac{E_{cm} \cdot I_{col}}{l_{col}}}{\sum\limits_j \dfrac{E_{cm} \cdot \alpha \cdot I_b}{l_{eff}}}$$

$$k_B = \frac{\dfrac{2,13 \cdot 10^{-3}}{3,0} + \dfrac{4,17 \cdot 10^{-3}}{3,5}}{\dfrac{1,0 \cdot 3,13 \cdot 10^{-3}}{7,5} + \dfrac{1,0 \cdot 3,13 \cdot 10^{-3}}{8,5}} = 2,42 \qquad (15.12): \left.\begin{array}{c} k_A \\ k_B \end{array}\right\} = \frac{\sum\limits_i \dfrac{E_{cm} \cdot I_{col}}{l_{col}}}{\sum\limits_j \dfrac{E_{cm} \cdot \alpha \cdot I_b}{l_{eff}}}$$

$\beta = 0,85$ $\qquad\qquad$ **ABB 15.5:**

$l_0 = 0,85 \cdot 3,0 = 2,55$ m $\qquad\qquad$ (15.2): $l_0 = \beta \cdot l_{col}$

$i = 0,289 \cdot 0,40 = 0,116$ m $\qquad\qquad$ (15.5): $i = 0,289 h$

$\lambda = \dfrac{2,55}{0,116} = 22,0$ $\qquad\qquad$ (15.3): $\lambda = \dfrac{l_0}{i}$

$f_{cd} = \dfrac{20}{1,5} = 13,3$ N/mm² $\qquad\qquad$ (2.9): $f_{cd} = \dfrac{f_{ck}}{\gamma_c}$

$\nu_u = \dfrac{0,900}{13,3 \cdot 0,40^2} = 0,423$ $\qquad\qquad$ (15.11): $\nu_u = \dfrac{N_{Sd}}{f_{cd} \cdot A_c}$

$\lambda_{\lim} = \max \begin{cases} \dfrac{15}{\sqrt{0,423}} = 23,1 \\ 25 \end{cases}$ $\qquad\qquad$ (15.10): $\lambda_{\lim} = \max \begin{cases} \dfrac{15}{\sqrt{\nu_u}} \\ 25 \end{cases}$

$\lambda = 22,0 < 25,0 = \lambda_{\lim}$ $\qquad\qquad$ (15.9): $\lambda \leq \lambda_{\lim}$

Erdgeschoß:

$F_v = 1100 + 2 \cdot 400 + 1000 = 2900$ kN $\qquad\qquad F_v = \sum_i N_i$

15 Stabilität von Stahlbetonbauteilen   281

$N_{Sd,m} = 1{,}5 \cdot \dfrac{2900}{3} = 1450 \text{ kN}$ | (15.8): $N_{Sd,m} = \gamma_F \cdot \dfrac{F_v}{n}$

$0{,}7 N_{Sd,m} = 0{,}7 \cdot 1450$

$= 1015 \text{ kN} \begin{cases} < 2400 \text{ kN} = 1{,}5 \cdot (600 + 1000) \\ > 975 \text{ kN} = 1{,}5 \cdot (250 + 400) \end{cases}$ | bei $N_{Sd} > 0{,}7 N_{Sd,m}$ ist Stütze zu untersuchen

nur die Innenstütze ist im EG zu untersuchen.

$N_{Sd} = 1{,}5 \cdot (600 + 1000) = 2400 \text{ kN}$

$\alpha = 1{,}0$ | (15.13): $\alpha = 1{,}0$

$k_A = \dfrac{\dfrac{2{,}13 \cdot 10^{-3}}{3{,}0} + \dfrac{4{,}17 \cdot 10^{-3}}{3{,}5}}{\dfrac{1{,}0 \cdot 3{,}13 \cdot 10^{-3}}{7{,}5} + \dfrac{1{,}0 \cdot 3{,}13 \cdot 10^{-3}}{8{,}5}} = 2{,}42$ | (15.12): $\begin{Bmatrix} k_A \\ k_B \end{Bmatrix} = \dfrac{\sum\limits_i \dfrac{E_{cm} \cdot I_{col}}{l_{col}}}{\sum\limits_j \dfrac{E_{cm} \cdot \alpha \cdot I_b}{l_{eff}}}$

gelenkige Lagerung

$k_B = \infty$ | (15.12): $\begin{Bmatrix} k_A \\ k_B \end{Bmatrix} = \dfrac{\sum\limits_i \dfrac{E_{cm} \cdot I_{col}}{l_{col}}}{\sum\limits_j \dfrac{E_{cm} \cdot \alpha \cdot I_b}{l_{eff}}}$

$\beta = 0{,}92$ | **ABB 15.5:**

$l_0 = 0{,}92 \cdot 3{,}5 = 3{,}22 \text{ m}$ | (15.2): $l_0 = \beta \cdot l_{col}$

$i = 0{,}289 \cdot 0{,}50 = 0{,}144 \text{ m}$ | (15.5): $i = 0{,}289 h$

$\lambda = \dfrac{3{,}22}{0{,}144} = 22{,}4$ | (15.3): $\lambda = \dfrac{l_0}{i}$

$\nu_u = \dfrac{2{,}400}{13{,}3 \cdot 0{,}40 \cdot 0{,}50} = 0{,}902$ | (15.11): $\nu_u = \dfrac{N_{Sd}}{f_{cd} \cdot A_c}$

$\lambda_{lim} = \max \begin{cases} \dfrac{15}{\sqrt{0{,}902}} = 15{,}8 \\ \underline{25} \end{cases}$ | (15.10): $\lambda_{lim} = \max \begin{cases} \dfrac{15}{\sqrt{\nu_u}} \\ 25 \end{cases}$

$\lambda = 22{,}4 < 25{,}0 = \lambda_{lim}$ | (15.9): $\lambda \leq \lambda_{lim}$

Die Bedingung der horizontalen Unverschieblichkeit wird von allen zu untersuchenden Stützen innerhalb des Rahmens erfüllt. Der Rahmen darf daher als horizontal unverschieblich betrachtet werden. Da die Gln (15.9) und (15.10) gleichzeitig von beiden Innenstützen erfüllt werden, gelten sie als gedrungene Stützen. Der Knicksicherheitsnachweis kann für diese Stützen entfallen.

1. OG: $N_{Sd} = 900 \text{ kN}$

$\min M_{Sd} = 900 \cdot \dfrac{0{,}40}{20} = 18{,}0 \text{ kNm}$ | (15.20): $\min M_{Sd} = N_{Sd} \cdot \dfrac{h}{20}$

EG: $N_{Sd} = 2400 \text{ kN}$

$\min M_{Sd} = 2400 \cdot \dfrac{0{,}50}{20} = 60{,}0 \text{ kNm}$ | (15.20): $\min M_{Sd} = N_{Sd} \cdot \dfrac{h}{20}$

15.3.2 Stabilitätsnachweis für den Einzelstab

Der Knicksicherheitsnachweis ist zu führen, sofern die Grenze für schlanke Druckglieder überschritten wird (→ Kap. 15.3.1). Hierbei kann das nachfolgend beschriebene Näherungsverfahren, als Modellstützenmethode bezeichnet, angewendet werden, sofern folgende Bedingungen eingehalten werden:

- Die Schlankheit des Stabes überschreitet nicht
$$\lambda \leq \lambda_{max} = 140 \tag{15.21}$$
- Der Querschnitt des Druckgliedes ist rechteckig oder kreisförmig.
- Für die planmäßige Lastausmitte nach Theorie I. Ordnung gilt:
$$e_0 \geq 0,1 h \tag{15.22}$$
Diese Grenze resultiert nicht aus sicherheitsrelevanten Überlegungen, sondern aus wirtschaftlichen. Bei Unterschreitung der Grenze liefert das Näherungsverfahren zu große Bewehrungsquerschnitte. Eine "genaue" Berechnung nach Theorie II. Ordnung ist wirtschaftlicher. Bei Einbeziehung der Arbeitszeit des Tragwerkplaners wird das Näherungsverfahren auch bei $e_0 < 0,1 h$ angewendet werden.

Bei der Modellstützenmethode erfolgt die Bemessung des Druckgliedes für die kombinierte Beanspruchung N_{Sd} und $M_{2,Sd}$.

$$M_{2,Sd} = N_{Sd} \cdot e_{tot} \tag{15.23}$$
$$e_{tot} = e_0 + e_a + e_2 \tag{15.24}$$

Ein Einfluß aus dem Kriechen des Betons (und der damit verbundenen Zunahme der Lastausmitte) braucht bei Druckgliedern des üblichen Hochbaus und horizontal unverschieblichen Systemen nicht berücksichtigt zu werden. Bei Druckgliedern, die längs der Stabachse eine veränderliche Lastausmitte aufweisen, darf bei einem konstanten Druckgliedquerschnitt eine Ersatzausmitte e_e eingeführt werden. Für die Zuordnung der Lastausmitten an den Stabenden e_{01} und e_{02} ist Gl (15.18) zu beachten.

$$e_e = \max \begin{cases} 0,6 e_{02} + 0,4 e_{01} \\ 0,4 e_{02} \end{cases} \tag{15.25}$$

Die Stabauslenkung II. Ordnung e_2 darf abgeschätzt werden nach der folgenden Gl. Der Beiwert K_1 ist hierbei ein Korrekturfaktor, der den allmählichen Übergang vom Grenzzustand der Tragfähigkeit für Biegung ($\lambda < 25$) zum Grenzzustand aus Stabilität ($\lambda > 25$) gewährleisten soll.

$$e_2 = 0,1 K_1 \cdot l_0^2 \cdot \frac{1}{r} \tag{15.26}$$

$$K_1 = \begin{cases} \dfrac{\lambda}{20} - 0,75 & 15 \leq \lambda \leq 35 \\ 1 & \lambda > 35 \end{cases} \quad \text{für} \tag{15.27}$$

15 Stabilität von Stahlbetonbauteilen

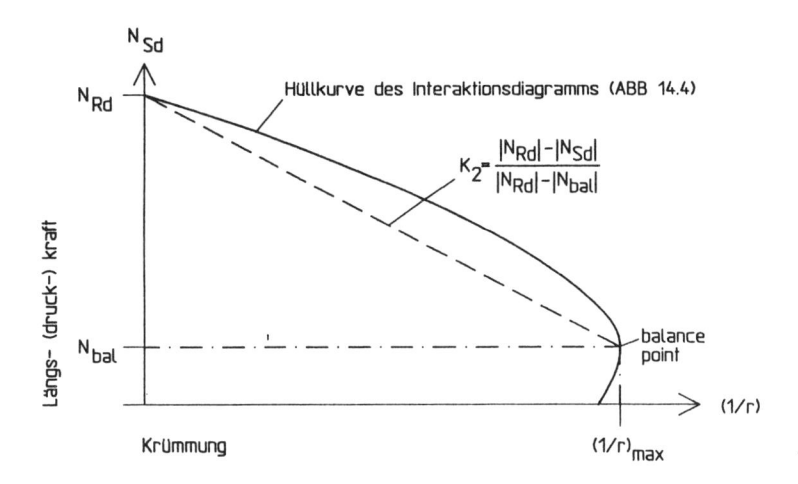

ABB 15.6: Längskraft-Krümmungs-Beziehung

Zur Berechnung der Krümmung 1/r wird angenommen, daß die Längsbewehrung auf beiden Seiten gleichzeitig die Fließgrenze erreicht. Unter dieser Annahme ergibt sich die Krümmung näherungsweise zu:

$$\frac{1}{r} = 2 K_2 \cdot \frac{f_{yk}}{\gamma_s \cdot E_s} \cdot \frac{1}{0,9d} \tag{15.28}$$

$$K_2 \approx \frac{|N_{Rd}| - |N_{Sd}|}{|N_{Rd}| - |N_{bal}|} \leq 1,0 \tag{15.29}$$

Der Faktor K_2 berücksichtigt die Abnahme der Krümmung 1/r vom Maximalwert der Krümmung $(1/r)_{max}$ bei steigenden Längsdruckkräften. Die Krümmung hat den Wert Null, sofern der Bauteilwiderstand N_{Rd} erreicht wird {Punkt A in (**ABB 14.4**)}. Der Bauteilwiderstand N_{Rd} läßt sich hierbei nach Gl (14.12) ermitteln. Der Maximalwert der Krümmung $(1/r)_{max}$ tritt beim maximalen Biegemoment auf {Punkt B in (**ABB 14.4**)}. Durch Linearisierung der Hüllkurve des Interaktionsdiagramms läßt sich Gl (15.29) bestimmen (**ABB 15.6**). Für die Längskraft bei Auftreten des Maximalwertes der Krümmung gilt für Rechteckquerschnitte mit annähernd symmetrischer Bewehrung näherungsweise:

$$N_{bal} \approx -0,4 f_{cd} \cdot A_c \tag{15.30}$$

Beispiel 15.3: Bemessung einer Rahmenstütze nach dem Modellstützenverfahren
(Fortsetzung von Beispiel 15.1)

gegeben: - in Beispiel 15.1 skizzierter Rahmen
- Rahmenstützen sind durch Längswände senkrecht zur Zeichenebene nicht knickgefährdet.

gesucht: - Bemessung der Stützen

Lösung:
Beispiel 15.1 ergab, daß der Rahmen in der Rahmenebene horizontal unverschieblich ist. Die Stützenbemessung darf daher am Einzelstab erfolgen.

$e_0 = \dfrac{|0|}{|\gamma_F \cdot 200|} = 0 \leq z_{s1}$ Es liegt ein Druckglied vor.   (14.1): $e_0 = \dfrac{|M_{Sd}|}{|N_{Sd}|} \leq z_{s1}$

Riegel: $b/h = 30/80$ cm

$I_b = \dfrac{0,3 \cdot 0,8^3}{12} = 12,8 \cdot 10^{-3}$ m^4 $I = \dfrac{b \cdot h^3}{12}$

Stütze: $b/h = 30/20$ cm

$I_{col} = \dfrac{0,3 \cdot 0,2^3}{12} = 0,2 \cdot 10^{-3}$ m^4 $I = \dfrac{b \cdot h^3}{12}$

$\alpha = 1,0$ (15.13): $\alpha = 1,0$

$k_A = \dfrac{\dfrac{0,20 \cdot 10^{-3}}{4,0}}{\dfrac{1,0 \cdot 12,8 \cdot 10^{-3}}{12,0}} = 0,047 < 0,40$ (15.12): $\left. \begin{array}{c} k_A \\ k_B \end{array} \right\} = \dfrac{\sum_i \dfrac{E_{cm} \cdot I_{col}}{l_{col}}}{\sum_j \dfrac{E_{cm} \cdot \alpha \cdot I_b}{l_{eff}}}$

gelenkige Lagerung am Fußpunkt

$k_B = \infty$ (15.12): $\left. \begin{array}{c} k_A \\ k_B \end{array} \right\} = \dfrac{\sum_i \dfrac{E_{cm} \cdot I_{col}}{l_{col}}}{\sum_j \dfrac{E_{cm} \cdot \alpha \cdot I_b}{l_{eff}}}$

$\beta = 0,80$ **ABB 15.5** und [V1] Bild 4.27
$l_0 = 0,80 \cdot 4,0 = 3,20$ m   (15.2): $l_0 = \beta \cdot l_{col}$
$i = 0,289 \cdot 0,20 = 0,058$ m   (15.5): $i = 0,289 h$
$\lambda = \dfrac{3,20}{0,058} = 55$ (15.3): $\lambda = \dfrac{l_0}{i}$
$f_{cd} = \dfrac{20}{1,5} = 13,3$ N/mm^2 (2.9): $f_{cd} = \dfrac{f_{ck}}{\gamma_c}$

$N_{Sd} = 1,5 \cdot (-200) = -300$ kN   Da die Lastanteile aus Eigen- und
$M_{Sd} = 1,5 \cdot (-12) = -18$ kNm   Verkehrslast unbekannt sind, wird mit
     $\gamma_F = 1,5$ gerechnet (sichere Seite)

$\nu_u = \dfrac{0,300}{13,3 \cdot 0,30 \cdot 0,20} = 0,376$ (15.11): $\nu_u = \dfrac{N_{Sd}}{f_{cd} \cdot A_c}$

$\lambda_{lim} = \max \begin{cases} \dfrac{15}{\sqrt{0,376}} = 24,5 \\ \underline{25} \end{cases}$ (15.10): $\lambda_{lim} = \max \begin{cases} \dfrac{15}{\sqrt{\nu_u}} \\ 25 \end{cases}$

$\lambda = 55 > 25,0 = \lambda_{lim}$ (15.9): $\lambda \leq \lambda_{lim}$

$e_{01} = \dfrac{|0|}{|-300|} = 0$ (15.19): $e_0 = \dfrac{|M_{Sd}|}{|N_{Sd}|}$

$e_{02} = \dfrac{|-18|}{|-300|} = 0,06$ m   (15.19): $e_0 = \dfrac{|M_{Sd}|}{|N_{Sd}|}$

$e_{01} = 0 < 0,06$ m $= e_{02}$ (15.18): $e_{01} \leq e_{02}$

15 Stabilität von Stahlbetonbauteilen

$\lambda_{\text{crit}} = 25 \cdot \left(2 - \dfrac{0}{0{,}06}\right) = 50$ | (15.17): $\lambda_{\text{crit}} = 25 \cdot \left(2 - \dfrac{e_{01}}{e_{02}}\right)$

$\lambda = 55 > 50 = \lambda_{\text{crit}}$ | Knicksicherheitsnachweis ist zu führen,
$\lambda = 55 < 140$ | Näherungsverfahren ist zulässig.
$\nu_{\min} = \dfrac{1}{200}$ | (4.25): stabilitätsgefährdetes System

$\nu_1 = \dfrac{1}{100\sqrt{4{,}0}} = \dfrac{1}{200} = \nu_{\min}$ | (4.24): $\nu_1 = \dfrac{1}{100\sqrt{h_{tot}}} \geq \nu_{\min}$

$e_a = \dfrac{1}{200} \cdot \dfrac{3{,}2}{2} = 0{,}008$ m | (15.1): $e_a = \nu_1 \cdot \dfrac{l_0}{2}$

$e_e = \max \begin{cases} 0{,}6 \cdot 0{,}06 + 0{,}4 \cdot 0 = \underline{0{,}036 \text{ m}} \\ 0{,}4 \cdot 0{,}06 = 0{,}024 \text{ m} \end{cases}$ | (15.25): $e_e = \max \begin{cases} 0{,}6 e_{02} + 0{,}4 e_{01} \\ 0{,}4 e_{02} \end{cases}$

$K_2 \approx 1{,}0$ | (15.29): $K_2 \approx \dfrac{|N_{Rd}| - |N_{Sd}|}{|N_{Rd}| - |N_{bal}|} \leq 1{,}0$

$d = 15$ cm | Schätzwert

$\dfrac{1}{r} = 2 \cdot 1{,}0 \cdot \dfrac{500}{1{,}15 \cdot 200000} \cdot \dfrac{1}{0{,}9 \cdot 0{,}15} = 32{,}2 \cdot 10^{-3}$ m^{-1} | (15.28): $\dfrac{1}{r} = 2 K_2 \cdot \dfrac{f_{yk}}{\gamma_s \cdot E_s} \cdot \dfrac{1}{0{,}9 d}$

$K_1 = 1$ | (15.27): $\lambda = 55$

$e_2 = 0{,}1 \cdot 1 \cdot 3{,}20^2 \cdot 32{,}2 \cdot 10^{-3} = 0{,}033$ m | (15.26): $e_2 = 0{,}1 K_1 \cdot l_0^2 \cdot \dfrac{1}{r}$

$e_{\text{tot}} = 0{,}036 + 0{,}008 + 0{,}033 = 0{,}077$ m | (15.24): $e_{\text{tot}} = e_0 + e_a + e_2$

$M_{2,Sd} = -300 \cdot 0{,}077 = -23{,}1$ kNm | (15.23): $M_{2,Sd} = N_{Sd} \cdot e_{\text{tot}}$

$\dfrac{d_1}{h} = \dfrac{0{,}05}{0{,}2} = 0{,}25$ | Wahl des richtigen Diagramms aufgrund der vorliegenden Parameter. Aufgrund der Vorgaben hier: [2] S. 5.230

$\nu_{Sd} = \dfrac{-0{,}300}{0{,}30 \cdot 0{,}20 \cdot 13{,}3} = -0{,}376$ | (14.15): $\nu_{Sd} = \dfrac{N_{Sd}}{b \cdot h \cdot f_{cd}}$

$\mu_{Sd} = \dfrac{|0{,}023|}{0{,}30 \cdot 0{,}20^2 \cdot 13{,}3} = 0{,}144$ | (14.16): $\mu_{Sd} = \dfrac{|M_{Sd}|}{b \cdot h^2 \cdot f_{cd}}$

$\omega_{\text{tot}} = 0{,}30; \; \varepsilon_{c2}/\varepsilon_{s1} = \underline{-3{,}5/2{,}0}$ | Ablesung aus Nomogramm (s. o.)

$A_{s1} = A_{s2} = \dfrac{0{,}25}{2} \cdot \dfrac{30 \cdot 20}{435/13{,}3} = 2{,}3$ cm^2 | (14.19): $A_{s1} = A_{s2} = \dfrac{\omega_{\text{tot}}}{2} \cdot \dfrac{b \cdot h}{f_{yd}/f_{cd}}$

gew.: 2 Ø 14 mit vorh $A_s = 3{,}08$ cm^2
 1. Lage 2 Ø 14 | TAB 6.2

vorh A_{s1} = vorh $A_{s2} = 3{,}08$ cm$^2 > 2{,}75$ cm$^2 = A_{s1} = A_{s2}$ | (6.11): vorh $A_s \geq A_s$

$d_1 = d_2 = 35 + 6 + \dfrac{14}{2} = 48$ mm ≈ 50 mm | (14.14): $d_1 = d_2 = \text{nom} c + d_{sw} + e$

$\min A_s = \max \begin{cases} 0{,}15 \dfrac{0{,}300 \cdot 10^6}{435} = 103 \text{ mm}^2 \\ 0{,}003 \cdot 300 \cdot 200 = \underline{180 \text{ mm}^2} \end{cases}$ | (14.4): $\min A_s = \max \begin{cases} 0{,}15 \dfrac{N_{Sd}}{f_{yd}} \\ 0{,}003 A_c \end{cases}$

vorh $A_s = 2 \cdot 3{,}08 = 6{,}16$ cm$^2 > 1{,}80$ cm$^2 = A_s$ | (6.11): vorh $A_s \geq A_s$

$\min d_{sw} = 6$ mm bei $d_{sl} = 14$ mm

$\max s_w = \min \begin{cases} 12 \cdot 14 = 168 \text{ mm} \\ 200 \text{ mm} \\ 300 \text{ mm} \end{cases}$

gew: Bü Ø 6-16

(14.8):
$\min d_{sw} = \begin{cases} 6 \text{ mm bei } d_{sl} \leq 20 \text{ mm} \\ 0,25 d_{sl} \text{ bei } d_{sl} \geq 25 \text{ mm} \\ 5 \text{ mm bei Betonstahlmatten} \end{cases}$

(14.6): $\max s_w = \min \begin{cases} 12 d_{sl} \\ \min(b,h) \\ 300 \text{ mm} \end{cases}$

In [33] wurden µ-Nomogramme und e/h-Diagramme angegeben, mit denen der Knicksicherheitsnachweis durchgeführt werden kann (**ABB 15.7**). Die zusätzliche Ausmitte braucht hierbei nicht gesondert ermittelt zu werden, sie erfolgt im Zuge der Bemessung mit dem Nomogramm. Die µ-Nomogramme werden folgendermaßen benutzt:

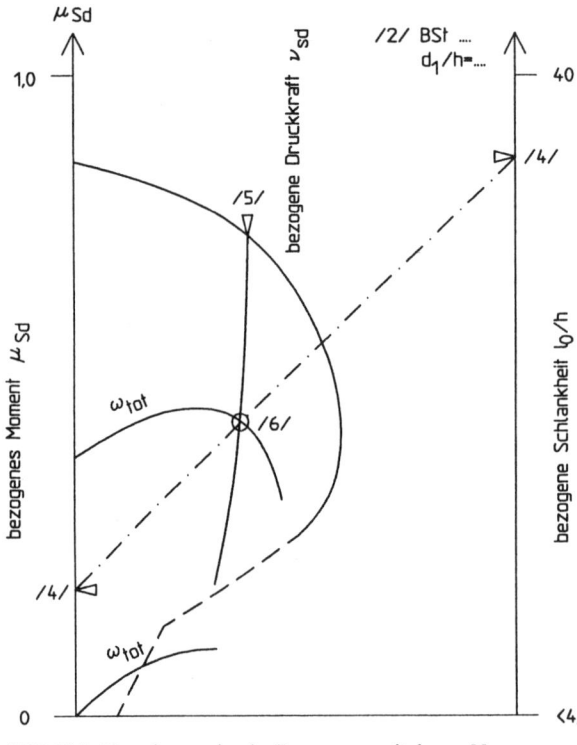

ABB 15.7: Vorgehensweise der Bemessung mit dem µ-Nomogramm

/1/ Ermittlung des Gesamtmoments nach Theorie I. Ordnung unter Einschluß der ungewollten Ausmitte
$$M_{1,Sd} = M_0 + M_a = N_{Sd} \cdot (e_0 + e_a) \tag{5.31}$$
/2/ Wahl des richtigen Nomogramms nach den Parametern Querschnittform, Bewehrungsanordnung, "BSt..." und "$d_1/h = ...$" (hier mit h_1/h bezeichnet)
/3/ Bestimmung der bezogenen Schnittgrößen ν_{Sd} und μ_{Sd} nach Gln (14.15) und (14.16)
/4/ Eintragen der Geraden zwischen μ_{Sd} und l_0/h
/5/ Eintragen der Kurve mit der bezogenen Längskraft ν_{Sd}
/6/ Im Schnittpunkt der Geraden mit der bezogenen Längskraft ν_{Sd} wird der Tafelwert für den mechanischen Bewehrungsgrad ω_{tot} abgelesen.
/7/ Ermittlung der Bewehrung nach Gl (14.19).

15 Stabilität von Stahlbetonbauteilen

Beispiel 15.4: Bemessung einer Rahmenstütze mit dem μ-Nomogramm
(Fortsetzung von Beispiel 15.1 bzw. identisch mit Beispiel 15.3 unter
Benutzung eines anderen Lösungsweges)

gegeben: - in Beispiel 15.1 skizzierter Rahmen
- Rahmenstützen sind durch Längswände senkrecht zur Zeichenebene nicht knickgefährdet.

gesucht: - Bemessung der Stützen mit μ-Nomogramm

Lösung:
Die Untersuchung, ob ein Knicksicherheitsnachweis zu führen ist, wird wie in Beispiel 15.3 durchgeführt.

$\nu_{min} = \dfrac{1}{200}$ (4.25): stabilitätsgefährdetes System

$\nu_1 = \dfrac{1}{100\sqrt{4,0}} = \dfrac{1}{200} = \nu_{min}$ (4.24): $\nu_1 = \dfrac{1}{100\sqrt{h_{tot}}} \geq \nu_{min}$

$e_a = \dfrac{1}{200} \cdot \dfrac{3,2}{2} = 0,008$ m   (15.1): $e_a = \nu_1 \cdot \dfrac{l_0}{2}$

$e_e = \max \begin{cases} 0,6 \cdot 0,06 + 0,4 \cdot 0 = 0,036 \text{ m} \\ 0,4 \cdot 0,06 = 0,024 \text{ m} \end{cases}$ (15.25): $e_e = \max \begin{cases} 0,6 e_{02} + 0,4 e_{01} \\ 0,4 e_{02} \end{cases}$

$M_{1,Sd} = -300 \cdot (0,036 + 0,008) = -13,2$ kNm   (5.31): $M_{1,Sd} = N_{Sd} \cdot (e_0 + e_a)$

$\dfrac{d_1}{h} = \dfrac{0,05}{0,2} = 0,25 \approx 0,20$ [32])   Wahl des richtigen Diagramms aufgrund der vorliegenden Parameter

$\dfrac{l_0}{h} = \dfrac{3,20}{0,20} = 16,0$

$\nu_{Sd} = \dfrac{-0,300}{0,30 \cdot 0,20 \cdot 13,3} = -0,376$ (14.15): $\nu_{Sd} = \dfrac{N_{Sd}}{b \cdot h \cdot f_{cd}}$

$\mu_{Sd} = \dfrac{|0,013|}{0,30 \cdot 0,20^2 \cdot 13,3} = 0,08$ (14.16): $\mu_{Sd} = \dfrac{|M_{Sd}|}{b \cdot h^2 \cdot f_{cd}}$

$\omega_{tot} = 0,25$ Ablesung aus Nomogramm (s. o.)

$A_{s1} = A_{s2} = \dfrac{0,25}{2} \cdot \dfrac{30 \cdot 20}{435/13,3} = 2,29$ cm²   (14.19): $A_{s1} = A_{s2} = \dfrac{\omega_{tot}}{2} \cdot \dfrac{b \cdot h}{f_{yd}/f_{cd}}$

gew: 2 Ø 14 mit vorh $A_s = 3,08$ cm²
1. Lage 2 Ø 14   TAB 6.2

vorh A_{s1} = vorh A_{s2} = 3,08 cm² > 2,29 cm² = $A_{s1} = A_{s2}$ (6.11): vorh $A_s \geq A_s$
weiter wie in Beispiel 15.3

15.3.3 Kippen schlanker Balken

Bei schlanken auf Biegung beanspruchten Bauteilen kann die Gefahr des seitlichen Ausweichens der Druckzone bestehen, verbunden mit einer Drehung des Bauteils um seine Stabachse. Wenn

---

[32]) Besser wäre es, ein Nomogramm mit dem bezogenen Randabstand 0,25 zu verwenden. Dieser Randabstand ist jedoch gegenwärtig nicht als Nomogramm ausgewertet.

die Kippsicherheit des Trägers nicht zweifelsfrei feststeht, muß sie nachgewiesen werden ([V1] § 4.3.5.7). Der Nachweis wird erbracht bei Erfüllung folgender beider Gln.

$$l_{0t} \leq 50b \qquad (15.32)$$
$$h \leq 2,5b \qquad (15.33)$$

Sofern die Näherungsgleichungen nicht erfüllt werden, ist ein genauer Nachweis zu führen (z. B. nach [37]).

Beispiel 15.5: Nachweis der Kippsicherheit eines Balkens
(Fortsetzung von Beispiel 6.13)

gegeben: - Balken lt. Angaben von Beispiel 6.13

gesucht: - Nachweis der Kippsicherheit für den Balken

Lösung:
$l_{0t} = 7,71 \text{ m} < 15,0 \text{ m} = 50 \cdot 0,30$ | (15.32): $l_{0t} \leq 50b$
$h = 0,75 = 2,5 \cdot 0,30$ | (15.33): $h \leq 2,5b$
Nachweis ist erbracht.

15.4 Durchführung des Nachweises bei zweiachsiger Knickgefahr

15.4.1 Getrennte Nachweise in beiden Richtungen

Für Druckglieder, die nach beiden Richtungen ausweichen können, ist ein Nachweis für schiefe Biegung mit Längsdruckkraft zu führen. Vereinfachend ist jedoch ein Nachweis in Richtung der beiden Hauptachsen y und z zulässig, wenn das Verhältnis der bezogenen Lastausmitten eine der beiden folgenden Gln erfüllt. Anschaulich gesehen, muß die resultierende Längskraft in den schraffierten Bereichen von **ABB 15.8** liegen

$$\left|\frac{e_z/h}{e_y/b}\right| \leq 0,2 \qquad \text{oder} \qquad (15.34)$$

$$\left|\frac{e_y/b}{e_z/h}\right| \leq 0,2 \qquad (15.35)$$

$e_y; e_z$ Lastausmitten in y- bzw. z-Richtung nach Theorie I. Ordnung ohne Berücksichtigung der ungewollten Ausmitte e_a.

Getrennte Nachweise nach den oben genannten Bedingungen sind im Falle $e_z > 0,2h$ (z-Richtung ist die Richtung mit der größeren Bauteilabmessung) nur dann zulässig, wenn der Nachweis in Richtung über die schwächere Achse mit einer reduzierten Breite h' geführt wird.

15 Stabilität von Stahlbetonbauteilen

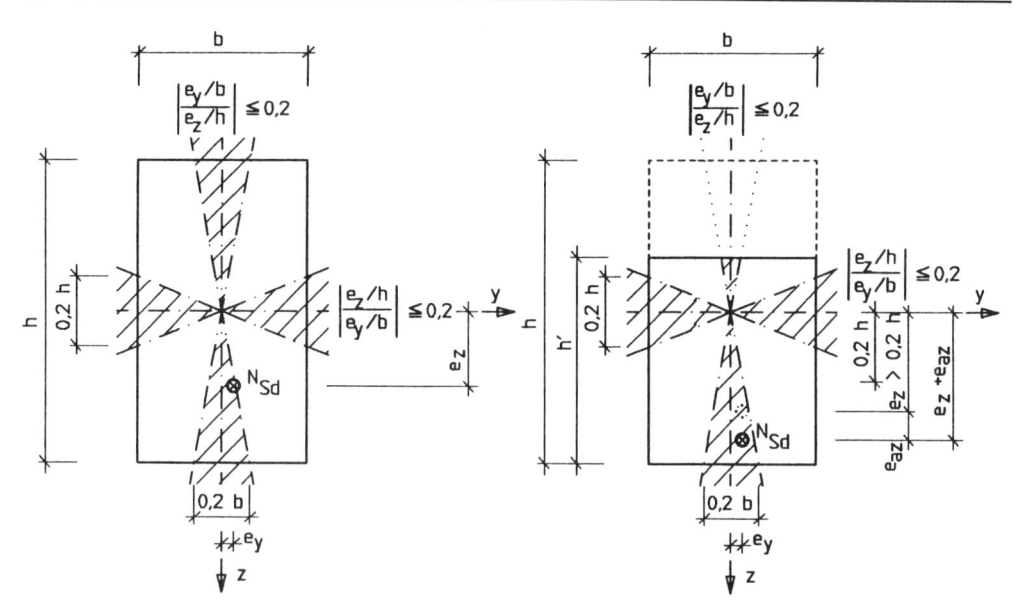

Sofern die Längskraft im schraffierten Bereich liegt, sind getrennte Nachweise zulässig.

Sofern die Längskraft im schraffierten Bereich liegt und $e_z > 0{,}2\,h$ ist, sind getrennte Nachweise mit einer reduzierten Breite h' zulässig.

ABB 15.8: Lage der Längskraft beim getrennten Nachweis für beide Richtungen

Der Wert h' darf unter der Annahme einer linearen Spannungsverteilung nach Zustand I nach folgender Gl bestimmt werden:

$$h' = 0{,}5h + \frac{h^2}{12(e_z + e_{az})} \tag{15.36}$$

Beispiel 15.6: Bemessung einer zweiseitig knickgefährdeten Stütze

gegeben: — in Beispiel 15.1 skizzierter Rahmen (ohne durchgehende Längswände)
— Rahmenstützen sind senkrecht zur Zeichenebene am Kopfpunkt durch die Pfetten horizontal unverschieblich gehalten.
— Knicken in beiden Richtungen ist möglich.

gesucht: — Bemessung der Stützen

Lösung:
Das y-z-Koordinatensystem ist in der Skizze zu Beispiel 15.1 angegeben (y-Richtung senkrecht zur Rahmenebene; z-Richtung in Rahmenebene). Gemäß der Definition von **ABB 15.8** sind somit die Koordinatenrichtungen zu vertauschen, so daß die y-Richtung in Richtung der kleineren Bauteilabmessung zeigt.

$$e_{0y} = \frac{|-18|}{|-300|} = 0{,}06\,\text{m} \qquad \left|(15.19)\colon e_0 = \frac{|M_{Sd}|}{|N_{Sd}|}\right.$$

$e_{0z} = \dfrac{|0|}{|-300|} = 0 \text{ m}$ | (15.19): $e_0 = \dfrac{|M_{Sd}|}{|N_{Sd}|}$

$\left|\dfrac{e_y/b}{e_z/h}\right| = \left|\dfrac{0,06/0,20}{0/0,30}\right| = \infty > 0,2$ | (15.35): $\left|\dfrac{e_y/b}{e_z/h}\right| \leq 0,2$

$\left|\dfrac{e_z/h}{e_y/b}\right| = \left|\dfrac{0/0,30}{0,06/0,20}\right| = 0 < 0,2$ | (15.34): $\left|\dfrac{e_z/h}{e_y/b}\right| \leq 0,2$

Getrennter Nachweis in beiden Richtungen ist zulässig.
$e_z = 0 < 0,06 \text{ m} = 0,2 \cdot 0,30$ Beim Nachweis in Richtung der | $e_z > 0,2h$?
schwächeren Achse muß nicht mit einer reduzierten Breite
gearbeitet werden.

y-Achse: | z-Achse gemäß **ABB 15.8**
gelenkige Lagerung am Kopf- und am Fußpunkt

$k_A = k_B = \infty$ | (15.12): $\left.\begin{array}{c}k_A \\ k_B\end{array}\right\} = \dfrac{\sum_i \dfrac{E_{cm} \cdot I_{col}}{l_{col}}}{\sum_j \dfrac{E_{cm} \cdot \alpha \cdot I_b}{l_{eff}}}$

$\beta = 1,00$ | **ABB 15.5** und **[V1] Bild 4.27**
$l_0 = 1,00 \cdot 4,0 = 4,00 \text{ m}$ | (15.2): $l_0 = \beta \cdot l_{col}$
$i = 0,289 \cdot 0,30 = 0,087 \text{ m}$ | (15.5): $i = 0,289\,h$
$\lambda = \dfrac{4,0}{0,087} = 46$ | (15.3): $\lambda = \dfrac{l_0}{i}$
$f_{cd} = \dfrac{20}{1,5} = 13,3 \text{ N/mm}^2$ | (2.9): $f_{cd} = \dfrac{f_{ck}}{\gamma_c}$
$\nu_u = \dfrac{0,300}{13,3 \cdot 0,30 \cdot 0,20} = 0,376$ | (15.11): $\nu_u = \dfrac{N_{Sd}}{f_{cd} \cdot A_c}$

$\lambda_{\lim} = \max\begin{cases} \dfrac{15}{\sqrt{0,376}} = 24,5 \\ 25 \end{cases}$ | (15.10): $\lambda_{\lim} = \max\begin{cases} \dfrac{15}{\sqrt{\nu_u}} \\ 25 \end{cases}$

$\lambda = 46 > 25,0 = \lambda_{\lim}$ | (15.9): $\lambda \leq \lambda_{\lim}$

$e_{01} = \dfrac{|0|}{|-300|} = 0$ | (15.19): $e_0 = \dfrac{|M_{Sd}|}{|N_{Sd}|}$

$e_{02} = \dfrac{|0|}{|-300|} = 0$ | (15.19): $e_0 = \dfrac{|M_{Sd}|}{|N_{Sd}|}$

$e_{01} = 0 \text{ m} = e_{02}$ | (15.18): $e_{01} \leq e_{02}$

$\lambda_{\text{crit}} = 25 \cdot \left(2 - \dfrac{0}{0}\right) = 50$ | (15.17): $\lambda_{\text{crit}} = 25 \cdot \left(2 - \dfrac{e_{01}}{e_{02}}\right)$

$\lambda = 46 < 50 = \lambda_{\text{crit}}$ | Knicksicherheitsnachweis ist (in dieser Richtung) nicht zu führen.

$\min M_{2z,Sd} = 300 \cdot \dfrac{0,30}{20} = 4,5 \text{ kNm}$ | (15.20): $\min M_{Sd} = N_{Sd} \cdot \dfrac{h}{20}$

z-Achse: | y-Achse gemäß **ABB 15.8**
Der Nachweis ist identisch mit demjenigen in Beispiel 15.3. Das Moment nach Theorie II. Ordnung wird
daher diesem Beispiel direkt entnommen:

15 Stabilität von Stahlbetonbauteilen

$M_{2y,Sd} = -300 \cdot 0,077 = -23,1$ kNm

Bemessung:

$\dfrac{d_1}{h} = \dfrac{0,05}{0,3} = 0,167$

$\nu_{Sd} = \dfrac{-0,300}{0,30 \cdot 0,20 \cdot 13,3} = -0,376 \approx -0,40$

$\mu_{Sdy} = \dfrac{|0,023|}{0,30 \cdot 0,20^2 \cdot 13,3} = 0,144$

$\mu_{Sdz} = \dfrac{|0,0045|}{0,30^2 \cdot 0,20 \cdot 13,3} = 0,019$

$\mu_{Sdy} = 0,144 > 0,019 = \mu_{Sdz}$

$\mu_1 = 0,144$

$\mu_2 = 0,019$

$\omega_{tot} = 0,27$ [33]

$A_{s,tot} = 0,27 \cdot \dfrac{30 \cdot 20}{435/13,3} = 4,95$ cm^2

gew: 4*1 Ø 14 mit vorh $A_s = 6,16$ cm^2 in den Ecken

vorh $A_s = 6,16$ cm^2 > 4,95 cm^2 = A_s

(15.23): $M_{2,Sd} = N_{Sd} \cdot e_{tot}$
Von der Möglichkeit einer achsengetrennten Bemessung wird hier kein Gebrauch gemacht.
Wahl des richtigen Diagramms aufgrund der vorliegenden Parameter.

(14.15): $\nu_{Sd} = \dfrac{N_{Sd}}{b \cdot h \cdot f_{cd}}$

(14.20): $\mu_{Sdy} = \dfrac{|M_{Sdy}|}{b \cdot h^2 \cdot f_{cd}}$

(14.21): $\mu_{Sdz} = \dfrac{|M_{Sdz}|}{b^2 \cdot h \cdot f_{cd}}$

(14.22): $\mu_{Sdy} > \mu_{Sdz}$:

$\mu_1 = \mu_{Sdy}$

$\mu_2 = \mu_{Sdz}$

[2] S. 5.231, wobei aufgrund des ungünstigeren Randabstandes der Bewehrung der Stahlbedarf großzügig gewählt wird.

(4.24): $A_{s,tot} = \omega_{tot} \cdot \dfrac{b \cdot h}{f_{yd}/f_{cd}}$

TAB 6.2

(6.11): vorh $A_s \geq A_s$

Die Nachweise für die Mindestlängsbewehrung und die Bügelbewehrung werden wie in Beispiel 15.3 geführt.

15.4.2 Genauer Nachweis

Sofern der Nachweis nicht getrennt für beide Richtungen geführt werden darf, muß ein "genauer" Nachweis geführt werden. Dieser ist für schiefe Biegung mit Längskraft zu führen [38].

---

[33] Der nur geringfügig größere Wert gegenüber Beispiel 15.3 ($\omega_{tot} = 0,25$) trotz Biegung um beide Achsen liegt am unterschiedlichen bezogenen Randabstand der Bewehrung, die beiden Bemessungen zugrunde gelegt wurde.

16 Rahmenartige Tragwerke

16.1 Allgemeines zur Berechnung der Schnittgrößen

Stahlbetonskeletttragwerke sind innerlich vielfach statisch unbestimmte Rahmen. Derartige Rahmen können zwar heutzutage durch die Möglichkeiten der EDV als vielfach statisch unbestimmtes System berechnet werden; dies ist jedoch in vielen Fällen weder sinnvoll noch erforderlich.

Stahlbetontragwerke können durch Rißbildung ihre Steifigkeitsverhältnisse verändern. Bei statisch unbestimmten Systemen lassen sich hierdurch die Schnittgrößen umlagern ($\rightarrow$ Kap. 4.3.3), solange die Gleichgewichtsbedingungen eingehalten werden. Daher brauchen die Schnittgrößen bei horizontal unverschieblichen mehrfeldrigen Rahmensystemen des Hochbaus auch nicht exakt in Rahmentragwerken ermittelt zu werden (ABB 4.1). Am exakten statischen System müssen dagegen berechnet werden:

- einfeldrige Rahmen
- horizontal verschiebliche Rahmen
- alle Rahmen des Tiefbaus.

16.2 Näherungsverfahren für horizontal unverschiebliche Rahmen des Hochbaus

16.2.1 Anwendungsmöglichkeiten

Das nachfolgend beschriebene Näherungsverfahren (nach [39] Kapitel 1.6) darf für horizontal unverschiebliche Rahmensysteme des Hochbaus verwendet werden:

- Die Rahmenriegel werden als Durchlaufträger berechnet, die Biegemomente in den biegesteif angeschlossenen Innenstützen werden rechnerisch vernachlässigt (ABB 4.1, ABB 16.1). Sie sind konstruktiv durch die Mindestbewehrung in den Stützen abgedeckt ($\rightarrow$ Kap. 14.2.2).
- Bei biegefester Verbindung von Randstützen und Rahmenriegel müssen die Schnittgrößen in den Randfeldern des Durchlaufträgers korrigiert werden (ABB 16.1). Diese Korrektur ist im Grundsatz der 1. Ausgleichsschritt des Momentenausgleichsverfahrens

16 Rahmenartige Tragwerke

nach CROSS [11]. Sie wird mit "c_o-c_u-Verfahren" bezeichnet. Bei dem in [39] dargestellten "verbesserten c_o-c_u-Verfahren" wird zusätzlich der Lastanteil der Verkehrslast an der Gesamtlast berücksichtigt.

Bei einer Endauflagerung auf Mauerwerk ist eine wesentliche Einspannung nicht vorhanden. Die gelenkig angenommene Endauflagerung muß daher nicht korrigiert werden. Die geringen möglichen Einspannmomente werden durch konstruktive Bewehrung abgedeckt ($\to$ Kap. 4.3.5).

Eine biegesteife Verbindung von Stütze und Riegel kann bei folgenden Bauteilen auftreten:

- Stahlbetonskelettbau mit Riegel als Balken (oder Plattenbalken) und Stütze (Regelfall der Berechnung mit dem c_o-c_u-Verfahren)
- Schottenbauweise mit Riegel als Stahlbetondecke und Stahlbetonwand (Regelfall der Berechnung mit dem c_o-c_u-Verfahren)
- Stahlbetonskelettbau mit Riegel als einachsig gespannte Rippendecke [1] und Stütze (Sonderfall der Berechnung mit dem c_o-c_u-Verfahren)
- Riegel als Balken (oder Plattenbalken) und Stahlbetonwand (Sonderfall der Berechnung mit dem c_o-c_u-Verfahren)
- Stahlbetonplatte (ohne Unterzüge) als Riegel und Stütze. Dieser Fall muß wie die Momente in den Randfeldern von punktgestützten Platten [1] berechnet werden.

16.2.2 Durchführung des Verfahrens

Die Biegemomente werden an einem Ersatzdurchlaufträger berechnet. Die Rahmenwirkung in den Randfeldern dieses Durchlaufträgers wird anschließend am Teilsystem erfaßt. Die

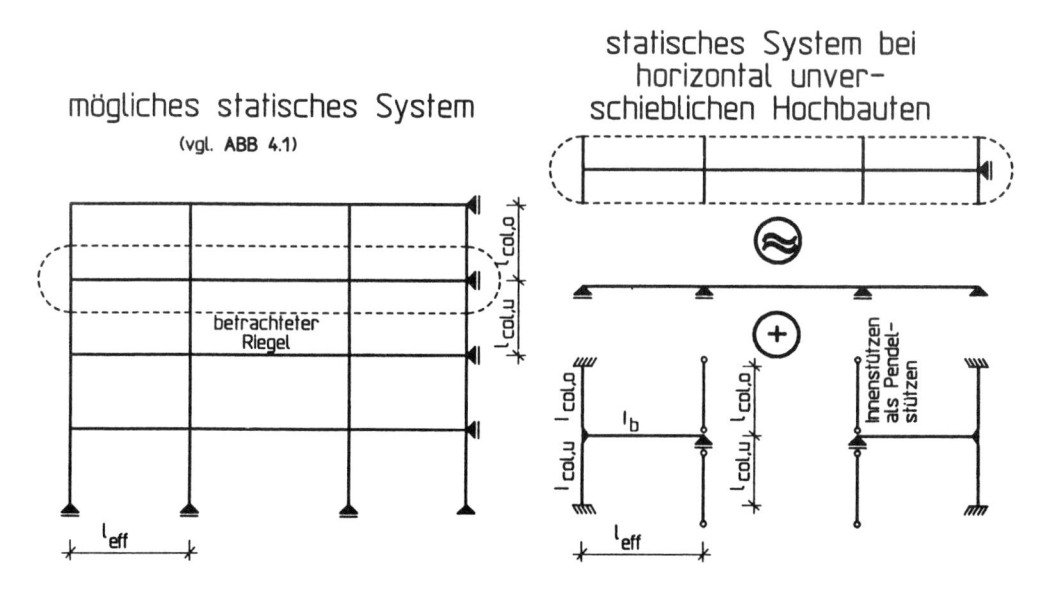

ABB 16.1: Prinzip des c_o-c_u-Verfahrens

Rahmenwirkung am Teilsystem ergibt den Momentenverlauf für das Endfeld des Durchlaufträgers (**ABB 16.2**). Die Biegemomente des Randfeldes M_b, $M_{col,o}$, $M_{col,u}$ werden mit den folgenden Gln. ermittelt.[34]

$$c_o = \frac{l_{eff}}{l_{col,o}} \cdot \frac{I_{col,o}}{I_b} \qquad (16.1)$$

$$c_u = \frac{l_{eff}}{l_{col,u}} \cdot \frac{I_{col,u}}{I_b} \qquad (16.2)$$

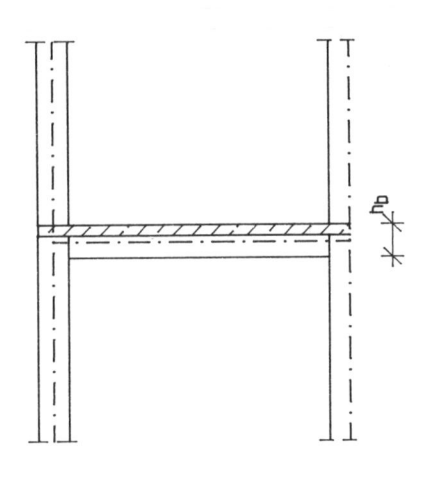

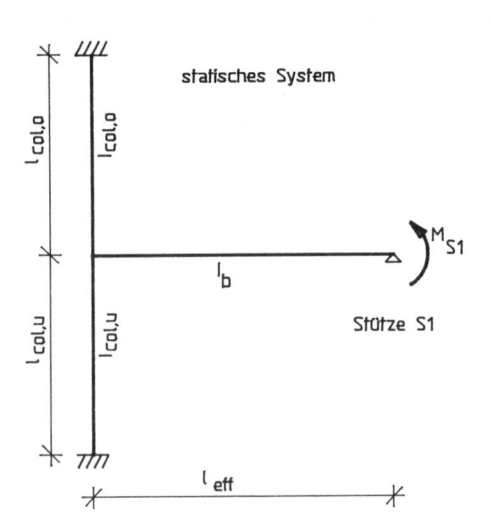

/1/ Momentenlinie des Durchlaufträgers für das betragsmäßig größte Stützmoment in Achse S1

/2/ Momentenlinie des Durchlaufträgers für das größte Feldmoment im Endfeld

/3/ Maßgebender Momentenverlauf unter Berücksichtigung der Rahmenwirkung

||| Die schraffierte Momentenfläche muß der Biegebemessung zugrunde gelegt werden.

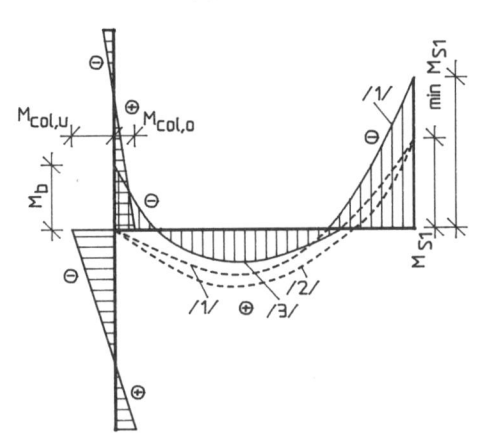

ABB 16.2: Momentenverlauf in den Endfeldern eines Rahmens

---

[34] Die Bezeichnungen wurden hier an die in EC 2 gebräuchliche Schreibweise angepaßt. In [39] wird die in DIN 1045 gebräuchliche Schreibweise verwendet.

$$M_b = \frac{c_o + c_u}{3(c_o + c_u) + 2,5} \cdot \left[3 + \frac{\gamma_Q \cdot q_k}{\gamma_G \cdot g_k + \gamma_Q \cdot q_k}\right] \cdot M_b^{(0)} \tag{16.3}$$

$$M_{col,o} = \frac{-c_o}{3(c_o + c_u) + 2,5} \cdot \left[3 + \frac{\gamma_Q \cdot q_k}{\gamma_G \cdot g_k + \gamma_Q \cdot q_k}\right] \cdot M_b^{(0)} \tag{16.4}$$

$$M_{col,u} = \frac{c_u}{3(c_o + c_u) + 2,5} \cdot \left[3 + \frac{\gamma_Q \cdot q_k}{\gamma_G \cdot g_k + \gamma_Q \cdot q_k}\right] \cdot M_b^{(0)} \tag{16.5}$$

c_o, c_u Steifigkeitsbeiwerte der oberen und unteren Stütze

M_b Stützmoment des Riegels am Endauflager

$M_b^{(0)}$ Stützmoment des Endfeldes unter Annahme einer beidseitigen Volleinspannung und Vollast ($\gamma_G \cdot g_k + \gamma_Q \cdot q_k$)

I_b Flächenmoment des Riegels; sofern der Rahmenriegel durch einen Plattenbalken gebildet wird, ist das Flächenmoment unter Berücksichtigung der mitwirkenden Plattenbreite zu ermitteln (→ Kap. 6.4.2).

$I_{col,o}$ Flächenmoment der oberen Randstütze

$I_{col,u}$ Flächenmoment der unteren Randstütze

Aus den Gln (16.3) bis (16.5) ist ersichtlich, daß das Momentengleichgewicht am Knoten erfüllt ist. Die Genauigkeit des c_o-c_u-Verfahrens nimmt ab, sofern sich die Riegelstützweiten sehr stark unterscheiden. Um die Ungenauigkeiten des Verfahrens zu kompensieren, kann auf eine Verringerung des Feldmomentes im Endfeld verzichtet werden (Linie /2/ in **ABB 16.2** wird der Bemessung zugrunde gelegt), oder das Bemessungsfeldmoment wird erhöht auf:

$$\mathrm{cal}\, M_{F,Sd} = M_{F,Sd} + 0,15 \cdot |M_b| \tag{16.6}$$

16.3 Rahmenecken

16.3.1 Allgemeines

In den Rahmenecken bildet sich ein Spannungszustand wie in einer Scheibe aus. Die Festlegung der für die Bemessung maßgebenden Querschnitte bei Rahmenecken ist bisher noch nicht eindeutig geklärt worden. Um zu gewährleisten, daß die Einwirkungen sicher aufgenommen werden können, ist auch nicht ein genauer rechnerischer Nachweis das maßgebende Kriterium. Durch Versuche wurde festgestellt, daß

- eine einwandfreie Bauausführung (gute Verdichtung des Betons in der Rahmenecke)
- eine wirksame Bewehrungsführung im Bereich der Rahmenecke

$d_{br} \geq 20\, d_s$ bei vorh $c \leq 5\,cm$
bzw. vorh $c \leq 3 d_s$

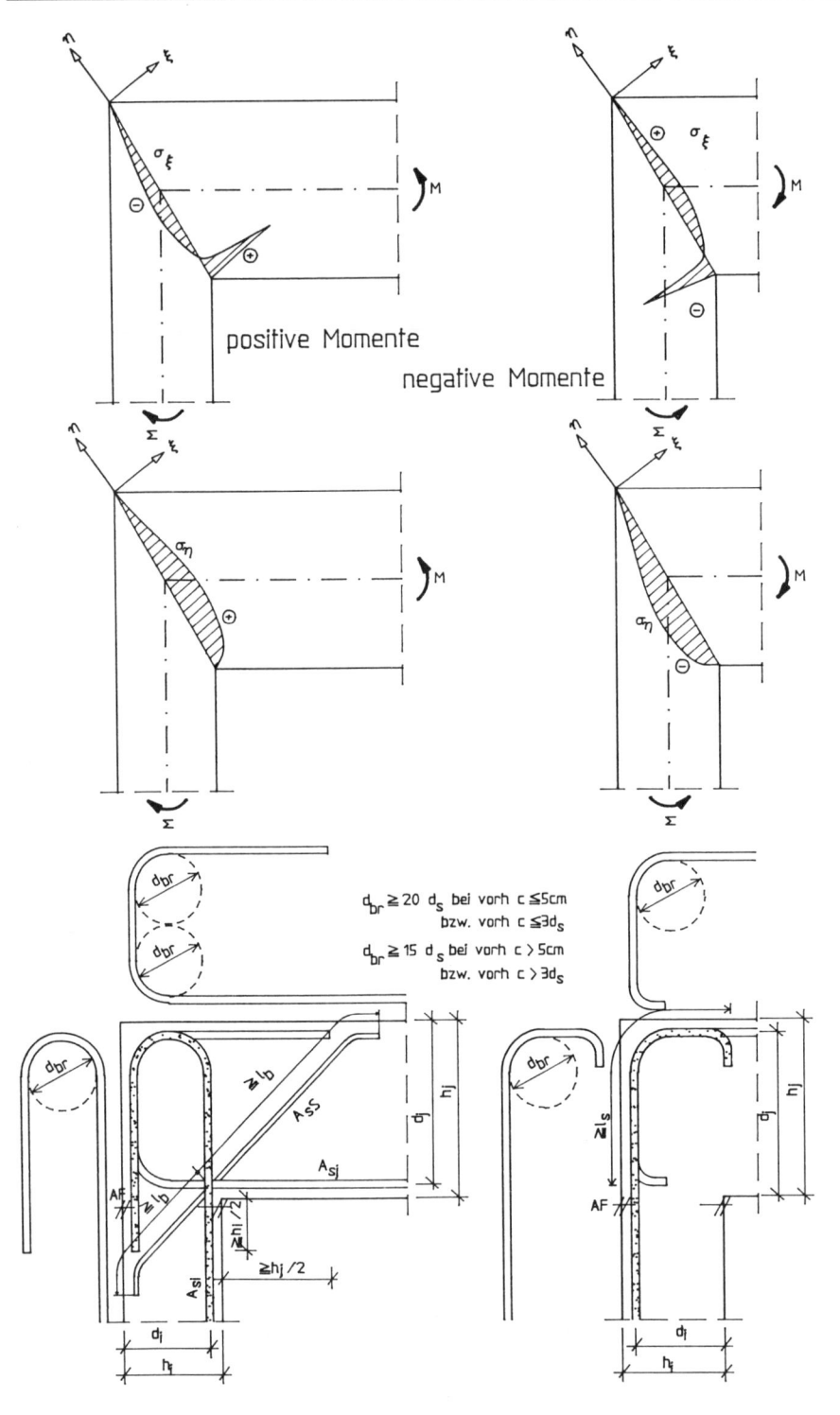

$d_{br} \geq 15\, d_s$ bei vorh $c > 5\,cm$
bzw. vorh $c > 3 d_s$

ABB 16.3: Bewehrungsführung in der Rahmenecke

von entscheidender Bedeutung sind. Ferner haben die Verbundeigenschaften der verwendeten Betonstähle erheblichen Einfluß auf den Bauteilwiderstand der Rahmenecke. Es müssen grundsätzlich Rippenstäbe verwendet werden. Bezüglich der erforderlichen Bewehrung sowie der Bewehrungsführung ist zwischen positiven und negativen Momenten zu unterscheiden.

16.3.2 Rahmenecken mit positiven Momenten

Bei Rahmenecken mit positiven Momenten müssen die Biegezugkräfte an der inneren einspringenden Ecke umgeleitet werden (ABB 16.3). Die nachfolgend gegebenen Empfehlungen zur Bewehrungsführung basieren auf umfangreichen Versuchen [40]. Eine wirkungsvolle Biegeform der Bewehrung umschnürt die Rahmenecke mit ihrem zweiaxialen Spannungszustand. Auf diese Weise kann der Beton deutlich größere Betondruckspannungen übertragen. Für die Bewehrungsführung ist gleichzeitig zu beachten, daß sich meistens unterhalb des Rahmenriegels eine Arbeitsfuge befindet. Die Umschnürung besteht daher aus zwei Schlaufen. Die Biegerollendurchmesser der Schlaufen sind möglichst groß auszubilden. Bei nur geringer Beanspruchung der anschließenden Bauteile ($\rho \leq 0{,}4\ \%$) oder einem nur geringen Umlenkwinkel an der Rahmenecke ($\alpha < 45°$) darf auf die Schrägbewehrung A_{sS} verzichtet werden.

$$\rho_s = \max \begin{cases} \dfrac{A_{si}}{b \cdot h_i} \\ \dfrac{A_{sj}}{b \cdot h_j} \end{cases} \tag{16.7}$$

$\rho_s < 0{,}004$ keine Schrägbewehrung in der Rahmenecke erforderlich
$\rho_s \geq 0{,}004$ Schrägbewehrung mit dem Querschnitt A_{sS} erforderlich

$$\rho_s \leq 0{,}01: \quad A_{sS} = \max \begin{cases} 0{,}5 A_{si} \\ 0{,}5 A_{sj} \end{cases} \tag{16.8}$$

$$\rho_s > 0{,}01: \quad A_{sS} = \max \begin{cases} A_{si} \\ A_{sj} \end{cases} \tag{16.9}$$

Die Betondeckung senkrecht zur Krümmungsebene soll mindestens $3\,d_s$ betragen.

16.3.3 Rahmenecken mit negativen Momenten

Wird eine Rahmenecke durch ein negatives Biegemoment beansprucht, bleibt die ausspringende Ecke spannungslos. Daher ist die Biegezugbewehrung auch in diesem Fall mit einem großen Biegerollendurchmesser zu biegen (ABB 16.3). Ein großer Biegerollendurchmesser bewirkt nur geringe Querzugspannungen (ABB 12.2).

Beispiele für Bauteile mit geknickter Stabachse

Bewehrungsführung bei positivem Moment

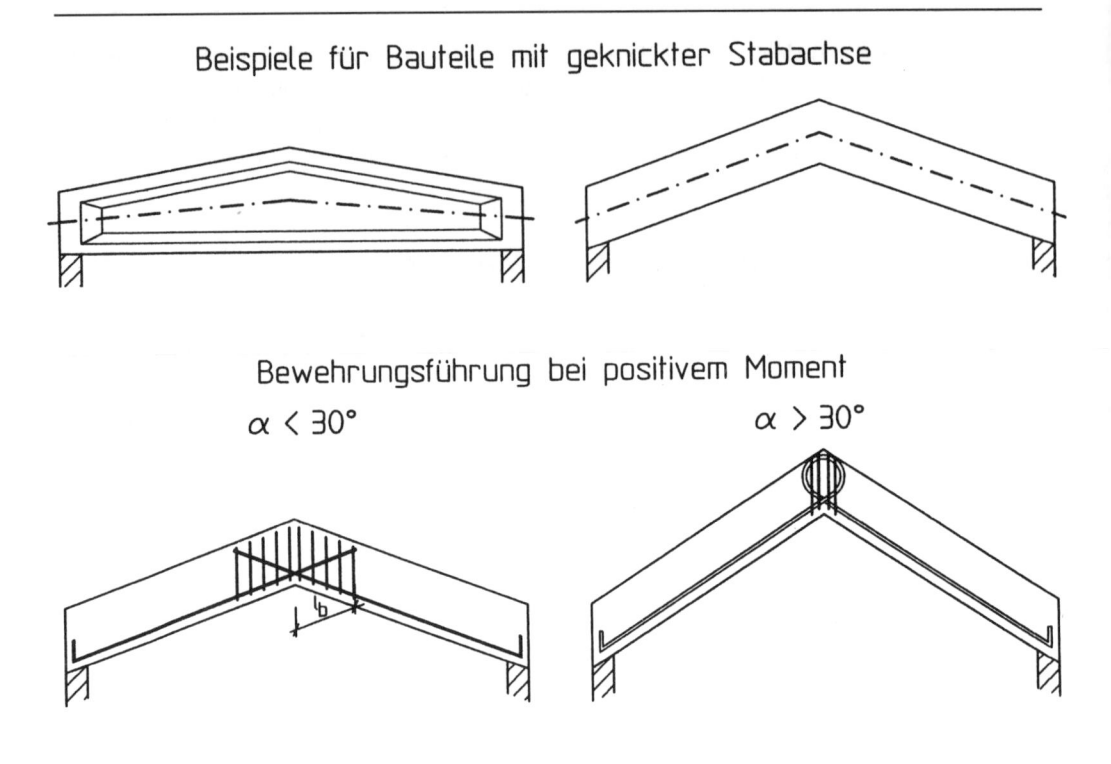

$\alpha < 30°$ $\alpha > 30°$

ABB 16.4: Bewehrungsführung bei geknickten Stabachsen

An der einspringenden Ecke wirken große Druckspannungen; eine Bemessung für das Anschnittsmoment (**ABB 6.1**) wäre daher zu günstig. Eine derartige Bemessung geht von der Voraussetzung aus, daß sich die statischen Höhen unter der Neigung 1:3 vergrößern. Diese Voraussetzung trifft für eine Rahmenecke nicht zu. Die Bemessung sollte daher ca. $0{,}2\,h$ vom Anschnitt entfernt (in Richtung Eckpunkt) durchgeführt werden (vgl. [40]).

16.3.4 Bauteile mit geknickter Systemachse

Bei Bauteilen mit geknickter Systemachse treten ähnliche Beanspruchungen wie bei Rahmenecken auf. Sofern der Knickwinkel nur gering ist und ein positives Moment vorliegt, wird die Bewehrung gestoßen (**ABB 16.4**). Bei größeren Knickwinkeln bietet sich auch hier die Ausführung der Biegezugbewehrung als Schlaufe an. Da auch die Druckspannungen in der Betondruckzone umgelenkt werden, ist eine kräftige Bügelbewehrung im Bereich des Knicks in der Stabachse erforderlich.

16.4 Rahmenknoten

Bei Rahmenknoten treten ähnliche Beanspruchungen wie bei Rahmenecken auf. Günstig wirkt jedoch die Auflast aus der aufgehenden Stütze. Allerdings ist eine schlaufenförmige Bewehrung für den oberen Stützenteil aufgrund des Bauablaufs nicht möglich. Daher muß die Schrägbewehrung dem gesamten Bewehrungsanteil des in den oberen Stützenteil umgeleiteten Riegelmomentes entsprechen.

$$A_{sS} = A_{sb} \cdot \frac{M_{col,o}}{M_b} \cdot \frac{2 d_b}{d_b + d_{col}}$$

(16.10)

Sofern die Riegel deutlich größere Flächenmomente 2. Grades als die Stützen aufweisen, treten im Riegel nur geringe Einspannmomente auf. In diesem Fall kann auf die Anordnung einer Schrägbewehrung verzichtet werden. Auf eine gute Verbügelung der Stütze innerhalb des Riegels ist zu achten (**ABB 16.5**).

$$A_{sw} = A_{sS}$$ (16.11)

An Stielen eines Rahmenendknotens können oben und unten Biegemomente unterschiedlichen Vorzeichens auftreten (**ABB 16.2**). Bei durchlaufender lotrechter Bewehrung in der Stütze kann dies so große Stahlspannungsunterschiede bedeuten, daß die aufnehmbaren Verbundspannungswerte überschritten werden. Sofern eine derartige Gefahr besteht, müssen die Verbundspannungen überprüft werden.

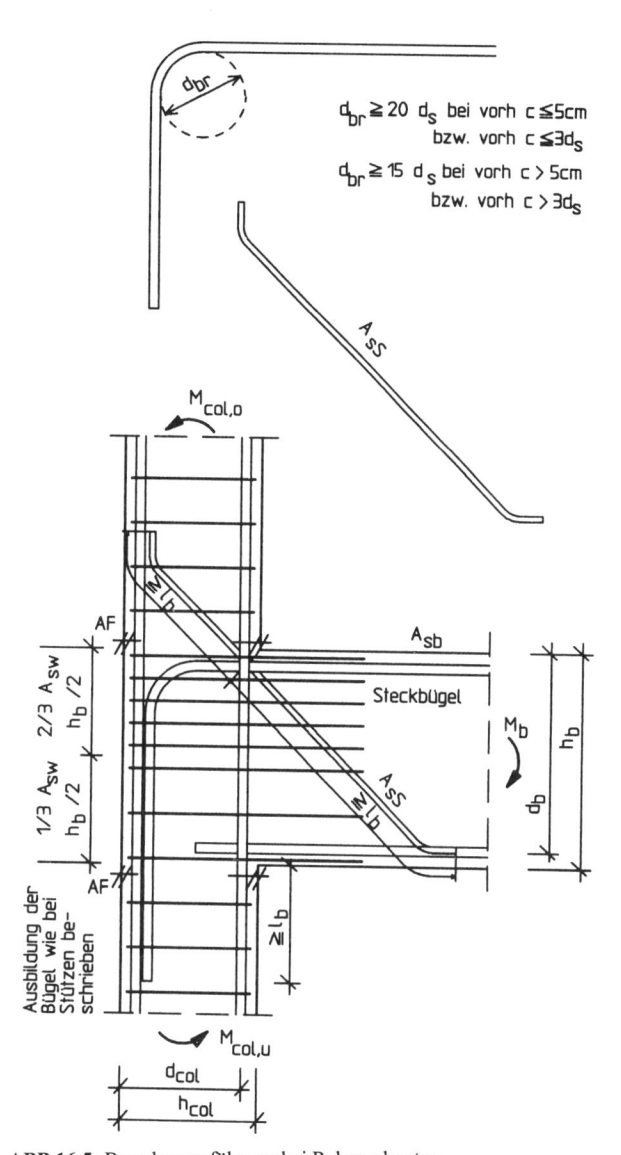

ABB 16.5: Bewehrungsführung bei Rahmenknoten

17 Literatur

17.1 Vorschriften, Richtlinien, Merkblätter

[V1]	DIN V ENV 1992	Teil 1-1: Eurocode 2, Planung von Stahlbeton- und Spannbetontragwerken; 06.92.
[V2]	DIN V 18932	Teil 1: Eurocode 2, Planung von Stahlbeton- und Spannbetontragwerken; 10.91.
[V2]	EC 2	Eurocode No. 2 - Design of Concrete Structures; Part 1: General Rules and Rules for Buildings; Revised Final Draft 12.89.
[V4]	Deutscher Ausschuß für Stahlbeton	Richtlinien für die Anwendung Europäischer Normen im Betonbau; Berlin/Köln, Beuth, 10.91.
[V5]	DIN 1045	Beton und Stahlbeton, Bemessung und Ausführung; 07.88.
[V6]	DIN V ENV 206	Beton - Eigenschaften, Herstellung, Verarbeitung und Gütenachweis; 10.90.
[V7]	DIN EN 197	Zement; Zusammensetzung, Anforderungen und Konformitätskriterien; Teil 1: Definitionen und Zusammensetzung; Deutsche Fassung prEN 197-1:1986. Teil 2: Anforderungen; Deutsche Fassung prEN 197-2:1986. Teil 3: Konformitätskriterien; Deutsche Fassung prEN 197-3:1986.
[V8]	DIN 1164	Teil 1: Portland-, Eisenportland-, Hochofen- und Traßzement; Begriffe, Bestandteile Anforderungen, Lieferung; 03.90. Teil 2: Portland-, Eisenportland-, Hochofen- und Traßzement; Begriffe, Überwachung; 03.90. Teil 100: Zement; Portlandölschieferzement; Anforderungen, Prüfungen, Überwachung; 03.90.
[V9]	Deutscher Ausschuß für Stahlbeton	Richtlinie zur Nachbehandlung von Beton; 02.84.
[V10]	prEN 10080	Betonbewehrungsstahl-schweißgeeigneter gerippter Betonstahl B500; Technische Lieferbedingung für Stäbe, Ringe und geschweißte Matten; Entwurf 06.91.
[V11]	DIN 488	Betonstahl; Teil 1: Sorten, Eigenschaften, Kennzeichen; 09.84. Teil 2: Betonstabstahl; Maße und Gewichte; 06.86. Teil 3: Betonstabstahl; Prüfungen; 06.86. Teil 4: Betonstahlmatten und Bewehrungsdraht, Aufbau, Maße und und Gewichte; 06.86. Teil 5: Betonstahlmatten und Bewehrungsdraht, Prüfungen; 06.86. Teil 6: Überwachung (Güteüberwachung); 06.86. Teil 7: Nachweis der Schweißeignung von Betonstahl; Durchführung und Bewertung der Prüfungen; 06.86.
[V12]	DIN 1080	Begriffe, Formelzeichen und Einheiten im Bauingenieurwesen; Teil 1: Grundlagen; 06.76. Teil 2: Statik; 03.80. Teil 3: Beton- und Stahlbetonbau, Spannbetonbau, Mauerwerksbau; 03.80
[V13]	DIN 18201	Toleranzen im Bauwesen; Begriffe, Grundsätze, Anwendung, Prüfung; 12/84.
[V14]	DIN 18202	Toleranzen im Hochbau; Bauwerke; 05/86.

[V15]	DIN 18203	Toleranzen im Hochbau;
		Teil 1: Vorgefertigte Teile aus Beton, Stahlbeton und Spannbeton; 02/85.
		Teil 2: Vorgefertigte Teile aus Stahl; 05/86.
[V16]	Deutscher Beton-Verein e. V.:	Merkblatt Betondeckung - Sicherung der Betondeckung beim Entwerfen, Herstellen und Einbauen der Bewehrung sowie des Betons; 03.91.
[V17]	Deutscher Beton-Verein e. V.:	Merkblatt Abstandhalter; 01.97.
[V18]	DIN 1055	Lastannahmen für Bauten;
		Teil 1: Lagerstoffe, Baustoffe und Bauteile; Eigenlasten und Reibungswinkel einschl. Erläuterungen; 07.78.
		Teil 2: Bodenkenngrößen, Wichte, Reibungswinkel, Kohäsion, Wandreibungswinkel; 02.76.
		Teil 3: Verkehrslasten; 06.71.
		Teil 4: Windlasten bei nicht schwingungsanfälligen Bauwerken; 08.86.
		Teil 5: Schneelast und Eislast; 06.75.
		Teil 6: Lasten in Silozellen; 05.87.
[V19]		Merkblatt Rückbiegen; Deutscher Beton-Verein; 02.91.
[V20]		Merkblatt Begrenzung der Rißbildung im Stahlbeton- und Spannbetonbau; Deutscher Beton-Verein; 03.91.
[V21]		Merkblatt wasserundurchlässige Baukörper aus Beton; Deutscher Beton-Verein; 08.89.
[V22]	ZTV K88	Zusätzliche Technische Vertragsbedingungen für Kunstbauten, Ausgabe 1988; Verkehrsblatt-Drucksache Nr. 5218; Dortmund, Verkehrsblatt; 1988.

17.2 Bücher, Aufsätze, sonstiges Schrifttum

[1]	AVAK, R.:	Stahlbetonbau in Beispielen: DIN 1045 und europäische Normung; Teil 2: Konstruktion, Platten, Treppen, Fundamente; Düsseldorf, Werner, 1992.
[2]	SCHNEIDER, K.-J. (Hrsg.):	Bautabellen: mit Berechnungshinweisen, Beispielen und europäischen Vorschriften; 10. Auflage; Düsseldorf, Werner, 1992.
[3]	HILSDORF, H. K.:	Beton; in: Betonkalender 82.1993 Teil 1 S. 1-130; Berlin, Ernst & Sohn, 1993.
[4]	WIERIG, H. J.:	Herstellen, Fördern und Verarbeiten von Beton. In: Zement Taschenbuch, 48. Ausgabe (1984), S. 197-333; Wiesbaden, Bauverlag, 1984.
[5]	Institut für Massivbau und Betontechnologie, Universität Karlsruhe: Prüfungsbericht Nr. 9025840040; Untersuchungen zur Wirksamkeit der "ZEMDRAIN-Schalungsbahn"	
[6]	SCHOLZ, W.:	Baustoffkenntnis; 12. Auflage; Düsseldorf, Werner, 1991.
[7]	SORETZ, St.:	Korrosion von Betonbauteilen - ein neues Schlagwort? Zement und Beton 24.1979 S. 21-29.
[8]	GRUNAU, E. B. u. a.:	Sanierung von Stahlbeton; Stuttgart, Expert, 1992 (Baupraxis + Dokumentation, Bd. 6).
[9]	KLOPFER, H.:	Die Carbonatisierung von Sichtbeton und ihre Bekämpfung; Bautenschutz und Bausanierung; E. Möller GmbH, Filderstadt, 1983.
[10]	SCHNEIDER, K.-J.; SCHWEDA, E.:	Baustatik; Statisch bestimmte Systeme; 4. Auflage; Düsseldorf, Werner, 1991.
[11]	SCHNEIDER, K.-J.:	Baustatik; Statisch unbestimmte Systeme; 2. Auflage; Düsseldorf, Werner, 1988.
[12]	LITZNER, H. U.:	Grundlagen der Bemessung nach Eurocode 2 - Vergleich mit DIN 1045 und DIN 4227; in: Betonkalender 82.1993 Teil 1 S. 509-687; Berlin, Ernst & Sohn, 1993.

[13]   DIN (Deutsches Institut für Normung): Grundlagen für die Sicherheitsanforderungen für bauliche Anlagen; Berlin/Köln, Beuth, 1981.
[14]   WYROBEK, M.: Das neue Sicherheitskonzept im Bauwesen - Grundlagen, Hinweise, Erläuterungen. In: Tiefbau Ingenieurbau Straßenbau; 33.1991, S. 765-776; Bertelsmann.
[15]   ALLGÖWER, G.; AVAK, R.: Bemessungstafeln nach Eurocode2 für Rechteck und Plattenbalkenquerschnitte. In: Beton- und Stahlbetonbau 87 (1992), S. 161-164.
[16]   GRASSER, E. u. a.: Bemessung von Stahlbeton- und Spannbetonbauteilen nach EC 2 für Biegung, Längskraft, Querkraft und Torsion. In: Betonkalender 82.1993 Teil 1 S. 313-458; Berlin, Ernst & Sohn, 1993.
[17]   LEONHARDT, F.: Vorlesungen über Massivbau, 1. Teil, Grundlagen zur Bemessung im Stahlbetonbau; 3. Auflage; Berlin, Springer, 1983.
[18]   GRASSER, E.: Bemessung von Beton- und Stahlbetonbauteilen nach DIN 1045 Ausgabe Dezember 1978; 2., überarbeitete Auflage; Berlin, Beuth, 1979 (Deutscher Ausschuß für Stahlbeton, Heft 220).
[19]   GROSS. D. u. a.: Technische Mechanik; Bd. 1. Statik; 4. Auflage; Berlin, Heidelberg, New York, Springer, 1992.
[20]   SCHNELL, W. u. a.: Technische Mechanik; Bd. 2. Elastostatik; 4. Auflage; Berlin, Heidelberg, New York, Springer, 1992.
[21]   HAUGER, W. u. a.: Technische Mechanik; Bd. 3. Kinetik; 4. Auflage; Berlin, Heidelberg, New York, Springer, 1993.
[22]   MOTZ, H. D.: Ingenieur-Mechanik, Düsseldorf, VDI; 1991.
[23]   RUßWURM, D.; MARTIN, H.: Betonstähle für den Stahlbetonbau, Eigenschaften und Verwendung; Wiesbaden, Berlin, Bauverlag, 1993.
[24]   Verdingungsordung für Bauleistungen: VOB/ im Auftr. d. Dt. Verdingungsausschusses für Bauleistungen, hrsg. vom DIN. Dt. Institut für Normung e. V. -Ausgabe 1992- Berlin, Köln, Beuth; Beuth, 1992.
[25]   SPRINGENSCHMID, R.: Die Ermittlung der Spannungen infolge von Schwinden und Hydratationswärme im Beton; Beton- und Stahlbetonbau 79.1984 S. 263-269.
[26]   BRANDT, J. u. a.: Keller richtig gebaut - Planen Konstruieren Ausschreiben - ; Düsseldorf, Beton-Verlag, 1984.
[27]   PFEFFERKORN, W.; STEINHILBER, H.: Ausgedehnte fugenlose Stahlbetonbauten - Entwurf und Bemessung der Tragkonstruktion -; Düsseldorf, Beton-Verlag, 1990.
[28]   BERTRAM, D.; BUNKE, N.: Erläuterungen zu DIN 1045 Beton- und Stahlbeton, Ausgabe 07.88; Berlin, Beuth, 1989 (in: Deutscher Ausschuß für Stahlbeton, Heft 400).
[29]   SCHIEßL, P.: Grundlagen der Neuregelung zur Beschränkung der Rißbreite; Berlin, Beuth, 1989 (in: Deutscher Ausschuß für Stahlbeton, Heft 400).
[30]   MEYER, G.: Rißbreitenbeschränkung nach DIN 1045: Diagramme zur direkten Bemessung; Düsseldorf, Beton, 1989.
[31]   WINDELS, R.: Graphische Ermittlung der Rißbreite für Zwang. Beton- und Stahlbetonbau 87 (1992). S. 29-32.
[32]   WINDELS, R.: Graphische Ermittlung der Rißbreite für Zwang nach Eurocode 2. Beton- und Stahlbetonbau 87 (1992). S. 189-192.
[33]   KORDINA, K. u. a.: Bemessungshilfsmittel zu Eurocode 2 Teil 1 (DIN V ENV 1992 Teil 1-1, Ausgabe 06.92) - Planung von Stahlbeton- und Spannbetontragwerken; Berlin, Beuth, 1992.
[34]   PÖRSCHMANN, H. (Hrsg.): Bautechnische Berechnungstafeln für Ingenieure: mit 35 Beispielen; 23. Auflage, Stuttgart, Leipzig, Teubner, 1993.
[35]   SCHWEDA, E.: Baustatik: Festigkeitslehre; 2. überarbeitete Auflage; Düsseldorf, Werner, 1987.
[36]   KARL, J.-H.; SOLACOLU, C.: Verbesserung der Betonrandzone-Wirkung und Einsatzgrenzen der saugenden Schalungsbahn; Beton 43.1992 S. 222-225.
[37]   STEINLE, A.; HAHN, V.: Bauen mit Betonfertigteilen im Hochbau. In: Betonkalender 77.1988 Teil 2 S. 343-514; Berlin, Ernst & Sohn, 1988.

[38]	KORDINA, K.; QUAST, U.:	Bemessung von schlanken Bauteilen für den durch Tragwerksverformungen beeinflußten Grenzzustand der Tragfähigkeit - Stabilitätsnachweis. In: Betonkalender 82.1993 Teil 1 S. 459-508; Berlin, Ernst & Sohn, 1993.
[39]	GRASSER, E.; THIELEN, G.:	Hilfsmittel zur Berechnung der Schnittgrößen und Formänderungen von Stahlbetontragwerken nach DIN 1045 Ausgabe Juli 1988; 3., überarbeitete Auflage; Berlin, Beuth, 1991 (Deutscher Ausschuß für Stahlbeton Heft 240).
[40]	KORDINA, K. u. a.:	Empfehlungen für die Bewehrungsführung in Rahmenecken und -knoten; Berlin, Beuth,1986 (Deutscher Ausschuß für Stahlbeton Heft 373).
[41]	AVAK, R.:	Stahlbetonbau in Beispielen: DIN 1045 und europäische Normung; Teil 1: Baustoffe, Grundlagen, Bemessung von Balken; Düsseldorf, Werner, 1991.

17.3 Prospektunterlagen von Bauproduktenanbietern

[U1]	Du Pont	Beton in der Anwendung Nr. 1 - 4, Du Pont de Nemours Deutschland GmbH; Postfach 1365; 61352 Homburg v.d.H.
[U2]	ALLSPANN	DYWIDAG-Bewehrungstechnik, Zulassungsbescheid IfBt Z-1.3-BV19 zum GEWI-Verfahren 500S; Allgemeine Spannbeton GmbH oder Dyckerhoff & Widmann AG, Erdinger Landstr. 1, 81829 München.
[U3]	Halfeneisen GmbH & Co.	Zulassungsbescheid IfBt Z-1.3-BV 22 zum HBT-Bewehrungsanschluß mit Betonstabstahl BSt 500 S; Harffstr. 47-51, 40591 Düsseldorf.
[U4]	Erico GmbH	Zulassungsbescheid IfBt Z-1.3-BV17 zum LENTON-Schraubanschluß; Erico GmbH, 66851 Schwanenmühle.
[U5]	Wayss & Freytag AG	Zulassungsbescheid IfBt Z-1.3-BV 36 zum Schraubanschluß WD 90; Wayss & Freytag AG Geschäftsbereich WD; Theodor -Heuss-Allee 110; 60486 Frankfurt/M.
[U6]	ALLSPANN	DYWIDAG-Bewehrungstechnik, Zulassungsbescheid IfBt Z-1.3-BV25 zum GEWI-Verfahren 500S; Allgemeine Spannbeton GmbH oder Dyckerhoff & Widmann AG, Erdinger Landstr. 1, 81829 München.
[U7]	Eberspächer GmbH	Zulassungsbescheid IfBt Z-1.3-BV 3 zum Preßmuffenstoß für Betonrippenstähle
[U8]	DEHA:	DEHA Ankersysteme GmbH & Co. KG, Postfach 1164, 64521 Gross-Gerau
[U9]	PFEIFER	Zulassungsbescheid IfBt Z-1.3-BV 26 zum PFEIFER-Bewehrungs-Schraubanschluß; Pfeifer Seil- und Hebetechnik GmbH & Co, Dr.-Karl-Lenz-Straße 66, 87700 Memmingen.

17.4 EDV-Programme

Als Hilfsmittel zum Erstellen dieses Buches wurden folgende Statik- und CAD-Programme verwendet:

[P1]	AUTOSKETCH	Zeichenprogramm; Version 3.0; Autodesk Softtrade AG, Basel, Schweiz.
[P2]	ALLPLUS	Statik und CAD-Programm; Version 2.0; Nemetschek Programmsystem GmbH, München.
[P2]	ALLPLOT professional	CAD-Programm; Version 6.15; Nemetschek Programmsystem GmbH, München.

18 Bezeichnungen

18.1 Allgemeines

Alle betonspezifischen Bezeichnungen werden i. d. R. an der Stelle erklärt, an der sie innerhalb dieses Buches zum erstenmal benutzt werden. Darüber hinaus sind die Bezeichnungen in den folgenden Unterkapiteln nochmals stichpunktartig erklärt. Die innerhalb der Zahlenbeispiele aufgeführten allgemeinen Gln. sind unter der angegebenen Nummer in der theoretischen Abhandlung des Themas zu finden.

18.2 Allgemeine Bezeichnungen

aufn	aufnehmbar	max	maximal [maximal]
bem	Bemessung	min	minimal [minimal]
ca.	cirka	nom	nominal [nominal]
cal	Berechnung [calculation]	mind	mindest-
crit	kritisch [critical]	OK	Oberkante
est	geschätzt [estimated]	red	reduziert [reduced]
extr	Größt- oder Kleinstwert [extremal value]	sup	oberer (Grenzwert) [superior]
evtl.	eventuell	tot	Gesamt- [total]
Gl(n).	Gleichung(en)	u. a.	unter anderem
ges	gesamt	u. U.	unter Umständen
ggf.	gegebenenfalls	usw.	und so weiter
Hrsg.	Herausgeber	vgl.	vergleiche
i. allg.	im allgemeinen	vorh	vorhanden
inf	unterer (Grenzwert) [inferior]	z. B.	zum Beispiel
i. d. R.	in der Regel	zul	zulässig
Kap	Kapitel	→	siehe
lim	Grenz- [limit]		

18.3 Geometrische Größen

$1/r$	Krümmung [curvature]	$1/r_m$	Krümmung infolge Lasten unter Berücksichtigung des Kriechens
$1/r_{cs,m}$	Krümmung infolge Schwinden		
		A	Fläche [area]

18 Bezeichnungen

A_A	Auftragsfläche	b_{sup}	Auflagertiefe einer Unterstützung [Unterstützung = support]
A_c	Betonfläche [Index Beton = concrete]	b_t	mittlere Breite der Zugzone [Zug = tension]
$A_{c,eff}$	Fläche der wirksamen Zugzone		
A_{ca}	Fläche eines Gurtteils	b_w	Stegbreite eines Plattenbalkens
A_{cc}	Gesamte Fläche der Druckzone	c	Betondeckung [concrete cover]
A_{ct}	Fläche der Zugzone im Zustand I	c_k	Lage der Karbonatisierungsfront
A_E	Einschnittsfläche	c_n	Betondeckung eines Stabbündels
A_i	ideelle Querschnittsfläche	d	statische Höhe (Nutzhöhe) [effective depth]
A_k	Kernquerschnittsfläche		
A_s	Stahlfläche der Biegezugbewehrung (evtl. weiterer Index zur Beschreibung der Lage) [Index Stahl = steel]	d_1	Schwerpunktabstand der Biegezugbewehrung vom stärker gedehnten Rand
$A_{s,ds}$	Querschnittsfläche eines Stabes	d_2	Schwerpunktabstand der Biegezug- (oder -druck-) bewehrung vom weniger stark gedehnten Rand
A_{s1}	Fläche der stärker gedehnten Biegezugbewehrung		
A_{s1a}	Fläche der in den Gurt ausgelagerten Biegezugbewehrung	d_{br}	Biegerollendurchmesser
		d_g	Größtkorndurchmesser des Zuschlags
A_{s2}	Fläche der weniger stark gedehnten Biegezugbewehrung oder Fläche der Druckbewehrung	d_i	ideelle Bauteildicke eines Teilquerschnittes von einem offenen Querschnitt
		d_k	Ersatzbauteildicke eines Hohlkastens
		d_s	Stabdurchmesser des Betonstahls
A_{sc}	Querschnittsfläche der Bewehrung in der Druckzone	$d_{s,st}$	Stabdurchmesser eines Bügels
		d_{sl}	Stabdurchmesser der Längsbewehrung (längs- = longitudinal)
A_{sR}	Bewehrung über dem Auflager		
A_{sS}	Fläche der Schrägbewehrung	d_{sn}	Vergleichsdurchmesser bei Stabbündeln
A_{st}	Querschnittsfläche eines Stabes der Querbewehrung	d_{sw}	Stabdurchmesser der Schubbewehrung
		e	Schwerpunktabstand der Biegezugbewehrung von der Bügelinnenkante oder Exzentrizität
A_{sw}	Schubbewehrung (Dimension cm²)		
a	Abstand der inneren Druckkraft F_c vom gedrückten Rand		
$a_1; a_2$	rechnerische Auflagertiefe	e_0	Exzentrizität nach Theorie I. Ordnung
a_l	Versatzmaß	$e_{01}; e_{02}$	Stabendausmitten
$a_{s,bü}$	Fläche der Bügel	e_2	zusätzliche Exzentrizität nach Theorie II. Ordnung
a_{sl}	auf den Umfang bezogene Fläche der Torsionslängsbewehrung		
		e_a	ungewollte Ausmitte
a_{sw}	Schubbewehrung (Dimension cm²/m)	e_y	Exzentrizität in y-Richtung
b	Bauteilbreite [width]	e_z	Exzentrizität in z-Richtung
b_{eff}	mitwirkende Plattenbreite	f	Durchbiegung
$b_{eff,i}$	anteilige mitwirkende Plattenbreite der Platte i	f_I	unterer Rechenwert der Durchbiegung
		f_{II}	oberer Rechenwert der Durchbiegung
b_i	Teilbreite einer Platte i oder ideelle Breite eines Ersatzrechteckquerschnittes (= Ersatzbreite)	h	Bauteildicke (overall depth)
		h'	reduzierte Bauteildicke
		h_f	Plattendicke eines Plattenbalkens
		h_{tot}	Gebäudehöhe oder Bauteilhöhe
b_k	Ersatzbreite eines Hohlkastens	I	Flächenmoment 2. Grades [second moment of area]

I_b	Flächenmoment 2. Grades eines Balkens	w	Rißbreite [crack width]
I_{col}	Flächenmoment 2. Grades einer Stütze		oder
I_I	Flächenmoment 2. Grades im Zustand I		Biegelinie
I_{II}	Flächenmoment 2. Grades im Zustand II	w''	Krümmung
I_T	Torsionsflächenmoment 2. Grades	$w_{k,cal}$	Rechenwert der Rißbreite
i	Trägheitsradius	w_m	mittlere Rißbreite
$l'_{b,net}$	reduzierte erforderliche Verankerungslänge	x	Höhe der Druckzone [neutral axis depth]
			oder
l_0	Abstand der Momentennullpunkte		Koordinatenrichtung
	oder	x_V	Abstand der maßgebenden Querkraft vom rechnerischen Auflager
	Ersatzlänge		
l_{0t}	Bauteilabstand zwischen Kippsicherungen	y	Koordinatenrichtung
		z	Hebelarm der inneren Kräfte
l_1, l_2, l_3	Stützweiten eines Durchlaufträgers	z^{II}	effektiver Hebelarm der inneren Kräfte im Zustand II
	oder		
	Längen bei der Anordnung von Aufhängebewehrung	z_{SP}	Schwerpunktabstand, gemessen vom oberen Rand
l_B	Bezugslänge, auf die die Bewehrung verteilt wird	z_s	Abstand von der Schwerachse des Bauteils zur Schwerachse der Biegezugbewehrung
l_b	Grundmaß der Verankerungslänge		
l_{col}	Stützenlänge [Stütze = column]	z_{s1}	Abstand von der Schwerachse des Bauteils zur Schwerachse der stärker gedehnten Längsbewehrung
l_E	Lasteinleitungslänge		
	oder		
	Einschnittslänge	z_{s2}	Abstand von der Schwerachse des Bauteils zur Schwerachse der weniger stark gedehnten Längsbewehrung
l_{eff}	Stützweite [span]		
l_n	lichte Weite		
l_s	Übergreifungslänge	α	Neigung der Schubbewehrung
min c	Mindestmaß der Betondeckung	α_a	Beiwert zur Berücksichtigung der Biegeform
nom c	Nennmaß der Betondeckung		
S	statisches Moment	Δh	Vorhaltemaß der Betondeckung
s	Stababstand [space]	ε	Verzerrung (Dehnung oder Stauchung) [strain]
s_E	Stababstand von der Bügelecke gemessen		
		ε_c	Betonstauchung
s_{crm}	mittlerer Rißabstand	ε_{ci}	Betonstauchung an einem Bauteilrand
s_f	Abstand der Schubbewehrung im Gurt	ε_s	Stahldehnung oder -stauchung
s_l	Abstand der Längsbewehrung	ε_{si}	Stahldehnung oder -stauchung an einem Bauteilrand
s_{ln}	Stababstand von Stabbündeln		
s_w	Stababstand der Schubbewehrung	ε_{sm}	mittlere Stahldehnung
t	Auflagertiefe [thickness]	ε_{uk}	charakteristischer Wert der Gleichmaßdehnung des Stahls
t_k	Wanddicke eines (Ersatz-) Hohlkastens		
u	Umfang	φ	Neigung der Bauteilkante
u_k	Umfang des (Ersatz-) Hohlkastens	φ_o	Neigung der Bauteiloberkante
W	Flächenmoment 1. Grades [first moment of area]	φ_u	Neigung der Bauteilunterkante
		ν_1, ν_2	Ersatzschiefstellung
W_T	Torsionsflächenmoment 1. Grades	Θ	Neigung der Druckstrebe

ξ	Beiwert zur Beschreibung der Höhe der Druckzone (bzw. bezogene Höhe)	ζ	Beiwert zur Beschreibung von z
		$\emptyset$	Stabdurchmesser des Betonstahls

18.4 Baustoffkenngrößen

B	Betonstahl (Bezeichnung nach [V10])	f_{tk}	charakteristischer Wert der Zugfestigkeit des Stahls [Zug = tension]
BSt	Beton<u>st</u>ahl (Bezeichnung nach [V11])		
C	Beton (-festigkeitsklasse) [<u>c</u>oncrete]	f_{yd}	Bemessungswert der Streckgrenze
CE	Zementfestigkeitsklasse eines CEN-Zementes [<u>ce</u>ment]	f_{yk}	charakteristischer Wert der Streckgrenze des Stahls
E	Elastizitätsmodul		
$E_{c,\text{eff}}$	wirksamer Elastizitätsmodul	f_{ywd}	Bemessungswert der Streckgrenze der Schubbewehrung
E_{cm}	Rechenwert des Elastizitätsmoduls für den Beton (= Sekantenmodul)	H	Knennzeichen für <u>h</u>ochduktile Stähle
E_s	Elastizitätsmodul für Betonstahl	HC	Schwerbeton (-festigkeitsklasse) [<u>h</u>eavy <u>c</u>oncrete]
F	frühfest (DIN Bezeichnung)		
f_b	Verbundspannung	L	langsam erhärtend (DIN Bezeichnung)
f_{bd}	zulässiger Grundwert der Verbundspannung	LC	Leichtbeton (-festigkeitsklasse) [<u>l</u>ightweight <u>c</u>oncrete]
f'_{bd}	reduzierter zulässiger Grundwert der Verbundspannung bei großen Stabdurchmessern	M	Kennzeichen für Betonstahl<u>m</u>atten
		N	Kennzeichen für <u>n</u>ormalduktile Stähle
		S	Kennzeichen für <u>S</u>tabstähle
f_c	Druckfestigkeit des Betons	w	Wassergehalt
f_{cd}	Bemessungswert der Betonspannung [Bemessung = <u>d</u>esign]	w_z	Wasserzementwert
		$\overline{x_{\min}}$	kleinste Druckfestigkeit einer Stichprobe
f_{ck}	charakteristische Zylinderdruckfestigkeit	Z	Zementfestigkeitsklasse eines DIN-Zementes
$f_{ck,cube}$	charakteristische Würfeldruckfestigkeit	z	Zementgehalt
$f_{ck,cyl}$	charakteristische Zylinderdruckfestigkeit	Φ	Endkriechzahl
		ρ	Rohdichte (spezifisches Gewicht)

18.5 Kraftgrößen

A_k	charakteristischer Wert der außergewöhnlichen Einwirkungen (Unfalllasten) [accidental action]	$F_{cd,\max}$	gesamte Betondruckkraft in der Biegedruckzone
		F_{cr}	Zugkraft bei Auftreten eines Risses
C_d	festgelegter Grenzwert im Gebrauchszustand	F_{cwd}	Bemessungswert der Druckstrebenbeanspruchung
c_o	Steifigkeitsbeiwert der oberen Stütze	F_d	Bemessungswert einer Last
c_u	Steifigkeitsbeiwert der unteren Stütze	$F_{d,\max}$	Höchstwert des Anteils der Biegedruckkraft im Gurt eines Plattenbalkens
E_d	durch Einwirkungen verursachte Größe im Gebrauchszustand		
		F_s	innere Zugkraft in der Biegezugbewehrung
F_c	innere Druckkraft in der Betondruckzone		

F_{sR}	wirksame Zugkraft am Auflager	V	Querkraft [shear force]
F_{swd}	Bemessungswert der Kraft in der Schubbewehrung	V_{0d}	rechnerische Querkraft aus der Schnittgrößenermittlung
F_u	Bruchlast [ultimate force]	V_{ccd}	Querkraftanteil infolge Neigung der Druckkraft F_{cd} zur Stabachse
F_v	Vertikallast		
f_{ctk}	charakteristischer Wert der Betonzugfestigkeit	V_{Rd1}	Bauteilwiderstand von Bauteilen ohne Schubbewehrung (Dimension kN)
f_{ctm}	Mittelwert der Betonzugfestigkeit	V_{Rd2}	Bauteilwiderstand, der von den Betondruckstreben erreicht wird (Dimension kN)
G_k	charakteristischer Wert der ständigen Einwirkung (Eigenlast) [permanent action]		
		V_{Rd3}	Bauteilwiderstand der Schubbewehrung (Dimension kN)
g_k	charakteristischer Wert einer ständigen Streckenlast	V_{Sd}	maßgebende Querkraft (Dimension kN)
H_{Sd}	Horizontalkraft (Bemessungswert der)	V_{td}	Querkraftanteil infolge Neigung der Zugkraft F_{sd} zur Stabachse
$\lim M_{Sd}$	Tragmoment		
$\lim M_{Sd,s}$	Tragmoment in Höhe der Schwerachse der Bewehrung	V_{wd}	Bauteilwiderstand der Schubbewehrung
		v_{Rd1}	Bauteilwiderstand von Bauteilen ohne Schubbewehrung (Dimension kN/m)
M	Biegemoment [bending moment]		
M'	abgemindertes Biegemoment	v_{Rd2}	Bauteilwiderstand, der von den Betondruckstreben erreicht wird (Dimension kN/m)
$M_{1,Sd}$	Gesamtmoment nach Theorie I. Ordnung		
M_a	Moment aus ungewollter Ausmitte		
M_{cr}	Biegemoment bei Auftreten des 1. Risses	v_{Rd3}	Bauteilwiderstand der Schubbewehrung (Dimension kN/m)
N	Längskraft [axial force]		
N_{cr}	Längskraft bei Auftreten des 1. Risses	v_{Sd}	Schubfluß *oder* maßgebende Querkraft (Dimension kN/m)
P_k	charakteristischer Wert der Vorspannung [prestressing force]		
p_u	Umlenkpressungen	ΔF_s	aufnehmbare Kraft eines Bewehrungsstabes
Q_k	charakteristischer Wert der Verkehrslast [variable action]		
		ΔH_{fd}	Abtriebskraft
q_k	charakteristischer Wert einer veränderlichen Streckenlast	ΔM	Abminderungswert für ein Biegemoment
		$\Delta M_{Sd,s}$	Differenzanteil des Biegemomentes in Höhe der Biegezugbewehrung
R	rechnerisches Auflager		
R_d	der Bemessung zugrunde zu legender Bauteilwiderstand [resistance]	ΔV	Abminderungswert für eine Querkraft
		μ	bezogenes Biegemoment
S_d	der Bemessung zugrunde zu legende Extremalschnittgröße (Moment, Querkraft oder Längskraft)	μ_{Sd}	Bemessungswert des bezogenen Biegemomentes
		$\mu_{Sd,s}$	Bemessungswert des bezogenen Biegemomentes in Höhe der Schwerachse der Bewehrung
T	Torsionsmoment [torsional moment]		
T_{Rd1}	Bauteilwiderstand für Torsionsbeanspruchung, der von den Betondruckstreben erreicht wird		
		σ	Spannung [stress]
		σ_1	Hauptzugspannung
T_{Rd2}	Bauteilwiderstand der Torsionsbewehrung (Bügel- oder Längsbewehrung)	σ_2	Hauptdruckspannung
		σ_c	Betonspannung
T_{Sd}	Bemessungswert des Torsionsmomentes	σ_{ci}	Betonspannung an einem Querschnittsrand
U_v	Umlenkkraft		

σ_{cp}	Längsspannungen (z. B. aus Vorspannung)	σ_{sr}	Stahlspannung bei Auftreten eines Risses
σ_{ct}	Betonzugspannung	σ_t	Querzugspannung
σ_s	Stahlspannung	$\left|\sigma_2^{II}\right|$	Hauptdruckspannung im Zustand II
σ_{si}	Stahlspannung im Stahlstrang i	τ_{Rd}	Grundwert der Schubspannung

18.6 Sonstige Größen

AF	Arbeitsfuge	k_2	Beiwert zur Berücksichtigung des Einflusses der Dehnungsverteilung auf den Rißabstand
E	rechnerisches Ende der Bewehrung		
f_1	Beiwert zur Berücksichtigung von dicken Bauteilen		
	oder	$k_A; k_B$	Beiwert für den Einspanngrad
	Beiwert zur Berücksichtigung des statischen Systems	k_c	Beiwert zur Beschränkung der Breite von Erstrissen
f_2	Beiwert zur Berücksichtigung der Stützweite	k_h	Tafelwert zur Beschreibung der Dehnungsverhältnisse beim Rechteckquerschnitt
f_3	Beiwert zur Berücksichtigung der Betonstahlgüte	k_h'	Tafelwert zur Beschreibung der Dehnungsverhältnisse beim Plattenbalkenquerschnitt
f_4	Beiwert zur Berücksichtigung der Querschnittsform		
f_i	Beiwert	k_s	Tafelwert zur Bestimmung der Biegezugbewehrung A_s
f_i	Faktor zur Bestimmung der mitwirkenden Plattenbreite	$\lim k_h$	zum Tragmoment gehöriger Tafelwert k_h
		M	Schubmittelpunkt
f_k	Quantilwert	MS	Montagestab
HT	Hauptträger	m	Anzahl der Geschosse
K_1	Korrekturfaktor zur Beschreibung des Überganges vom Grenzzustand der Tragfähigkeit in den Grenzzustand der Stabilität	NT	Nebenträger
		n	Anzahl
			oder
			Verhältnis der Elastizitätsmoduln von Stahl und Beton
K_2	Faktor zur Berücksichtigung der Krümmungsabnahme bei steigenden Längsdruckkräften		oder
			Schnittigkeit des Bewehrungselementes
			oder
k	Beiwert für vereinfachte Durchbiegungsberechnung oder		Anzahl lotrechter Druckglieder
		n_b	Stabanzahl bei Stabbündeln
	Beiwert zur Berücksichtigung von Eigenspannungen oder	p_f	Versagenswahrscheinlichkeit
		rel F	relative Luftfeuchte
	Beiwert zur Berücksichtigung der Längsbewehrung oder	S	Schwerpunkt
		s	Standardabweichung
	Anzahl aussteifender Bauteile	s_n	Standardabweichung einer Stichprobe aus n Probekörpern
k_1	Beiwert zur Berücksichtigung der Verbundeigenschaften des Betonstahls auf den Rißabstand		
		T	Temperatur [temperature]

T_h	durch Hydratation hervorgerufene Temperatur		schreiten der Streckgrenze *oder*
T_o	Temperatur am oberen Bauteilrand		Beiwert zur Berechnung des Torsionsflächenmomentes 1. Grades
T_u	Temperatur am unteren Bauteilrand		
t	Zeit	β_1	Beiwert zur Berücksichtigung des Einflusses eines Bewehrungsstabes auf die mittlere Dehnung
t_0	bestimmter Zeitpunkt		
v	Geschwindigkeit		
x	Variable	β_2	Beiwert zur Berücksichtigung der Belastungsdauer auf die mittlere Dehnung
x_n	Mittelwert einer Stichprobe aus n Probekörpern		
		δ	Faktor bei der Schnittgrößenumlagerung
α	Faktor zur Berücksichtigung der Festigkeitsabnahme unter Dauerlast *oder*	γ	globaler Sicherheitsbeiwert
		γ_c	Teilsicherheitsbeiwert für Beton
		γ_F	Teilsicherheitsbeiwert für Lasten
	Faktor zur Beschreibung für das Fortschreiten der Karbonatisierungsfront *oder*	γ_G	Teilsicherheitsbeiwert für ständige Einwirkungen
		γ_P	Teilsicherheitsbeiwert für Vorspannung
	Faktor zur Berücksichtigung der einschnürenden Wirkung von Einzellasten auf die mitwirkende Plattenbreite *oder*	γ_Q	Teilsicherheitsbeiwert für Verkehrslasten
		γ_s	Teilsicherheitsbeiwert für Betonstahl
		λ	Schlankheit
		λ_b	Beiwert zur Ermittlung der mitwirkenden Plattenbreite
	Beiwert zur Unterscheidung von Last- und Zwangbeanspruchung *oder*		
		ν	Abminderungsfaktor, der die verminderte Druckfestigkeit des Betons infolge unregelmäßig verlaufender Risse zwischen den Druckstreben berücksichtigt
	Verformungsbeiwert *oder*		
	Beiwert für das Torsionsflächenmoment	ν'	reduzierter Wert des Wirksamkeitsfaktors
α	Beiwert zur Berücksichtigung der Einspannung		
		ρ	geometrischer Bewehrungsgrad
α_1	Beiwert zur Beschreibung der Wirksamkeit von Stößen	ρ_1	geometrischer Bewehrungsgrad der Bewehrung A_{s1}
α_A	Beiwert zur Berücksichtigung des Ausnutzungsgrades der Bewehrung	ρ_l	geometrischer Bewehrungsgrad der Längsbewehrung
α_{CE}	Beiwert zur Berücksichtigung der Zementfestigkeitsklasse	ρ_r	wirksamer (geometrischer) Bewehrungsgrad
α_c	Beiwert zur Berücksichtigung der Betonfestigkeitsklasse	ρ_w	geometrischer Bewehrungsgrad der Schubbewehrung
α_e	Verhältnis von E-Moduln	ω	mechanischer Bewehrungsgrad [mechanical reinforcement ratio]
α_n	Abminderungsbeiwert für die Ersatzschiefstellung		
		ψ_0	Kombinationswert für seltene Einwirkungen
β	Faktor zur Berücksichtigung der Streuungen von Rissen *oder*		
		ψ_1	Kombinationswert für häufige Einwirkungen
	Beiwert (allgemein) *oder*	ψ_2	Kombinationswert für quasi-ständige Einwirkungen
	Steigungswinkel in der Spannungsdehnungslinie des Stahls nach Über-	ζ	Verformungsbeiwert

19 Stichwortverzeichnis

Fettgedruckte Seitenzahlen beziehen sich auf ein Kapitel oder Unterkapitel

A

Abstandhalter, 27, **31**
 Anordnung, 32; **33**
 Bezeichnungen, **31**
Abstandsregel, 70
Abtriebskraft, 52
Ankerkörper, **236**
Arbeitsfugen, 115
Auflagertiefe
 Endauflager, 36
 rechnerische -, 35
 Zwischenauflager, 38
Ausbreitmaß, 7
Ausmitte
 planmäßige -, 271
 ungewollte -, 271
aussteifende Bauteile, 274
Austrocknungsverhalten, 9
Außenbauteil, 112

B

Baubeschreibung, 1
Baustellenbeton, 4
Baustoffe, **4**
 Beton, **4**
 Betonstahl, **16**
 Festbeton, **12**
 Frischbeton, **6**
Bautechnische Unterlagen, 1
Bauteilabmessungen
 Mindestabmessungen, 34
Bauteildicke, **67**
Bauteile mit geknickter Systemachse, **298**
Bauteilfestigkeit, 54
Bauteilwiderstand, 151
Beanspruchungen, 54
Begrenzung der Biegeschlankheit, **138**
Bemessung
 Begrenzung der Spannungen, 254
 Bemessungsmomente, **61**
 Beschränkung der Durchbiegung, **137**
 Beschränkung der Rißbreite, **111**
 Biegebemessung, **61**
 Druckglieder, **256**
 Grenzzustand der
  Gebrauchsfähigkeit, **55**
  Tragfähigkeit, **54**
 Grenzzustand der Stabilität, 282
 Grenzzustand der Tragfähigkeit, 282
 Grundlagen der -, **53**
 im Stahlbetonbau, **57**
 Konzepte, **54**
 Nachweise, **58**
 Querkräfte, **151**
 Stabilität, **269**
 Torsionsmomente, **194**
 Verfahren, **56**
 vollständig gerissener Querschnitte, **86**
 Vorgehensweise, **58**
 Zugkraftdeckung, **208**
 Zusammenwirken von Beton und Stahl, 57
 Zustände der -, **59**
Bemessungsnomogramme, 263; 266
Bemessungsschnittgrößen, 45
Bereich 4, 262
Bereich 5, 262
Bereich 1, 86
Bereich 2, 96
Betondeckung, 26; 121; 234
 Maße der -, **29**
 Mindestmaß der -, 27; **29**
 Nennmaß der -, 27
 Vorhaltemaß, **29**
Betondeckungsmaße, 26
Betondruckstrebe, 153
Betonkorrosion, 24
Betonqualität, **6**
Betonstabstahl, 16
Betonstahl, **16**; 112; 117; 217
Betonstähle
 Bezeichnung, 17
 Sorteneinteilung, 17
Betonstahlmatte, 16
Betonstahlquerschnitte, **69**
 Stabanzahl je Lage, 70
Betontechnik
 Entwicklung, 2
Betonzusatzmittel, 6
Betonzusatzstoffe, 6
Betonzuschlag, 4
Betonzuschläge, 6

Bewegungsfugen, 115
Bewehren mit Betonstabstahl, **217**
Bewehrungsanschlüsse, 220; 252
Bewehrungsführung, **217**
    Ankerkörper, **236**
    direkte Stöße, **247**
    Druckstöße, **241**
    große Stabdurchmesser, **235**
    Sonderregelungen, **230**
    Stöße, **236**
    Übergreifungslänge, **240**
    Verankerung von Betonstählen, **223**
    Verankerung von Stabbündeln, **234**
    Zugstöße, **238**
Bewehrungsgrad, 119; 263
Bewehrungspläne, 3
Bewehrungsquerschnitt, 82
Biegebemessung, **61**; 112; 151
    Bemessungsmomente, **61**
    Bemessungstabelle für stark profilierte Plattenbalken, 105
    Bemessungstabelle mit dimensionsechten Beiwerten, 78
    Bereich 1, 63
    Bereich 2, 64
    Bereich 3, 64
    Bereich 4, 65
    Bereich 5, 67
    Betonstahlquerschnitte, **69**
    Grenzwerte der Biegezugbewehrung, **83**
    k_h-Tabelle, **72**
    mit dimensionsechtem Verfahren, **78**
    mit dimensionsgebundenem Verfahren, **71**
    mit Druckbewehrung, **80**
    Plattenbalken, **88**; **95**
    statische Höhe, 67
    Tragmoment, **80**
    von Rechteckquerschnitten, 63
Biegeform, 297
Biegen von Betonstahl, **217**
    Beanspruchungen, **217**
    Biegeformen, **219**
    Zurückbiegen, **220**
Biegerollendurchmesser, 218; 219; 297
Biegeschlankheit, 138
Biegezugbewehrung, 61
Biegezugfestigkeit, 118
Biegung mit Längskraft, 64
BREDTsche Formel, 199
Bruch mit Vorankündigung, 65
Bruch ohne Vorankündigung, 66; 83
Bügelformen, **190**

C

Calciumhydroxid, 19
Chlorideinwirkung, **25**
c_o-c_u-Verfahren, 293

D

Dauerhaftigkeit, 8; 112
Direkte Stöße, 247
Druckbewehrung, **80**
Druckfestigkeit, 12
    Überfestigkeit, 123
Druckglieder
    Bemessung
        einachsige Biegung, **262**
        zweiachsige Biegung, **266**
    Bemessung unter zentrischer Einwirkung, **260**
    bügelbewehrte -, 257; **260**
    Bügelbewehrung, **258**
    Einfluß der Verformungen, **269**
    Einteilung, **256**
    Einteilung in Einzeldruckglieder und Rahmentragwerke, **277**
    Ersatzlänge, **272**
    gedrungene -, **276**
    horizontale Verschieblichkeit, **274**; 277
    konstruktive Gestaltung, **257**
    Längsbewehrung, **257**
    Mindestabmessungen, **257**
    ohne Knickgefahr, **256**
    schlanke -, **276**
    stabförmige -, **257**
    Theorie II. Ordnung, **269**
    umschnürte -, 257; **262**
Druckstöße, 241
Duktilität, 17
Durchbiegung, **137**
    Begrenzung der Biegeschlankheit, **138**
    Berechnung der, **142**; **145**
    Einfluß
        der Querschnittsform, **141**
        der Stahlspannung, **141**
        der Stützweite, **139**
        des statischen Systems, **139**
    Rechenwert der -, 144
    zeitabhängige Verformungen, 138

E

Eigenspannungen, 10
Einhängebewehrung, **191**
Einleitungslänge, 119
Einwirkungen, 54
Einzeldruckglieder, **277**
Eisenhydroxid, 23
Elastizitätsmodul, **14**
    Rechenwerte, **14**
    Sekantenmodul, 14
Elastizitätstheorie, 39
erforderliche Verankerungslänge, 226
Ersatzlänge, 271; **272**
Ersatzschiefstellung, 271
EULER-Last, 272

Extremalschnittgröße, 54

F

Fertigteile, 1
Festbeton, 4; **12**
Festigkeitsklassen, 4; **12**
Fließbeton, 4
Fließgelenk, 45
Friedelsches Salz, 25
Frischbeton, 4; 6; 8; 112

G

geschichtliche Zusammenfassung, **1**
GEWI-Schraubanschluß, 251
Gleichgewichtstorsion, 194
Gleichmaßdehnung, 16
Grenzdurchmesser, 124
Grundmaß der Verankerungslänge, **223**

H

Haftverbund, 116
Häufigkeitskurve, 56
Hauptträger, 191
Hochofenzement, 4
Hydratation, 8; 113; 115
  -vollständige, 7
Hydratationswärme, 115
Hypothese von BERNOULLI, 60; 61

I

Imperfektionen, **50**
Interaktionsdiagramm, 263

K

Kapillarporen, 7
Karbonatisierung, **19**
Karbonatisierungsfront, 20
Karbonatisierungstiefe, 22
Kesselformel, 217
Kippen, **287**
Kombinationsbeiwerte, 41
Konsistenz, 6
Kriechen, 138; 271; 282
kritische Last, 272
Krümmung, 283

L

Leichtbeton, 4
LENTON-Schraubanschluß, 251
lichte Weite, 35

M

maßgebende Querkraft, **153**

Maximalbewehrung, 257
mechanische Verbindungen, **251**
Mindestabmessungen, 235; **257**
Mindestbewehrung, 133; 257
Mindestmomente, **47**
mittelbare Lagerung, 155
Modellstützenmethode, 282
Montagebeschreibung, 1
Muffenstöße, 221; 247; 250

N

Nachbehandlung, **8**; 113
  Dauer, 10
  Einfluß auf Dauerhaftigkeit, 21
  Maßnahmen, 10
  Richtlinie, 11
Nebenträger, **191**
Nomogramme, 286
Normalbeton, 4
Nullinie, 95; 97; 100; 104

P

Pfostenfachwerk, 159
Plattenbalken, **88**
  Biegebemessung, **95**
  Ersatzbreite, 102
  Lage der Nullinie, 95; 100
  mitwirkende Plattenbreite, **89**
    Überschlagsgleichungen, 92
  Querkraftbemessung, **172**
  schwach profilierter, 100
  stark profilierter -, 100
  Tragverhalten, **88**
Portlandzement, 4
Positionsplan, 1
Preßmuffenstoß, 252

Q

Querbewehrung, 229; **243**
Querkraftbemessung, 112; **151**
  auflagernahe Einzellasten, **177**
  Bauteile mit konstanter Dicke, **153**
  Bauteile mit Schubbewehrung, **159**; **165**
  Bauteile mit variabler Dicke, **156**
  Bauteile ohne Schubbewehrung, **159**; **164**
  Bauteilwiderstand, 153
  Bemessungsmodelle, **159**
  Betondruckstrebe, 153; 162
  Bewehrungsformen, **190**
  Einhängebewehrung, **191**
  Fachwerkmodelle, 160
  Grundlagen, **151**
  Höchstabstände der Schubbewehrung, **163**
  maßgebende Querkraft, 153
  Methode mit wählbarer Druckstrebenneigung, 166; 167; 168; 181

Mindestschubbewehrung, **168**
Plattenbalken, **172**
Schubbewehrung, 153; 162
Schubbewehrung aus schräg stehender
  Bewehrung, **166**; **184**
Schubbewehrung aus senkrecht stehender
  Bewehrung, **168**; **180**
Standardmethode, 165; 166; 168; 181
Querkraftdeckung, **180**
Querkräfte
  Bemessung, **151**
Querschnitte
  geschlossene -, **196**
  offene -, **198**
Querzugspannungen, 238

R

Rahmen, **292**
  Ecken von -, **295**
  Knoten von -, **299**
  Unterscheidung zwischen - und Einzelstäben, 277
Rechteckquerschnitt, 104
Reibungsverbund, 116
Risse, 64; 111
Rißarten, 113
Rißbildung
  Wahrscheinlichkeit der-, **115**
  Zeitpunkte der -, 114
  Zusammenhänge, **116**
Rißbreite, 126
  Abschätzung der -, **129**
  Beschränkung der -, **111**; **126**; **133**; **136**
  Grenzdurchmesser, 124
  Grundlagen der Rißentwicklung, **113**
  Konstruktionsregeln zur -, **121**
  Mindestbewehrung, 122; **123**
  statisch erforderliche Bewehrung, 122
Rißbreitenbeschränkung, **121**
Rißursachen, 113
Rost, 23
Rüttelgassen, 67, 81
  Anordnung von -, 68

S

Schalpläne, 3
Scheiben, 61; **295**
Scherverbund, 116; 117
Schlankheit, 272; 282
Schnittgrößenermittlung, **34**
  Extremalschnittgrößen, 41
  Grenzzustand der
    Tragfähigkeit, **39**
  Grenzzustand der
    Gebrauchsfähigkeit, **49**
  Imperfektionen, **50**
  lineare Verfahren, **40**

lineare Verfahren mit Umlagerung, **45**
Mindestmomente, **47**
nichtlineare Verfahren, **47**
Rahmentragwerke, **292**
Verfahren zur -, **39**
Schnittgrößenumlagerung, 46
Schrägaufbiegung, 163; **166**; **184**
Schubbemessung, 151
Schubleitern, 190
Schubmittelpunkt, **195**; 198
Schubspannungen, 198
Schweißverbindungen, 247; **251**
Schwerbeton, 4
Schwinden, 138; 146
Sicherheitsklasse, 53
Spannungsbegrenzung
  im Beton, **255**
  im Betonstahl, **255**
Spannungsdehnungslinie, 20; 63; 138
Stabbündel, **234**
Stabilität von Stahlbetonbauteilen, **269**
  Entfall des Nachweises, **278**
  Kippen, **287**
  Modellstützenmethode, **282**
  Nachweis
    einachsige Biegung, **278**
    zweiachsige Biegung, **288**
  Nachweis für den Einzelstab, **282**
  zweiachsige Knickgefahr, **288**
Stahlbetonbauwerke
  dauerhafte -, **25**
Stahlkorrosion, 23
Stahllisten, 3
Standardabweichung, 56
statische Berechnung, 1; 34
Stöße, 83; 236
  indirekte Zugstöße, **238**
  Querbewehrung, **243**
Strebenfachwerk, 159
Streckgrenze, 16; 82; 217
Stützweite, 35

T

Teilsicherheitsbeiwerte, 16, 56
Theorie I. Ordnung, 269
Theorie II. Ordnung, 269
Torsionsmomente, **194**
  Bauteilquerschnitte, **195**
  Bemessung bei alleiniger Wirkung von
    Torsionsmomenten, **202**
  Bemessung bei kombinierter Wirkung von
    Querkräften und Torsionsmomenten, **203**
  Bemessungsmodell, **198**
  Bewehrungsführung, **202**
  Druckstrebenbeanspruchung, 200
  Torsionsbügelbewehrung, 201
  Torsionslängsbewehrung, 202

Torsionssteifigkeit, 194
Trägheitsradius, 272
Tragmoment, 80
Tragverhalten von Baustoffen, 3
Tragwerksidealisierung, **34**
Tragwerksverformungen, **269**
    Einfluß der Herstellung, 271
    Einfluß der Momentenverteilung, 270
    Einfluß des Verbundbaustoffes Stahlbeton, 270
    Einflußgrößen, **270**
Transportbeton, 4
Trockenrohdichte, 4

U

Übergreifungslänge, 240
Übergreifungsstoß, 239; 258
Umlenkpressung, 218
Umweltbedingungen, 5
Umwelteinflüsse, **19**
Umweltklassen, 5
unmittelbare Lagerung, 154

V

Vakuumbeton, 10
Verankerungslänge, 113; 223; 226; 230
    Bestimmung der -, **226**
Verbund, 17; 57; 69; 112; 117; 121; 223; 270
Verbundbaustoff Stahlbeton, **1**
Verbundbereich, 223
Verbundspannung , 224
Vergleichsdurchmesser, 225; 234
Versagen des
    Betons, 63
    Betonstahls, 63
Versagenswahrscheinlichkeiten, 53
Versagenszustand, 63
Versatzmaß, 209
Verwahrkästen, 220
Verzerrungen, 63
Vorhaltemaß, 27; **29**
Voute, 156; 157

W

Wassergehalt, 6
wasserundurchlässiger Beton, 111
Wasserzementwert, **6**; 7
Widerstände, 54
Würfeldruckfestigkeit, 12

Z

Zementarten, 4
Zementleim, 4
Zugabewasser, 6
Zugfestigkeit, 13; 16; 61; 121
Zugkraftdeckung, 190; **208**
    Grundlagen, **208**
    Versatzmaß, 209
    Zugkraftdeckungslinie, 210
    Zugkraftlinie, 208
Zugzone, 89; 112
    wirksame -, 131
Zurückbiegen, 220
Zustand I, 59; 117; 138; 143
Zustand II, 59; 138; 143
Zustand III, 59
Zylinderdruckfestigkeit, 12

Bautabellen für Ingenieure
mit europäischen und nationalen Vorschriften

Herausgegeben von Klaus-Jürgen Schneider
Mit aktuellen Beiträgen namhafter Professoren

Werner-Ingenieur-Texte Bd. 40. 11., neubearbeitete und erweiterte Auflage 1994.
1224 Seiten, 14,8 x 21 cm, Daumenregister, gebunden DM 70,–/öS 518,–/sFr 70,–
ISBN 3-8041-3446-7

Die 11. Auflage der BAUTABELLEN **für Ingenieure** ist aktualisiert und fortentwickelt worden: Anpassung an neue nationale und europäische Vorschriften, Einbeziehung neuer bautechnischer Entwicklungen.
Beispielhaft seien hier genannt:
Umweltrecht · HOAI · Kosten im Hochbau nach DIN 276 (6.93) · DIN 1055 Teil 5 A1 (neue Karte über Schneelastzonen) · Berechnungsformeln für Kehlbalkendächer · Neue Fassung der Anwendungsrichtlinie zum Eurocode 2 (4.93) · Berechnungshilfen und Konstruktionstafeln für die Anwendung des EC 2 · Ausführliche Spannbetonberechnungsbeispiele nach EC 2 · Bemessung von Konsolen und Scheiben · Eurocode 4 (Verbundbau) · Eurocode 5 (Holzbau) · Neue Wärmeschutzverordnung · Gründungsbauwerke aus wasserundurchlässigem Beton · Setzungen und Grundbruch bei ausmittiger Belastung · DIN V 4017 Teil 100 (Grundbruch nach probabilistischem Sicherheitskonzept) · Neue Empfehlungen für die Anlage von Hauptverkehrsstraßen und für Anlage des ruhenden Verkehrs · Neue Eisenbahn-Bau- und Betriebsordnung (BGBl. 1992) und Neufassung der Entwurfsrichtlinien der Deutschen Bahn AG (3.93) · Druckrohrleitungen, Pumpensumpfgröße · Abwasserreinigung und Schlammbehandlung.

Aus dem Inhalt: Öffentliches Bau- und Umweltrecht · Baubetrieb · Mathematik und Datenverarbeitung · Lastannahmen · Baustatik · Beton, Betonstahl, Spannstahl (u. a. ENV 206) · Stahlbeton und Spannbeton (EC 2) · Beton- und Stahlbetonbau (DIN 1045) · Spannbetonbau (DIN 4227) · Mauerwerk · Stahlbau nach DIN 18 800 (11.90) · Stahlbau nach DIN 18 800 (3.81) · Verbundbau (EC 4) · Dynamisch beanspruchte Bauteile · Nichtrostende Stähle im Bauwesen · Holzbau (DIN 1052) · Holzbau (EC 5) · Bauphysik · Geotechnik · Straßenwesen · Schienenverkehrswesen · Wasserbau · Siedlungswasserwirtschaft · Bauvermessung · Bauzeichnungen · Verzeichnisse

Bautabellen für Architekten
mit europäischen und nationalen Vorschriften

Herausgegeben von Klaus-Jürgen Schneider
Mit aktuellen Beiträgen namhafter Professoren

Werner-Ingenieur-Texte Bd. 41. 11. Auflage 1994.
840 Seiten, 14,8 x 21 cm, Daumenregister, gebunden DM 60,–/öS 444,–/sFr 60,–
ISBN 3-8041-3447-5

Mit der vorliegenden 11. Auflage der BAUTABELLEN wird ein neuer Weg beschritten: Aufgrund der immer umfangreicheren Normen – insbesondere auf dem Gebiet des konstruktiven Ingenieurbaus –, bedingt auch durch die europäische Normung, haben sich Herausgeber und Verlag entschlossen, zwei Ausgaben der BAUTABELLEN anzubieten: eine Ausgabe für **Ingenieure** (rot) und eine für **Architekten** (schwarz).
In der Architektenausgabe wurden die konstruktiven Abschnitte sowie die Kapitel Wasser und Verkehr gegenüber den BAUTABELLEN FÜR INGENIEURE gekürzt.
Neu aufgenommen wurden drei Abschnitte: Tragwerksentwurf und Vorbemessung; Baukonstruktion und Objektentwurf.
Außerdem ist die 11. Auflage der BAUTABELLEN **für Architekten** aktualisiert und fortentwickelt worden: Anpassung an neue nationale und europäische Vorschriften, Einbeziehung neuer bautechnischer Entwicklungen.
Beispielhaft seien hier genannt:
Umweltrecht · HOAI · Kosten im Hochbau nach DIN 276 (6.93) · DIN 1055 Teil 5 A1 (neue Karte über Schneelastzonen) · Berechnungsformeln für Kehlbalkendächer · Berechnungshilfen und Konstruktionstafeln für die Anwendung des Eurocodes 2 · Eurocode 5 (Holzbau) · Neue Wärmeschutzverordnung · Gründungsbauwerke aus wasserundurchlässigem Beton.

Aus dem Inhalt: Öffentliches Bau- und Umweltrecht · Baubetrieb · Mathematik und Datenverarbeitung · Lastannahmen · Baustatik · Tragwerksentwurf (Hinweise) und Vorbemessung · Beton, Betonstahl (u. a. ENV 206) · Stahlbetonbau (EC 2) · Beton- und Stahlbetonbau (DIN 1045) · Holzbau (DIN 1052) · Holzbau (EC 5) · Bauphysik · Geotechnik · Straßenwesen · Kanalisation · Objektentwurf · Baukonstruktion · Bauvermessung · Bauzeichnungen · Verzeichnisse

Erhältlich im Buchhandel!

Werner-Verlag

Postfach 10 53 54 · 40044 Düsseldorf

AKTUELLE LITERATUR

für den konstruktiven Ingenieurbau

Avak
Stahlbetonbau in Beispielen
DIN 1045 und Europäische Normung
Teil 1: Baustoffe – Grundlagen –
Bemessung von Stabtragwerken
2. Auflage 1994. 372 Seiten
DM 56,–/öS 415,–/sFr 56,–

Teil 2: Konstruktion – Platten –
Treppen – Fundamente
1992. 312 Seiten
DM 48,–/öS 355,–/sFr 48,–

Avak
Euro-Stahlbetonbau in Beispielen
Bemessung nach DIN V ENV 1992
Teil 1: Baustoffe – Grundlagen –
Bemessung von Stabtragwerken
1993. 336 Seiten
DM 52,–/öS 385,–/sFr 52,–

Teil 2: Konstruktion – Platten – Treppen –
Fundamente
1996. Ca. 300 Seiten
Ca. **DM 56,–/öS 415,–/sFr 56,–**

Avak/Goris
Bemessungspraxis nach Eurocode 2
Zahlen- und Konstruktionsbeispiele
1994. 184 Seiten
DM 48,–/öS 355,–/sFr 48,–

Clemens
Technische Mechanik in PASCAL
WIP. 1992. 200 Seiten + Diskette
DM 120,–/öS 888,–/sFr 120,–

Geistefeldt/Goris
Tragwerke aus bewehrtem Beton nach Eurocode 2 (DIN V ENV 1992)
Normen – Erläuterungen – Beispiele
1993. 336 Seiten
DM 58,–/öS 429,–/sFr 58,–

Hünersen/Fritzsche
Stahlbau in Beispielen
Berechnungspraxis nach DIN 18 800 Teil 1
bis Teil 3, 3. Auflage 1995. 272 Seiten
DM 56,–/öS 415,–/sFr 56,–

Dörken/Dehne
Grundbau in Beispielen
Teil 1: Gesteine, Böden, Bodenuntersuchungen,
Grundbau im Erd- und Straßenbau, Erddruck,
Wasser im Boden
1993. 328 Seiten
DM 48,–/öS 355,–/sFr 48,–

Teil 2: Kippen, Gleiten, Grundbruch,
Setzungen, Fundamente, Stützwände, Neues
Sicherheitskonzept, Risse im Bauwerk
1995. 304 Seiten
DM 52,–/öS 385,–/sFr 52,–

Kahlmeyer
Stahlbau nach DIN 18 800 (11.90)
Bemessung und Konstruktion
Träger – Stützen – Verbindungen
1993. 344 Seiten
DM 52,–/öS 385,–/sFr 52,–

Schneider/Schubert/Wormuth
Mauerwerksbau
Gestaltung – Baustoffe – Konstruktion –
Berechnung – Ausführung
5. Auflage 1996. Ca. 380 Seiten
Ca. **DM 56,–/öS 415,–/sFr 56,–**

Quade/Tschötschel
Experimentelle Baumechanik
1993. 280 Seiten
DM 72,–/öS 533,–/sFr 72,–

Schneider/Schweda
Baustatik – Statisch bestimmte Systeme
WIT 1. 4. Auflage 1991. 288 Seiten
DM 46,–/öS 341,–/sFr 46,–

Schneider
Baustatik
Zahlenbeispiele
Statisch bestimmte Systeme
WIT 2. 1995. 144 Seiten
DM 33,–/öS 244,–/sFr 33,–

Rubin/Schneider
Baustatik – Theorie I. und II. Ordnung
WIT 3. 3. Auflage 1996. 348 Seiten
Ca. **DM 46,–/öS 341,–/sFr 46,–**

Werner/Steck
Holzbau
Teil 1: Grundlagen
WIT 48. 4. Auflage 1991. 300 Seiten
DM 38,80/öS 287,–/sFr 38,80

Teil 2: Dach- und Hallentragwerke
WIT 53. 4. Auflage 1993. 396 Seiten
DM 48,–/öS 355,–/sFr 48,–

Wommelsdorff
Stahlbetonbau
Teil 1: Biegebeanspruchte Bauteile
WIT 15. 6. Auflage 1990. 360 Seiten
DM 38,80/öS 287,–/sFr 38,80

Teil 2: Stützen und Sondergebiete
des Stahlbetonbaus
WIT 16. 5. Auflage 1993. 324 Seiten
DM 46,–/öS 341,–/sFr 46,–

Werner-Verlag · Postfach 10 53 54 · 40044 Düsseldorf